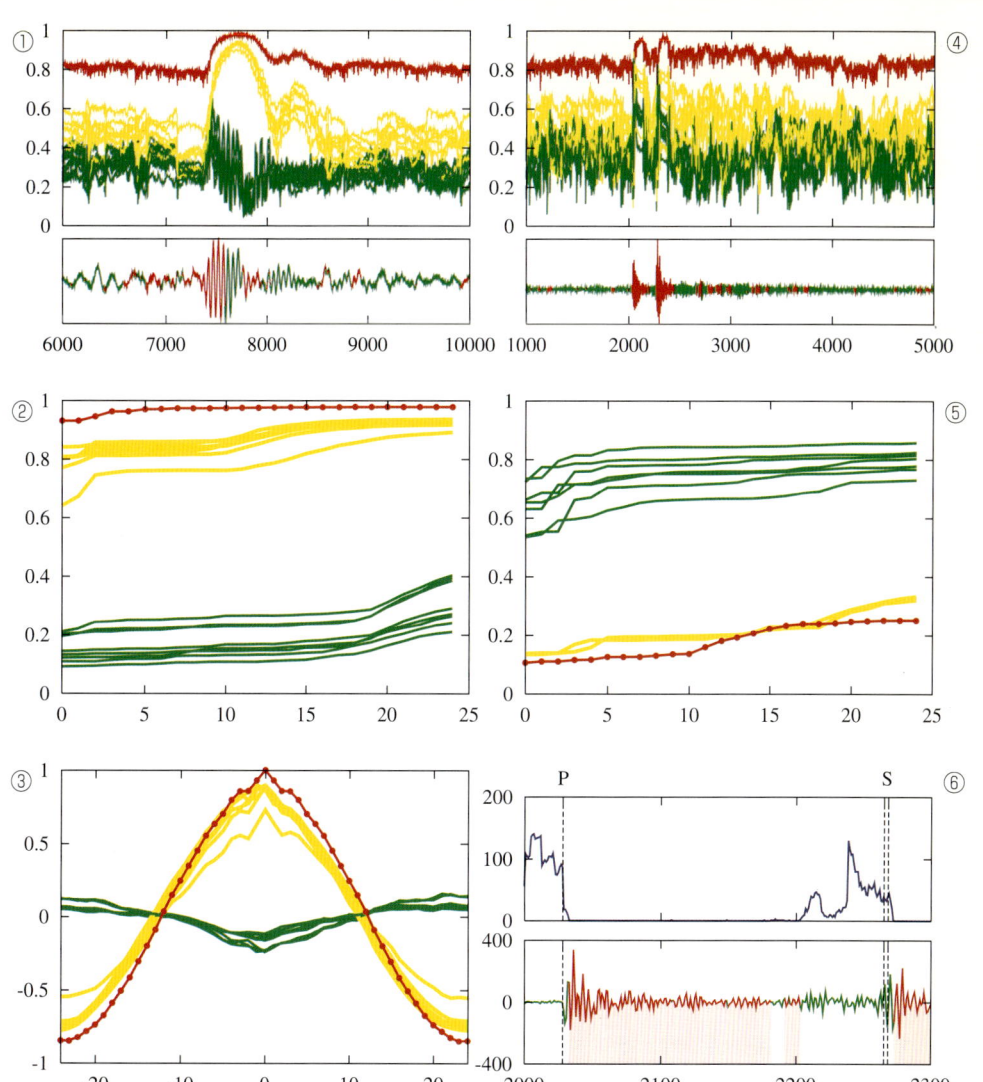

口絵①～口絵⑥は地震波の時系列解析の結果である．①は深部低周波地震にTest(D)を適用した見本決定値のグラフでS波が来た後の定常な時間域で赤・黄色のグラフは緑色のグラフより上側にあるが，通常の地震に対する④はどの定常な時間域でも分離しない．①を詳しく見た②は①で述べた時間域での見本決定関数のグラフ，⑤は同じ時間域で時系列の2乗をとった時系列を結果とする見本決定関数のグラフで，②とは逆に，赤・黄色のグラフは緑色のグラフより下側にある．③は同じ時間域での見本共分散関数のグラフで赤・黄色のグラフは一山を作り，緑色のグラフはx軸の近傍に収まる．⑥はTest(ABN)の結果で上図は定常グラフ，下図は異常グラフを表し，P波とS波の直前で定常グラフが減少し始める．

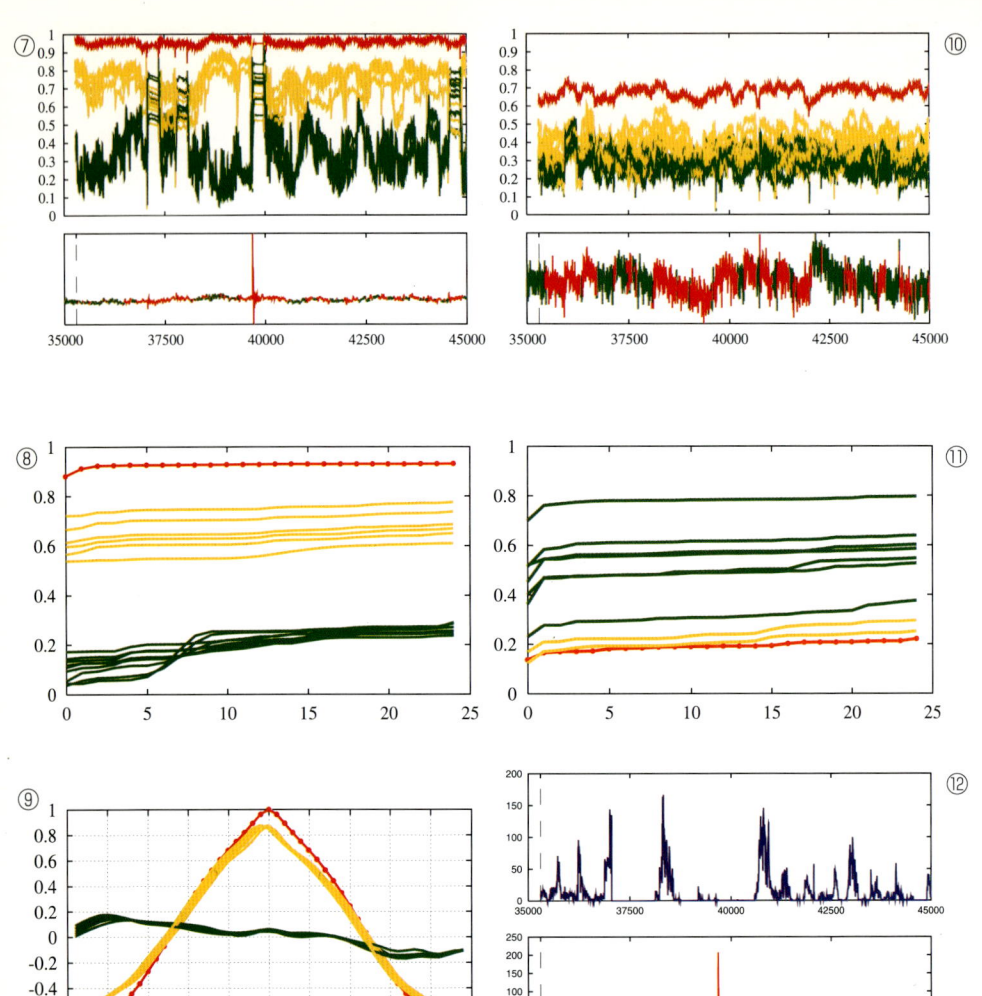

　口絵⑦〜口絵⑫は脳波の時系列解析の結果である．大脳皮質脳波にTest(D)を適用した見本決定値のグラフ⑦では，①と同様に，定常な時間域で分離性が見られるが，頭皮脳波に対する⑩では分離性は見られない．⑦で述べた時間域で詳しく見た見本決定関数のグラフ⑧は②と同様な挙動をし，同じ時間域で時系列の2乗をとった時系列を結果とする見本決定関数のグラフ⑪は，口絵⑤と同様に，⑧と逆転した挙動をする．同じ時間域での見本共分散関数のグラフ⑨は③と同様な挙動をする．⑫は大脳皮質の中の前頭葉にある運動野に設置したある電極から計測した大脳皮質脳波にTest(ABN)を適用した結果で上図と下図はそれぞれ定常グラフと異常グラフを表し，定常グラフは親指を随意運動させる前後で定常性の度合いが良くなることを示す．

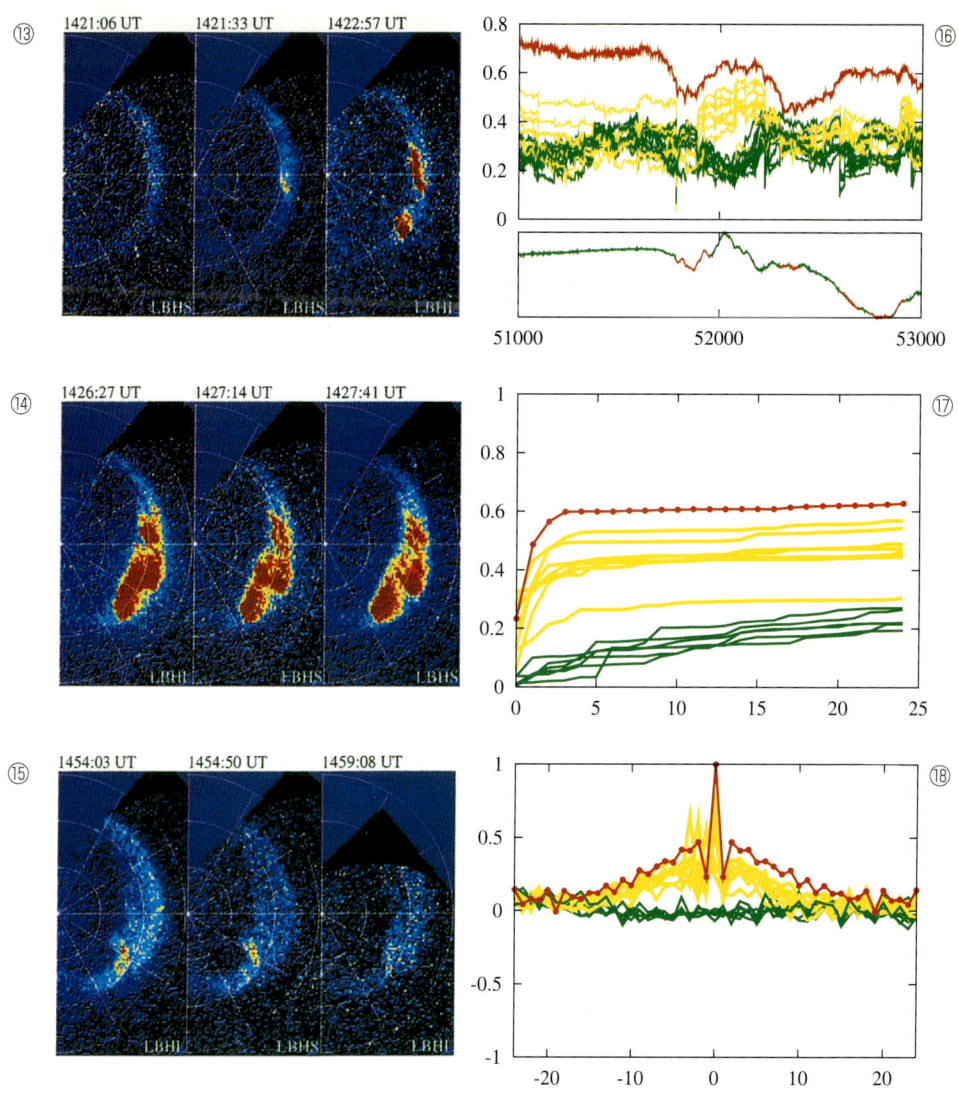

　口絵⑬〜口絵⑮はポーラ衛星の紫外線撮影装置を用いてオーロラ発生から終了までを撮影した写真で，⑬はオーロラが発生する直前から発生した直後の写真，⑭は分離性が見られた時間帯の写真，⑮はオーロラが終了し始めている時間帯の写真である．口絵⑯〜口絵⑱はオーロラの時系列解析の結果で，⑯は①，⑦と同様に，⑰は②，⑧と同様に，分離性が現れることを示す．⑤，⑪に対応する分離性も現れることを注意する．⑱では，緑色のグラフは③，⑨と同様な挙動をするが，赤・黄色のグラフは，負側から正側の一山を作る③，⑨と異なり，正側の一山を作る．

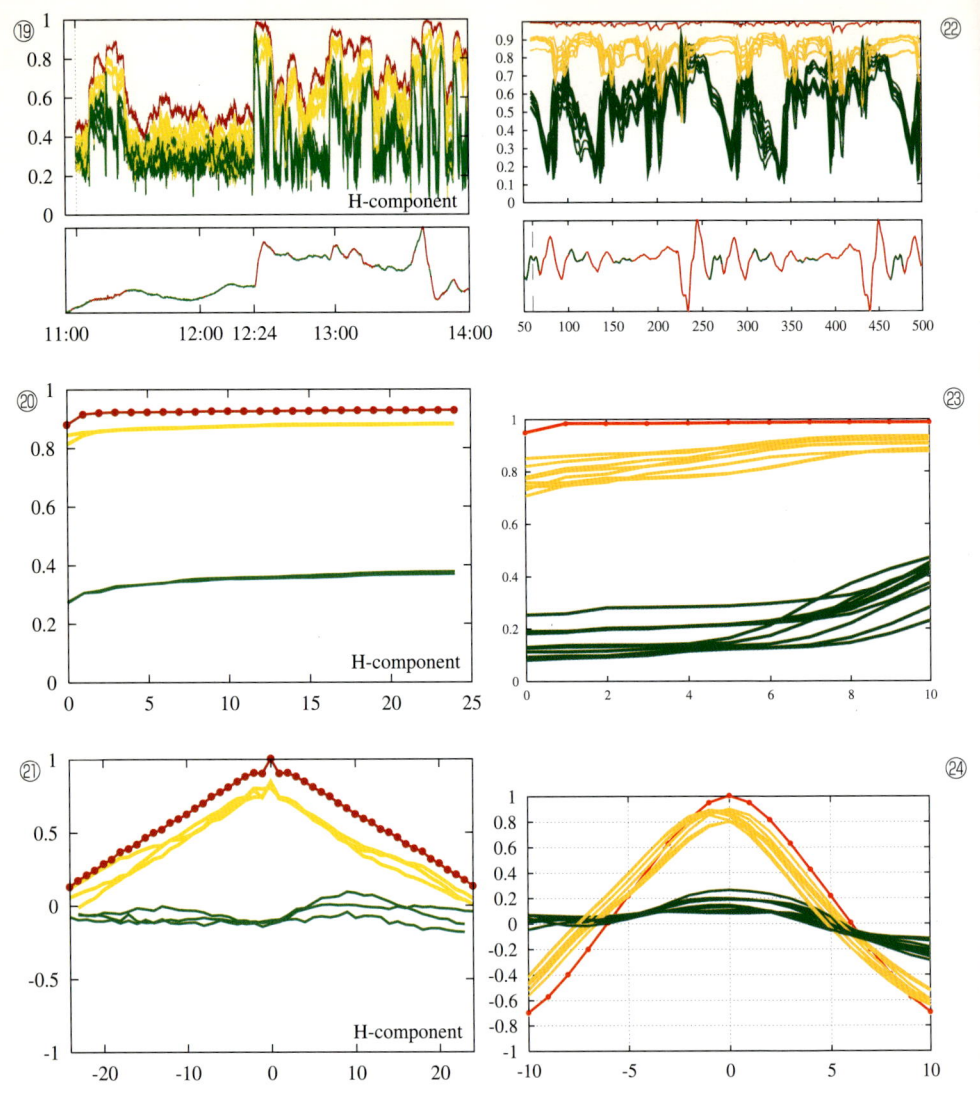

　口絵⑲〜口絵㉑は磁気嵐，口絵㉒〜口絵㉔は母音「あ」の時系列解析の結果である．⑲，㉒は①，⑦，⑯と同様に，⑳，㉓は②，⑧，⑰と同様に，分離性が現れることを示す．⑤，⑪に対応する分離性も現れる．㉑は⑱と同様な挙動をし，㉔は③，⑨と同様な挙動をすることを示す．

　①は本文の205〜207頁，②は207〜208頁，③は257〜258頁，④は209〜210頁，⑤は264〜265頁，⑥は192〜193頁，⑦，⑧は246〜247頁，⑨は260〜261頁，⑩は243頁，⑪は268頁，⑫は240〜241頁をそれぞれ参照．⑬〜⑮は米国のジョンホプキンス大学応用物理研究所のDr. Ching Mengから提供して頂いた．⑯，⑰は224〜225頁，⑱は259頁，⑲，⑳は226〜227頁，㉑は259〜260頁，㉒，㉓は251〜252頁，㉔は261頁をそれぞれ参照．

実験数学

—地震波,オーロラ,脳波,音声の時系列解析—

岡部靖憲 著

朝倉書店

まえがき

　朝倉書店から出版されている応用数学基礎講座の刊行の趣旨に，編集者の一人として

> 「理論が先にあるのではなく，現象が先にあり，現象から理論を学ぶ」という謙虚な姿勢を強調したい．そうしてこそ初めて，実践に裏付けされ生き生きした理論が構築できるだけでなく，未知の現象の解明に繋がる発見と，そこから形あるものの発明あるいは建設ができると考えている

と述べた．1828年にスコットランドの植物学者のブラウンは花粉粒子を容器内に落としたとき，花粉粒子の中の微粒子がジグザグに動く所謂「ブラウン運動」という不思議な現象を発見した．ブラウン運動に関連して，三つの研究を思い出そう．一つは物理学における「現象からモデル」としてアインシュタインの研究，二つは数学における「モデルから法則」としてウィーナーの研究，三つは経済学における「モデルから現象」としてブラック・ショールズの研究である．
　ブラウン運動の不思議な現象の解明を試みる多くの研究の後1905年に，ドイツの物理学者のアインシュタインは粘性流体力学の理論を統計力学的に用いて，ブラウン運動の速度密度関数が拡散方程式を満たすことを物理的に示した．さらに，花粉粒子の中の微粒子に働く揺動力と摩擦力との間に成り立つ所謂「アインシュタインの関係式」を導き，アボガドロ数の理論値を予測し，ペランによる実験値とのわずかの誤差の範囲での一致を根拠に，ブラウン運動の分子運動論的説明の正当性と原子の実在性の確認を与えた．その後，久保の線形応答理論，森のブラウン運動の理論が続き，アインシュタインの関係式は非平衡統計力学において揺動散逸定理として深化され，基本的原理の一つになった．1905年には，アインシュタインは特殊相対性理論と光電効果の理論の論文も発表している．アメリカの物理学会は，アインシュタインの奇跡年である1905年の100

周年にあたる2005年を「世界物理年」として,彼の偉大なアイデアと21世紀における生活への彼の影響を祝し,世界中でいろいろなシンポジウムが企画されている[151].2005年を再度革命的な研究が発表される年にすることを願っているように思える.詳しくは http://www.physics2005.org に掲載されている.

アメリカの数学者のウィーナーは1923年に,アインシュタインのブラウン運動の理論における花粉粒子に働く揺動力を数学的に構成し,加法性と正規性を持つ確率過程として特徴付けた.この揺動力が現在の確率過程論におけるブラウン運動である.さらに,アインシュタインのブラウン運動は確率過程としてマルコフ性と定常性を持つことが数学的に証明され,オルンシュタイン・ウーレンベックのブラウン運動と呼ばれている.加法性,正規性とマルコフ性の深い解析を通じて,レビーの加法過程の理論,コルモゴロフの拡散方程式の理論,伊藤の確率微分方程式の理論,ドゥーブのマーチンゲールの理論,メイエの確率積分の理論,マリアバンの確率変分の理論等の確率解析の分野が発展した.

アインシュタインより少し前の1900年に,フランスの数学者のバシュリエは投機の理論を展開する博士論文の中で株価の動きを花粉粒子の中の微粒子のブラウン運動として扱っていた.伊藤の理論を用いた1973年のブラック,ショールズとマートンによるオプションの価格付けの理論的研究を契機に,ハリソンとクレプスの無裁定価格と中立確率測度の理論,エンゲルの自己回帰条件付分散不均一モデルの理論等の数理ファイナンスの分野が発展した.

実は,確率解析の源泉であるアインシュタインのブラウン運動のモデルと数理ファイナンスの源泉というべきブラック・ショールズモデルは現象への適用という観点から破綻していた.詳しくは1.1節で述べる.確率解析は数学の分野のみならず物理学,生物学,工学,経済学等さまざまな分野で使われている.しかし,導かれる結論に意味があるのは,確率解析を適用するモデルが信頼できる場合であり,天下り的に立てたモデルに確率解析を適用して何らかの結論が得られたとしても,それは数学の論理から言えば何も意味がなく,危険でもある.

理論と実践の溝を埋めるには,別の言葉で言えば,純粋数学と応用数学の間に堅固な橋を架けるには,適用する理論の前提条件を統計学的に検証し,現象からモデルを導き出す姿勢が大切である.それを目指すのが本書の題名にある実験数学であり,それを理論的にかつ実践的に支える理論がKM_2O-ランジュヴァン

まえがき iii

方程式論である．本書は地震という自然現象と脳という生命現象という全く異なる二つの現象に対し，KM_2O-ランジュヴァン方程式論を用いて，地震波と脳波の観測データを時々刻々集めた時系列の背後に，今までの時系列解析では見つかっていなかった新しい性質を発見し，それを数学の概念としての「分離性」として定式化し，その数学的構造を調べるものである．

本書の構成はつぎの通りである．第1章で，本書の題名にある実験数学を展開する経緯と実験数学を支える哲学を述べる．

第2章で KM_2O-ランジュヴァン方程式論の基礎理論を紹介する．文献[134, 135]で詳しく述べられなかった主定理に証明を与える．特に，退化した確率過程に付随する KM_2O-ランジュヴァン行列系の存在と構成(揺動散逸アルゴリズム)，因果関数，決定関数の導入とそれらを計算するアルゴリズムを丁寧に説明する．そこには非線形予測子を計算するアルゴリズムが大切な役割を果たしている．

第3章で，時系列からモデルを構築する際の原理としての揺動散逸原理を紹介する．前半では，与えられた時系列の定常性を検証する Test(S) と，一つの現象から観測あるいは計測される多くの時系列が得られる場合に，それらの時系列が等確率に現れるかを見積もる見本2点相関関数の妥当性を検証する Test(EP) を紹介する．Test(S) は文献[134, 135]に詳しく述べたので概略を説明する．後半では，時系列の二種類の異常性—定常性の破れと等確率性の破れ—の前兆を探知する Test(ABN-S) と Test(ABN-EP) を新たに紹介する．さらに，二つの1次元の時系列の間に一つを原因とし，他の一つを結果とする非線形 $LN(q,d)$-因果性が成り立つことの定義とそれを検証する Test(CS) を紹介し，$LN(q,d)$-因果性が成り立つとき，二つの時系列の間に存在する関数関係を具体的に求める．

第4章で，地震波，電磁波，脳波，音声の時系列に対する実証分析を行う．Test(ABN) を用いて，地震波のP波とS波の初期位相，オーロラや磁気嵐の発生・終結の位相，親指を随意運動させたときの大脳皮質の脳波の挙動の変化を調べる．さらに，Test(D) を上の時系列と日本語の母音の時系列に適用したとき，深部低周波地震のS波の到着後の定常性を満たす時間域，オーロラや磁気嵐の発生後の定常性を満たす時間域，大脳皮質の脳波と音声波の分析区間の定常な時間域において**分離性**という新しい性質が現れるが，この性質は深部低周波地震のP波が到着する前の定常性を満たす時間域，通常の地震波と頭皮脳波の時

系列の定常性を満たす時間域においては現れないという実証分析を紹介する．

　第5章で，前章において発見した分離性の性質を数学的に定式化し，その構造を調べる．特に，決定性を持つ弱定常過程の周波数域での表現定理を示し，分離性と決定性を持つ強定常過程の構造を共分散関数の挙動を通して調べる．

　実験数学を支える哲学「空即是色 色即是色」の前半の「空即是色」では，「空」にあたる時系列データが不可欠であり，そこから「色」として法則等の情報の発見を目指している．深部低周波地震波，オーロラ，大脳皮質脳波という時系列データに触れることができたことは幸せであった．これら貴重な時系列データを提供して頂いた東京大学地震研究所の武尾実教授，九州大学宙空環境センターの湯元清文教授，大阪大学大学院医学研究科の加藤天美助教授に感謝申し上げる．

　KM_2O-ランジュヴァン方程式論の建設と実験という修行を通じ，「空即是色」の「色」として「分離性」の発見と解明に協力してくれた東京大学大学院情報理工学系研究科の数理情報学専攻の松浦真也助手に感謝する．本書の図版の作成に協力してくれた松浦氏，数理情報工学第六研究室のD2の藤井毅朗，M2の坪木総一両氏に感謝する．「空即是色 色即是色」の後半の「色即是色」の最後の「色」の発見を目指し，解析という修行を徹底的に積む覚悟である．それが実験数学の真髄であり，醍醐味である．

　朝倉書店の編集部には，本書の主題目である「実験数学」を世に問う機会を再度与えて頂き，「分離性の発見」という実験数学の成果を，それがどのように発展するか定まらない状態にもかかわらず，最終の目的とする本書を出版することを認めて頂いた．深く感謝申し上げる．

　実験数学を展開するのにこれまで陰から支えてくれた妻の泰子に感謝する．

　最後に，本書を昨年の秋に亡くなった父に捧げる．病と闘っていた父の姿を思い返すとき，父の無念をはらすためにも，父の枕元で誓ったことを実現するためにも，父から受け継ぎ学んだものを心の支えに，実験数学をさらに発展させるつもりである．合掌．

　　2005年8月

　　　　　　　　　　　　　　　　　　　　　　　　　　　　岡 部 靖 憲

目　次

1. 実験数学 ……………………………………………………………… 1
   1.1 モデルの破綻と KMO-ランジュヴァン方程式論 …………… 1
       1.1.1 アインシュタインのブラウン運動の理論 …………… 1
       1.1.2 アルダー・ウェインライト効果 ……………………… 2
       1.1.3 T-正値性と KMO-ランジュヴァン方程式論 ………… 3
       1.1.4 ブラック・ショールズモデルと金融破綻 ………… 4
   1.2 KMO の命名の経緯 ……………………………………………… 5
   1.3 般若心経と実験数学 …………………………………………… 7
   1.4 揺動散逸原理と KM_2O-ランジュヴァン方程式論 ………… 10

2. KM_2O-ランジュヴァン方程式論 …………………………………… 12
   2.1 時系列とその標本空間 ………………………………………… 12
   2.2 確率論の基礎的概念 …………………………………………… 15
   2.3 関数解析学の基礎的概念 ……………………………………… 25
   2.4 階数 6 の非線形変換 …………………………………………… 40
   2.5 KM_2O-ランジュヴァン方程式 ………………………………… 42
       2.5.1 非　退　化 ……………………………………………… 43
       2.5.2 退　　　化 ……………………………………………… 52
       2.5.3 KM_2O の命名の経緯 …………………………………… 62
   2.6 弱定常性と揺動散逸定理 ……………………………………… 63
   2.7 揺動散逸アルゴリズム ………………………………………… 83
       2.7.1 弱定常性を満たす場合 ………………………………… 83
       2.7.2 一般の場合 ……………………………………………… 86

- 2.8 揺動散逸原理 ··· 94
  - 2.8.1 弱定常性を満たす場合 ································· 94
  - 2.8.2 一般の場合 ··· 95
- 2.9 非線形情報空間と生成系 ······································ 95
  - 2.9.1 非線形情報空間 ·· 96
  - 2.9.2 階数有限の非線形変換のクラス $\mathcal{T}^{(q)}(\mathbf{X})$ ················101
  - 2.9.3 非線形情報空間の多項式型の生成系 ·····················104
  - 2.9.4 階数有限の非線形変換のクラス $\mathcal{T}^{(q,d)}(\mathbf{X})$ ·············105
  - 2.9.5 非線形情報空間の生成系 ································106
- 2.10 因 果 性 ··109
  - 2.10.1 線形因果性と非線形因果性 ····························109
  - 2.10.2 因 果 関 数 ··114
  - 2.10.3 因果関数による因果性の特徴付け ·····················123
  - 2.10.4 弱定常過程に対する非線形因果性 ·····················125
- 2.11 決 定 性 ··126
  - 2.11.1 決 定 性 ··126
  - 2.11.2 決定性と定常性 ··128
- 2.12 非線形予測問題 ···130
  - 2.12.1 非線形予測公式 ··130
  - 2.12.2 予測誤差と因果関数 ···································133
  - 2.12.3 応用: 非線形システムの予測問題 ······················136
  - 2.12.4 非線形予測問題の研究の歴史 ···························140

3. 時系列解析 ···143
   - 3.1 Test(S) ···143
     - 3.1.1 見本共分散関数 ·······································143
     - 3.1.2 階数有限の非線形変換 ································144
     - 3.1.3 見本共分散行列関数とそれに付随する見本 KM_2O-ランジュヴァン行列系 ··145
     - 3.1.4 時系列における揺動散逸原理 ··························150

3.1.5	Test(S)	152
3.2	Test(EP)	154
3.2.1	トレーサビリティ	155
3.2.2	見本2点相関関数	156
3.2.3	階数有限の非線形変換	157
3.2.4	見本2点相関行列関数とそれに付随する見本KM_2O-ランジュヴァン行列系	159
3.2.5	Test(EP)	161
3.3	Test(ABN)	164
3.3.1	定常性の破れとしての異常性	165
3.3.2	等確率性の破れとしての異常性	168
3.4	Test(CS)	169
3.4.1	見本因果関数と見本因果値	169
3.4.2	アルゴリズム	171
3.4.3	$LN(q,d)$-因果性と関数関係	173
3.5	Test(D)	178
3.5.1	LL-決定性とダイナミクス	178
3.5.2	$LN(q,d)$-決定性とダイナミクス	182
3.5.3	ランダムなダイナミクスとしての見本KM_2O-ランジュヴァン方程式	183

4. 実証分析 185
  4.1 地震波 185
    4.1.1 P波とS波 186
    4.1.2 Test(ABN)と地震波の初期位相の兆候 188
    4.1.3 Test(D)と分離性 203
    4.1.4 Test(D)と決定性 211
  4.2 電磁波 214
    4.2.1 オーロラ 215
    4.2.2 磁気嵐 217

4.2.3　Test(ABN)とオーロラ・磁気嵐の発生 ・・・・・・・・・・・・・・・・218
　　4.2.4　Test(D)と分離性 ・・・・・・・・・・・・・・・・・・・・・・・・・・・・・・・・・・・223
　4.3　脳　　　波 ・・・229
　　4.3.1　脳 ・・231
　　4.3.2　大　　　脳 ・・231
　　4.3.3　1次運動野とその情報源 ・・・・・・・・・・・・・・・・・・・・・・・・・・・・234
　　4.3.4　脳　　　波 ・・235
　　4.3.5　親指の随意運動と脳波の挙動 (1): Test(ABN)と異常性 ・・・・239
　　4.3.6　親指の随意運動と脳波の挙動 (2): Test(D)と分離性 ・・・・・・・243
　4.4　音　　　声 ・・・248
　　4.4.1　日本語の母音: Test(ABN), Test(D)と定常性, 分離性 ・・・・・251
　　4.4.2　日本語の母音: Test(D)と決定性 ・・・・・・・・・・・・・・・・・・・・・・252

5. 分　離　性 ・・・255
　5.1　時系列の分離性 ・・・255
　　5.1.1　分　離　性 - 0 ・・・・・・・・・・・・・・・・・・・・・・・・・・・・・・・・・・・・・・・255
　　5.1.2　分離性-0と共分散関数の挙動 ・・・・・・・・・・・・・・・・・・・・・・・・256
　　5.1.3　分離性-i と共分散関数の挙動 $(1 \leq i \leq 18)$ ・・・・・・・・・・・・・264
　　5.1.4　時系列の分離性の定義 ・・・・・・・・・・・・・・・・・・・・・・・・・・・・・・269
　5.2　確率過程の分離性 ・・・・・・・・・・・・・・・・・・・・・・・・・・・・・・・・・・・・・・・271
　　5.2.1　確率過程の分離性の定義 ・・・・・・・・・・・・・・・・・・・・・・・・・・・・271
　　5.2.2　対称性と分離性 ・・・・・・・・・・・・・・・・・・・・・・・・・・・・・・・・・・・・272
　　5.2.3　周波数域表現と対称性 ・・・・・・・・・・・・・・・・・・・・・・・・・・・・・・277
　　5.2.4　対称性の破れと分離性 ・・・・・・・・・・・・・・・・・・・・・・・・・・・・・・287
　　5.2.5　サインウエーブと深部低周波地震波 ・・・・・・・・・・・・・・・・・・290

文　　献 ・・294
索　　引 ・・303

1

実 験 数 学

1.1 モデルの破綻とKMO-ランジュヴァン方程式論

1.1.1 アインシュタインのブラウン運動の理論

アインシュタインは粘性流体力学の理論を統計力学的に用いて, ブラウンが発見したブラウン運動の速度密度関数がつぎの拡散方程式を満たすことを物理的に示した[1,3]:

$$\frac{\partial}{\partial t}p(t,v,w) = \frac{\alpha^2}{2}\frac{\partial^2}{\partial v^2}p(t,v,w) - \beta v\frac{\partial}{\partial v}p(t,v,w).$$

ここで, α, β はそれぞれ拡散係数, 摩擦係数と呼ばれる正の定数であり, 花粉粒子の中の微粒子の時刻 t での速度の x 軸成分を $V(t)$ としたとき, $p(t,v,w)$ は初速度 $V(0) = v$ で動き出した花粉粒子の中の微粒子の時刻 t での速度 $V(t)$ の密度関数である:

$$p(t,v,w)dw = P(V(t) \in dw|V(0) = v).$$

その研究の過程で原子の実在の証明の確かな手がかりを与えるアインシュタインの関係式はその後, 揺動散逸定理として発展的に拡張され深化され, 非平衡統計物理学の原理の一つになった:

$$\text{アインシュタインの関係式}: \frac{\alpha^2}{2} = kT\beta.$$

ここで, k, T はそれぞれボルツマン定数, 容器内の温度である. α, β が何故それぞれ拡散係数, 摩擦係数と呼ばれるかを理解するために, また上のアインシュタインの関係式の物理学的意味を目に見える形で理解するためには $V(t)$ を支配

するダイナミクスが必要であり，それがフランスの物理学者のランジュヴァンによって1908年に導入されたつぎのランジュヴァン方程式である[4]:

$$V(t) = V(0) - \int_0^t \beta V(s)ds + \alpha B(t).$$

ここで，上式の右辺の第2項は摩擦項であり，第3項は容器内の花粉粒子の中の微粒子がジグザグ運動する要因となる揺動項で，その微分が揺動力である．$B = B(t)$ は現在のブラウン運動である．α, β がそれぞれ拡散係数，摩擦係数と呼ばれる理由が納得される．

1.1.2　アルダー・ウェインライト効果

実は前項で述べたアインシュタインのブラウン運動の理論は統計物理学においてモデルの破綻という危機を1969年に迎えていた．詳しく説明しよう．アインシュタインが考察したオルンシュタイン・ウーレンベックのブラウン運動は確率過程として定常性を満たし，その相関関数 $R_{OU} = R_{OU}(t) = E(V(t)V(0))$ はつぎのように指数的に減衰する:

$$R_{OU}(t) \sim e^{-\beta t} \qquad (t \to \infty). \tag{1.1}$$

しかし，実験物理学者のアルダーとウェインライトは，コンピュータシミュレーションによって，実際のブラウン運動の速度相関関数の無限時間後の挙動は (1.1) とは異なり，$t^{-\frac{3}{2}}$ という分数べきで減衰するという**アルダー・ウェインライト効果**を1969年に発表した[32,33]．このことはアインシュタインのブラウン運動はマルコフ性を持つが，「実際のブラウン運動はマルコフ性を持たない」ことを意味する．大林氏らの実験[60]によってそのことは確かめられ，アインシュタインのブラウン運動のモデルを修正する必要がでてきた．

実証科学である物理学では，粘性流体力学の原理によって危機の大元を手術し危機を乗り切った．すなわち，オルンシュタイン・ウーレンベックのブラウン運動のモデルは摩擦力としてその1次近似を取ったものであるが，2次近似までを取ったものがつぎの特別な積分の項を持った確率微分積分方程式である:

$$m^*\dot{V}(t) = -6\pi\eta V(t) - 6\pi r^2 \left(\frac{\rho\eta}{\pi}\right)^{\frac{1}{2}} \int_{-\infty}^t \frac{1}{\sqrt{t-s}}\dot{V}(s)ds \tag{1.2}$$
$$+ W(t) \quad (t \in \mathbf{R}).$$

この方程式(1.2)は半径 r, 質量 m の剛体球が粘性 η, 密度 ρ の液体中を動くときの速度に関する方程式を表し, ストークス・ブシネのランジュヴァン方程式と呼ばれる. $V(t)$ は時刻 t の速度の x 成分を表している. m^* は有効質量と言われ, つぎで与えられる.

$$m^* \equiv m + \frac{2}{3}\pi r^3 \rho. \tag{1.3}$$

(1.2)の右辺は球に作用する力を表している. 第1項は摩擦力, 第2項は球によってはじかれた液体が十分な時間の経過後に球に作用する力, 第3項 $W = W(t)$ は揺動力を表している. アルダー・ウェインライト効果は, 久保亮五の線形応答理論に現れる揺動力のもとで, 方程式(1.2)の解は弱定常性を満たし, その相関関数 $R_{SB} = R_{SB}(t)$ は $t^{-\frac{3}{2}}$ という分数べきで減衰することが証明された[48]:

$$R_{SB}(t) \sim t^{-\frac{3}{2}} \quad (t \to \infty). \tag{1.4}$$

1.1.3 T-正値性とKMO-ランジュヴァン方程式論

前項で述べた統計物理学における研究は数学的に深められた[66~68,81]. 特に, 久保が扱った揺動力は久保ノイズとして数学的に定式化された. 揺動力が久保ノイズのみならずブラウン運動 $B = B(t)$ の微分であるホワイトノイズの場合に対しても, 方程式(1.2)の解である弱定常過程は **T-正値性** を持つことが示された. 弱定常過程がT-正値性を満たすとは, その相関関数 $R = R(t) = E(X(t)X(0))$ が有界な測度 σ のラプラス変換で表現できることを言う:

$$R(t) = \int_0^\infty e^{-|t|\lambda} \sigma(d\lambda) \quad (t \in \mathbf{R}). \tag{1.5}$$

逆に, T-正値性を満たす連続時間の弱定常過程の時間発展を記述する方程式が特徴付けられ, KMO-ランジュヴァン方程式と呼ばれた[66]:

$$\dot{V}(t) = -\beta V(t) + \int_{-\infty}^t \gamma(t-s)\dot{V}(s)ds + W(t) \quad (t \in \mathbf{R}). \tag{1.6}$$

ここで, β は正の定数, 積分核 $\gamma = \gamma(t)$ $(t > 0)$ はある測度 μ のラプラス変換で表現される:

$$\gamma(t) = \int_0^\infty e^{-t\lambda} \mu(d\lambda) \quad (t > 0). \tag{1.7}$$

さらに, 揺動力 $W = W(t)$ が久保ノイズとホワイトノイズのいずれであるかによって2種類の方程式が導かれる.

注意 1.1.1 ストークス・ブシネのランジュヴァン方程式 (1.2) における積分核は $\gamma = \gamma(t) = \frac{1}{\sqrt{t}}$ であり, これは測度 $\mu(d\lambda) = c\frac{1}{\sqrt{\lambda}}d\lambda$ のラプラス変換になっている. ここで, $c = (\int_0^\infty e^{-\lambda}\frac{1}{\sqrt{\lambda}}d\lambda)^{-1}$.

さらに, そのクラスのなかで, アルダー・ウェインライト効果の精密化として, 相関関数 $R = R(t)$ の無限時間後の挙動が指数的に減衰する場合も分数べきで減衰する場合も, KMO-ランジュヴァン方程式の摩擦項に現れる積分核 $\gamma = \gamma(t)$ の無限時間後の挙動で特徴付けられることが証明された[81].

1.1.4 ブラック・ショールズモデルと金融破綻

ブラックとショールズがヨーロッパ型コールオプションの公平な価格付けの公式を1973年に発表した研究は金融市場のみならずその後の数理ファイナンスの理論的研究に大きな影響を与えた. その研究において, 株価の動きを記述するモデルとして用いられたブラック・ショールズモデルは, つぎの幾何ブラウン運動という確率過程 $S(t)$ の時間発展を記述するモデルのことである.

$$S(t) = S(0) + \int_0^t \mu S(s)ds + \int_0^t \alpha S(s)dB(s) \qquad (t \geq 0). \qquad (1.8)$$

ここで, μ は実数, α は正の実数であり, $B(t)$ はブラウン運動であり, 上の右辺の第3項はブラウン運動に関する伊藤積分である. α の2乗はボラティリティと呼ばれる.

経済学のファイナンスの分野において実際の株価の動きは幾何ブラウン運動では説明できないことが指摘され, 数理ファイナンスの分野においてブラック・ショールズモデルを修正した連続時間の確率過程や条件付きガウス過程のような様々な離散時間の確率過程が提案されているが, モデルリスクとしての危機を抱えたままである. 実際, デリバティブ取引の失敗によるヘッジファンドの「ロングターム・キャピタル・マネージメント」社の破産が1994年に起こった.

その原因は取引に用いたモデルが実際の株価の動きを記述しているかどうかの検証がなされていなかったからである.

1.2　KMOの命名の経緯

　KMO-ランジュヴァン方程式の「KMO」は久保亮五・森肇・岡部靖憲の頭文字からきている. その謂れを紹介しよう.
　確率過程論で研究されてきた確率過程は主にマルコフ過程と定常過程である. マルコフ過程の研究では生成作用素を通して確率微分・積分方程式等の時間域での解析がなされ, 定常過程の研究ではスペクトル測度やそのスペクトル密度関数による周波数域での解析が主になされていた. ドゥーブは N 重マルコフ性を満たす正規定常過程 $\mathbf{X} = (X(t); t \in \mathbf{R})$ を, シュワルツの超関数論における有限階の微分作用素を用いて, 有限階微分方程式の解として特徴付けた[14]．

$$P\left(\frac{d}{idt}\right)X(t) = \frac{d}{dt}B(t). \tag{1.9}$$

ここで, $\mathbf{B} = (B(t); t \in \mathbf{R})$ は1次元のブラウン運動であり, $P(\frac{d}{idt})$ は多項式 $P(x) = \sum_{n=0}^{N} a_n (ix)^n$ $(a_n \in \mathbf{R})$ から定まる微分作用素で, $P(\frac{d}{idt}) = \sum_{n=0}^{N} a_n \frac{d^n}{dx^n}$ として定義される. 確率過程のサンプル $X(t)$ は時間 t に関して $N-1$ 階微分可能であるが, N 階の微分をとることができない. そこで, N 階の微分 $\frac{d^N}{dx^N} X(t)$ はシュワルツの超関数の意味でとる.
　筆者は学位論文において[39], 正規定常過程の中で無限重マルコフ性を, 佐藤の超関数論における無限階の局所的な微分作用素を用いて, 無限階微分方程式の解として無限重マルコフ性を持つ正規定常過程を特徴付けた.

$$S\left(\frac{d}{idt}\right)X(t) = \frac{d}{dt}B(t). \tag{1.10}$$

ここで, $S(\frac{d}{idt})$ は最小指数型の整関数 $S(x) = \sum_{n=0}^{\infty} c_n (ix)^n$ $(c_n \in \mathbf{R})$ から定まる無限階の微分作用素で, $S(\frac{d}{idt}) = \sum_{n=0}^{\infty} c_n \frac{d^n}{dx^n}$ として, 佐藤の超関数のあるクラスの空間で定義できる局所作用素である. 確率過程のサンプル $X(t)$ は一般には時間 t に関して微分可能とは限らないが, 上のクラスの元として見な

すことができ, $S(\frac{d}{idt})X(t)$ が意味を持つ. 上記の研究が可能になったのは, 定常過程の周波数域でのスペクトル解析におけるレビンソンとマッキーンによる無限重マルコフ性を満たす正規定常過程のスペクトル密度関数は $|S(i\xi)|^{-2}$ で与えられるという特徴付け定理があったからであった[28]. さらに, 無限重マルコフ性を満たす多次元径数の正規確率場も, 佐藤の超関数論における無限階の局所的な微分作用素を用いて, 無限階微分方程式の解として特徴付けられた[40].

1.1.1項で述べたアインシュタインが扱ったオルンシュタイン・ウーレンベックのブラウン運動 $\mathbf{V} = (V(t); t \in \mathbf{R})$ は, $N = 1$ として, 1重マルコフ性を持つ正規定常過程で, 微分方程式(1.9)の特別な場合として

$$\alpha^{-1}\left(\frac{d}{dt} + \beta\right)V(t) = \frac{d}{dt}B(t) \tag{1.11}$$

の定常解として特徴付けることができ, オルンシュタイン・ウーレンベックのブラウン運動の時間発展を与えるダイナミクスを与える. しかし, N が2以上の N 重マルコフ性を満たす正規定常過程, 無限重マルコフ性を満たす正規定常過程に対して, それらを特徴付ける微分方程式(1.9), (1.10)は, 単独の方程式, すなわち, 1階の方程式としてのダイナミクスを与えていない.

筆者は定常過程に対してもその時間発展を記述するダイナミクスを導くことを目的に, 公理論的場の理論に登場するマルコフ場のマルコフ性を一般化するT-正値性あるいは鏡映正値性に注目し, T-正値性を満たす定常過程を対象に, その時間発展を記述するダイナミクスを導いた[49]. それは状態空間が無限次元であるマルコフ過程としての1成分とみたもので, 本来の状態空間である1次元の空間での閉じた方程式にはなっていない. 文献[51,52]において閉じた1階のダイナミクスを求め, T-正値性を反映する揺動散逸定理を示した. 揺動散逸定理は非平衡統計物理学における基本的な原理の一つで, 1.1.1項で述べたアインシュタインの関係式がその源になって, 久保亮五の線形応答理論[20], 森肇のブラウン運動[30]の理論において中心的な役割を果たしている. 文献[52]で導いたダイナミクスの中でT-正値性を完全に特徴付けたのが文献[66]においてであった. 1.1節に述べた方程式(1.6)がそのダイナミクスである. そこには非平衡統計物理学における上記の久保・森の揺動散逸定理の数学的構造を調べたいという動機が強く働いていたこともあって, 久保・森・岡部の頭文字を採り, 方程式(1.6)を

KMO-ランジュヴァン方程式と名付けた．

さらに，有限重マルコフ性を満たす定常過程のダイナミクスも導かれ[58]，T-正値性を特徴付けるKMO-ランジュヴァン方程式を併せて，$[\alpha, \beta, \gamma]$-ランジュヴァン方程式の枠組みに組み込まれた[52,59,61,62]．数学の自然な流れとして，離散時間の確率過程でT-正値性を満たす定常過程に対し，連続時間のKMO-ランジュヴァン方程式に対応する離散時間のKMO-ランジュヴァン方程式が導かれ，揺動散逸定理も証明された[71,76,80]．

1.3　般若心経と実験数学

a. **般若心経**　般若心経に「色即是空　空即是色」という教えが述べられている．それは「空」という概念を通して「色」の形態を「色即是色」として説明したのではないかと思われる．「色即是空　空即是色」は初めから「色即是色」と等しいのではなく，座禅・公案等の「即是」という仏教での修行を通じて「色即是色」を目指せよと教えているのではないだろうか．最初の「色」と最後の「色」とは「形ある情報」としては同じであるが，その中味の理解の深さで見たときは異なり，最初の「色」は「未知ではあるが，不思議あるいは興味ある情報」であり，最後の「色」は「数学として証明され，客観的に説明できる確固たる情報」と思われる．

　アインシュタインのブラウン運動の研究でいえば，「色即是空」は「容器に投げ込まれた花粉の中の微粒子の動き」という現象としての「色」からブラウンの発見によるジグザグ運動が「空」にあたると解釈される．アインシュタインはそのジグザグ運動の説明として，ジグザグ運動の速度密度関数が拡散方程式を満たすことを示し，アインシュタインの関係式を「色」として得たのであった．それが「空即是色」である．

　アルダー・ウェインライト効果によって，アインシュタインのブラウン運動のモデルは「色即是空」として現象への適用という観点から破綻した．しかし，1.1.2項で述べたように，実証科学である物理学では，粘性流体力学の原理によって導かれるストークス・ブシネのランジュヴァン方程式(1.2)を用いることによって，アルダー・ウェインライト効果(1.4)を証明した久保の研究が「空即

是色」にあたる．さらに，1.1.3項で述べたように，ストークス・ブシネのランジュヴァン方程式の解である弱定常過程はT-正値性を持ち，一般にT-正値性を満たす弱定常過程に対するKMO-ランジュヴァン方程式論の構築が「色即是色」にあたる．

　数理ファイナンスにおいても1.1.4項で述べたように，ブラック・ショールズモデルは修正をせまられ，方程式(1.8)にあるボラティリティα^2を一般に確率過程として一般化し，その中で特別なエンゲルの自己回帰条件付分散不均一モデル(GARCHモデル)が提案されている一方，株式の取引の現場ではボラティリティの推定にブラック・ショールズモデルに基づくオプションの価格公式が使われている．モデルリスクの問題のみならず研究における推論の展開方法に問題があるように思える．時系列解析において何故用いるかの説明がつかないモデルである「色」を使っていたのではそこから導かれる「色」は意味がなく，「色即是空」の状態で留まってしまう危険がある．考察すべき初めの「色」が大切なのである．それをいかに導くか，すなわち，「データからモデル」を実践するためには，ファイナンスの理論的側面である数理ファイナンスと実践的側面であるファイナンス工学(金融工学)を結びつける時系列解析にモデル構築の際の**原理**をうち立てることが必要である．

　b. **実験数学**　般若心経にある仏教の教え「色即是空　空即是色」を「色即是色」になるよう目指せよと哲学的に解釈したが，それに留まらず，科学の歩む一つの方法論として展開しているのが本書の題名にある実験数学である．実験数学とは時系列解析に使う定理の前提条件を時系列のみから検証し，数学の論理である三段論法である「定理から導かれる結論」を新たな情報として取り出し，その数学的構造を調べることである．すなわち，ケプラーが彼の三大法則を発見したときにとった**姿勢**[46]と同じく，確率論，統計学，時系列解析に基づく計算機実験を通して現象(から得られた時系列データ)から情報を抽出あるいは発見し，さらに数学の理論的な解析による手計算を通して，得られた情報から法則を定式化し，その特徴を調べるのが実験数学の研究の道筋である．標語的に言えば，「データからモデル」「データから情報」「データから法則」を時系列解析の指導原理(心)として，「現象から情報　情報から法則」を目的とする実証的な研究を行うのが実験数学である．

上に述べたことを標語的に述べると，実験数学を支える哲学は「空即是色 色即是色」である．「空」は時系列データであり，最初の「色」は時系列データから抽出されたあるいは発見された情報であり，2番目の「色」は数学として定式化された概念であり，最後の「色」が数学として客観的に説明された確固たる情報である．最初の「即是」は，計算機実験による解析における手段・方法論を意味し，実験数学の目的であると述べた「現象から情報 情報から法則」の前半の「現象から情報」を「データからモデル」としたとき，「から」の意味はデータに適用する理論の前提条件を統計学的に検証し，モデルを必要条件として導くことを意味する．「空即是色 色即是色」の2番目の「色」を数学としての解析に耐えうるあるいは懸けるに値するものになるよう，最初の「色」を時系列データから必要条件として導き出す実証的な研究を行うのが実験数学である．2番目の「即是」が手計算による解析である．

1.1.4項で述べたヘッジファンドの「ロングターム・キャピタル・マネージメント」社の破産の原因は取引に用いたモデルが実際の株価の動きを記述しているかどうかの検証がなされていなかったからであり，モデルを支える数学的理論が間違っていたのではない．そのことは数理ファイナンスにおける理論的な研究者は現場の株価の動きとは独立に研究し，その理論を用いる現場の人達が気をつければよいということを意味しない．むしろ，「理論を作る人 理論を使う人」と研究者を分けるのではなく，純粋数学と応用数学のギャップを数学者自らが埋めることが大切で，株価の時系列からその時間発展を記述するモデルを数学の論理が働くぎりぎりまで導くということが必要に思われる．それによって，まえがきの冒頭に述べたことが可能になるのではないだろうか．それを図式化したのがつぎである．

$$\text{応用数学} \xleftarrow{\text{哲学}} \text{純粋数学}$$
$$\searrow_{\text{修行}} \quad \nearrow_{\text{発見}} \qquad (1.12)$$
$$\text{実験数学}$$

もう少しこの図を説明しよう．時系列の背後にある未知の現象から何らかの情報を抜き出すのが応用数学の目的であり，その際に時系列データに適用する理論の前提条件を検証することが実験数学の憲法である．数学者が純粋数学か

ら応用数学へ足を踏み入れるためには，自分自身を説得する「哲学」を持つ必要があり，また数学者が応用数学から実験数学に踏み込むためにはケプラーのような長い苦闘という「修行」が必要である．修行が悟りに達するとき，すなわち，数学的論理による解析が成功するとき，時系列データの背後にある未知の情報を解明する「発見」が生まれ，純粋数学的にも意味のあるものが生まれる．

すでに述べたように，数理ファイナンスの分野において，モデルリスクとしての危機を抱えたままである．多くの数学者は純粋数学の成果がどのように応用されようと感知しない，否むしろ役に立つときに，数学の素晴らしさを再確認する．しかし，純粋数学の成果が応用数学の中でどのように使われているかを知ってほしい．さらに，「違和感」「ショック」を感じる研究者が多く現れてほしい．科学という大きな枠組みで考えたとき，その「違和感」「ショック」を可能な限り数学の論理で克服するのが実験数学者の使命であり，克服の中から新しい法則の発見が生まれる可能性があるのが実験数学の醍醐味である．本書では数理ファイナンスの分野におけるモデルリスクの問題は扱わないが，実験数学の立場から徹底的に研究した結果については別の機会に発表したいと思っている．

1.4　揺動散逸原理とKM_2O-ランジュヴァン方程式論

時と共に変化する時系列データの背後に潜む情報を発見し，それを解明することが時系列解析の目的である．時系列データを数学的に定式化したのが確率過程である．すなわち，時と共に変動する現象の偶然量を表すための数学的な概念が確率過程であり，その実現値の系列が時系列である．確率過程論の目的は現象の偶然性を確率過程の分布として数学的に定式化し，その普遍的な構造を調べることである．

実験数学を数学的に支えるのがKM_2O-ランジュヴァン方程式論である．1.3節において，時系列解析におけるモデル構築の際の**原理**をうち立てることが必要であると述べた．時系列解析におけるモデリング問題において，「データからモデル」としたとき，「から」の意味をデータに適用する理論の前提条件を統計学的に検証する際の拠り所となるものが揺動散逸原理である．

時系列データが時々刻々動くという表現の時間は離散時間である．したがっ

1.4 揺動散逸原理とKM$_2$O-ランジュヴァン方程式論

て,「データからモデル」を実行するには,離散時間の確率過程を対象とする必要がある.物理学におけるニュートン力学の連続系の理論,その確率版である確率論における連続時間の確率過程に対する伊藤の理論は時系列解析におけるモデリング問題には有効ではない.時系列解析における揺動散逸原理を打ち立てるために,連続時間の物理系を対象とする統計物理における揺動散逸定理の数学的構造を解明し,その数学的特徴づけを普遍化して,離散時間の確率過程に対する揺動散逸定理を確立する必要がある.さらに,一般の離散時間の確率過程の時間発展を記述するKM$_2$O-ランジュヴァン方程式に現れる特性量を構成的に求める拡張された揺動散逸アルゴリズムを確立することによって,時系列のモデリング問題の理論的拠り所を与える揺動散逸原理を打ち立てることができる.

以上までは線形の理論であるが,「データからモデル モデルから法則」を行うには,離散時間の確率過程に対する非線形情報空間の解析が必要である.さらに,これらを理論的根拠に,時系列解析を実践するのがKM$_2$O-ランジュヴァン方程式論である.それはつぎの9個の部分から成り立っている.

KM$_2$O-ランジュヴァン方程式論
- (1) モデル解析　　　2.6節, 2.13節
- (2) 定常解析　　　　2.7節
- (3) アルゴリズム解析　2.8節, 2.9節
- (4) 情報解析　　　　2.5節, 2.10節
- (5) 因果解析　　　　2.11節
- (6) 決定解析　　　　2.12節
- (7) 予測解析　　　　2.14節
- (8) 時系列解析　　　第3章
- (9) 実証解析　　　　第4章

つぎの章から紹介しよう.それを理解するのに必要な確率論と統計学の基礎については筆者の著書「応用数学基礎講座 6 確率・統計」[135]を参照して頂きたい.

KM$_2$O-ランジュヴァン方程式論

2.1 時系列とその標本空間

　自然現象，生命現象，工学現象，社会現象を観測あるいは計測して得られるものの中に，時間と共に一見不規則に変化する興味深いデータがある．たとえば，自然現象の中では太陽の黒点・地震波・オーロラ・磁気嵐等の時系列データ，生命現象の中では脳波・心電図・脈波・麻疹・音声等の時系列データ，工学現象の中では電力消費量・水道需要量・原子炉等の時系列データ，社会現象の中ではマネーサプライ・国民総生産・為替・株・金利等の時系列データである．

　長さが $N+1$ 個の1次元の時系列データ w_n $(0 \leq n \leq N)$ が与えられるとは，実数 $\mathbf{R}$ の元を時刻と解釈して，実数の中の整数点の集合 $\{0, 1, \ldots, N\}$ 上で定義された関数 $w: \{0, 1, \ldots, N\} \to \mathbf{R}, w(n) = w_n$ が与えられるとして，数学の研究対象となる．関数 w をベクトル $w = (w_0, w_1, \ldots, w_N)$ と同一視することがある．その関数のグラフが時と共に変動する時系列のグラフである．時

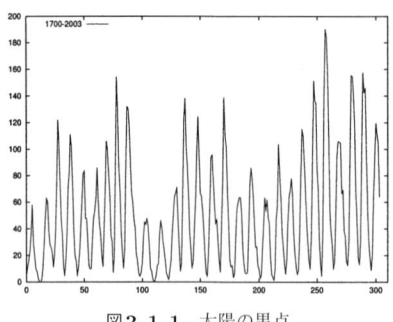

図 2.1.1　太陽の黒点

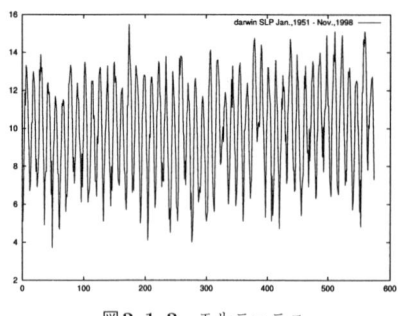

図 2.1.2　エルニーニョ

2.1 時系列とその標本空間

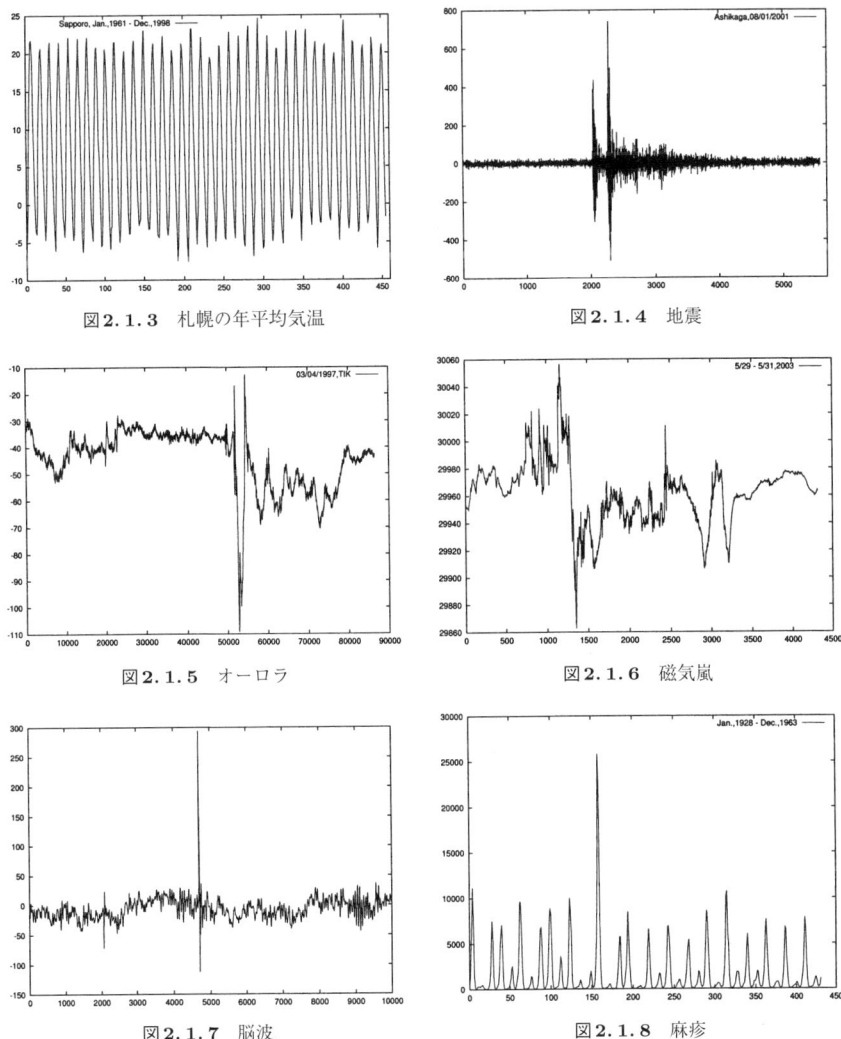

図 2.1.3 札幌の年平均気温

図 2.1.4 地震

図 2.1.5 オーロラ

図 2.1.6 磁気嵐

図 2.1.7 脳波

図 2.1.8 麻疹

系列のグラフは, 秒, 分, 日, 月, 年というとびとびの時間 (離散時間という) と共に変動するグラフになる. 上に述べた時系列のいくつかを図 2.1.1〜図 2.1.10 に与えよう.

ある現象を観測あるいは計測して時系列を取り出すとき, 通常は 1 個あるいは有限個の時系列が得られるだけである. そこから「データからモデル」を実行

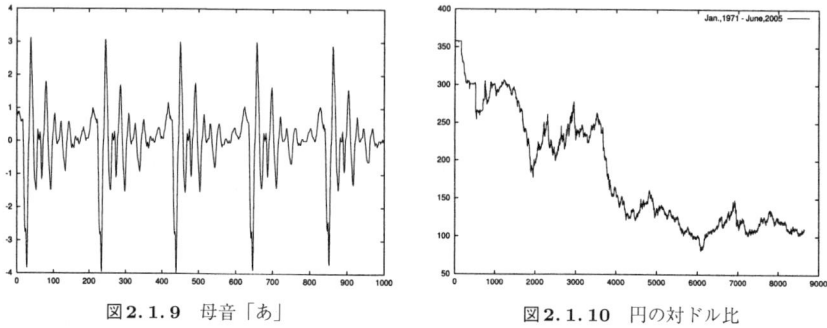

図 2.1.9 母音「あ」　　　　図 2.1.10 円の対ドル比

するためには，それ以外の可能な時系列の全体を考え，確率論的に考察することが大切である．そこで，長さが $N+1$ である1次元の時系列の全体 W を考える．それは時系列の標本空間と呼ばれ，実数を成分とする $N+1$ 次元の横ベクトルの集合として表現される：

$$W = {}^t\mathbf{R}^{N+1} \equiv \{(w(0), w(1), \ldots, w(N)); w(n) \in \mathbf{R} \ (0 \leq n \leq N)\}. \tag{2.1}$$

各 $n \ (0 \leq n \leq N)$ に対し，W から $\mathbf{R}$ への関数 $X(n)$ を

$$X(n)((w(0), w(1), \ldots, w(N))) \equiv w(n) \tag{2.2}$$

によって定義し，その集まりを $\mathbf{X} \equiv (X(n); 0 \leq n \leq N)$ と表す．

1次元の時系列 $z = (z(0), z(1), \ldots, z(N))$ が与えられたとき，$X(n)(z) = z(n) \ (0 \leq n \leq N)$ となるので，元の時系列データ $z(n) \ (0 \leq n \leq N)$ は関数の集まり $\mathbf{X}$ の一つの実現であるということができる．標本空間 W の上に，時系列 z の特徴を捉える確率測度 P を見つけられるとき，確率測度 P を伴った標本空間 W は確率空間となり，関数の集まり $\mathbf{X}$ は時系列 z の背後に潜む確率過程となる．

確率測度，確率空間，確率過程の概念は KM_2O-ランジュヴァン方程式論に基本的な概念なので，次節で詳しく復習しよう．

2.2 確率論の基礎的概念

確率論の基礎的概念の一つとして,完全加法的集合族あるいは σ-加法族という概念がある.それを説明しよう.標本空間 W の部分集合全体を 2^W と書く.その部分集合 $\mathcal{B}$ が σ-加法族であるとは,つぎの性質を満たすときを言う:

$$\begin{cases} (\mathcal{B}.1) & W \in \mathcal{B}, \\ (\mathcal{B}.2) & A \in \mathcal{B} \Rightarrow A^c \in \mathcal{B}, \\ (\mathcal{B}.3) & A_n \in \mathcal{B} \ (n \in \mathbf{N}) \Rightarrow \bigcup_{n \in \mathbf{N}} A_n \in \mathcal{B}. \end{cases}$$

ここで,集合 A に対し,A^c はその補集合で $A^c \equiv \{w \in W; w \notin A\}$ と表現される.W^c は一つも要素を含まない集合で空集合 $\emptyset$ で表現される.さらに,$\mathbf{N}$ は自然数全体の集合を表し,可算個の集合列 A_n $(n \in \mathbf{N})$ に対し,集合 $\bigcup_{n \in \mathbf{N}} A_n$ はどれかの集合 A_n に属する要素の全体で,$\bigcup_{n \in \mathbf{N}} A_n \equiv \{w \in W; \text{ある } n \text{ が存在して}, w \in A_n\}$ と表現される.

標本空間 W の σ-加法族の中で最大なものは部分集合全体の 2^W であり,最小なものは $\{\emptyset, W\}$ である.そこで,標本空間 W に自然な σ-加法族 $\mathcal{B}(W)$ を導入する.その前に,2^W の部分集合,すなわち W の部分集合族 $\mathcal{A}(W)$ をつぎで定義する:

$$\mathcal{A}(W) \equiv \{A \in 2^W; A = (a_0, b_0] \times (a_1, b_1] \times \cdots \times (a_N, b_N] \quad (2.3)$$
$$(a_j, b_j \in \mathbf{R}, a_j < b_j \ (0 \leq j \leq N))\}.$$

そのとき,集合族 $\mathcal{B}(W)$ をつぎで定義する:

$$\mathcal{B}(W) \equiv \{A \in 2^W; \text{任意の } \sigma\text{-加法族 } \mathcal{F} \supset \mathcal{A}(W) \text{ に対し}, A \in \mathcal{F}\}. \quad (2.4)$$

この集合族は σ-加法族となり,部分集合族 $\mathcal{A}(W)$ を含む σ-加法族の中で最小な σ-加法族である.標本空間 W に上の σ-加法族 $\mathcal{B}(W)$ を付随した組 $(W, \mathcal{B}(W))$ を可測空間と言う.

(2.4) と同様に,実数空間 $\mathbf{R}$ の中に σ-加法族 $\mathcal{B}(\mathbf{R})$ を

$$\mathcal{B}(\mathbf{R}) \equiv \{A \in 2^{\mathbf{R}}; \text{任意の } \sigma\text{-加法族 } \mathcal{F} \supset \mathcal{A}(\mathbf{R}) \text{ に対し}, A \in \mathcal{F}\} \quad (2.5)$$

で定義する．ここで，$\mathcal{A}(\mathbf{R})$ は $2^{\mathbf{R}}$ のつぎの部分集合である：

$$\mathcal{A}(\mathbf{R}) \equiv \{A \in 2^{\mathbf{R}}; A = (a, b] \ (a, b \in \mathbf{R}, a < b)\}. \tag{2.6}$$

集合族 $\mathcal{B}(\mathbf{R})$ は σ-加法族となり，部分集合族 $\mathcal{A}(\mathbf{R})$ を含む σ-加法族の中で最小な σ-加法族で，ボレル σ-加法族と呼ばれる．その要素はボレル集合と呼ばれる．組 $(\mathbf{R}, \mathcal{B}(\mathbf{R}))$ も可測空間の例である．

(2.2)によって導入された関数 $X(n)$ $(0 \leq n \leq N)$ は可測空間 $(W, \mathcal{B}(W))$ 上の実数値関数でつぎの性質を満たす：$\mathcal{B}(\mathbf{R})$ の任意の要素 A に対し

$$X(n)^{-1}A \equiv \{w \in W; X(n)(w) \in A\} \in \mathcal{B}(W). \tag{2.7}$$

関数の集まり $\mathbf{X} = (X(n); 0 \leq n \leq N)$ を用いると，(2.3)で定義した集合族の要素 $(a_0, b_0] \times (a_1, b_1] \times \cdots \times (a_N, b_N]$ はつぎのように表現される：

$$(a_0, b_0] \times (a_1, b_1] \times \cdots \times (a_N, b_N] = \bigcap_{n=0}^{N} X(n)^{-1}(a_n, b_n]. \tag{2.8}$$

さらに，σ-加法族 $\mathcal{B}(W)$ の部分集合としての σ-加法族を導入する．各 m, n $(0 \leq m \leq n \leq N)$ に対し，W の部分集合族 $\mathcal{A}_m^n(\mathbf{X})$ をつぎで定義する：

$$\mathcal{A}_m^n(\mathbf{X}) \equiv \{X(k)^{-1}(F); m \leq k \leq n, F \in \mathcal{B}(\mathbf{R})\}. \tag{2.9}$$

このとき，(2.4)と同じく，W の部分集合族 $\mathcal{B}_m^n(\mathbf{X})$ をつぎで定義する：

$$\mathcal{B}_m^n(\mathbf{X}) \equiv \{A \in 2^W; \text{任意の } \sigma\text{-加法族 } \mathcal{F} \supset \mathcal{A}_m^n(\mathbf{X}) \text{ に対し，} A \in \mathcal{F}\}. \tag{2.10}$$

この集合族は σ-加法族となり，部分集合族 $\mathcal{A}_m^n(\mathbf{X})$ を含む σ-加法族の中で最小な σ-加法族である．これは関数 $X(k)$ $(m \leq k \leq n)$ をすべて可測にする最小の σ-加法族と呼ばれ，$\sigma(X(k); m \leq k \leq n)$ と書くことがある：

$$\sigma(X(k); m \leq k \leq n) \equiv \mathcal{B}_m^n(\mathbf{X}). \tag{2.11}$$

このとき，つぎが成り立つ．

$$\mathcal{B}(W) = \mathcal{B}_0^N(\mathbf{X}) \qquad (0 \leq n \leq N). \tag{2.12}$$

2.2 確率論の基礎的概念

つぎに, 確率測度の概念を復習しよう. σ-加法族 $\mathcal{B}(W)$ から $[0,1]$ への関数でつぎの性質を満たすものを確率測度あるいは簡単に確率と言う:

$$\begin{cases} \text{(P.1)} & P(W) = 1, \\ \text{(P.2)} & \mathcal{B}(W) \text{ の元 } A_n \ (n \in \mathbf{N}) \text{ が互いに交わらないならば} \\ & P(\bigcup_{n \in \mathbf{N}} A_n) = \sum_{n=1}^{\infty} P(A_n). \end{cases}$$

可測空間 $(W, \mathcal{B}(W))$ に任意の確率測度 P を付随させた三つ組 $(W, \mathcal{B}(W), P)$ を確率空間と言う. このとき, 関数 $X(n)$ は (2.7) を満たすので, 確率変数と呼ばれ, その集まり $\mathbf{X} = (X(n); 0 \le n \le N)$ は実数値のあるいは1次元の確率過程と呼ばれる.

さらに, 任意の確率測度 P が可測空間 $(W, \mathcal{B}(W))$ に付随しているとき, 可測空間 $(\mathbf{R}, \mathcal{B}(\mathbf{R}))$ の上に, 各 n $(0 \le n \le N)$ に対し, 確率変数 $X(n)$ の分布 $P_{X(n)}$ がつぎのように定義される: $\mathcal{B}(\mathbf{R})$ の任意の要素 A に対し

$$P_{X(n)}(A) \equiv P(X(n)^{-1}A). \tag{2.13}$$

確率変数 $X(n)$ の分布 $P_{X(n)}$ は可測空間 $(\mathbf{R}, \mathcal{B}(\mathbf{R}))$ の上の確率測度となる: なぜなら, 性質 (P.1) は $P_{X(n)}(\mathbf{R}) = P(X(n)^{-1}\mathbf{R}) = P(W) = 1$ と示される. つぎに, $\mathcal{B}(\mathbf{R})$ の元で互いに交わらない A_k $(k \in \mathbf{N})$ に対し, $X(n)^{-1}A_k$ $(k \in \mathbf{N})$ は $\mathcal{B}(W)$ の元で互いに交わらないので, P が満たす性質 (P.2) より $P_{X(n)}(\bigcup_{k \in \mathbf{N}} A_k) = P(X(n)^{-1} \bigcup_{k \in \mathbf{N}} A_k) = P(\bigcup_{k \in \mathbf{N}} X(n)^{-1}A_k) = \sum_{k=1}^{\infty} P(X(n)^{-1}A_k) = \sum_{k=1}^{\infty} P_{X(n)}(A_k)$ が成り立ち, 性質 (P.2) が示された.

(2.2) によって定義された関数 $X(n)$ $(0 \le n \le N)$ は実数値あるいは1次元の値をとる関数であるが, 時系列の非線形解析を行うためには, 多次元の値をとる関数を考えなければいけないことがある. その準備として, 自然数 d に対し, d 次元ユークリッド空間 $\mathbf{R}^d$ を考える. その要素は d 次元の縦ベクトルである:

$$\mathbf{R}^d \equiv \{ {}^t(x_1, x_2, \ldots, x_d); x_j \in \mathbf{R} \ (1 \le j \le d) \}. \tag{2.14}$$

(2.3) を縦ベクトル化して, $\mathbf{R}^d$ の部分集合族 $\mathcal{A}(\mathbf{R}^d)$ をつぎで定義する:

$$\mathcal{A}(\mathbf{R}^d) \equiv \{ A \in 2^{\mathbf{R}^d}; {}^tA = (a_1, b_1) \times (a_2, b_2) \times \cdots \times (a_d, b_d) \\ (a_j, b_j \in \mathbf{R}, a_j < b_j \ (1 \le j \le d)) \}. \tag{2.15}$$

ここで，$\mathbf{R}^d$ の部分集合 A に対し，${}^tA \equiv \{(x_1, x_2, \ldots, x_d); {}^t(x_1, x_2, \ldots, x_d) \in A\}$. そのとき，$\mathbf{R}^d$ の集合族 $\mathcal{B}(\mathbf{R}^d)$ をつぎで定義する：

$$\mathcal{B}(\mathbf{R}^d) \equiv \{A \in 2^{\mathbf{R}^d}; \forall \sigma\text{-加法族 } \mathcal{F} \supset \mathcal{A}(\mathbf{R}^d) \text{ に対し}, A \in \mathcal{F}\}. \quad (2.16)$$

この集合族は σ-加法族となり，部分集合族 $\mathcal{A}(\mathbf{R}^d)$ を含む σ-加法族の中で最小な σ-加法族である．標本空間 $\mathbf{R}^d$ に上の σ-加法族 $\mathcal{B}(\mathbf{R}^d)$ を付随した組 $(\mathbf{R}^d, \mathcal{B}(\mathbf{R}^d))$ は可測空間の例である．

今までは標本空間 W の上で確率過程論の基礎概念を紹介した．この後において，可能な限りはこの基本的な標本空間の上で議論するが，どうしても別の空間の上で議論しなければならないことがある．そのために，また今までの整理にもなるので，確率空間，確率変数とその分布，確率過程について，それらの普遍な抽象的な定義を与えよう．一般に確率空間と言うときは，つぎの性質を満たす三つ組 $(\Omega, \mathcal{B}, P)$ のことである：

(Ω) Ω は一つの集合である；

($\mathcal{B}$) $\mathcal{B}$ は Ω の σ-加法族，すなわち 2^Ω の部分集合でつぎの性質を満たす；
$$\begin{cases} (\mathcal{B}.1) & \Omega \in \mathcal{B}, \\ (\mathcal{B}.2) & A \in \mathcal{B} \Rightarrow A^c \in \mathcal{B}, \\ (\mathcal{B}.3) & A_n \in \mathcal{B} \ (n \in \mathbf{N}) \Rightarrow \bigcup_{n \in \mathbf{N}} A_n \in \mathcal{B} \end{cases}$$

(P) P は確率測度である，すなわち $\mathcal{B}$ から $[0,1]$ への関数でつぎの性質を満たす；
$$\begin{cases} (P.1) & P(\Omega) = 1, \\ (P.2) & \mathcal{B} \text{ の元 } A_n \ (n \in \mathbf{N}) \text{ が互いに交わらないならば} \\ & P(\bigcup_{n \in \mathbf{N}} A_n) = \sum_{n=1}^\infty P(A_n). \end{cases}$$

集合 Ω を単に確率空間と呼ぶことがある．

例 2.2.1 後の 2.7 節の (2.163) において，集合 Ω として，これまで本書で考えてきた標本空間 W (2.1 節の (2.1)) を多次元化した集合をとる．詳しくは，2.7 節で述べる．

例 2.2.2 もっと馴染み易い硬貨投げの例を与えよう．一つの硬貨を N 回投

げるときの標本空間 Ω は

$$\Omega \equiv \{\omega = (\omega(1), \omega(2), \ldots, \omega(N)); \omega(j) = 0, 1 \ (1 \leq j \leq N)\} \quad (2.17)$$

で与えられる.ただし,1回の硬貨投げの結果である表か裏はそれぞれ 1,0 で表現している.集合 Ω の一つの要素 $\omega = (\omega(1), \omega(2), \ldots, \omega(N))$ は硬貨を N 回投げた結果を表し,各 $\omega(j)$ $(1 \leq j \leq N)$ はその結果の中で j 回目に投げた結果を表している.集合 Ω は有限集合(その要素の和 $n(\Omega) = 2^N$)であるので,σ-加法族 $\mathcal{B}$ は集合 Ω の部分集合の全体をとる:

$$\mathcal{B} \equiv \{A; A \text{ は集合 } \Omega \text{ の部分集合}\} = 2^\Omega. \quad (2.18)$$

最後に,確率測度 P であるが,これは硬貨の表あるいは裏の出方に応じていろいろな場合を考えることができる.たとえば,賭博で行われている不公平な場合がある.「現象からモデル」がここに現れている.ここではもっとも簡単な場合として,硬貨が公平に作られていて,各回同じ状態で硬貨を投げる場合(現象)を考える.これは,標本空間 Ω は $n(\Omega)$ 個の要素から成り立ち,各 ω が起こる事象 $\{\omega\}$ は ω には拠らず等確率で現れる場合である.ゆえに,それに対応する確率測度 P はつぎのようになる:

$$P(A) \equiv \frac{n(A)}{n(\Omega)}. \quad (2.19)$$

この P は確率測度となる:なぜなら,性質 (P.1) は直ちに成り立つ.$\mathcal{B}$ の元で互いに交わらない A_k $(k \in \mathbf{N})$ に対し,$n(\bigcup_{k \in \mathbf{N}} A_k) = \sum_{k=1}^{\infty} n(A_k)$ が成り立つので,性質 (P.2) は従う.

今構成した三つ組 $(\Omega, \mathcal{B}, P)$ が確率空間の一つの例である.

一般の場合に戻り,確率変数の概念を説明しよう.確率空間 $(\Omega, \mathcal{B}, P)$ の上で定義された d 次元ユークリッド空間 $\mathbf{R}^d$ の値をとる関数 Y が確率変数であるとはつぎの性質を満たすときを言う:

$$Y^{-1}A \equiv \{\omega \in \Omega; Y(\omega) \in A\} \in \mathcal{B} \quad (\forall A \in \mathcal{B}(\mathbf{R}^d)). \quad (2.20)$$

上の確率変数 Y に対し,その確率分布 P_Y とは,可測空間 $(\mathbf{R}^d, \mathcal{B}(\mathbf{R}^d))$ 上で

$$P_Y(A) \equiv P(Y^{-1}A) \quad (A \in \mathcal{B}(\mathbf{R}^d)) \quad (2.21)$$

によって定義された関数である．これは(P.1),(P.2)を満たすことが, (2.13)にある確率分布 $P_{X(n)}$ が確率測度であることを示したときと同様に示される．この確率測度 P_Y は，確率変数という関数 Y によって，可測空間 $(\Omega,\mathcal{B})$ 上の測度 P を可測空間 $(\mathbf{R}^d,\mathcal{B}(\mathbf{R}^d))$ 上の確率測度に変換したものと解釈できる．このとき，つぎの変数変換の公式が成り立つ：

変数変換の公式 任意の複素数の値をとる可測な関数 $f:(\mathbf{R}^d,\mathcal{B}(\mathbf{R}^d)) \to \mathbf{C}$ で確率変数 Y の確率分布 P_Y に関して可積分であれば

$$\int_\Omega f(Y(\omega))P(d\omega) = \int_{\mathbf{R}^d} f(y)P_Y(dy). \qquad (2.22)$$

この証明の概略を与えよう．ルベーグ積分論の基本的考えが現れるので理解してほしい．変数変換の公式の左辺は測度 P に関するルベーグ積分であり，右辺は測度 P_Y に関するルベーグ積分であるので，それぞれ関数 $f(Y), f$ に関して線形性と単調収束定理(この定理がルベーグ積分論の原点である)が成り立つ．ゆえに，変数変換の公式を証明するためには，複素数値の可積分関数 f として，2値の定義関数 χ_A $(A\in\mathcal{B}(\mathbf{R}^d))$ をとれば十分である．なぜなら，複素数値の可測関数 f は実数値の可測関数 f_1,f_2 の和 $f=f_1+if_2$ として，各 f_j $(j=1,2)$ は非負の可測関数 $(f_j)_+,(f_j)_-$ の差 $f_j=(f_j)_+-(f_j)_-$ として表現できる．実際, $f_1\equiv\mathrm{Re}f, f_2\equiv\mathrm{Im}f, (f_j)_+\equiv f\cdot\chi_{(f_j\geq 0)}, (f_j)_-\equiv -f\cdot\chi_{(f_j<0)}$ $(j=1,2)$ が一つのとり方である．さらに，非負な可測関数 g ($(f_j)_+,(f_j)_-$ のどれか) は定義関数の有限個の非負係数の1次結合 $g_n = \sum_{k=1}^{\ell_n} c_k^{(n)}\chi_{A_k^{(n)}}$ ($c_k^{(n)}\geq 0, A_k^{(n)}\in \mathcal{B}(\mathbf{R}^d)$) によって単調増加極限 $0\leq g_n \nearrow_n g$ として近似できるからである(ここがルベーグ積分論の基本的な考えである)．さて, $f=\chi_A$ $(A\in\mathcal{B}(\mathbf{R}^d))$ のとき, (2.22)の左辺は $\int_\Omega \chi_A(Y(\omega))P(d\omega) = \int_\Omega \chi_{Y^{-1}A}(\omega)P(d\omega) = P(Y^{-1}A)$, (2.22)の右辺は $P_Y(A)$ となり，確率変数 Y の確率分布 P_Y の定義式(2.21)より，これらは等しくなる．

確率分布 P_Y で, $\int_{\mathbf{R}^d} \sum_{k=1}^d |y_k|^2 P_Y(dy) < \infty$ を満たすものに対して，その平均ベクトル a と分散行列 V をつぎで定義する:

$$a \equiv \int_{\mathbf{R}^d} yP_Y(dy), \qquad (2.23)$$

$$V \equiv \int_{\mathbf{R}^d} (y-a)\,{}^t(y-a)P_Y(dy). \qquad (2.24)$$

これらは変数変換の公式を用いるとそれぞれつぎのように書き直される：

$$a = \int_\Omega Y(\omega) P(d\omega) \equiv E(Y), \tag{2.25}$$

$$V = \int_\Omega (Y(\omega) - a)\,^t(Y(\omega) - a) P(d\omega) \equiv V(Y). \tag{2.26}$$

例 2.2.3 例 2.2.2 で考えた硬貨投げのモデル $(\Omega, \mathcal{B}, P)$ において, 確率変数とその分布の例を与えよう. 硬貨を投げるという行動は確率変数という概念によって数学の研究対象となる. すなわち, 各 n $(1 \leq n \leq N)$ に対し, 関数 $X(n) : \Omega \to \mathbf{R}$ を

$$X(n)(\omega) \equiv \omega(n) \tag{2.27}$$

で定義する. これは n 回目に投げる硬貨の結果を表す関数である. これらの関数を用いると, 表が何回出るかという回数は $\sum_{n=1}^N X(n)$ という確率変数で, 表が出る割合は $\sum_{n=1}^N X(n)/N$ という確率変数で表すことができる. 硬貨投げの回数 N を無限に大きくするとき, 表が出る割合は $\frac{1}{2}$ に近づくことは経験されあるいは想像されると思うが, このことは数学的にはつぎの大数の弱法則として表現される[135]: 任意の正数 ϵ に対し

$$\lim_{N \to \infty} P\left(\left| \frac{\sum_{n=1}^N X(n)}{N} - \frac{1}{2} \right| > \epsilon \right) = 0. \tag{2.28}$$

確率変数を用いると, 硬貨投げのいろいろな結果(事象)を表現できる. たとえば, 表が出る回数が裏が出る回数より多い事象は $(\sum_{n=1}^N X(n) > \frac{N}{2})$, 表が2回続けて出ない事象は $\bigcap_{n=1}^{N-1}(X(n)X(n+1) = 0)$, 表が少なくとも一度は3回続けて出る事象は $\bigcup_{n=1}^{N-2}(X(n) = X(n+1) = X(n+2) = 1)$, 表が一度も出ない事象は $\bigcap_{n=1}^N (X(n) = 0)$ と表される. 最後の事象は1個の要素 $(0, 0, \ldots, 0)$ よりなる事象 $\{(0, 0, 0, \ldots, 0)\}$ と一致する.

n 回目に硬貨を投げる試行を表す確率変数 $X(n)$ の確率分布 $P_{X(n)}$ はつぎのように計算される：

$$P_{X(n)}(\{0\}) = P_{X(n)}(\{1\}) = \frac{1}{2}. \tag{2.29}$$

一般に, 可測空間 $(\mathbf{R}^d, \mathcal{B}(\mathbf{R}^d))$ 上の確率測度 μ で, $\int_{\mathbf{R}^d} \sum_{k=1}^d |x_k|^2 \mu(dx) < \infty$ を満たすものに対して, その平均ベクトル a と分散行列 V がつぎで定義さ

れる:

$$a \equiv \int_{\mathbf{R}^d} x\mu(dx), \qquad (2.30)$$

$$V \equiv \int_{\mathbf{R}^d} (x-a)\,{}^t(x-a)\mu(dx). \qquad (2.31)$$

さらに, 可測空間 $(\mathbf{R}^d, \mathcal{B}(\mathbf{R}^d))$ 上の任意の確率測度 μ に対し, その特性関数 φ_μ が

$$\varphi_\mu(\xi) \equiv \int_{\mathbf{R}^d} e^{-i(\xi,x)} \mu(dx) \quad (\xi \in \mathbf{R}^d) \qquad (2.32)$$

によって, $\mathbf{R}^d$ 上で定義された複素数の値をとる関数として定義される. ここで, (ξ,x) は, $\mathbf{R}^d$ の元 $\xi = {}^t(\xi_1, \xi_2, \ldots, \xi_d)$, $x = {}^t(x_1, x_2, \ldots, x_d)$ に対し, $(\xi,x) \equiv \sum_{k=1}^d \xi_k x_k$ によって定義される内積である. 確率測度 μ からその特性関数 φ_μ を対応させる変換を確率測度のフーリエ変換と言う. この変換は一対一である, すなわち, つぎのことが成り立つ[135].

定理 2.2.1 二つの確率測度 μ_1, μ_2 に対し, もし $\varphi_{\mu_1} = \varphi_{\mu_2}$ が成り立てば, $\mu_1 = \mu_2$ が成り立つ.

特性関数はつぎの性質を持つことを示すことができる[135].

定理 2.2.2 確率測度 μ の特性関数 φ_μ はつぎの性質をもつ:
 (i) φ_μ は連続関数である;
 (ii) φ_μ は非負定符号関数である, すなわち, 任意個数の複素数 c_j と $\mathbf{R}^d$ の元 ξ_j $(1 \leq j \leq m)$ に対し, $\sum_{j,k=1}^m c_j \overline{c_k} \varphi_\mu(\xi_j - \xi_k) \geq 0$;
 (iii) $\varphi_\mu(0) = 1$;
 (iv) $|\varphi_\mu(\xi)| \leq 1$ $(\xi \in \mathbf{R}^d)$;
 (v) $\overline{\varphi_\mu(\xi)} = \varphi_\mu(-\xi)$ $(\xi \in \mathbf{R}^d)$;
 (vi) $|\varphi_\mu(\xi+\eta) - \varphi_\mu(\xi)|^2 \leq 2|1 - \varphi_\mu(\eta)|$ $(\xi, \eta \in \mathbf{R}^d)$.

確率測度の特性関数を特徴付ける性質は定理 2.2.2 の (i), (ii), (iii) である, すなわち, つぎのボッホナーの定理が成り立つ[135].

2.2 確率論の基礎的概念

定理 2.2.3 （ボッホナーの定理） 関数 $f: \mathbf{R}^d \longrightarrow \mathbf{C}$ がつぎの性質 (i), (ii), (iii) を満たすとする:

(i) f は連続関数である;

(ii) f は非負定符号関数である, すなわち, 任意個数の複素数 c_j と $\mathbf{R}^d$ の元 ξ_j $(1 \le j \le m)$ に対し, $\sum_{j,k=1}^m c_j \overline{c_k} f(\xi_j - \xi_k) \ge 0$;

(iii) $f(0) = 1$.

このとき, 可測空間 $(\mathbf{R}^d, \mathcal{B}(\mathbf{R}^d))$ 上に確率測度 μ で $f = \varphi_\mu$ を満たすものが唯一つ存在する.

例 2.2.4 （非退化な正規分布） $\mathbf{R}^d$ の任意の元 a と正の定符号の d 次の正方行列 V に対し, 正規分布と呼ばれる確率測度 $N(a, V)$ がつぎで定義される:

$$N(a,V)(A) \equiv \int_A \frac{1}{(2\pi)^{d/2}(\det V)^{1/2}} e^{-\frac{(V^{-1}(x-a), x-a)}{2}} dx \qquad (2.33)$$

$(A \in \mathcal{B}(\mathbf{R}^d))$. この確率測度の平均ベクトルは a, 分散行列は V となる:

$$a = \int_{\mathbf{R}^d} x N(a,V)(dx), \qquad (2.34)$$

$$V = \int_{\mathbf{R}^d} (x-a) \, {}^t(x-a) N(a,V)(dx). \qquad (2.35)$$

さらに, 特性関数の形は

$$\varphi_{N(a,V)}(\xi) = e^{-i(a,\xi) - \frac{(V\xi, \xi)}{2}} \qquad (2.36)$$

となる. 定理 2.2.3 の性質 (i), (ii), (iii) を満たすことを注意する. 特に, 性質 (i), (iii) を満たすことは直ちに従うが, 性質 (ii) を満たすことを確率測度 $N(a, V)$ の定義式 (2.33) から示すことは容易ではない. それではどのように示すかというと, 特性関数 $\varphi_{N(a,V)}$ の定義式 (2.32) を用いて

$$\sum_{j,k=1}^m c_j \overline{c_k} f(\xi_j - \xi_k) = \sum_{j,k=1}^m c_j \overline{c_k} \int_{\mathbf{R}^d} e^{-i(\xi_j - \xi_k, x)} N(a,V)(dx)$$

$$= \int_{\mathbf{R}^d} \sum_{j,k=1}^m c_j \overline{c_k} e^{-i(\xi_j, x)} \overline{e^{-i(\xi_k, x)}} N(a,V)(dx)$$

$$= \int_{\mathbf{R}^d} \left| \sum_{j=1}^m c_j e^{-i(\xi_j, x)} \right|^2 N(a, V)(dx)$$
$$\geq 0$$

が示される．

定理 2.2.3 の応用として，退化した正規分布の存在を保証するつぎの定理を示すことができる[135]．

定理 2.2.4 $\mathbf{R}^d$ の任意の元 a と正の半定符号の d 次の正方行列 V に対し，可測空間 $(\mathbf{R}^d, \mathcal{B}(\mathbf{R}^d))$ 上に確率測度 μ で

$$e^{-i(a,\xi) - \frac{(V\xi,\xi)}{2}} = \varphi_\mu(\xi) \quad (\xi \in \mathbf{R}^d)$$

を満たすものが唯一つ存在する．

定理 2.2.4 の証明の概略を与えよう．行列 V が逆行列をもたない可能性があるので，各正数 ϵ に対して，正の定符号の正方行列 $V^{(\epsilon)}$ を

$$V^{(\epsilon)} \equiv V + \epsilon I_d \tag{2.37}$$

で定め，平均ベクトルが a，分散行列が $V^{(\epsilon)}$ である正規分布 $N(a, V^{(\epsilon)})$ を考える．その特性関数の形は (2.36) より

$$\varphi_{N(a, V^{(\epsilon)})}(\xi) = e^{-i(a,\xi) - \frac{(V^{(\epsilon)}\xi, \xi)}{2}} \tag{2.38}$$

となる．つぎに，関数 $f : \mathbf{R}^d \longrightarrow \mathbf{C}$ を

$$f(\xi) \equiv e^{-i(a,\xi) - \frac{(V\xi,\xi)}{2}} \tag{2.39}$$

で定める．例 2.2.4 で見たように，関数 $\varphi_{N(a, V^{(\epsilon)})}$ は定理 2.2.2 の (i), (ii), (iii) を満たし，$\lim_{\epsilon \to 0} \varphi_{N(a, V^{(\epsilon)})} = f$ が成り立つので，関数 f もまた定理 2.2.2 の (i), (ii), (iii) を満たす．したがって，定理 2.2.3 より，定理 2.2.4 が成り立つ．

注意 2.2.1 正数 ϵ に対し，正の半定符号の行列 V に正の定符号の行列 ϵI_d を加えて変換した正の定符号の行列 $V + \epsilon I_d$ を考えることが大切であった．基本

的には同じ考えが2.5節で展開するウェイト変換において用いられている.そこでは退化した確率過程がウェイト変換によって非退化な確率過程に変換される.

例2.2.5 (退化した正規分布) 定理2.2.4で定まる確率測度は,平均ベクトルが a, 分散行列が V であることが示される.それゆえ,この確率測度を,退化した場合を含めて,平均ベクトルが a, 分散行列が V の正規分布と呼び,$N(a,V)$ と表す.

例2.2.6 (デルタ分布) $\mathbf{R}^d$ の各点 a に対し,可測空間 $(\mathbf{R}^d, \mathcal{B}(\mathbf{R}^d))$ 上の確率測度 δ_a を

$$\delta_a(A) \equiv \begin{cases} 1 & a \in A, \\ 0 & a \notin A \end{cases}$$

で定義し,デルタ分布あるいはデルタ測度と呼ぶ.ただ一つの要素からなる集合 $\{a\}$ に集中している確率測度である.デルタ分布 δ_a の特性関数 φ_{δ_a} は $\varphi_{\delta_a}(\xi) = e^{-i(\xi,a)}$ となる.したがって,デルタ分布 δ_a は平均ベクトルが a, 分散行列が 0 (零行列) の退化した正規分布と見なすことができる.

例2.2.7 例2.2.3において,硬貨を投げるという試行を確率変数で表現し,その確率分布を計算した.これをデルタ分布を用いると,つぎのように表現される:

$$P_{X(n)} = \frac{1}{2}\delta_{\{1\}} + \frac{1}{2}\delta_{\{0\}}. \tag{2.40}$$

2.3 関数解析学の基礎的概念

本書では2乗可積分関数がつくる L^2 空間とその上で定義された射影作用素を用いるので,そのことを復習しよう.

前節で考察した標本空間,ユークリッド空間,確率空間は可測空間の例である.本書ではこれらの空間の上の2乗可積分関数の空間を扱うので,本節では記号を変えて,一般の確率空間を $(S, \mathcal{F}, \mu)$ と表すことにしよう.以下述べることは μ は必ずしも確率測度でなくてよく,(完全加法的な) 測度でよいが,本節では確率測度である場合を扱うことにする.

S で定義され, 実数の値をとる可測関数で可積分な関数の全体と 2 乗可積分な関数の全体をそれぞれ $L^1(S,\mathcal{F},\mu), L^2(S,\mathcal{F},\mu)$ とする:

$$L^1(S,\mathcal{F},\mu) \equiv \{f:S \to \mathbf{R}; f \text{ は } \mathcal{F}\text{-可測}, |f| \text{ は } \mathcal{F}\text{-積分可能}\}, \quad (2.41)$$

$$L^2(S,\mathcal{F},\mu) \equiv \{f:S \to \mathbf{R}; f \text{ は } \mathcal{F}\text{-可測}, |f|^2 \text{ は } \mathcal{F}\text{-積分可能}\}. \quad (2.42)$$

ただし, μ-a.e. で一致する関数は等しいと見なす, すなわち, $L^1(S,\mathcal{F},\mu)$ あるいは $L^2(S,\mathcal{F},\mu)$ の元 f, g に対し, $\mu(\{x \in S; f(x) \neq g(x)\}) = 0$ の時, 関数 f, g がほとんど到るところ等しいと言い, $f = g$ μ-a.e. と記す.

定理 2.3.1 自然数 p は 1 か 2 を表すとする. 関数空間 $L^p(S,\mathcal{F},\mu)$ は実数体を係数にもつベクトル空間である. 詳しく述べると, $L^p(S,\mathcal{F},\mu)$ の元 f, g と実数 α, β に対し, 和の演算 $f + g : S \to \mathbf{R}$ を $(f+g)(x) \equiv f(x) + g(x)$, スカラー積の演算 $\alpha \cdot f : S \to \mathbf{R}$ を $(\alpha \cdot f)(x) \equiv \alpha f(x)$ で定義するとき, $\alpha \cdot f + \beta \cdot g \in L^p(S,\mathcal{F},\mu)$ が成り立ち, つぎの性質が成り立つ: $L^p(S,\mathcal{F},\mu)$ の任意の元 f, g, h と任意の実数 α, β に対し

(i) (和の交換則) $f + g = g + f$ μ-a.e.;
(ii) (和の結合則) $(f + g) + h = f + (g + h)$ μ-a.e.;
(iii) (零元の存在則) $f + 0 = f$ μ-a.e.;
(iv) (逆元の存在則) $f + (-f) = 0$ μ-a.e.;
(v) (スカラー積としての単位元) $1 \cdot f = f$ μ-a.e.;
(vi) (分配則-1) $\alpha \cdot (f + g) = \alpha \cdot f + \beta \cdot g$ μ-a.e.;
(vii) (分配則-2) $(\alpha + \beta) \cdot f = \alpha \cdot f + \beta \cdot f$ μ-a.e.;
(viii) (スカラー積の結合則) $(\alpha\beta) \cdot f = \alpha \cdot (\beta \cdot f)$ μ-a.e.

証明 $p = 1, 2$ のとき, $\alpha \cdot f + \beta \cdot g$ が $\mathcal{F}$-可測であることはよい. $p = 1$ のとき, $\alpha \cdot f + \beta \cdot g$ の可積分性は不等式 $|\alpha \cdot f + \beta \cdot g| \leq |\alpha||f| + |\beta||g|$ と積分の加法性より従う. $p = 2$ のとき, $\alpha \cdot f + \beta \cdot g$ の 2 乗可積分性は不等式 $|\alpha \cdot f + \beta \cdot g|^2 \leq 2(\alpha^2 |f|^2 + \beta^2 |g|^2)$ と積分の加法性より従う. (証明終)

今後, スカラー積 $c \cdot f$ を cf と書く. 上の定理 2.3.1 の証明で用いた積分の加法性とはつぎの性質のことである: 関数空間 $L^1(S,\mathcal{F},\mu)$ の任意の元 f, g と

任意の実数 α, β に対し

$$\int_{\mathrm{R}} (\alpha f + \beta g)(x)\mu(dx) = \alpha \int_{\mathrm{R}} f(x)\mu(dx) + \beta \int_{\mathrm{R}} g(x)\mu(dx). \quad (2.43)$$

自然数 p は 1 か 2 を表すとして，関数空間 $L^p(S, \mathcal{F}, \mu)$ の共通な構造を調べよう．$L^p(S, \mathcal{F}, \mu)$ の元 f に対し，関数 $\|*\|_p : L^p(S, \mathcal{F}, \mu) \to [0, \infty)$ をつぎで定める：

$$\|f\|_p \equiv \int_{\mathrm{R}} |f(x)|^p \mu(dx). \quad (2.44)$$

定理 2.3.2 自然数 p は 1 か 2 を表すとする．関数 $\|*\|_p : L^p(S, \mathcal{F}, \mu) \to [0, \infty)$ はつぎの性質を満たす：
  (i) (非退化性) $\|f\|_p \geq 0; \|f\| = 0 \iff f = 0 \quad \mu\text{-}a.e.;$
  (ii) (スカラー積) $\|\alpha f\|_p = |\alpha|\|f\|_p;$
  (iii) (三角不等式) $\|f + g\|_p \leq \|f\|_p + \|g\|_p.$

証明 非退化性，スカラー積の性質はルベーグ積分の性質から直ちに従う．三角不等式は $p=1$ のときは，定理2.3.1で用いた不等式 $|\alpha \cdot f + \beta \cdot g| \leq |\alpha||f| + |\beta||g|$ と積分の加法性(2.43)より従う．$p=2$ のときは，関数空間 $L^2(S, \mathcal{F}, \mu)$ のより深い構造と結びつくので，あとで示すことにする． (証明終)

定義 2.3.1 上の関数 $\|*\|_p$ を関数空間 $L^p(S, \mathcal{F}, \mu)$ の L^p-ノルムと言う．

さらに，関数空間 $L^2(S, \mathcal{F}, \mu)$ の構造を調べよう．そのあとで，定理2.3.2の証明で残した三角不等式を示す．

補題 2.3.1 $L^2(S, \mathcal{F}, \mu)$ の任意の元 f, g に対し，fg は積分可能である．

証明 これは $|(fg)(x)| = |f(x)g(x)| \leq \frac{1}{2}(|f(x)|^2 + |g(x)|^2)$ と積分の加法性より従う． (証明終)

この補題2.3.1より，関数 $(*, \star)_2 : L^2(S, \mathcal{F}, \mu) \times L^2(S, \mathcal{F}, \mu) \to \mathbf{R}$ をつぎで定義できる．

$$(f, g)_2 \equiv \int_S f(x)g(x)d\mu(x). \quad (2.45)$$

関数 $(*,\star)_2$ と (2.44) で定義された関数 $\|*\|_2$ との関係はつぎで与えられる.

$$\|f\|_2^2 = (f,f)_2 \quad (f \in L^2(S,\mathcal{F},\mu)). \tag{2.46}$$

直ちに, つぎの代数的な性質が得られる.

定理 2.3.3 関数 $(*,\star)_2 : L^2(S,\mathcal{F},\mu) \times L^2(S,\mathcal{F},\mu) \to \mathbf{R}$ はつぎの性質を持つ:

(i) (非退化性) $(f,f)_2 \geq 0; (f,f)_2 = 0 \iff f = 0 \quad \mu\text{-a.e.};$

(ii) (対称性) $(f,g)_2 = (g,f)_2;$

(iii) (双線形性) $(\alpha f + \beta g, h)_2 = \alpha(f,h)_2 + \beta(g,h)_2 \quad (\alpha, \beta \in \mathbf{R}).$

証明 (i) は定理 2.3.2 と (2.46) より従う. (ii) は直ちに従うし, (iii) は積分の加法性 (2.43) より従う. (証明終)

定義 2.3.2 上の関数 $(*,\star)_2$ を関数空間 $L^2(S,\mathcal{F},\mu)$ の L^2-**内積**と言う.

定理 2.3.3 (ii), (iii) を用いて, (2.46) とは逆に, L^2-内積を L^2-ノルムによってつぎのように表現できる:

$$(f,g)_2 = \frac{1}{4}(\|f+g\|_2^2 - \|f-g\|_2^2) \quad (f,g \in L^2(S,\mathcal{F},\mu)). \tag{2.47}$$

つぎの解析的な性質を示そう.

補題 2.3.2 (シュワルツの不等式) 関数空間 $L^2(S,\mathcal{F},\mu)$ の元 f,g に対し
$$|(f,g)_2| \leq \|f\|_2 \|g\|_2.$$

証明 $f = 0$ のとき, 示すべき不等式は定理 2.3.3 (i) より従う. $f \neq 0$ とする. 定理 2.3.3 (i) より, $(f,f)_2 > 0$ である. 任意の実数 α を固定する. $(\alpha f + g, \alpha f + g)_2 \geq 0$. 一方, 定理 2.3.3 (iii) より, $(\alpha f + g, \alpha f + g)_2 = \alpha^2(f,f)_2 + 2\alpha(f,g)_2 + (g,g)_2$. したがって, α として, $\alpha \equiv -\frac{(f,g)_2}{(f,f)_2}$ をとると, $\frac{|(f,g)_2|^2}{(f,f)_2} - 2\frac{|(f,g)_2|^2}{(f,f)_2} + (g,g)_2 \geq 0$. ゆえに, 補題 2.3.2 が示された. (証明終)

定理 2.3.2 の L^2-ノルムの三角不等式の証明　補題 2.3.2 の証明で用いたように，定理 2.3.3 (iii) より，$\|f+g\|_2 = (f+g, f+g)_2 = (f,f)_2 + 2(f,g)_2 + (g,g)_2$ が得られる．ゆえに，補題 2.3.2 を用いて，$\|f+g\|_2 \leq \|f\|_2^2 + 2\|f\|_2\|g\|_2 + \|g\|_2^2 = (\|f\|_2 + \|g\|_2)^2$ が得られる．ゆえに，L^2-ノルムの三角不等式が証明された．　　　　　　　　　　　　　　　　　　　　　　　　　　　　　　　　　　　　　(証明終)

自然数 p は 1 か 2 を表すとして，関数空間 $L^p(S, \mathcal{F}, \mu)$ に収束の概念を導入するために，$L^p(S, \mathcal{F}, \mu)$ の元 f, g に対し，関数 $d_p = d_p(*, \star) : L^p(S, \mathcal{F}, \mu) \times L^p(S, \mathcal{F}, \mu) \to [0, \infty)$ をつぎで定める：

$$d_p(f, g) \equiv \|f - g\|_p. \tag{2.48}$$

定理 2.3.2 より，つぎのことが得られる．

定理 2.3.4　自然数 p は 1 か 2 を表すとする．関数 $d_p : L^p(S, \mathcal{F}, \mu) \times L^p(S, \mathcal{F}, \mu) \to [0, \infty)$ は距離の性質を満たす：

(i) (非退化性)　$d_p(f, g) \geq 0; d_p(f, g) = 0 \iff f = g$　μ-a.e.;

(ii) (対称性)　$d_p(f, g) = d_p(g, f)$;

(iii) (三角不等式)　$d_p(f, g) + d_p(g, h) \leq d_p(f, h)$.

定義 2.3.3　上の関数 d_p を関数空間 $L^p(S, \mathcal{F}, \mu)$ の L^p-**距離**と言い，組 $(L^p(S, \mathcal{F}, \mu), d_p)$ を距離空間と言う．距離 d_p をはずして，関数空間 $L^p(S, \mathcal{F}, \mu)$ を距離空間と言うときは，距離 d_p を採用しているのが普通である．距離空間 $L^p(S, \mathcal{F}, \mu)$ の列 $(f_n)_{n=1}^{\infty}$ と元 g に対し，f_n が n を大きくするとき g に近づくとは，$\lim_{n \to \infty} d_p(f_n, g) = 0$ が成り立つときを言い，$\lim_{n \to \infty} f_n = g$ in $L^p(S, \mathcal{F}, \mu)$ と書く．

定理 2.3.5　自然数 p は 1 か 2 を表すとする．距離空間 $L^p(S, \mathcal{F}, \mu)$ は完備である，すなわち，任意のコーシー列は収束する．詳しく述べると，$L^p(X, \mathcal{F}, \mu)$ の列 $(f_n)_{n=1}^{\infty}$ で $\lim_{n,m \to \infty} d_p(f_n, f_m) = 0$ を満たすどのようなものも $L^p(S, \mathcal{F}, \mu)$ のある元 f に収束する．

証明 p は 1 あるいは 2 のいずれかとする. $L^p(S, \mathcal{F}, \mu)$ の列 $(f_n)_{n=1}^\infty$ で $\lim_{n,m\to\infty} d_p(f_n, f_m) = 0$ を満たすとする. 示すべきことはつぎである:

$$\exists f \in L^p(S, \mathcal{F}, \mu); \lim_{n\to\infty} d_p(f_n, f) = 0.$$

(**第1段**) 部分列 $(n_k)_{k=1}^\infty$ $(1 < n_1 < n_2 < \cdots < n_k < \cdots \to \infty)$ で次を満たすものを取る:

$$d_p(f_{n_k}, f_{n_{k+1}}) < \frac{1}{2^{k+1}} \quad (k = 1, 2, \ldots). \tag{2.49}$$

$(\sum_{k=1}^N |f_{n_k}(x) - f_{n_{k+1}}(x)|)^p \nearrow_N (\sum_{k=1}^\infty |f_{n_k}(x) - f_{n_{k+1}}(x)|)^p$ であるから, ルベーグの単調収束定理より

$$\int_S \left(\sum_{k=1}^\infty |f_{n_k}(x) - f_{n_{k+1}}(x)|\right)^p \mu(dx) = \lim_{N\to\infty} \left(\left\|\sum_{k=1}^N |f_{n_k} - f_{n_{k+1}}|\right\|_p\right)^p.$$

一方, L^p-ノルムの三角不等式 (定理 2.3.2 (iii)) より, $\|\sum_{k=1}^N |f_{n_k} - f_{n_{k+1}}|\|_p \leq \sum_{k=1}^N \||f_{n_k} - f_{n_{k+1}}|\|_p = \sum_{k=1}^N \|f_{n_k} - f_{n_{k+1}}\|_p$ であるから, (2.49) より

$$\int_S \left(\sum_{k=1}^\infty |f_{n_k}(x) - f_{n_{k+1}}(x)|\right)^p \mu(dx) = \left(\sum_{k=1}^\infty \|f_{n_k} - f_{n_{k+1}}\|_p\right)^p$$
$$\leq \left(\sum_{k=1}^\infty \frac{1}{2^{k+1}}\right)^p < \infty$$

が得られる.

(**第2段**) 関数 $g: S \to [0, \infty]$ を

$$g(x) \equiv \sum_{k=1}^\infty |f_{n_k}(x) - f_{n_{k+1}}(x)|$$

と定義するとき, $\int_S g(x)^p d\mu(x) < \infty$ であるから

$$g(x) < \infty \quad \mu\text{-a.e.} x \tag{2.50}$$

が成り立つ. なぜならば, 任意の自然数 M に対し

$$\mu(\{x \in S; g(x) > M\}) = \int_S \chi_{\{x \in S; g(x) > M\}}(y) \mu(dy)$$

2.3 関数解析学の基礎的概念

$$\leq \frac{1}{M^p} \int_S \chi_{\{x \in S; g(x) > M\}} g(y)^p \mu(dy)$$

$$\leq \frac{1}{M^p} \int_S g(y)^p \mu(dy)$$

が成り立つので, M を無限大にとばすことによって, $\lim_{M\to\infty} \mu(\{x \in S; g(x) > M\}) = 0$ が従う. さらに, $\{x \in S; g(x) > M\} \searrow_M \{x \in S; g(x) = \infty\})$ に注意して, $\mu(\{x \in S; g(x) = \infty\}) = \lim_{M\to\infty} \mu(\{x \in S; g(x) > M\}) = 0$ が成り立ち, (2.50) が示される.

関数 $f : S \to \mathbf{R}$ をつぎで定義する.

$$f(x) \equiv \begin{cases} f_{n_1}(x) + \sum_{k=1}^{\infty}(f_{n_{k+1}}(x) - f_{n_k}(x)) & (g(x) < \infty), \\ 0 & (g(x) = \infty). \end{cases} \quad (2.51)$$

このとき, つぎのことを示そう: $g(x) < \infty$ を満たす x に対し

$$\lim_{k\to\infty} f_{n_N}(x) = f(x). \quad (2.52)$$

なぜなら, 級数 $f(x) = f_{n_1}(x) + \sum_{k=1}^{\infty}(f_{n_{k+1}}(x) - f_{n_k}(x))$ は絶対収束する. f の定義式 (2.51) の右辺の第1項と第2項の N 項までの部分和は $f_{n_1}(x) + \sum_{k=1}^{N}(f_{n_{k+1}}(x) - f_{n_k}(x)) = f_{n_{N+1}}(x)$ となり, これは $f(x)$ に収束する.

(**第3段**) 最後に, $\lim_{n\to\infty} d_p(f_n, f) = 0$ を示そう. L^p-距離の三角不等式 (定理 2.3.4 (iii)) より

$$d_p(f_n, f) \leq d_p(f_n, f_{n_N}) + d_p(f_{n_N}, f) \quad (2.53)$$

が成り立つ. 第2項は, $g(x) < \infty$ を満たす x において, (2.52) の証明で見たように, 任意の自然数 N を固定したとき, $f(x) - f_{n_N}(x) = \sum_{k=N}^{\infty}(f_{n_{k+1}}(x) - f_{n_k}(x))$ であるから

$$d_p(f_{n_N}, f)^p = \int_S |f(x) - f_{n_N}(x)|^p \mu(dx)$$

$$= \int_{(g<\infty)} |f(x) - f_{n_N}(x)|^p \mu(dx)$$

$$= \int_{(g<\infty)} \left(\sum_{k=N}^{\infty}(f_{n_{k+1}}(x) - f_{n_k}(x))\right)^p \mu(dx)$$

$$\leq \int_S \left(\sum_{k=N}^{\infty} |f_{n_{k+1}}(x) - f_{n_k}(x)|\right)^p \mu(dx)$$

が得られる．さらに，$(\sum_{k=N}^{M}(|f_{n_{k+1}}(x) - f_{n_k}(x)|)^p \nearrow_M (\sum_{k=N}^{\infty}(|f_{n_{k+1}}(x) - f_{n_k}(x)|)^p$ であるので，ルベーグの単調収束定理を再び用いて

$$d_p(f_{n_N}, f)^p \leq \lim_{M \to \infty} \int_S \left(\sum_{k=N}^{M} |f_{n_{k+1}}(x) - f_{n_k}(x)|\right)^p \mu(dx)$$

$$= \lim_{M \to \infty} \left(\left\|\sum_{k=N}^{M} |f_{n_{k+1}} - f_{n_k}|\right\|_p\right)^p$$

が得られる．L^p-ノルムの三角不等式を再び用いて

$$d_p(f_{n_N}, f)^p \leq \lim_{M \to \infty} \left(\sum_{k=N}^{M} \|f_{n_{k+1}} - f_{n_k}\|_p\right)^p = \left(\sum_{k=N}^{\infty} d_p(f_{n_{k+1}}, f_{n_k})\right)^p$$

が得られる．したがって，(2.49) より，(2.53) において，N を無限大にとばすことによって，$d_p(f_n, f) \leq \limsup_N d_p(f_n, f_{n_N})$ が成り立つ．つぎに，n を無限大にとばすことによって，$\lim_{n \to \infty} d_p(f_n, f) = 0$ が示された． (証明終)

定理 2.3.5 で与えた証明で示した (2.52) より，次が得られる．

定理 2.3.6 自然数 p は 1 か 2 を表すとする．関数空間 $L^p(S, \mathcal{F}, \mu)$ の元の列 $(f_n)_{n=1}^{\infty}$ が $L^p(S, \mathcal{F}, \mu)$ の元 f に収束するとき，部分列 $n_1 < n_2 < \cdots < n_k \nearrow \infty$ がとれて，可測関数列 $(f_{n_k})_{k=1}^{\infty}$ は可測関数 f に μ-a.e. の意味で収束する．

定義 2.3.4 自然数 $p = 1, 2$ に対し，関数空間 $L^p(S, \mathcal{F}, \mu)$ は実数体上のベクトル空間である．さらに，L^p-ノルムが入り，それに誘導される L^p-距離によって，完備である．このような関数空間を**実バナッハ空間**と言う．特に，$p = 2$ のときは，L^2-ノルムは L^2-内積より誘導されるので，関数空間 $L^2(S, \mathcal{F}, \mu)$ は**実ヒルベルト空間**と呼ばれる．

本項で再三用いたルベーグの単調収束定理と後に用いるルベーグの収束定理を復習しておこう．

2.3 関数解析学の基礎的概念

ルベーグの単調収束定理 任意の非負の値をとる $\mathcal{F}$-可測関数の列 $(f_n)_{n=1}^{\infty}$ と $\mathcal{F}$-可測関数 f に対し, $f_n \nearrow_n f$ が成り立てば, つぎの積分と極限の順序交換が成り立つ:

$$0 \leq \int_S f_n(x)\mu(dx) \nearrow_n \int_S f(x)\mu(dx).$$

ルベーグの収束定理 複素数値をとる $\mathcal{F}$-可測関数の列 $(f_n)_{n=1}^{\infty}$ が与えられ, $\mathcal{F}$-可測関数 f で非負の $\mathcal{F}$-可測関数 φ が存在して, つぎの条件が成り立つとする:

(i) $\lim_{n\to\infty} f_n = f$ μ-a.e.;
(ii) $|f_n| \leq \varphi$ μ-a.e.;
(iii) φ は $\mathcal{F}$-積分可能である.

このとき, つぎの積分と極限の順序交換が成り立つ:

$$\lim_{n\to\infty} \int_S f_n(x)\mu(dx) = \int_S f(x)\mu(dx).$$

ルベーグの収束定理の応用として, ルベーグの微分と積分の順序交換定理を述べよう. 2.9 節の非線型情報空間と生成系, 第 5 章の「分離性」の数学的構造の研究で用いる.

ルベーグの微分と積分の順序交換定理 2 変数の複素数値をとる可測関数 $f = f(t,x) : (a,b) \times S \to \mathbf{C}$ が与えられ, 非負の $\mathcal{F}$-可測関数 φ が存在して, つぎの条件が成り立つとする:

(i) (a,b) の任意の点 t に対し, $f(t,*) : S \to \mathbf{C}$ は $\mathcal{F}$-積分可能;
(ii) S の任意の点 x に対し, $f(*,x) : (a,b) \to \mathbf{C}$ は連続的微分可能;
(iii) $|\frac{\partial}{\partial t} f(t,x)| \leq \varphi(x)$ $(t \in (a,b), x \in S)$;
(iv) φ は $\mathcal{F}$-積分可能である.

このとき, つぎの微分と積分の順序交換が成り立つ:

$$\frac{d}{dt} \int_S f(t,x)\mu(dx) = \int_S \frac{\partial}{\partial t} f(t,x)\mu(dx).$$

最後に, 実ヒルベルト空間 $L^2(S,\mathcal{F},\mu)$ が持つ大切な性質として, **正射影**の概念を紹介しよう. 以下, $H \equiv L^2(S,\mathcal{F},\mu)$ と置く. 以下の議論は実ヒルベルト空

間 $L^2(S,\mathcal{F},\mu)$ に限らず任意の実ヒルベルト空間に対して成り立つことを注意する. 実ヒルベルト空間の部分空間と閉部分空間の概念を与えよう.

定義 2.3.5 H の部分集合 M が**部分空間**であるとは, M の任意の元 f,g と $\mathbf{R}$ の任意の元 α,β に対して $\alpha f + \beta g \in M$ が成り立つときを言う. さらに, H の部分集合 M が**閉部分空間**, M が部分空間であり, L^2-距離の位相で閉集合であるときを言う.

つぎに, 直交性の概念を与えよう.

定義 2.3.6 H の元 f,g と H の部分集合 M が与えられたとする.
 (i) f と g が直交するとは, $(f,g)_2 = 0$ が成り立つときを言い, $f \perp g$ と書く.
 (ii) f が M と直交するとは, $(f,h)_2 = 0 \ (\forall h \in M)$ が成り立つときを言い, $f \perp M$ と書く.
 (iii) M と直交する元全体を M の**直交補空間**と呼び, つぎのように書く:
$$M^\perp \equiv \{f \in H; f \perp M\}.$$

(2.46)のように, L^2-ノルムが L^2-内積より誘導されていることより, 直ちに, ピタゴラスの三平方の定理と中線定理が得られる.

補題 2.3.3
 (i) (ピタゴラスの三平方の定理) H の元 f,g が互いに直交するとき, つぎの等式が成り立つ.
$$\|f+g\|_2^2 = \|f\|_2^2 + \|g\|_2^2.$$
 (ii) (中線定理) H の任意の元 f,g に対し, つぎの等式が成り立つ.
$$\|f+g\|_2^2 + \|f-g\|_2^2 = 2(\|f\|_2^2 + \|g\|_2^2).$$

補題 2.3.4 L^2-内積 $(*,\star)_2$ は 2 変数関数として連続である.

証明 二つの列 $(f_n)_{n=1}^\infty, (g_n)_{n=1}^\infty$ でそれぞれ f,g に収束するものを考える．内積の双線形性，内積に関する三角不等式とシュワルツの不等式より

$$\begin{aligned}|(f_n, g_n)_2 - (f,g)_2| &= |(f_n - f, g_n)_2 + (f, g_n - g)_2| \\ &\leq |(f_n - f, g_n)_2| + |(f, g_n - g)_2| \\ &\leq \|f_n - f\|_2 \|g_n\|_2 + \|f\|_2 \|g_n - g\|_2 \\ &= d_2(f_n, f)\|g_n\|_2 + \|f\|_2 d_2(g_n, g)\end{aligned}$$

が得られる．あとは，数列 $(\|g_n\|_2)_{n=1}^\infty$ の有界性を示せばよい．それはつぎのように示される：$d_2(g_n, g)^2 = (g_n - g, g_n - g)_2 = (g_n, g_n)_2 - 2(g_n, g)_2 + (g, g)_2$ より，$(g_n, g_n)_2 = d_2(g_n, g)^2 + 2(g_n, g)_2 - (g, g)_2$ が得られる．これに再びシュワルツの不等式を用いて

$$\|g_n\|_2^2 \leq d_2(g_n, g) + 2\|g_n\|_2 \|g\|_2 + (g, g)_2$$

が得られる．これより，数列 $(\|g_n\|_2)_{n=1}^\infty$ の有界性が示される．なぜなら，有界でなければ，部分列 $(n_k)_{k=1}^\infty$ $(n_k \nearrow_k \infty)$ で $\lim_{k \to \infty} \|g_{n_k}\|_2 = \infty$ を満たすものが取れるので，上式で n を n_k として，両辺を $\|g_{n_k}\|_2$ で割って，k を無限大にとばせば矛盾がでる． (証明終)

補題 2.3.5 L^2-距離 $d_2(*, \star)_2$ は 2 変数関数として連続である．

証明 $d_2(f, g)^2 = \|f - g\|_2^2 = (f - g, f - g)_2$ であるから，補題 2.3.4 より，L^2-距離 $d_2(*, \star)_2$ の連続性が従う． (証明終)

補題 2.3.6 M を実ヒルベルト空間 H の任意の部分集合とする．このとき，部分集合 $M^\perp$ は閉部分空間である．

証明 $M^\perp$ が部分空間であることは，$M^\perp$ の任意の元 f, g と任意の実数 α, β に対し，$(\alpha f + \beta g, h)_2 = \alpha(f, h)_2 + \beta(g, h)_2 = 0$ $(\forall h \in M)$ より従う．$M^\perp$ が閉集合であることは，$M^\perp$ の元 f_n からなる列 $(f_n)_{n=1}^\infty$ が H の元 f に収束す

るものに対し, 補題2.3.4より, $(f,h)_2 = \lim_{n\to\infty}(f_n,h)_2 = 0$ $(\forall h \in M)$ が成り立つことから従う. (証明終)

最後に, つぎの射影定理を証明しよう.

定理 2.3.7 (**射影定理**) M を実ヒルベルト空間 H の任意の閉部分空間とする. このとき, 実ヒルベルト空間 H は閉部分空間 M と閉部分空間 $M^\perp$ の直和に分解される.
$$H = M \oplus M^\perp.$$
この意味は, H の任意の元 f に対し, M の元 g と $M^\perp$ の元 h でつぎの直和分解式を満たすものが唯一つ存在する: $f = g + h$.

(証明) 最初に, 直和分解の存在を示そう. H の任意の元 f を取り, 固定する.

(第1段) f と閉部分空間 M との最小距離 δ をつぎで定義する:
$$\delta \equiv \inf_{g \in M} d_2(f, h) \ (\in [0, \infty)). \tag{2.54}$$

下限の性質より, M の元の列 $(g_n)_{n=1}^\infty$ が存在して, 次が成り立つ:
$$\lim_{n\to\infty} d_2(f, g_n) = \delta. \tag{2.55}$$

(第2段) 点列 $(g_n)_{n=1}^\infty$ がコーシー列である, すなわち
$$\lim_{m,n\to\infty} d_2(g_m, g_n) = 0 \tag{2.56}$$
を示そう. 中線定理(補題2.3.3(ii))より, 任意の自然数 m, n に対し
$$\|(f-g_n)+(f-g_m)\|_2^2 + \|(f-g_n)-(f-g_m)\|_2^2 = 2(\|f-g_n\|_2^2 + \|f-g_m\|_2^2).$$
ゆえに, L^2-ノルムの性質(ii)より, $\|g_m - g_n\|_2^2 = 2(\|f-g_n\|_2^2 + \|f-g_m\|_2^2) - 4\|f - \frac{g_n+g_m}{2}\|_2^2$. 一方, M は部分空間であるから, $\frac{g_n+g_m}{2} \in M$ である. したがって, $\|g_m - g_n\|_2^2 \leq 2(\|f-g_n\|_2^2 + \|f-g_m\|_2^2) - 4\delta^2$. (2.55)に注意して, (2.56)が従う.

(**第3段**) (第2段)の (2.56) と空間 H が実ヒルベルト空間であることより，H の元 g が存在して

$$\lim_{n\to\infty} d_2(g_n, g) = 0. \tag{2.57}$$

部分空間 M が閉集合であることより，g は M の元である．L^2-距離の連続性(補題 2.3.5) を (2.55) に適用して

$$d_2(f, g) = \delta. \tag{2.58}$$

(**第4段**) $h \equiv f - g$ と置く．$h \in M^\perp$ を示そう．M の任意の元 z を取り，固定する．示すべきことは $(h, z)_2 = 0$ である．そのために，関数 $J : \mathbf{R} \to [0, \infty)$ を

$$J(\theta) \equiv \|f - g - \theta z\|_2^2 = \|f - (g + \theta z)\|_2^2 \tag{2.59}$$

で定義する．$g + \theta z \in M$ であるから，(2.54), (2.58) より，$J(\theta) \geq \delta^2 = d_2(f, g) = \|f - g\|_2^2 = J(0)$．これは関数 J が $\theta = 0$ で最小値をとることを意味する．ノルムの 2 乗を計算すると

$$J(\theta) = \|f - g\|_2^2 - 2\theta(f - g, z)_2 + \theta^2 \|z\|_2^2.$$

したがって，関数 $J(\theta)$ は連続的微分可能であるので，$\frac{dJ}{d\theta}(0) = 0$ が成り立つことより，$(f - g, z)_2 = 0$．

つぎに，直和分解の一意性を示そう．別に，M の元 g' と $M^\perp$ の元 h' で $f = g' + h'$ を満たすものがあったとする．$f = g + h$ と辺々引いて，$g - g' = h' - h$．この式の左辺は M に属し，右辺は $M^\perp$ に属する．したがって，$(g - g', g - g')_2 = 0$．L^2-内積の非退化性より，$g - g' = 0$ μ-a.e. これより，$g = g', h = h'$ が従う． (証明終)

直和分解の一意性より，つぎの写像 $P_M : H \longrightarrow M$ を

$$P_M f \equiv g \quad (f \in H) \tag{2.60}$$

で定義できる．

定義 2.3.7 (2.60) で定義された写像 P_M を閉部分空間 M への**射影作用素**と言い, g を f の閉部分空間 M への**正射影**あるいは**射影**と言う.

射影作用素 P_M の性質をまとめておこう.

定理 2.3.8 射影作用素 P_M はつぎの性質を持つ:
 (i) (線形性) $P_M(\alpha f + \beta g) = \alpha P_M f + \beta P_M g$ $(f, g \in H, \alpha, \beta \in \mathbf{R})$;
 (ii) (冪乗性) $P_M(P_M f) = P_M f$ $(f \in H)$;
 (iii) (縮小性) $\|P_M f\|_2 \leq \|f\|_2$ $(f \in H)$;
 (iv) (自己共役性) $(P_M f, g)_2 = (f, P_M g)_2$ $(f, g \in H)$.

証明　(i) は定理 2.3.7 の直和分解の一意性より従う. (ii) は (i) と f の直和分解 $f = P_M f + (f - P_M f)$ を用いて, $P_M(P_M f) = P_M f - P_M(f - P_M f) = P_M(P_M f)$ と示される. (iii) はピタゴラスの三平方の定理(補題 2.3.3) より, $\|f\|_2^2 = \|P_M f\|_2^2 + \|f - P_M f\|_2^2 \geq \|P_M f\|_2^2$ より従う. (iv) はつぎのように示せる: g の直和分解 $g = P_M g + (g - P_M g)$ を用いて, $(P_M f, g)_2 = (P_M f, P_M g)_2 + (P_M f, g - P_M g)_2 = (P_M f, P_M g)_2$. さらに, f の直和分解 $f = P_M f + (f - P_M f)$ を用いて, $(P_M f, P_M g)_2 = (f, P_M g)_2 - (f - P_M f, P_M g)_2 = (f, P_M g)_2$. ゆえに, (ii) が示された. (証明終)

射影定理(定理 2.3.7) の応用として, つぎの定理を証明しよう.

定理 2.3.9 H の二つの閉部分空間 M_1, M_2 で $M_2 \subset M_1$ を満たすものが与えられたとする. M_1 の元で M_2 と直交する元全体を $M_1 \ominus M_2$ と書く:

$$M_1 \ominus M_2 \equiv \{f \in M_1; f \perp M_2\}.$$

このとき, つぎの直交分解式が成り立つ:
 (i) 閉部分空間 M_1 は閉部分空間 M_2 と閉部分空間 $M_1 \ominus M_2$ の直和に分解される;
$$M_1 = M_2 \oplus (M_1 \ominus M_2).$$

すなわち，M_1 の任意の元 f に対し，M_2 の元 g と $M_1 \ominus M_2$ の元 h でつぎの直和分解式を満たすものが唯一つ存在する；

$$f = g + h.$$

(ii) $P_{M_2}f = P_{M_2}P_{M_1}f \quad (f \in H);$

(iii) $\|P_{M_2}f\|_2 \leq \|P_{M_1}f\|_2 \leq \|f\|_2 \quad (f \in H).$

証明 包含関係 $M_1 \supset M_2 \oplus (M_1 \ominus M_2)$ は直ちに従う．M_1 の任意の元 f をとり，f を閉部分空間 M_2 へ射影した直交分解 $f = P_{M_2}f + h \ (h \in M_2^{\perp})$ を考える．M_2 は M_1 の部分集合であるから，$h = f - P_{M_2}f \in M_1$．ゆえに，$h \in M_1 \ominus M_2$．これより，逆の包含関係 $M_1 \subset M_2 \oplus (M_1 \ominus M_2)$ が成り立ち，(i) が示された．H の任意の元 f をとり，f を閉部分空間 M_j へ射影した直交分解 $f = P_{M_j}f + h_j \ (h_j \in M_j^{\perp}, 1 \leq j \leq 2)$ を考える．辺々引いて，$P_{M_1}f = P_{M_2}f + (h_2 - h_1)$．$M_2$ は M_1 の部分集合であるから，$h_2 - h_1 \in M_1 \ominus M_2$．特に，(ii) が成り立つ．(iii) は (ii) と定理 2.3.8 (iii) より従う． (証明終)

さらに，射影作用素の列の収束に関して，つぎの定理を証明しよう．

定理 2.3.10 $(M_n; n \geq 1)$ を H の閉部分空間の列で単調に部分空間 M_∞ に増加するとする：

$$M_1 \subset M_2 \subset \cdots \subset M_n \subset \nearrow_n M_\infty.$$

このとき，射影作用素の列 $(P_{M_n})_{n=1}^{\infty}$ は射影作用素 $P_{[M_\infty]}$ に強収束する，すなわち，H の任意の元 f に対し

$$\lim_{n \to \infty} P_{M_n}f = P_{[M_\infty]}f \quad (\forall f \in H).$$

ここで，$[M_\infty]$ は M_∞ の極限として表される H の閉部分空間を意味する．

証明 H の任意の元 f を固定する．定理 2.3.9 (ii) より

$$P_{M_n}f = P_{M_n}P_{[M_\infty]}f, \tag{2.61}$$

$$P_{[M_\infty]}f = P_{[M_\infty]}P_{[M_\infty]}f \tag{2.62}$$

が成り立つ. 任意の正数 ϵ を取る. M_∞ のある元 g が存在して, $\|P_{[M_\infty]}f-g\|_2 < \epsilon$. さらに, $M_n \nearrow_n M_\infty$ であるから, ある n_0 が存在して, $g \in M_{n_0}$. このとき, $n \geq n_0$ なる自然数 n に対して, $g \in M_n$ であるから

$$\begin{aligned} P_{M_n}P_{[M_\infty]}f &= P_{M_n}g + P_{M_n}(P_{[M_\infty]}f - g) \\ &= g + P_{M_n}(P_{[M_\infty]}f - g) \\ &= P_{[M_\infty]}f + (g - P_{[M_\infty]}f) + P_{M_n}(f - g). \end{aligned}$$

ゆえに, $P_{M_n}P_{[M_\infty]}f - P_{M_\infty}f = (g - P_{[M_\infty]}f) + P_{M_n}(P_{[M_\infty]}f - g)$ が得られる. したがって, ノルムの三角不等式より

$$\begin{aligned} \|P_{M_n}P_{[M_\infty]}f - P_{[M_\infty]}f\|_2 &\leq \|g - P_{[M_\infty]}f\|_2 + \|P_{M_n}(P_{[M_\infty]}f - g)\|_2 \\ &\leq 2\|P_{[M_\infty]}f - g\|_2 \\ &\leq 2\epsilon \end{aligned}$$

が得られる. これは $\lim_{n \to \infty} P_{M_n}P_{[M_\infty]}f = P_{[M_\infty]}f$ を意味する. したがって, (2.61), (2.62) より, $\lim_{n \to \infty} P_{M_n}f = f$ が成り立つ. (証明終)

2.4 階数6の非線形変換

1次元時系列の背後に潜む構造を調べるには, 非線形解析を行う必要がある. そのために, 標本空間 W 上に (2.2) によって定義された関数の集まり $\mathbf{X} = (X(n); 0 \leq n \leq N)$ にある非線形変換を施してつぎの表2.4.1にある 19個の関数 $\varphi_j = (\varphi_j(n); \sigma(j) \leq n \leq N)$ $(0 \leq j \leq 18)$ を構成する:

2.4 階数6の非線形変換

表 2.4.1 階数6の非線形変換

$$\begin{cases} \varphi_0 = (X(n); 0 \leq n \leq N) \\ \varphi_1 = (X(n)^2; 0 \leq n \leq N) \\ \varphi_2 = (X(n)^3; 0 \leq n \leq N) \\ \varphi_3 = (X(n)X(n-1); 1 \leq n \leq N) \\ \varphi_4 = (X(n)^4; 0 \leq n \leq N) \\ \varphi_5 = (X(n)^2 X(n-1); 1 \leq n \leq N) \\ \varphi_6 = (X(n)X(n-2); 2 \leq n \leq N) \\ \varphi_7 = (X(n)^5; 0 \leq n \leq N) \\ \varphi_8 = (X(n)^3 X(n-1); 1 \leq n \leq N) \\ \varphi_9 = (X(n)^2 X(n-2); 2 \leq n \leq N) \\ \varphi_{10} = (X(n)X(n-1)^2; 1 \leq n \leq N) \\ \varphi_{11} = (X(n)X(n-3); 3 \leq n \leq N) \\ \varphi_{12} = (X(n)^6; 0 \leq n \leq N) \\ \varphi_{13} = (X(n)^4 X(n-1); 1 \leq n \leq N) \\ \varphi_{14} = (X(n)^3 X(n-2); 2 \leq n \leq N) \\ \varphi_{15} = (X(n)^2 X(n-1)^2; 1 \leq n \leq N) \\ \varphi_{16} = (X(n)^2 X(n-3); 3 \leq n \leq N) \\ \varphi_{17} = (X(n)X(n-1)X(n-2); \\ \qquad\qquad 2 \leq n \leq N) \\ \varphi_{18} = (X(n)X(n-4); 4 \leq n \leq N) \end{cases}$$

この関数の順序 (パラメーター j) 付けを説明しよう．集合 $\mathbf{N}^*$ は 0 以上の整数の全体を表す．n を独立変数と見たとき，各 φ_j に現れる関数は $X(n), X(n-1), X(n-2), \ldots, X(0)$ の多項式であるから，それぞれの次数を成分にした $N+1$ 次元の横ベクトル $\mathbf{p}_j \in {}^t(\mathbf{N}^*)^{N+1}$ を対応させるとつぎの表 2.4.2 のようになる:

表 2.4.2 階数6の非線形変換の順序

$$\begin{cases} \mathbf{p}_0 = (1,0,0,0,\ldots,0) \\ \mathbf{p}_1 = (2,0,0,0,\ldots,0) \\ \mathbf{p}_2 = (3,0,0,0,\ldots,0) \\ \mathbf{p}_3 = (1,1,0,0,\ldots,0) \\ \mathbf{p}_4 = (4,0,0,0,\ldots,0) \\ \mathbf{p}_5 = (2,1,0,0,\ldots,0) \\ \mathbf{p}_6 = (1,0,1,0,\ldots,0) \\ \mathbf{p}_7 = (5,0,0,0,\ldots,0) \\ \mathbf{p}_8 = (3,1,0,0,\ldots,0) \\ \mathbf{p}_9 = (2,0,1,0,\ldots,0) \\ \mathbf{p}_{10} = (1,2,0,0,0,\ldots,0) \\ \mathbf{p}_{11} = (1,0,0,1,0,0,\ldots,0) \\ \mathbf{p}_{12} = (6,0,0,0,0,0,\ldots,0) \\ \mathbf{p}_{13} = (4,1,0,0,0,0,\ldots,0) \\ \mathbf{p}_{14} = (3,0,1,0,0,0,\ldots,0) \\ \mathbf{p}_{15} = (2,2,0,0,0,\ldots,0) \\ \mathbf{p}_{16} = (2,0,0,1,0,0,\ldots,0) \\ \mathbf{p}_{17} = (1,1,1,0,0,0,\ldots,0) \\ \mathbf{p}_{18} = (1,0,0,0,1,0,\ldots,0) \end{cases}$$

たとえば，φ_0 には，$\mathbf{p}_0 = (1,0,0,\ldots,0)$, φ_3 には，$\mathbf{p}_3 = (1,1,0,\ldots,0)$, φ_5 には，$\mathbf{p}_5 = (2,1,0,\ldots,0)$, φ_6 には，$\mathbf{p}_6 = (1,0,1,0,\ldots,0)$ が対応する．

各ベクトル $\mathbf{p}_j$ は $(p_j^{(0)}, p_j^{(1)}, \ldots, p_j^{(N)})$ と表現されるが，これに対して階数と呼ばれるつぎの数 $|\mathbf{p}_j|$ を対応させる:

$$|\mathbf{p}_j| \equiv \sum_{n=0}^{N}(n+1)p_j^{(n)}. \qquad (2.63)$$

表 2.4.3 階数 6 の非線形変換の階数

j	0	1	2	3	4	5	6	7	8	9	10	11	12	13	14	15	16	17	18
$|\mathbf{p}_j|$	1	2	3	3	4	4	4	5	5	5	5	5	6	6	6	6	6	6	6

表 2.4.1 にある関数の集まり φ_j はそれに付随する階数 $\mathbf{p}_j$ が 6 以下のものだけである. 二つの異なるベクトル $\mathbf{p}_j = (p_j^{(0)}, p_j^{(1)}, \ldots, p_j^{(N)})$ と $\mathbf{p}_k = (p_k^{(0)}, p_k^{(1)}, \ldots, p_k^{(N)})$ に対し, $j < k$ となるのは, $\mathbf{p}_j < \mathbf{p}_k$ のときかあるいは $\mathbf{p}_j = \mathbf{p}_k$ のときは, 横ベクトルの成分で初めて異なる成分 (その番号を n_0 ($0 \leq n_0 \leq N$) とする) があるが, $p_j^{(n_0)} > p_k^{(n_0)}$ が成り立つときであるとする. この順序の付け方に従って 0 から付けたものが表 2.4.1 にある関数の集まり φ_j のパラメーター j の付け方である.

関数の集まり φ_j ($0 \leq j \leq 18$) を階数 6 の非線形変換と言う.

2.5 KM$_2$O-ランジュヴァン方程式

与えられた時系列 z の背後にある確率的な定性的性質を調べるとき, 関数の集まり $\mathbf{X} = (X(n); 0 \leq n \leq N)$ を支配する確率測度を定めることが最終の目的であるが, 難しい問題である. 時系列 z の奥に潜む情報を抜き出すためには, 関数の集まり $\mathbf{X}$ の非線形解析を行う必要がある. その一例として前節で階数 6 の非線形変換を紹介した.

それらの確率論的性質を調べる準備のために, 関数の集まり $\mathbf{X}$ とは離れて, 標本空間 W の上で定義された d 次元の値をとる関数 $Z(n)$ ($\ell \leq n \leq r$) の集まり $\mathbf{Z} = (Z(n); \ell \leq n \leq r)$ で各関数 $Z(n)$ は (2.7) と同じ性質を満たすものが与えられているとする:

$$Z(n) = {}^t(Z_1(n), Z_2(n), \ldots, Z_d(n)) : W \longrightarrow \mathbf{R}^d, \quad (2.64)$$

$$Z(n)^{-1}A \equiv \{w \in W; Z(n)(w) \in A\} \in \mathcal{B}(W) \ (\forall A \in \mathcal{B}(\mathbf{R}^d)). \quad (2.65)$$

さらに, それを可測空間 $(W, \mathcal{B}(W))$ の上の一つの確率測度 P を通して解析しよう. つぎの条件 (H.1) を仮定しよう:

(H.1) 関数 $Z_j(n)$ ($1 \leq j \leq d, \ell \leq n \leq r$) は確率測度 P の下で 2 乗可積分;

$$\int_W Z_j(n)(w)^2 dP(w) < \infty.$$

2.5.1 非 退 化

ここでは,確率過程 **Z** は非退化である,すなわち,つぎの条件 (H.2) が成り立つ場合を考察する.

(H.2) 関数 $Z_j(n)$ の集まり $\{Z_j(n); 1 \leq j \leq d, \ell \leq n \leq r\}$ はベクトル空間 $L^2(W, \mathcal{B}(W), P)$ の中で1次独立である.

このとき,関数 $Z(n)$ $(\ell \leq n \leq r)$ の集まり $\mathbf{Z} = (Z(n); \ell \leq n \leq r)$ は確率空間 $(W, \mathcal{B}(W), P)$ の上で定義された d 次元の確率過程となる.この確率過程 **Z** のダイナミクスを導こう.条件 (H.1) によって,各関数 $Z_j(n)$ を実ヒルベルト空間 $L^2(W, \mathcal{B}(W), P)$ の元とみなすことができる.各 m, n $(\ell \leq m \leq n \leq r)$ に対し,確率過程 **Z** の時刻 m から時刻 n までの線形の情報を与える空間として,実ヒルベルト空間 $L^2(W, \mathcal{B}(W), P)$ の中の閉部分空間を次で定義する:

$$\mathbf{M}_m^n(\mathbf{Z}) \equiv \{\sum_{k=m}^{n}\sum_{j=1}^{d} c_{kj} Z_j(k); c_{kj} \in \mathbf{R} \ (m \leq k \leq n, 1 \leq j \leq d)\}. \quad (2.66)$$

各ベクトル $Z_i(n)$ $(1 \leq i \leq d, 1 \leq n \leq r - \ell)$ を閉部分空間 $\mathbf{M}_\ell^{\ell+n-1}(\mathbf{Z})$ に射影することによって,条件 (H.2) によって,つぎの表現式

$$P_{\mathbf{M}_\ell^{\ell+n-1}(\mathbf{Z})} Z_i(\ell+n) = -\sum_{k=0}^{n-1}\sum_{j=1}^{d} \gamma_{+ij}(\mathbf{Z})(n,k) Z_j(\ell+k) \quad (2.67)$$

を満たす実数の集まり $\{\gamma_{+ij}(\mathbf{Z})(n,k); 1 \leq n \leq r - \ell, 0 \leq k \leq n-1, 1 \leq i, j \leq d\}$ が一意的に存在するので,d 次の正方行列 $\gamma_+(\mathbf{Z})(n,k)$ を

$$\gamma_+(\mathbf{Z})(n,k) \equiv \begin{pmatrix} \gamma_{+11}(\mathbf{Z})(n,k) & \gamma_{+12}(\mathbf{Z})(n,k) & \cdots & \gamma_{+1d}(\mathbf{Z})(n,k) \\ \gamma_{+21}(\mathbf{Z})(n,k) & \gamma_{+22}(\mathbf{Z})(n,k) & \cdots & \gamma_{+2d}(\mathbf{Z})(n,k) \\ \vdots & \vdots & \ddots & \vdots \\ \gamma_{+d1}(\mathbf{Z})(n,k) & \gamma_{+d2}(\mathbf{Z})(n,k) & \cdots & \gamma_{+dd}(\mathbf{Z})(n,k) \end{pmatrix}$$

で定義すると, (2.67) はつぎのようにベクトル表現される:

$$P_{\mathrm{M}_{\ell}^{\ell+n-1}(\mathbf{Z})}Z(\ell+n) = -\sum_{k=0}^{n-1}\gamma_{+}(\mathbf{Z})(n,k)Z(\ell+k). \tag{2.68}$$

さらに, d 次元の確率過程 $\nu_{+}(\mathbf{Z}) = (\nu_{+}(\mathbf{Z})(n); 0 \leq n \leq r - \ell)$ をつぎのように定義する: 各 n $(1 \leq n \leq r - \ell)$ に対し

$$\nu_{+}(\mathbf{Z})(0) \equiv Z(\ell), \tag{2.69}$$

$$\nu_{+}(\mathbf{Z})(n) \equiv Z(\ell+n) - P_{\mathrm{M}_{\ell}^{\ell+n-1}(\mathbf{Z})}Z(\ell+n). \tag{2.70}$$

(2.68), (2.69), (2.70) をまとめて, 各 n $(0 \leq n \leq r - \ell)$ に対し, つぎの直交分解が成り立つ:

$$Z(\ell+n) = -\sum_{k=0}^{n-1}\gamma_{+}(\mathbf{Z})(n,k)Z(\ell+k) + \nu_{+}(\mathbf{Z})(n). \tag{2.71}$$

ここで, 和の記号 $\sum_k$ に関して, 和をとる k の範囲が空集合のとき, その和は 0 と約束する: $\sum_{k\in\emptyset} \equiv 0$.

式 (2.71) は確率過程 **Z** の前向きの時間発展を記述する方程式とみなすことができる. これを**前向き KM$_2$O-ランジュヴァン方程式**と呼ぶ. 時刻 $\ell+n-1$ を現在と見たとき, 前向き KM$_2$O-ランジュヴァン方程式の右辺の第 1 項は現在までの $Z(\ell+k)$ $(0 \leq k \leq n-1)$ で与えられるので, **決定的な項**とみなすことができる. それに対し, 第 2 項は現在までの $Z(\ell+k)$ $(0 \leq k \leq n-1)$ とは直交する (現在までの情報だけでは捉えることができない) ので, **ランダム的な項**とみなすことができる. 物理学の摩擦現象の概念を用いて, 方程式 (2.71) の右辺の第 1 項を散逸項と言い, 係数である行列関数 $\gamma_{+}(\mathbf{Z}) = (\gamma_{+}(\mathbf{Z})(n,k); 0 \leq k < n \leq r-\ell)$ を**前向き KM$_2$O-ランジュヴァン散逸行列関数**と言う. さらに, 方程式 (2.71) の右辺の第 2 項にある関数 $\nu_{+}(\mathbf{Z})(n)$ の集まり $\nu_{+}(\mathbf{Z}) = (\nu_{+}(\mathbf{Z})(n); 0 \leq n \leq r-\ell)$ を確率過程 **Z** に付随する**前向き KM$_2$O-ランジュヴァン揺動過程**と言う. 前向きの KM$_2$O-ランジュヴァン揺動過程が持つ性質を調べよう. 直交分解の性質に注意して, つぎの関係式が成り立つ:

$$E(\nu_{+}(\mathbf{Z})(n)\,{}^{t}Z(\ell+m)) = 0 \quad (0 \leq m < n \leq r-\ell), \tag{2.72}$$

$$E(\nu_{+}(\mathbf{Z})(m)\,{}^{t}\nu_{+}(\mathbf{Z})(n)) = 0 \quad (0 \leq m \neq n \leq r-\ell). \tag{2.73}$$

実際, (2.72) はつぎのように示すことができる: (2.70) より, $\nu_+(\mathbf{Z})(n)$ の各成分は閉部分空間 $\mathbf{M}_\ell^{\ell+n-1}(\mathbf{Z})$ と直交する. したがって, 閉部分空間 $\mathbf{M}_\ell^{\ell+n-1}(\mathbf{Z})$ に属する $Z(\ell+m)$ の各成分と直交する. ゆえに, (2.72) が成り立つ. (2.73) を示すためには, m,n が異なる場合を扱えばよいので, $m<n$ とする. (2.70) より, $\nu_+(\mathbf{Z})(n)$ の各成分は閉部分空間 $\mathbf{M}_\ell^{\ell+n-1}(\mathbf{Z})$ と直交する. 同じく, (2.70) において n を m に置き換えたとき, $\nu_+(\mathbf{Z})(m)$ の各成分は閉部分空間 $\mathbf{M}_\ell^{\ell+m}(\mathbf{Z})$ に属する. ところが, $m<n$ であるから, 閉部分空間 $\mathbf{M}_\ell^{\ell+m}(\mathbf{Z})$ は閉部分空間 $\mathbf{M}_\ell^{\ell+n-1}(\mathbf{Z})$ の部分空間である. したがって, (2.73) が成り立つ.

さらに, d 次の正方行列 $V_+(\mathbf{Z})(n)$ $(0 \leq n \leq r-\ell)$ を

$$V_+(\mathbf{Z})(n) \equiv E(\nu_+(\mathbf{Z})(n)\,{}^t\nu_+(\mathbf{Z})(n)) \tag{2.74}$$

で定義し, 行列関数 $V_+(\mathbf{Z}) = (V_+(\mathbf{Z})(n); 0 \leq n \leq r-\ell)$ を**前向き KM_2O-ランジュヴァン揺動行列関数**と言う. このとき, (2.72), (2.73) より, 次が成り立つ: 任意の整数 m,n $(0 \leq m,n \leq r-\ell)$ に対し

$$E(\nu_+(\mathbf{Z})(m)\,{}^t\nu_+(\mathbf{Z})(n)) = \delta_{mn} V_+(\mathbf{Z})(n). \tag{2.75}$$

ここで, δ_{mn} はクロネッカーのデルタ関数と呼ばれ, $m=n$ のとき値 1 を取り, $m \neq n$ のとき値 0 を取る. この関係式 (2.75) を直交性と言う.

つぎに, 後ろ向きの時間発展を記述する線形の方程式を導こう. 各 n $(0 \leq n \leq r-\ell)$ に対し, ベクトル空間 $L^2(W, \mathcal{B}(W), P)$ の中の時刻 $r-n$ から時刻 r までの確率過程 $\mathbf{Z}$ の線形情報空間をつぎで定義する:

$$\mathbf{M}_{r-n}^r(\mathbf{Z}) \equiv \{\sum_{j=1}^d \sum_{m=0}^n c_{jm} Z_j(r-m); c_{jm} \in \mathbf{R}\ (1 \leq j \leq d, 0 \leq m \leq n)\}. \tag{2.76}$$

各ベクトル $Z_i(r-n)$ $(1 \leq i \leq d, 0 \leq n \leq r-\ell)$ を閉部分空間 $\mathbf{M}_{r-n+1}^r(\mathbf{Z})$ に射影して, (2.68) と同様に, d 次の正方行列 $\gamma_-(\mathbf{Z})(n,k)$ $(0 \leq k < n \leq r-\ell)$ が一意的に存在して, つぎのベクトル表現が得られる:

$$P_{\mathbf{M}_{r-n+1}^r(\mathbf{Z})} Z(r-n) = -\sum_{k=0}^{n-1} \gamma_-(\mathbf{Z})(n,k) Z(r-k). \tag{2.77}$$

さらに, d 次元の確率過程 $\nu_-(\mathbf{Z}) = (\nu_-(\mathbf{Z})(n); -(r-\ell) \leq n \leq 0)$ をつぎのように定義する：各 n $(1 \leq n \leq r-\ell)$ に対し

$$\nu_-(\mathbf{Z})(0) \equiv Z(r), \tag{2.78}$$

$$\nu_-(\mathbf{Z})(-n) \equiv Z(r-n) - P_{\mathbf{M}^r_{r-n+1}(\mathbf{Z})}Z(r-n). \tag{2.79}$$

(2.71) と同様に, (2.77), (2.78), (2.79) をまとめて, 各 n $(0 \leq n \leq r-\ell)$ に対し, つぎの直交分解が成り立つ：

$$Z(r-n) = -\sum_{k=0}^{n-1}\gamma_-(\mathbf{Z})(n,k)Z(r-k) + \nu_-(\mathbf{Z})(-n). \tag{2.80}$$

式 (2.80) は確率過程 $\mathbf{Z}$ の後ろ向きの時間発展を記述する方程式とみなせるので, 後ろ向き $\mathrm{KM}_2\mathrm{O}$-ランジュヴァン方程式と呼ぶ. 方程式 (2.80) の右辺の第1項にある係数である行列関数を $\gamma_-(\mathbf{Z}) = (\gamma_-(\mathbf{Z})(n,k); 0 \leq k < n \leq r-\ell)$ を後ろ向き $\mathrm{KM}_2\mathrm{O}$-ランジュヴァン散逸行列関数と言う. さらに, 方程式 (2.80) の右辺の第2項にある確率過程 $\nu_-(\mathbf{Z}) = (\nu_-(\mathbf{Z})(n); 0 \leq n \leq r-\ell)$ を確率過程 $\mathbf{Z}$ に付随する後ろ向き $\mathrm{KM}_2\mathrm{O}$-ランジュヴァン揺動過程と言う. (2.72), (2.75) と同様に, 後ろ向き $\mathrm{KM}_2\mathrm{O}$-ランジュヴァン揺動過程はつぎの性質を満たす：

$$E(\nu_-(\mathbf{Z})(-n)\,{}^t Z(r-m)) = 0 \qquad (0 \leq m < n \leq r-\ell), \tag{2.81}$$

$$E(\nu_-(\mathbf{Z})(-m)\,{}^t\nu_-(\mathbf{Z})(-n)) = \delta_{mn}V_-(\mathbf{Z})\ (0 \leq m \neq n \leq r-\ell). \tag{2.82}$$

ここで, d 次の正方行列 $V_-(\mathbf{Z})(n)$ $(0 \leq n \leq r-\ell)$ はつぎで定義される：

$$V_-(\mathbf{Z})(n) \equiv E(\nu_-(\mathbf{Z})(-n)\,{}^t\nu_-(\mathbf{Z})(-n)). \tag{2.83}$$

行列関数 $V_-(\mathbf{Z}) = (V_-(\mathbf{Z})(n); 0 \leq n \leq r-\ell)$ を後ろ向き $\mathrm{KM}_2\mathrm{O}$-ランジュヴァン揺動行列関数と言う.

さらに, 前向き揺動過程の線形情報空間と後ろ向き揺動過程の線形情報空間について述べよう. (2.66) と同じく, 各 m, n $(0 \leq m \leq n \leq r-\ell)$ に対し, 実ヒルベルト空間 $L^2(W, \mathcal{B}(W), P)$ の中の時刻 m から時刻 n までの前向き揺動過程 $\nu_+(\mathbf{Z})$ の線形情報空間 $\mathbf{M}_m^n(\nu_+(\mathbf{Z}))$ と実ヒルベルト空間 $L^2(W, \mathcal{B}(W), P)$

2.5 KM$_2$O-ランジュヴァン方程式

の中の時刻 $-n$ から時刻 $-m$ までの後ろ向き揺動過程 $\nu_-(\mathbf{Z})$ の線形情報空間 $\mathbf{M}_{-n}^{-m}(\nu_-(\mathbf{Z}))$ をつぎで定義する:

$$\mathbf{M}_m^n(\nu_+(\mathbf{Z})) \equiv \{\sum_{k=m}^n \sum_{j=1}^d c_{kj}\nu_{+j}(\mathbf{Z})(k); c_{kj} \in \mathbf{R}\}, \qquad (2.84)$$

$$\mathbf{M}_{-n}^{-m}(\nu_-(\mathbf{Z})) \equiv \{\sum_{k=m}^n \sum_{j=1}^d c_{kj}\nu_{-j}(\mathbf{Z})(-k); c_{kj} \in \mathbf{R}\}. \qquad (2.85)$$

このとき, つぎのことが成り立つ: 各整数 m, n $(0 \leq m \leq n \leq r-\ell)$ に対し

$$\mathbf{M}_{\ell+m}^{\ell+n}(\mathbf{Z}) = \mathbf{M}_m^n(\nu_+(\mathbf{Z})), \qquad (2.86)$$

$$\mathbf{M}_{r-n}^{r-m}(\mathbf{Z}) = \mathbf{M}_{-n}^{-m}(\nu_-(\mathbf{Z})). \qquad (2.87)$$

(2.87) も同様に示せるので, (2.86) のみを示そう. (2.69), (2.70) より, 包含関係 $\mathbf{M}_{\ell+m}^{\ell+n}(\mathbf{Z}) \supset \mathbf{M}_m^n(\nu_+(\mathbf{Z}))$ が成り立つ. さらに, (2.69), (2.71) より, 数学的帰納法を用いることによって, 逆の包含関係 $\mathbf{M}_{\ell+m}^{\ell+n}(\mathbf{Z}) \subset \mathbf{M}_m^n(\nu_+(\mathbf{Z}))$ が成り立つ. ゆえに, (2.86) が示された.

注意 2.5.1 非退化の条件 (H.2) が成立しない確率過程 $\mathbf{Z}$ に対しても, 前向き KM$_2$O-ランジュヴァン揺動過程 $\nu_+(\mathbf{Z})$ は (2.69), (2.70) によって, 後ろ向き KM$_2$O-ランジュヴァン揺動過程 $\nu_-(\mathbf{Z})$ は (2.78), (2.79) によって定義される. さらに, 関係式 (2.72), (2.74), (2.75), (2.81), (2.82), (2.83), (2.86), (2.87) は成り立つ.

最後に, つぎの定理 2.5.1 を示そう. この定理は非退化な確率過程に対してのみ成り立つものである.

定理 2.5.1 確率過程 $\mathbf{Z}$ は非退化であるとする. 任意の整数 n $(0 \leq n \leq r-\ell)$ に対し

(i) $V_+(\mathbf{Z})(n) \in GL(d; \mathbf{R})$,
(ii) $V_-(\mathbf{Z})(n) \in GL(d; \mathbf{R})$.

この定理 2.5.1 は文献 [134] において, 確率過程 $\mathbf{Z}$ が定常性を持つ場合に示されていた. 定理 2.5.1 は定常性を満たさない確率過程に対しても成り立つので, その証明を与えることにしよう. そのために, 確率過程 $\mathbf{Z}$ に付随した解析的に大切な 2 点相関行列関数 $R(\mathbf{Z}) = (R(\mathbf{Z})(m,n); \ell \leq m, n \leq r)$ をつぎで定義する:

$$R(\mathbf{Z})(m,n) \equiv E(Z(m)\,{}^tZ(n)) \qquad (\ell \leq m, n \leq r). \tag{2.88}$$

つぎの関係式が成り立つことを注意する:

$$ {}^tR(\mathbf{Z})(m,n) = R(\mathbf{Z})(n,m) \qquad (\ell \leq m, n \leq r). \tag{2.89}$$

さらに, 各自然数 n $(1 \leq n \leq r - \ell + 1)$ に対し, nd 次の対称行列 $T_+(\mathbf{Z})(n)$, $T_-(\mathbf{Z})(n)$ をつぎで定義する:

$$T_+(\mathbf{Z})(n) \equiv \left(R(\mathbf{Z})(\ell+j, \ell+k) \right)_{0 \leq j,k \leq n-1}, \tag{2.90}$$

$$T_-(\mathbf{Z})(n) \equiv \left(R(\mathbf{Z})(r-j, r-k) \right)_{0 \leq j,k \leq n-1}. \tag{2.91}$$

これらの行列 $T_+(\mathbf{Z})(n)$, $T_-(\mathbf{Z})(n)$ を 2 点相関行列関数 $R(\mathbf{Z})(n)$ に付随したテープリッツ行列と呼ぶ.

補題 2.5.1 各自然数 n $(1 \leq n \leq r - \ell + 1)$ に対し, テープリッツ行列 $T_+(\mathbf{Z})(n), T_-(\mathbf{Z})(n)$ は正の半定符号行列である. 確率過程 $\mathbf{Z}$ が非退化であるときは, テープリッツ行列 $T_+(\mathbf{Z})(n), T_-(\mathbf{Z})(n)$ は正の定符号行列となる.

証明 (2.89) より, $T_+(\mathbf{Z})(n), T_-(\mathbf{Z})(n)$ は対称行列である. さらに

$$T_+(\mathbf{Z})(n) = ({}^t(\,{}^tZ(\ell),\,{}^tZ(\ell+1),\ldots,\,{}^tZ(\ell+n-1)), \tag{2.92}$$
$${}^t(\,{}^tZ(\ell),\,{}^tZ(\ell+1),\ldots,\,{}^tZ(\ell+n-1))),$$

$$T_-(\mathbf{Z})(n) = ({}^t(\,{}^tZ(r),\,{}^tZ(r-1),\ldots,\,{}^tZ(r-n+1)), \tag{2.93}$$
$${}^t(\,{}^tZ(r),\,{}^tZ(r-1),\ldots,\,{}^tZ(r-n-1))),$$

であるので, $T_+(\mathbf{Z})(n), T_-(\mathbf{Z})(n)$ は正の半定符号行列である.

2.5 KM$_2$O-ランジュヴァン方程式

つぎに確率過程 **Z** は非退化であるとする.(2.92) より,行列 $T_+(\mathbf{Z})(n)$ は $L^2(\Omega, \mathcal{B}(W), P)$ の d 重直積からなる内積ベクトル空間内のベクトル $Z(\ell), Z(\ell+1), \ldots, Z(\ell+n-1)$ のグラム(ブロック)行列となる.ゆえに,確率過程 **Z** が非退化であることより,ベクトルの集まり $\{Z(\ell), Z(\ell+1), \ldots, Z(\ell+n-1)\}$ は1次独立である.したがって,行列 $T_+(\mathbf{Z})(n)$ は正則行列となる.同様に,(2.93) より,行列 $T_-(\mathbf{Z})(n)$ は正則行列となることを示すことができる.　　　(証明終)

補題 2.5.2 任意の整数 n, m $(1 \leq n \leq r-\ell, 0 \leq m \leq n-1)$ に対し
(i) $R(\ell+n, \ell+m) = -\sum_{k=0}^{n-1} \gamma_+(\mathbf{Z})(n,k) R(\ell+k, \ell+m)$,
(ii) $R(\ell+n, \ell+n) = -\sum_{k=0}^{n-1} \gamma_+(\mathbf{Z})(n,k) R(\ell+k, \ell+n) + V_+(\mathbf{Z})(n)$,
(iii) $R(r-n, r-m) = -\sum_{k=0}^{n-1} \gamma_-(\mathbf{Z})(n,k) R(r-k, r-m)$,
(iv) $R(r-n, r-n) = -\sum_{k=0}^{n-1} \gamma_-(\mathbf{Z})(n,k) R(r-k, r-n) + V_-(\mathbf{Z})(n)$.

証明 前向き KM$_2$O-ランジュヴァン方程式 (2.71) の両辺に右から横ベクトル $^tZ(\ell+m)$ をかけて平均をとると

$$E(Z(\ell+n)\, ^tZ(\ell+m)) = -\sum_{k=0}^{n-1} \gamma_+(\mathbf{Z})(n,k) E(Z(\ell+k)\, ^tZ(\ell+m))$$
$$+ E(\nu_+(\mathbf{Z})(n)\, ^tZ(\ell+m))$$

となる.$0 \leq m \leq n-1$ であるから,(2.72) より,(i) が成り立つ.同様に,後ろ向き KM$_2$O-ランジュヴァン方程式 (2.80) の両辺に右から横ベクトル $^tZ(r-m)$ をかけて平均をとると

$$E(Z(r-n)\, ^tZ(r-m)) = -\sum_{k=0}^{n-1} \gamma_-(\mathbf{Z})(n,k) E(Z(r-k)\, ^tZ(r-m))$$
$$+ E(\nu_-(\mathbf{Z})(-n)\, ^tZ(r-m))$$

となる.$0 \leq m \leq n-1$ であるから,(2.81) より,(ii) が成り立つ.

つぎに,前向き KM$_2$O-ランジュヴァン方程式 (2.71) の両辺に右から横ベクトル $^tZ(\ell+n)$ をかけて平均をとると

$$E(Z(\ell+n)\, ^tZ(\ell+n)) = -\sum_{k=0}^{n-1} \gamma_+(\mathbf{Z})(n,k) E(Z(\ell+k)\, ^tZ(\ell+n))$$

$$+ E(\nu_+(\mathbf{Z})(n)\,{}^tZ(\ell+n))$$

となる．再び，前向き KM_2O-ランジュヴァン方程式 (2.71) と (2.72) を用いると

$$E(\nu_+(\mathbf{Z})(n)\,{}^tZ(\ell+n)) = E(\nu_+(\mathbf{Z})(n)\,{}^t\nu_+(\mathbf{Z})(n))$$

となる．したがって，(2.74) に注意して，(iii) が成り立つ．同様に，後ろ向き KM_2O-ランジュヴァン方程式 (2.80) の両辺に右から横ベクトル ${}^tZ(r-n)$ をかけて平均をとると，つぎが成り立つ：

$$E(Z(r-n)\,{}^tZ(r-n)) = -\sum_{k=0}^{n-1}\gamma_-(\mathbf{Z})(n,k)E(Z(r-k)\,{}^tZ(r-n))$$
$$+ E(\nu_-(\mathbf{Z})(-n)\,{}^tZ(r-n)).$$

再び，後ろ向き KM_2O-ランジュヴァン方程式 (2.80) と (2.82) を用いると

$$E(\nu_-(\mathbf{Z})(-n)\,{}^tZ(r-n)) = E(\nu_-(\mathbf{Z})(-n)\,{}^t\nu_-(\mathbf{Z})(-n))$$

となる．したがって，(2.83) に注意して，(iv) が成り立つ． (証明終)

(2.69), (2.74), (2.78), (2.83) より直ちに，次が得られる．

補題 2.5.3
  (i) $V_+(\mathbf{Z})(0) = R(\ell,\ell)$,
  (ii) $V_-(\mathbf{Z})(0) = R(r,r)$.

補題 2.5.4 任意の整数 n $(1 \leq n \leq r-\ell+1)$ に対し
  (i) $\det T_+(\mathbf{Z})(n) = \prod_{k=0}^{n-1}\det V_+(\mathbf{Z})(k)$,
  (ii) $\det T_-(\mathbf{Z})(n) = \prod_{k=0}^{n-1}\det V_-(\mathbf{Z})(k)$.

証明 補題 2.5.2 (i) において，m を 0 から $n-1$ まで動かした n 個の関係式と補題 2.5.2 (ii) における関係式を行列表現すると，つぎが得られる．

$$\begin{pmatrix} I & 0 & \cdots & & & 0 \\ & I & \ddots & & & \\ & & \ddots & & & \\ 0 & & & I & 0 & \\ \gamma_+(\mathbf{Z})(n,0) & \gamma_+(\mathbf{Z})(n,1) & \cdots & \gamma_+(\mathbf{Z})(n,n-1) & I \end{pmatrix} T_+(\mathbf{Z})(n+1)$$

$$= \begin{pmatrix} & & R(\ell, \ell+n) \\ & T_+(\mathbf{Z})(n) & \vdots \\ & & \vdots \\ & & R(\ell+n-1, \ell+n) \\ 0 & \cdots & \cdots & 0 & V_+(\mathbf{Z})(n) \end{pmatrix}.$$

上式の両辺の行列式をとって, $\det T_+(\mathbf{Z})(n+1) = \det V_+(\mathbf{Z})(n) \det T_+(\mathbf{Z})(n)$. $T_+(\mathbf{Z})(1) = R(\ell, \ell)$ と補題 2.5.3 (i) に注意して, (i) が示される.

同様に, (ii) も示せるが, 念のため証明を与えよう. 補題 2.5.2 (iii) において, m を 0 から $n-1$ まで動かした n 個の関係式と補題 2.5.2 (iv) における関係式を行列表現すると, つぎが得られる:

$$\begin{pmatrix} I & 0 & \cdots & & & 0 \\ & I & \ddots & & & \\ & & \ddots & & & \\ 0 & & & I & 0 & \\ \gamma_-(\mathbf{Z})(n,0) & \gamma_-(\mathbf{Z})(n,1) & \cdots & \gamma_-(\mathbf{Z})(n,n-1) & I \end{pmatrix} T_-(\mathbf{Z})(n+1)$$

$$= \begin{pmatrix} & & R(r, r-n) \\ & T_-(\mathbf{Z})(n) & \vdots \\ & & \vdots \\ & & R(r-n-1, r-n) \\ 0 & \cdots & \cdots & 0 & V_-(\mathbf{Z})(n) \end{pmatrix}.$$

上式の両辺の行列式をとって, $\det T_-(\mathbf{Z})(n+1) = \det V_-(\mathbf{Z})(n) \det T_-(\mathbf{Z})(n)$. $T_-(\mathbf{Z})(1) = R(r,r)$ と補題 2.5.3 (ii) に注意して, (ii) が示される.   (証明終)

注意 2.5.2   退化した確率過程 $\mathbf{Z}$ に対しては, 方程式 (2.71), (2.80) の散逸項の係数に現れる前向き KM$_2$O-ランジュヴァン散逸行列関数 $\gamma_+(\mathbf{Z})$, 後ろ向き KM$_2$O-ランジュヴァン散逸行列関数 $\gamma_-(\mathbf{Z})$ は一意的に定まらない. しかし, 直交射影の表現式 (2.68), (2.77) の右辺に現れる任意の行列関数 $\gamma_+(\mathbf{Z}), \gamma_-(\mathbf{Z})$ を採用することによって, 非退化とは限らない一般の確率過程 $\mathbf{Z}$ に対して, 補題 2.5.1, 補題 2.5.2, 補題 2.5.3, 補題 2.5.4 は成立する. つぎの 2.5.2 項で構成する最小前向き KM$_2$O-ランジュヴァン散逸行列関数 $\gamma_+^0(\mathbf{Z})$, 最小後ろ向き KM$_2$O-ランジュヴァン散逸行列関数 $\gamma_-^0(\mathbf{Z})$ を 2.6 節の補題 2.6.1 において用いる.

定理 2.5.1 の証明   補題 2.5.1 と補題 2.5.4 より, (i) と (ii) が成り立つ.   (証明終)

2.5.2   退　　　化

ここでは, 確率過程 $\mathbf{Z}$ は非退化の条件 (H.2) を満たすとはかぎらない一般の場合を考察する. このときは, (2.68), (2.77) の右辺に現れる係数である行列関数 $\gamma_+(\mathbf{Z}) = (\gamma_+(\mathbf{Z})(n,k); 0 \leq k < n \leq r-\ell)$, $\gamma_-(\mathbf{Z}) = (\gamma_-(\mathbf{Z})(n,k); 0 \leq k < n \leq r-\ell)$ は一意的に定まらない. そこで, そのような行列関数全体の集合をそれぞれ $\mathcal{LMD}_+(\mathbf{Z}), \mathcal{LMD}_-(\mathbf{Z})$ とする:

$$\mathcal{LMD}_+(\mathbf{Z}) \equiv \{\gamma_+ = (\gamma_+(n,k); 0 \leq k < n \leq r-\ell); \quad (2.94)$$
$$P_{\mathbf{M}_\ell^{\ell+n-1}(\mathbf{Z})} Z(\ell+n) = -\sum_{k=0}^{n-1} \gamma_+(n,k) Z(\ell+k) \ (1 \leq n \leq r-\ell)\},$$
$$\mathcal{LMD}_-(\mathbf{Z}) \equiv \{\gamma_- = (\gamma_-(n,k); 0 \leq k < n \leq r-\ell); \quad (2.95)$$
$$P_{\mathbf{M}_{r-n+1}^{r}(\mathbf{Z})} Z(r-n) = -\sum_{k=0}^{n-1} \gamma_-(n,k) Z(r-k) \ (1 \leq n \leq r-\ell)\}.$$

つぎの存在一意性定理を示すことができる.

定理 2.5.2 空間 $\mathcal{LMD}_+(\mathbf{Z})$ の元 $\gamma_+^0(\mathbf{Z}) = (\gamma_+^0(\mathbf{Z})(n,k); 0 \leq k < n \leq r - \ell)$ と空間 $\mathcal{LMD}_-(\mathbf{Z})$ の元 $\gamma_-^0(\mathbf{Z}) = (\gamma_-^0(\mathbf{Z})(n,k); 0 \leq k < n \leq r - \ell)$ でつぎの性質を満たすものが一意的に存在する:

(i) 行列関数 $\gamma_+^0(\mathbf{Z})$ は空間 $\mathcal{LMD}_+(\mathbf{Z})$ の中でつぎのノルム

$$\|\gamma_+\| \equiv \left(\sum_{n=1}^{N} \sum_{k=0}^{n-1} \sum_{p,q=1}^{d} \gamma_{+pq}(n,k)^2 \right)^{1/2}$$

を最小にする. ここで, $\gamma_{+pq}(n,k)$ は d 次の正方行列 $\gamma_+(n,k)$ の (p,q) 成分である.

(ii) 行列関数 $\gamma_-^0(\mathbf{Z})$ は空間 $\mathcal{LMD}_-(\mathbf{Z})$ の中でつぎのノルム

$$\|\gamma_-\| \equiv \left(\sum_{n=1}^{N} \sum_{k=0}^{n-1} \sum_{p,q=1}^{d} \gamma_{-pq}(n,k)^2 \right)^{1/2}$$

を最小にする. ここで, $\gamma_{-pq}(n,k)$ は d 次の正方行列 $\gamma_-(n,k)$ の (p,q) 成分である.

定理 2.5.2 の (i) のみを証明する. (ii) は同様に示すことができる. そのために, 各自然数 n $(1 \leq n \leq r - \ell)$ に対し, (nd, d) 型の行列 $S(\mathbf{Z})(n), \Gamma(n)$ をつぎで定義する:

$$S(\mathbf{Z})(n) \equiv -{}^t(R(\mathbf{Z})(\ell+n,\ell), R(\mathbf{Z})(\ell+n,\ell+1), \ldots,$$
$$R(\mathbf{Z})(\ell+n,\ell+n-1)), \tag{2.96}$$
$$\Gamma(n) \equiv {}^t(\gamma_+(n,0), \gamma_+(n,1), \ldots, \gamma_+(n,n-1)). \tag{2.97}$$

補題 2.5.2 (i) を行列表示することによって, つぎの関係式が成り立つ.

補題 2.5.5 集合 $\mathcal{LMD}_+(\mathbf{Z})$ の任意の元 γ_+ に対し,

$$T_+(\mathbf{Z})(n)\Gamma(\mathbf{Z})(n) = S(\mathbf{Z})(n) \qquad (1 \leq n \leq r - \ell).$$

つぎに線形代数における補題 2.5.5 を示そう.

補題 2.5.6 n 次の任意の対称行列 A と任意の (n,m) 型の行列 C でつぎを満たすものが与えられているとする:

(i) $A \geq 0$;

(ii) (n,m) 型の行列 X が存在して, $AX = C$.

このとき, 方程式 $AX = C$ の解 X で成分の2乗和を最小にする行列 $X_{\min}$ が一意的に存在する.

証明 行列 A の階数を r とする. r が 0 あるいは n のときは, 一意性は明らかなので, $1 \leq r \leq n-1$ の場合を考える. 直交行列 P でつぎを満たすものを取る:

$$P^{-1}AP = \begin{pmatrix} \tilde{A}_r & 0 \\ 0 & 0 \end{pmatrix}. \tag{2.98}$$

ここで $\tilde{A}_r$ は r 次の正則行列である. このとき, ある (n,m) 型の行列 X が方程式 $AX = C$ を満たすための必要十分条件は行列 X はつぎの形を取ることである:

$$X = P \begin{pmatrix} \tilde{A}_r^{-1} C_1 \\ * \end{pmatrix}. \tag{2.99}$$

ここで C_1 はつぎの行列 $P^{-1}C$ の (r,m) 型のブロック行列である:

$$P^{-1}C = \begin{pmatrix} C_1 \\ C_2 \end{pmatrix}. \tag{2.100}$$

P は直交行列であるから

$$\left\| P \begin{pmatrix} \tilde{A}_r^{-1} C_1 \\ * \end{pmatrix} \right\| = \left\| \begin{pmatrix} \tilde{A}_r^{-1} C_1 \\ * \end{pmatrix} \right\|. \tag{2.101}$$

このことは方程式 $AX = C$ の解で成分の2乗和が最小な行列 $X_{\min}$ は一意的に定まり, つぎで与えられることがわかる:

$$X_{\min} = P \begin{pmatrix} \tilde{A}_r^{-1} C_1 \\ 0 \end{pmatrix}.$$

(証明終)

以上の準備の下に, 定理 2.5.2 の (i) を証明しよう.

2.5 KM$_2$O-ランジュヴァン方程式

定理 2.5.2 (i) の証明 任意の自然数 n $(1 \leq n \leq r-\ell)$ を固定する.補題 2.5.5 より,示すべきことは,方程式 $T_+(\mathbf{Z})(n)X = T_+(\mathbf{Z})(n)$ の解 X で成分の 2 乗和が最小なものの一意性である.補題 2.5.1 に注意して,補題 2.5.6 において,$A \equiv T_+(\mathbf{Z})(n), C = S(\mathbf{Z})(n)$ と取ることによって,(i) を証明することができる. (証明終)

定理 2.5.2 より,各整数 n $(0 \leq n \leq r-\ell)$ に対し,次が導かれる:

$$Z(\ell+n) = -\sum_{k=0}^{n-1} \gamma_+^0(\mathbf{Z})(n,k) Z(\ell+k) + \nu_+(\mathbf{Z})(n), \quad (2.102)$$

$$Z(r-n) = -\sum_{k=0}^{n-1} \gamma_-^0(\mathbf{Z})(n,k) Z(r-k) + \nu_-(\mathbf{Z})(-n). \quad (2.103)$$

確率過程 $\mathbf{Z}$ の時間発展を記述する二つの方程式を導いた.方程式 (2.102) を確率過程 $\mathbf{Z}$ に付随する**前向き KM$_2$O-ランジュヴァン方程式**,方程式 (2.103) を確率過程 $\mathbf{Z}$ に付随する**後ろ向き KM$_2$O-ランジュヴァン方程式**と言う.

定理 2.5.2 で示した行列関数 $\gamma_+^0(\mathbf{Z}), \gamma_-^0(\mathbf{Z})$ をそれぞれ**最小前向き KM$_2$O-ランジュヴァン散逸行列関数,最小後ろ向き KM$_2$O-ランジュヴァン散逸行列関数**と呼ぶ.さらに,つぎで定義される行列の系を d 次元確率過程 $\mathbf{Z}$ に付随する KM$_2$O-ランジュヴァン行列系と呼ぶ:

$$\mathcal{LM}(\mathbf{Z}) \equiv \{\gamma_+^0(\mathbf{Z})(n,k), \gamma_-^0(\mathbf{Z})(n,k), V_+(\mathbf{Z})(m), V_-(\mathbf{Z})(m);$$
$$1 \leq n \leq r-\ell, 0 \leq k \leq n-1, 0 \leq m \leq r-\ell\}. \quad (2.104)$$

KM$_2$O-ランジュヴァン行列系を構成的に求めるために,ウェイト変換を用いよう.それは確率過程 $\mathbf{Z}$ を非退化な確率過程 $\mathbf{Z}^{(\epsilon)}$ に変換するものである.

確率空間 $(W, \mathcal{B}, P)$ の上につぎの性質 (H.3), (H.4) を満たす d 次元の確率過程 $\boldsymbol{\xi} = (\xi(n); \ell \leq n \leq r)$ が存在するとする:

(H.3) $\{\xi_j(n); 1 \leq j \leq d, \ell \leq n \leq r\}$ は $\{Z_j(n); 1 \leq j \leq d, \ell \leq n \leq r\}$ と直交する.ここで,$\xi(n) = {}^t(\xi_1(n), \xi_2(n), \ldots, \xi_d(n))$;

(H.4) 確率過程 $\boldsymbol{\xi} = (\xi(n); \ell \leq n \leq r)$ は弱い意味のホワイトノイズである,すなわち $E(\xi(m) {}^t\xi(n)) = \delta_{mn} I_d$.ここで,$I_d$ は d 次の単位行列で

ある.

各正数 ϵ に対し, d 次元の確率過程 $\mathbf{Z}^{(\epsilon)} = (Z^{(\epsilon)}(n); \ell \leq n \leq r)$ を

$$Z^{(\epsilon)}(n) \equiv Z(n) + \epsilon\xi(n) \qquad (\ell \leq n \leq r) \tag{2.105}$$

で定義する.つぎのことを示そう.

補題 2.5.7 任意の正数 ϵ に対し,確率過程 $\mathbf{Z}^{(\epsilon)}$ は非退化である.

証明 線形の関係式 $\sum_{j=1}^{d}\sum_{k=\ell}^{r} c_{jk} Z_j^{(\epsilon)}(k) = 0$ が成り立つ実数の集まり $\{c_{jk}; 1 \leq j \leq d, \ell \leq k \leq r\}$ があったとする. $Z_j^{(\epsilon)}(k) = Z_j(n) + \epsilon\xi_j(k)$ であるから,固定した i, m $(1 \leq i \leq d, \ell \leq m \leq r)$ に対し,前の式の両辺に $\xi_i(m)$ をかけて積分することによって,条件 (H.3), (H.4) より, $\epsilon c_{im} = 0$ が成り立つ.したがって, $c_{im} = 0$ が成り立つ.このことは,ベクトルの集まり $\{Z_j^{(\epsilon)}(n); 1 \leq j \leq d, \ell \leq n \leq r\}$ がベクトル空間 $L^2(W, \mathcal{B}(W), P)$ の中で1次独立であることを意味する. (証明終)

確率過程 $\mathbf{Z}$ から確率過程 $\mathbf{Z}^{(\epsilon)}$ への変換を**ウェイト変換**,正数 ϵ を**ウェイト**と呼ぶ.さらに,確率過程 ξ を**添加ホワイトノイズ**と呼ぶ.補題 2.5.7 より,任意の $\epsilon > 0$ に対し, 2.5.1 項の結果を確率過程 $\mathbf{Z}^{(\epsilon)}$ に適用して,確率過程 $\mathbf{Z}^{(\epsilon)}$ に付随する前向き KM$_2$O-ランジュヴァン方程式 (2.106) と後ろ向き KM$_2$O-ランジュヴァン方程式 (2.107) を導くことができる.各 n $(0 \leq n \leq r - \ell)$ に対し

$$Z^{(\epsilon)}(\ell + n) = -\sum_{k=0}^{n-1} \gamma_+(\mathbf{Z}^{(\epsilon)})(n, k) Z^{(\epsilon)}(\ell + k) + \nu_+(\mathbf{Z}^{(\epsilon)})(n), \quad (2.106)$$

$$Z^{(\epsilon)}(r - n) = -\sum_{k=0}^{n-1} \gamma_-(\mathbf{Z}^{(\epsilon)})(n, k) Z^{(\epsilon)}(r - k) + \nu_-(\mathbf{Z}^{(\epsilon)})(-n) \quad (2.107)$$

を満たす二つの行列関数 $\gamma_+(\mathbf{Z}^{(\epsilon)}) = (\gamma_+(\mathbf{Z}^{(\epsilon)})(n, k); 0 \leq k < n \leq r - \ell)$ と $\gamma_-(\mathbf{Z}^{(\epsilon)}) = (\gamma_-(\mathbf{Z}^{(\epsilon)})(n, k); 0 \leq k < n \leq r - \ell)$ が一意的に存在する.このとき,つぎの定理を証明しよう.

定理 2.5.3 各整数 n $(0 \leq n \leq r - \ell)$ に対し

(i) $\lim_{\epsilon \to 0} \nu_+(\mathbf{Z}^{(\epsilon)})(n) = \nu_+(\mathbf{Z})(n)$ in W,

(ii) $\lim_{\epsilon\to 0} V_+(\mathbf{Z}^{(\epsilon)})(n) = V_+(\mathbf{Z})(n)$,
(iii) $\lim_{\epsilon\to 0} \nu_-(\mathbf{Z}^{(\epsilon)})(-n) = \nu_-(\mathbf{Z})(-n)$ in W,
(iv) $\lim_{\epsilon\to 0} V_-(\mathbf{Z}^{(\epsilon)})(n) = V_-(\mathbf{Z})(n)$.

証明 (i) と (ii) のみを証明する．(iii) と (iv) は同様に証明できる．任意の整数 n $(0 \le n \le N)$ を固定する．(2.105) より，つぎのことは直ちに従う：

$$\lim_{\epsilon\to 0} \mathbf{Z}^{(\epsilon)}(n) = Z(n) \text{ in } W. \tag{2.108}$$

つぎのことを示そう：

$$\lim_{\epsilon\to 0} P_{\mathrm{M}_0^{n-1}(\mathrm{Z}^{(\epsilon)})} Z(n) = P_{\mathrm{M}_0^{n-1}(\mathrm{Z})} Z(n) \text{ in } W. \tag{2.109}$$

性質 (H.3) より，$\mathbf{M}_0^{n-1}(\mathbf{Z}^{(\epsilon)}) \subset \mathbf{M}_0^{n-1}(\mathbf{Z}) \oplus \mathbf{M}_0^{n-1}(\boldsymbol{\xi})$ であるから

$$\begin{aligned}
P_{\mathrm{M}_0^{n-1}(\mathrm{Z}^{(\epsilon)})} Z(n) &= P_{\mathrm{M}_0^{n-1}(\mathrm{Z}^{(\epsilon)})} P_{\mathrm{M}_0^{n-1}(\mathrm{Z}) \oplus \mathrm{M}_0^{n-1}(\boldsymbol{\xi})} Z(n) \\
&= P_{\mathrm{M}_0^{n-1}(\mathrm{Z}^{(\epsilon)})} P_{\mathrm{M}_0^{n-1}(\mathrm{Z})} Z(n). \tag{2.110}
\end{aligned}$$

W のベクトル v を $v \equiv P_{\mathrm{M}_0^{n-1}(\mathrm{Z})} Z(n)$ とおく．このとき，d 次の正方行列 $C(k)$ $(0 \le k \le n-1)$ が存在して，$v = \sum_{k=0}^{n-1} C(k) Z(k)$ と表現できる．$v = \sum_{k=0}^{n-1} C(k) Z^{(\epsilon)}(k) - \epsilon \sum_{k=0}^{n-1} \xi(k)$ と変形でき，右辺の第1項の各成分は閉部分空間 $\mathbf{M}_0^{n-1}(\mathbf{Z}^{(\epsilon)})$ に属するので

$$P_{\mathrm{M}_0^{n-1}(\mathrm{Z}^{(\epsilon)})} v = \sum_{k=0}^{n-1} C(k) Z^{(\epsilon)}(k) - \epsilon P_{\mathrm{M}_0^{n-1}(\mathrm{Z}^{(\epsilon)})} \left(\sum_{k=0}^{n-1} \xi(k) \right)$$

が成り立つ．ここで，ϵ を 0 に飛ばすと，(2.108) より，$\lim_{\epsilon\to 0} P_{\mathrm{M}_0^{n-1}(\mathrm{Z}^{(\epsilon)})} v = v$ が成り立つ．したがって，(2.110) より，(2.109) が従う．

前向き KM$_2$O-ランジュヴァン揺動過程の定義より

$$\begin{aligned}
\nu_+(\mathbf{Z}^{(\epsilon)})(n) &= Z^{(\epsilon)}(n) - P_{\mathrm{M}_0^{n-1}(\mathrm{Z}^{(\epsilon)})} Z^{(\epsilon)}(n) \\
&= Z^{(\epsilon)}(n) - P_{\mathrm{M}_0^{n-1}(\mathrm{Z}^{(\epsilon)})} Z(n) - \epsilon P_{\mathrm{M}_0^{n-1}(\mathrm{Z}^{(\epsilon)})} \xi(n).
\end{aligned}$$

ゆえに，(2.108), (2.109) より，$\lim_{\epsilon\to 0} \nu_+(\mathbf{Z}^{(\epsilon)})(n) = Z(n) - P_{\mathrm{M}_0^{n-1}(\mathrm{Z})} Z(n) = \nu_+(\mathbf{Z})(n)$ が従い，(i) が証明された．(ii) は L^2-内積の連続性より，(i) より従う．

(証明終)

確率過程 $\mathbf{Z}$ に付随する最小前向き KM_2O-ランジュヴァン散逸行列関数 $\gamma_+^0(\mathbf{Z})$ と最小後ろ向き KM_2O-ランジュヴァン散逸行列関数 $\gamma_-^0(\mathbf{Z})$ がそれぞれ非退化な確率過程 $\mathbf{Z}^{(\epsilon)}$ に付随する最小前向き KM_2O-ランジュヴァン散逸行列関数 $\gamma_+(\mathbf{Z}^{(\epsilon)})$ と最小後ろ向き KM_2O-ランジュヴァン散逸行列関数 $\gamma_-(\mathbf{Z}^{(\epsilon)})$ の ϵ を 0 に近づけたときの極限として捉まえることができるつぎの定理を示そう.

定理 2.5.4 各整数 n, k $(0 \leq k < n \leq r - \ell)$ に対し
 (i) $\lim_{\epsilon \to 0} \gamma_+(\mathbf{Z}^{(\epsilon)})(n, k) = \gamma_+^0(\mathbf{Z})(n, k),$
 (ii) $\lim_{\epsilon \to 0} \gamma_-(\mathbf{Z}^{(\epsilon)})(n, k) = \gamma_-^0(\mathbf{Z})(n, k).$

この定理 2.5.4 を示すために, 線形代数からつぎの補題を準備しよう.

補題 2.5.8 n 次の任意の対称行列 A, B と (n, m) 型の行列 C, D でつぎの条件を満たすものが与えられたとする:
 (i) $A \geq 0;$
 (ii) $B > 0;$
 (iii) (n, m) 型の行列 X が存在して, $AX = C$.
各正数 ϵ に対し, (n, m) 型の行列 F_ϵ をつぎで定める:

$$F_\epsilon \equiv (A + \epsilon B)^{-1}(C + \epsilon D). \tag{2.111}$$

このとき, F_ϵ は ϵ を 0 に近づけるとき収束する. それを F_0 とおくとき, $AF_0 = C$ を満たす.

証明 条件 (i), (ii) より, 行列 $A + \epsilon B$ は正定値の対称行列であるので, 逆行列は存在する. したがって, 行列 F_ϵ は定義できることを注意する. 証明は 13 ステップに分けて行う.

 [ステップ 1] 行列 A が正則のときは, $\lim_{\epsilon \to 0} F_\epsilon = A^{-1} C$ であるから, 補題 2.5.8 は直ちに従う.

 [ステップ 2] 行列 A が 0 行列のときは, 条件 (c) より, $C = 0$. したがって, 任意の $\epsilon > 0$ に対し, $F_\epsilon = B^{-1} D$. ゆえに, 補題 2.5.8 は従う.

2.5 KM$_2$O-ランジュヴァン方程式

[ステップ3] 行列 A の階数 r が $1 \leq r \leq n-1$ を満たす場合を考える. このとき, A は対称行列であるから, ある直交行列 P が存在して, $P^{-1}AP = \begin{pmatrix} \tilde{A}_r & 0 \\ 0 & 0 \end{pmatrix}$ が成り立つ. ここで, $\tilde{A}_r$ は r 次の正則行列である. (2.111) より, つぎが成り立つ:

$$\tilde{F}_\epsilon = (\tilde{A} + \epsilon\tilde{B})^{-1}(\tilde{C} + \epsilon\tilde{D}). \tag{2.112}$$

ここで

$$\tilde{A} \equiv P^{-1}AP = \begin{pmatrix} \tilde{A}_r & 0 \\ 0 & 0 \end{pmatrix}, \quad \tilde{B} \equiv P^{-1}BP, \tag{2.113}$$

$$\tilde{C} \equiv P^{-1}C, \tilde{D} \equiv P^{-1}D, \tilde{F}_\epsilon \equiv P^{-1}F_\epsilon. \tag{2.114}$$

[ステップ4] 行列 $(\tilde{A} + \epsilon\tilde{B})^{-1}, \tilde{B}, \tilde{C}, \tilde{D}$ はつぎのように分解される:

$$(\tilde{A} + \epsilon\tilde{B})^{-1} = \begin{pmatrix} H_{11}^{(\epsilon)} & H_{12}^{(\epsilon)} \\ H_{21}^{(\epsilon)} & H_{22}^{(\epsilon)} \end{pmatrix}, \quad \tilde{B} = \begin{pmatrix} B_{11} & B_{12} \\ B_{21} & B_{22} \end{pmatrix}, \tag{2.115}$$

$$\tilde{C} = \begin{pmatrix} C_1 \\ C_2 \end{pmatrix}, \quad \tilde{D} = \begin{pmatrix} D_1 \\ D_2 \end{pmatrix}. \tag{2.116}$$

ここで, $H_{11}^{(\epsilon)}, B_{11}$ は r 次の正方行列, $H_{12}^{(\epsilon)}, B_{12}$ は $(r, n-r)$ 型の行列, $H_{21}^{(\epsilon)}, B_{21}$ は $(n-r, r)$ 型の行列, $H_{22}^{(\epsilon)}, B_{22}$ は $n-r$ 次の行列, C_1, D_1 は (r, m) 型の行列, C_2, D_2 は $(n-r, m)$ 型の行列である.

[ステップ5] B は対称行列であるから, $\tilde{B}$ も対称行列である. このことより, $B_{21} = {}^tB_{12}$ が成り立つ.

[ステップ6] $C_2 = 0$ を示そう. 補題2.5.8の条件(c), (2.113), (2.114)より, $\tilde{C} = \begin{pmatrix} A_r & 0 \\ 0 & 0 \end{pmatrix} X = \begin{pmatrix} * \\ 0 \end{pmatrix}$ が成り立つから, $C_2 = 0$.

[ステップ7] (2.112)と[ステップ6]より, 直接計算によってつぎが示される:

$$\tilde{F}_\epsilon = \begin{pmatrix} H_{11}^{(\epsilon)}(C_1 + \epsilon D_1) + \epsilon H_{12}^{(\epsilon)} D_2 \\ H_{21}^{(\epsilon)}(C_1 + \epsilon D_1) + \epsilon H_{22}^{(\epsilon)} D_2 \end{pmatrix}.$$

[ステップ8] 行列 $J_1^{(\epsilon)}$ を $J_1^{(\epsilon)} \equiv \tilde{A}_r + \epsilon B_{11}$ で定義する. このとき, 行列 $J_1^{(\epsilon)}$ は正則であることを示そう. (2.113), (2.115) より

$$\tilde{A} + \epsilon\tilde{B} = \begin{pmatrix} \tilde{A}_r + \epsilon B_{11} & \epsilon B_{12} \\ \epsilon B_{21} & \epsilon B_{22} \end{pmatrix} = \begin{pmatrix} J_1^{(\epsilon)} & \epsilon B_{12} \\ \epsilon B_{21} & \epsilon B_{22} \end{pmatrix}.$$

一方, 補題 2.5.8 の条件 (a), (b) と (2.113) より, 行列 $\tilde{A} + \epsilon \tilde{B}$ は正定値である. このことより, $J_1^{(\epsilon)}$ は正則であることがわかる.

[ステップ 9]　行列 $J_2^{(\epsilon)}$ を $J_2^{(\epsilon)} \equiv \epsilon(B_{22} - \epsilon B_{21}(J_1^{(\epsilon)})^{-1} B_{12})$ で定義する. このとき, 行列 $J_2^{(\epsilon)}$ は正則であることを示そう. [ステップ 5] と行列 $J_1^{(\epsilon)}$ は対称であることより

$$\begin{pmatrix} I_r & 0 \\ -\epsilon B_{21}(J_1^{(\epsilon)})^{-1} & I_{n-r} \end{pmatrix} \begin{pmatrix} J_1^{(\epsilon)} & \epsilon B_{12} \\ \epsilon B_{21} & \epsilon B_{22} \end{pmatrix} {}^t\!\begin{pmatrix} I_r & 0 \\ -\epsilon B_{21}(J_1^{(\epsilon)})^{-1} & I_{n-r} \end{pmatrix}$$
$$= \begin{pmatrix} J_1^{(\epsilon)} & 0 \\ 0 & J_2^{(\epsilon)} \end{pmatrix}.$$

したがって, 行列 $J_2^{(\epsilon)}$ は正則である.

[ステップ 10]　[ステップ 8] と [ステップ 9] に注意して, 直接計算より, つぎが成り立つことが示される:

(i) $H_{11}^{(\epsilon)} = (J_1^{(\epsilon)})^{-1}(I_r + \epsilon^2 B_{12}(J_2^{(\epsilon)})^{-1} B_{21}(J_1^{(\epsilon)})^{-1})$;

(ii) $H_{12}^{(\epsilon)} = -\epsilon (J_1^{(\epsilon)})^{-1} B_{12}(J_2^{(\epsilon)})^{-1}$;

(iii) $H_{21}^{(\epsilon)} = -\epsilon (J_2^{(\epsilon)})^{-1} B_{21}(J_1^{(\epsilon)})^{-1}$;

(iv) $H_{22}^{(\epsilon)} = (J_2^{(\epsilon)})^{-1}$.

[ステップ 11]　(i) $\lim_{\epsilon \to 0}(J_1^{(\epsilon)})^{-1} = \tilde{A}_r^{-1}$; (ii) $\lim_{\epsilon \to 0} \epsilon(J_2^{(\epsilon)})^{-1} = B_{22}^{-1}$ を示そう. [ステップ 8] で導入した行列 $J_1^{(\epsilon)}$ の定義より, $\lim_{\epsilon \to 0} J_1^{(\epsilon)} = \tilde{A}_r$. 行列 $\tilde{A}_r$ は正則であるので, [ステップ 8] より (i) が従う. さらに, [ステップ 9] で導入した行列 $J_2^{(\epsilon)}$ の定義より, $\lim_{\epsilon \to 0} \epsilon^{-1} J_2^{(\epsilon)} = \lim_{\epsilon \to 0}(B_{22} - \epsilon B_{21}(J_1^{(\epsilon)})^{-1} B_{12}) = B_{22}$. 一方, 補題 2.5.8 の条件 (b), (2.113), (2.115) より, 行列 B_{22} は正則. したがって, $\lim_{\epsilon \to 0}(\epsilon^{-1} J_2^{(\epsilon)})^{-1} = B_{22}^{-1}$. これより, (ii) が従う.

[ステップ 12]　[ステップ 10] と [ステップ 11] から, つぎが成り立つ:

$$\begin{cases} \lim_{\epsilon \to 0} H_{11}^{(\epsilon)} = A_r^{-1}, & \lim_{\epsilon \to 0} H_{12}^{(\epsilon)} = -A_r^{-1} B_{12} B_{22}^{-1}, \\ \lim_{\epsilon \to 0} H_{21}^{(\epsilon)} = -B_{22}^{-1} B_{21} A_r^{-1}, & \lim_{\epsilon \to 0} \epsilon H_{22}^{(\epsilon)} = B_{22}^{-1}. \end{cases}$$

[ステップ 13]　最後に, 補題 2.5.8 を証明しよう. [ステップ 7] と [ステップ 12] より

$$\tilde{F}_0 \equiv \lim_{\epsilon \to 0} \tilde{F}_\epsilon = \begin{pmatrix} A_r^{-1} C_1 \\ B_{22}^{-1}(D_2 - B_{21} A_r^{-1} C_1) \end{pmatrix}$$

が成り立つ．したがって，$F_0 \equiv P\tilde{F}_0$ とおくと，(2.111) より，上式は $\lim_{\epsilon \to 0} F_\epsilon = F_0$ を意味する．さらに，(2.113) と [ステップ 6] に注意して，$AF_0 = C$ が成り立つ．これで補題 2.5.8 は証明された． (証明終)

注意 2.5.3 補題 2.5.8 において，行列 F_ϵ の極限 $F_0 = \lim_{\epsilon \to 0} F_\epsilon$ の具体的な形はつぎで与えられる：

$$F_0 = P \begin{pmatrix} \tilde{A}_r^{-1} C_1 \\ B_{22}^{-1}(D_2 - B_{21}\tilde{A}_r^{-1} C_1) \end{pmatrix}.$$

ここで，行列 $P, B_{21}, B_{22}, C_1, D_2$ は (2.115), (2.116) で与えられている．

注意 2.5.4 補題 2.5.7, 定理 2.5.3 と定理 2.5.4 は確率過程 $\boldsymbol{\xi}$ が条件 (H.4) より弱い条件 (H.4') を満たすときも成り立つ：

(H.4') 確率過程 $\boldsymbol{\xi} = (\xi(n); \ell \leq n \leq r)$ は非退化である．

さらに，補題 2.5.6 と補題 2.5.8 を結ぶつぎの補題 2.5.9 を示そう．

補題 2.5.9 行列 A, C は補題 2.5.6 における条件を満たすものとする．このとき，方程式 $AX = C$ の解 X で成分の 2 乗和を最小にする行列 $X_{\min}$ はつぎで与えられる：

$$X_{\min} = \lim_{\epsilon \to 0}(A + \epsilon I_n)^{-1} C.$$

証明 補題 2.5.6 の証明の最後でわかったように，$X_{\min} = P\begin{pmatrix} \tilde{A}_r^{-1} C_1 \\ 0 \end{pmatrix}$．一方，注意 2.5.3 において，$B \equiv I_n, D \equiv 0$ とおくことによって，$\lim_{\epsilon \to 0}(A + \epsilon I_n)C = P\begin{pmatrix} \tilde{A}_r^{-1} C_1 \\ 0 \end{pmatrix}$．したがって，補題 2.5.9 が成り立つ． (証明終)

以上の準備の下に，定理 2.5.4 を証明しよう．

定理 2.5.4 の証明 (i) のみを証明する．各自然数 n $(1 \leq n \leq r - \ell)$ に対し，行列 $\Gamma(\mathbf{Z}^{(\epsilon)})(n) \equiv {}^t(\gamma_+(\mathbf{Z}^{(\epsilon)})(n,0), \gamma_+(\mathbf{Z}^{(\epsilon)})(n,1), \ldots, \gamma_+(\mathbf{Z}^{(\epsilon)})(n,n-1))$

を定義する．このとき，補題2.5.5より，任意の $\epsilon > 0$ に対して

$$T_+(\mathbf{Z}^{(\epsilon)})(n)\Gamma(\mathbf{Z}^{(\epsilon)})(n) = S(\mathbf{Z}^{(\epsilon)})(n)$$

が成り立つ．ここで，$T_+(\mathbf{Z}^{(\epsilon)})(n), S(\mathbf{Z}^{(\epsilon)})(n)$ はそれぞれ (2.92), (2.96) において $\mathbf{Z}$ を $\mathbf{Z}^{(\epsilon)}$ で置き換えた行列である．さらに，つぎの関係式が成り立つ:

$$T_+(\mathbf{Z}^{(\epsilon)})(n) = T_+(\mathbf{Z})(n) + \epsilon^2 T_+(\boldsymbol{\xi})(n);$$
$$S(\mathbf{Z}^{(\epsilon)})(n) = S(\mathbf{Z})(n) + \epsilon^2 S(\boldsymbol{\xi})(n).$$

$T_+(\mathbf{Z})(n) \geq 0, T_+(\boldsymbol{\xi})(n) > 0$ に注意して，これらよりつぎが成り立つ:

$$\Gamma(\mathbf{Z}^{(\epsilon)})(n) = (T_+(\mathbf{Z})(n) + \epsilon^2 T_+(\boldsymbol{\xi})(n))^{-1}(S(\mathbf{Z})(n) + \epsilon^2 S(\boldsymbol{\xi})(n)).$$

したがって，補題2.5.5に注意して，補題2.5.8を適用して，極限 $\gamma_+^0(\mathbf{Z};\boldsymbol{\xi}) \equiv \lim_{\epsilon \to 0} \gamma_+(\mathbf{Z}^{(\epsilon)})$ が存在し，$T_+(\mathbf{Z})(n)\gamma_+^0(\mathbf{Z};\boldsymbol{\xi})(n) = S(\mathbf{Z})(n)$ が成り立つ．

最後に，$\gamma_+^0(\mathbf{Z})(n) = \gamma_+^0(\mathbf{Z};\boldsymbol{\xi})(n)$ を示そう．$\boldsymbol{\xi}$ は添加ホワイトノイズであるから，$T_+(\boldsymbol{\xi})(n) = I_{nd}, S(\boldsymbol{\xi})(n) = 0$ が成り立つ．したがって，補題2.5.9より，$\gamma_+^0(\mathbf{Z})(n) = \gamma_+^0(\mathbf{Z};\boldsymbol{\xi})(n)$ が成り立つ． (証明終)

注意 2.5.5 定理2.5.3と定理2.5.4より，(2.106)と(2.107)において，正数 ϵ を 0 に近づけて，確率過程 $\mathbf{Z}$ に付随する前向きKM$_2$O-ランジュヴァン方程式 (2.102) と後ろ向きKM$_2$O-ランジュヴァン方程式 (2.103) を導くことができる．

注意 2.5.6 本節では，標本空間をそこに任意の確率測度をいれて確率空間とみて，その上で定義され，条件 (H.1) を満たす確率過程の時間発展を記述するKM$_2$O-ランジュヴァン方程式を導いた．今までの議論には，標本空間の特別な構造は全く使わず，確率空間という性質のみを用いていた．したがって，本節で述べた事柄はすべて一般の確率空間とその上で定義された条件 (H.1) を満たす確率過程に対して成立する．

2.5.3 KM$_2$Oの命名の経緯

KM$_2$O-ランジュヴァン方程式の命名の経緯を説明しよう．1.1.3項で紹介したKMO-ランジュヴァン方程式はT-正値性を満たす連続時間の定常過程の時間

発展を記述する方程式であった．それ以前に，多重マルコフ性という T-正値性を必ずしも満たさない連続時間の定常過程の時間発展を記述する方程式を導いていた．これらの方程式は (1.2), (1.6) のように，$-\infty$ に初期条件がある方程式で，積分核は無限の遅れを持っていて，総称して，$[\alpha,\beta,\gamma]$-ランジュヴァン方程式と呼んだ．三好は，連続時間の正規定常過程 $\mathbf{V} = (V(t); t \in \mathbf{R})$ に対し，弦とスペクトルの対応関係を用いて，有限の位置である原点を初期条件とする方程式を導き，$(\alpha,\beta,\gamma,\delta)$-ランジュヴァン方程式と名付けた[63,64]：

$$V(t) = V(0) + \int_0^t \left(-\beta(s)V(s) + \int_0^s \gamma(s,u)V(u)du + \delta(s)V(0) \right) ds + \alpha B(t) \quad (t \geq 0). \tag{2.117}$$

微分系で書くと

$$\dot{V}(t) = -\beta(t)V(t) + \int_0^t \gamma(t,u)V(u)du + \delta(t)X(0) + \alpha\dot{B}(t) \quad (t \geq 0). \tag{2.118}$$

それ以前に，離散時間の T-正値性を満たす定常過程に対する KMO-ランジュヴァン方程式は導かれていた．離散時間の定常過程に対し，原点を初期条件として時間発展を記述する方程式を導き，揺動散逸定理を求めることを目的として展開したのが，1988 年だった．KM_2O-ランジュヴァン方程式の研究の始まりであった．三好氏がある理由で研究を離れていたこともあって，彼が導いた $(\alpha,\beta,\gamma,\delta)$-ランジュヴァン方程式の離散版である方程式を，久保・森・三好・岡部の頭文字をとって，KM_2O-ランジュヴァン方程式と名付けた．あるきっかけで三好氏が約 20 年振りに研究を再開してくれたのは何よりである．

2.6　弱定常性と揺動散逸定理

2.5 節と同じく，$\mathbf{Z} = (Z(n); \ell \leq n \leq r)$ を確率空間 $(W, \mathcal{B}(W), P)$ で定義された d 次元の確率過程で，必ずしも非退化の条件 (H.2) を満たすとは限らないとする．条件 (H.1) があるので，一般性を失うことなく，確率過程 $\mathbf{Z}$ の平均ベクトル関数は 0 とする：

$$E(Z(n)) = 0 \quad (\ell \leq n \leq r). \tag{2.119}$$

KM$_2$O-ランジュヴァン方程式論において, 確率過程 **Z** を解析するものとして大切なものは, つぎで定義される2点相関行列関数 $R(\mathbf{Z}) = (R(\mathbf{Z})(m,n); \ell \leq m, n \leq r)$ である:

$$R(\mathbf{Z})(m,n) \equiv E(Z(m) \,{}^tZ(n)) \qquad (\ell \leq n \leq r). \tag{2.120}$$

確率過程 **Z** の2点相関行列関数 $R(\mathbf{Z})$ の定義域を変えて, 行列関数 $R_+ = (R_+(m,n); 0 \leq m, n \leq r - \ell), R_- = (R_-(u,v); -(r-\ell) \leq u, v \leq 0)$ をつぎのように定める:

$$R_+(m,n) \equiv R(\mathbf{Z})(\ell+m, \ell+n), \tag{2.121}$$

$$R_-(u,v) \equiv R(\mathbf{Z})(r+u, r+v). \tag{2.122}$$

つぎは直ちに従う.

$$\,{}^tR_+(m,n) = R_+(n,m) \qquad (0 \leq m, n \leq r-\ell), \tag{2.123}$$

$$\,{}^tR_-(-m,-n) = R_-(-n,-m) \qquad (0 \leq m, n \leq r-\ell). \tag{2.124}$$

注意2.5.2より, 行列関数 R_+, R_- を用いて, 補題2.5.2はつぎのように書き直される.

補題 2.6.1 任意の整数 $m, n\ (0 \leq m < n \leq r - \ell)$ に対し
 (i) $R_+(n,m) = -\sum_{k=0}^{n-1} \gamma_+^0(\mathbf{Z})(n,k) R_+(k,m),$
 (ii) $R_-(-n,-m) = -\sum_{k=0}^{n-1} \gamma_-^0(\mathbf{Z})(n,k) R_-(-k,-m),$
 (iii) $R_+(n,n) = -\sum_{k=0}^{n-1} \gamma_+^0(\mathbf{Z})(n,k) R_+(k,n) + V_+(\mathbf{Z})(n),$
 (iv) $R_-(-n,-n) = -\sum_{k=0}^{n-1} \gamma_-^0(\mathbf{Z})(n,k) R_-(-k,-n) + V_-(\mathbf{Z})(n).$

補題2.5.7の数学的内容を2点相関行列関数で表現する. 条件(H.3), (H.4)より, つぎのことが成り立つ.

補題 2.6.2 任意の正数 ϵ に対し

$$R(\mathbf{Z}^{(\epsilon)})(m,n) = R(\mathbf{Z})(m,n) + \epsilon^2 \delta_{mn} I \qquad (\ell \leq m, n \leq r).$$

2.6 弱定常性と揺動散逸定理

確率過程 $\mathbf{Z}$ の弱定常性の定義を一般的に与えよう．

定義 2.6.1 確率過程 $\mathbf{Z}$ が**弱定常性**を満たすとは，行列関数 $R : \{-(r-\ell), -(r-\ell)+1, \ldots, r-\ell-1, r-\ell\} \to M(d; \mathbf{R})$ が存在して

$$R(\mathbf{Z})(m,n) = R(m-n) \qquad (\ell \leq m, n \leq r)$$

が成り立つときを言う．このとき，$\mathbf{Z}$ を**弱定常過程**，行列関数 R を弱定常過程 $\mathbf{Z}$ の**共分散行列関数**と言う．

KM$_2$O-ランジュヴァン方程式 ((2.102), (2.103)) の散逸項に現れるKM$_2$O-ランジュヴァン散逸行列関数 $\gamma_\pm^0(\mathbf{Z}) = (\gamma_\pm^0(\mathbf{Z})(n,k); 0 \leq k < n \leq r-\ell)$ と揺動項の分散行列関数であるKM$_2$O-ランジュヴァン揺動行列関数 $V_\pm(\mathbf{Z}) = (V_\pm(\mathbf{Z})(n); 0 \leq n \leq r-\ell)$ を用いて，確率過程が弱定常性を満たすための必要十分条件を定量的に与えよう．そのために，各自然数 n $(1 \leq n \leq r-\ell)$ に対し，d 次の正方行列 $\delta_+^0(\mathbf{Z})(n), \delta_-^0(\mathbf{Z})(n)$ を

$$\delta_+^0(\mathbf{Z})(n) \equiv \gamma_+^0(\mathbf{Z})(n, 0), \tag{2.125}$$

$$\delta_-^0(\mathbf{Z})(n) \equiv \gamma_-^0(\mathbf{Z})(n, 0) \tag{2.126}$$

と定義し，行列関数 $\delta_+^0(\mathbf{Z}) = (\delta_+^0(\mathbf{Z})(n); 1 \leq n \leq r-\ell), \delta_-^0(\mathbf{Z}) = (\delta_-^0(\mathbf{Z})(n); 1 \leq n \leq r-\ell)$ をそれぞれ**前向きKM$_2$O-ランジュヴァン偏相関行列関数**，**後ろ向きKM$_2$O-ランジュヴァン偏相関行列関数**と言う．

補題2.6.2より，クロネッカーのデルタ関数 δ_{mn} は $\delta_{(m-n)0}$ を満たすことに注意すれば，つぎの補題2.6.3が得られる．

補題 2.6.3 確率過程 $\mathbf{Z}$ が弱定常性を満たすための必要十分条件は任意の正数 ϵ に対し，確率過程 $\mathbf{Z}^{(\epsilon)}$ が弱定常性を満たすことである．

確率過程 $\mathbf{Z}$ の弱定常性をつぎのように特徴付けることができる．

定理 2.6.1 (文献[119, 131]) $\mathbf{Z}$ が弱定常性を満たすための必要十分条件はつぎの関係式 (DDT-1), (DDT-2), (FDT-1), (FDT-2), (FDT-3), (FDT-4) が成り

立つことである: 任意の自然数 k, m, n $(1 \leq k < m \leq r-\ell, 1 \leq n \leq r-\ell)$ に対し

(i) (DDT-1) $\begin{cases} \gamma_+^0(\mathbf{Z})(n,0) = \delta_+^0(\mathbf{Z})(n), \\ \gamma_-^0(\mathbf{Z})(n,0) = \delta_-^0(\mathbf{Z})(n); \end{cases}$

(ii) (DDT-2) $\begin{cases} \gamma_+^0(\mathbf{Z})(m,k) = \gamma_+^0(\mathbf{Z})(m-1,k-1) \\ \qquad\qquad + \delta_+^0(\mathbf{Z})(m)\gamma_-^0(\mathbf{Z})(m-1,m-k-1), \\ \gamma_-^0(\mathbf{Z})(m,k) = \gamma_-^0(\mathbf{Z})(m-1,k-1) \\ \qquad\qquad + \delta_-^0(\mathbf{Z})(m)\gamma_+^0(\mathbf{Z})(m-1,m-k-1); \end{cases}$

(iii) (FDT-1) $V_+(\mathbf{Z})(0) = V_-(\mathbf{Z})(0);$

(iv) (FDT-2) $\begin{cases} V_+(\mathbf{Z})(n) = (I - \delta_+^0(\mathbf{Z})(n)\delta_-^0(\mathbf{Z})(n))V_+(\mathbf{Z})(n-1), \\ V_-(\mathbf{Z})(n) = (I - \delta_-^0(\mathbf{Z})(n)\delta_+^0(\mathbf{Z})(n))V_-(\mathbf{Z})(n-1); \end{cases}$

(v) (FDT-3) $\delta_+^0(\mathbf{Z})(n)V_-(\mathbf{Z})(n-1) = V_+(\mathbf{Z})(n-1)\,{}^t\delta_-^0(\mathbf{Z})(n);$

(vi) (FDT-4) $\delta_+^0(\mathbf{Z})(n)V_-(\mathbf{Z})(n) = V_+(\mathbf{Z})(n)\,{}^t\delta_-^0(\mathbf{Z})(n).$

定理2.6.1はKM$_2$O-ランジュヴァン方程式(2.102), (2.103)における揺動項と散逸項の間の関係式であるから,**揺動散逸定理**(fluctuation-dissipation theorem)と呼び,略して(FDT)と書く.特に,(DDT-1), (DDT-2)は散逸項の間の関係式であるから,**散逸散逸定理**(dissipation-dissipation theorem)と呼び,(DDT)と書く.

定理2.6.1の必要条件の証明 ここでは確率過程 $\mathbf{Z}$ は弱定常性を満たすと仮定する.このとき,行列関数 $R: \{-(r-\ell), -(r-\ell)+1, \ldots, r-\ell-1, r-\ell\} \to M(d;\mathbf{R})$ が存在して

$$R(\mathbf{Z})(m,n) = R(m-n) \quad (\ell \leq m, n \leq r) \tag{2.127}$$

が成り立つ. (2.123) より

$$ {}^tR(m) = R(-m) \quad (|m| \leq r-\ell) \tag{2.128}$$

が成り立つ.補題2.6.1よりつぎが従う.

補題 2.6.4 任意の整数 n, m $(1 \leq n \leq r-\ell, 0 \leq m \leq n-1)$ に対して

2.6 弱定常性と揺動散逸定理

(i) $R(n-m) = -\sum_{k=0}^{n-1} \gamma_+^0(\mathbf{Z})(n,k) R(k-m),$
(ii) ${}^t R(n-m) = -\sum_{k=0}^{n-1} \gamma_-^0(\mathbf{Z})(n,k) {}^t R(k-m),$
(iii) $V_+(\mathbf{Z})(n) = \sum_{k=1}^{n} \gamma_+^0(\mathbf{Z})(n, n-k) {}^t R(k) + R(0),$
(iv) $V_-(\mathbf{Z})(n) = \sum_{k=1}^{n} \gamma_-^0(\mathbf{Z})(n, n-k) R(k) + R(0).$

(DDT-1) の証明 これは (2.125), (2.126) より直ちに従う.

(DDT-2) の証明 (第 1 段) 確率過程 $\mathbf{Z}$ は非退化であるとする. n, m を $2 \leq n \leq r-\ell, 1 \leq m \leq n-1$ なる整数とする. 補題 2.6.4 (i) における n, m をそれぞれ $n-1, m-1$ で, 補題 2.6.4 (ii) における n, m をそれぞれ $n-1, n-m-1$ で置き換えて

$$R(n-m) = -\sum_{k=0}^{n-2} \gamma_+(\mathbf{Z})(n-1,k) R(k-m+1), \quad (2.129)$$

$${}^t R(m) = -\sum_{k=0}^{n-2} \gamma_-(\mathbf{Z})(n-1,k) {}^t R(k-n+m+1) \quad (2.130)$$

が得られる. (2.129) を補題 2.6.4 (i) の左辺, (2.130) を補題 2.6.4 (i) の右辺の $R(-m) = {}^t R(m)$ の項に代入して, つぎが得られる.

$$-\sum_{k=0}^{n-2} \gamma_+(\mathbf{Z})(n-1,k) R(k-m+1) = -\sum_{k=1}^{n-1} \gamma_+(\mathbf{Z})(n,k) R(k-m)$$
$$+ \delta_+(\mathbf{Z})(n) \sum_{k=0}^{n-2} \gamma_-(n-1,k) {}^t R(k-n+m+1).$$

上式の右辺の第 2 項において $n-1-k$ を k に置き換える変数変換を行うと

$$-\sum_{k=0}^{n-2} \gamma_+(\mathbf{Z})(n-1,k) R(k-m+1) = -\sum_{k=1}^{n-1} \gamma_+(\mathbf{Z})(n,k) R(k-m)$$
$$+ \delta_+(\mathbf{Z})(n) \sum_{k=1}^{n-1} \gamma_-(n-1, n-1-k) {}^t R(m-k).$$

となる. (2.128) に注意して, $1 \leq m \leq n-1$ を満たす任意の m に対し, $\sum_{k=1}^{n-1} C_k R(k-m) = 0$ が成り立つ. ここで, 行列 C_k ($1 \leq k \leq n-1$) はつぎ

で与えられる: $C_k \equiv \gamma_+(\mathbf{Z})(n,k) - \gamma_+(\mathbf{Z})(n-1,k-1) - \delta_+(\mathbf{Z})(n)\gamma_-(\mathbf{Z})(n-1, n-k-1)$. 上式は (2.90) におけるテープリッツ行列 $T_+(\mathbf{Z})(n-1)$ を用いて, $(C_1, C_2, \cdots, C_{n-1})T_+(\mathbf{Z})(n-1) = 0$ となる. ゆえに, 補題 2.5.1 を適用して, すべての k $(1 \leq k \leq n-1)$ に対して $C_k = 0$ が成り立ち, (DDT-2) の前半が示された. 同様に, (DDT-2) の後半が示される.

(**第 2 段**) つぎに, 確率過程 $\mathbf{Z}$ は退化であるとする. 補題 2.6.3 より, 各正数 ϵ に対し, $\mathbf{Z}^{(\epsilon)}$ は非退化で弱定常性を満たす. したがって, 上の (**第 1 段**) で示したことより, $\gamma_+(\mathbf{Z}^{(\epsilon)})(n,k) = \gamma_+(\mathbf{Z}^{(\epsilon)})(n-1,k-1) - \delta_+(\mathbf{Z}^{(\epsilon)})(n)\gamma_-(\mathbf{Z}^{(\epsilon)})(n-1, n-k-1)$ が成り立つ. したがって, (DDT-1) に注意して, 定理 2.5.4 より, ϵ を 0 に近づけることによって, (DDT-2) が示される. ((DDT-2) の証明終)

(FDT-1) の証明 確率過程 $\mathbf{Z}$ の弱定常性より, $R(\mathbf{Z})(\ell, \ell) = R(\mathbf{Z})(r, r)$ が成り立つ. したがって, 補題 2.5.3 より, (FDT-1) が成り立つ.

つぎに, (FDT-2) を証明するために, つぎの補題を示そう.

補題 2.6.5 任意の整数 n $(0 \leq n \leq r - \ell - 1)$ に対して
 (i) $R(n+1) = -\sum_{k=0}^{n-1} \gamma_+^0(\mathbf{Z})(n,k) R(k+1) - \delta_+^0(\mathbf{Z})(n+1) V_-(\mathbf{Z})(n)$,
 (ii) ${}^tR(n+1) = -\sum_{k=0}^{n-1} \gamma_-^0(\mathbf{Z})(n,k) {}^tR(k+1) - \delta_-^0(\mathbf{Z})(n+1) V_+(\mathbf{Z})(n)$.

証明 補題 2.6.4 の (i) で m, n をそれぞれ $0, n+1$ に置き換えて

$$R(n+1) = -\sum_{k=1}^{n} \gamma_+^0(\mathbf{Z})(n+1,k) R(k) - \delta_+^0(\mathbf{Z})(n+1) R(0)$$

が成り立つ. さらに, 右辺の第 1 項の $\gamma_+^0(\mathbf{Z})(n+1,k)$ に (DDT-1) を適用して

$$R(n+1) = -\sum_{k=1}^{n} \gamma_+^0(\mathbf{Z})(n,k-1) R(k)$$
$$- \delta_+^0(\mathbf{Z})(n+1)\left(\sum_{k=1}^{n} \gamma_-^0(\mathbf{Z})(n, n-k) R(k) + R(0)\right)$$

が得られる. 右辺の第 1 項で $k-1$ を k に変数変換し, 右辺の第 2 項に補題 2.6.4 の (iv) を代入して, (i) が示される. (ii) も同様に証明される. (証明終)

2.6 弱定常性と揺動散逸定理

(FDT-2) の証明　補題 2.6.4 (iii) を

$$V_+(\mathbf{Z})(n) = \delta_+^0(\mathbf{Z})(n)\,{}^t R(n) + \sum_{k=1}^{n-1} \gamma_+^0(\mathbf{Z})(n, n-k)\,{}^t R(k) + R(0)$$

と書き換え，上式の各 k に対して (DDT-1) を適用して，つぎが得られる．

$$V_+(\mathbf{Z})(n) = \delta_+^0(n)\left({}^t R(n) + \sum_{k=1}^{n-1} \gamma_-^0(\mathbf{Z})(n-1, k-1)\,{}^t R(k)\right)$$
$$+ \sum_{k=1}^{n-1} \gamma_+^0(\mathbf{Z})(n-1, n-k-1)\,{}^t R(k) + R(0).$$

したがって，補題 2.6.4 (iii)，補題 2.6.5 (ii) を用いて，示すべき (FDT-2) の前半が成り立つ．同様に，(FDT-2) の後半が成り立つ．　　　((FDT-2) の証明終)

最後に，(FDT-3)，(FDT-4) を証明するために，つぎの補題を示そう．

補題 2.6.6　(バーグの関係式)　任意の自然数 n ($1 \leq n \leq r - \ell$) に対して

$$\sum_{k=0}^{n-1} R(k+1)\,{}^t\gamma_-^0(\mathbf{Z})(n, k) = \sum_{k=0}^{n-1} \gamma_+^0(\mathbf{Z})(n, k) R(k+1).$$

証明　補題 2.6.4 (i)，(ii) より

$$\sum_{k=0}^{n-1} R(k+1)\,{}^t\gamma_-^0(\mathbf{Z})(n, k) = \sum_{j=0}^{n-1} \gamma_+^0(\mathbf{Z})(n, j)\left(-\sum_{k=0}^{n-1} R(k-n+j+1) \cdot\right.$$
$$\left.\cdot\,{}^t\gamma_-^0(\mathbf{Z})(n, k)\right)$$
$$= \sum_{j=0}^{n-1} \gamma_+^0(\mathbf{Z})(n, j) R(j+1)$$

として，補題 2.6.6 が証明される．　　　　　　　　　　　　　　　(証明終)

(FDT-3) の証明　d 次の正方行列 A_n ($1 \leq n \leq r - \ell$) を

$$A_n \equiv \sum_{k=0}^{n-1} R(k+1)\,{}^t\gamma_-^0(\mathbf{Z})(n, k) - \sum_{k=0}^{n-1} \gamma_+^0(\mathbf{Z})(n, k) R(k+1)$$

で定める．補題 2.6.5 より，上の行列はつぎのように表現される．

$$A_n = \delta_+^0(\mathbf{Z})(n+1)V_-(\mathbf{Z})(n) - V_+(\mathbf{Z})(n) \, {}^t\delta_-^0(\mathbf{Z})(n+1).$$

したがって，補題 2.6.6 より，(FDT-3) が示される． ((FDT-3) の証明終)

(FDT-4) の証明　(FDT-3), (FDT-4) を用いて

$$\begin{aligned}
\delta_+^0(\mathbf{Z})(n)V_-(\mathbf{Z})(n) &= \delta_+^0(\mathbf{Z})(n)(I - \delta_-^0(\mathbf{Z})(n)\delta_+^0(\mathbf{Z})(n))V_-(\mathbf{Z})(n-1) \\
&= (I - \delta_+^0(\mathbf{Z})(n)\delta_-^0(\mathbf{Z})(n))\delta_+^0(\mathbf{Z})(n)V_-(\mathbf{Z})(n-1) \\
&= (I - \delta_+^0(\mathbf{Z})(n)\delta_-^0(\mathbf{Z})(n))V_+(\mathbf{Z})(n-1) \, {}^t\delta_-^0(\mathbf{Z})(n) \\
&= V_+(\mathbf{Z})(n) \, {}^t\delta_-^0(\mathbf{Z})(n)
\end{aligned}$$

が得られる． ((FDT-4) の証明終)

定理 2.6.1 の十分条件の証明を文献[134]に従って与えよう．定理 2.6.1 の十分条件を証明するとは，確率過程 $\mathbf{Z}$ は揺動散逸定理を満たすと仮定したとき，確率過程 $\mathbf{Z}$ の弱定常性を示すこと，すなわち，つぎのことを示すことである：

$$R_+(j,k) = R_+(j-k,0) \quad (0 \leq \forall k \leq \forall j \leq r - \ell). \tag{2.131}$$

(2.131) を証明するために，n $(0 \leq n \leq r - \ell)$ に関するつぎの二つの命題 $(A_n), (B_n)$ を考察しよう：

(A_n) $R_+(j,k) = R_+(j-k,0)$ $(0 \leq \forall k \leq \forall j \leq n)$;
(B_n) $R_-(-j,-k) = R_+(k,j)$ $(0 \leq \forall k \leq \forall j \leq n)$.

さらに，n $(1 \leq n \leq N)$ に関するつぎの四つの命題 $(C_n), (D_n), (E_n), (F_n)$ も考察する：

(C_n) $\sum_{k=0}^{n-1} \gamma_+^0(\mathbf{Z})(n,k)R_+(k+1,0) = \sum_{k=0}^{n-1} R_+(k+1,0) \, {}^t\gamma_-^0(\mathbf{Z})(n,k)$;
(D_n) $V_+(\mathbf{Z})(n) = V + \sum_{k=1}^{n} \gamma_+^0(\mathbf{Z})(n,n-k)R_+(0,k)$;
(E_n) $R_+(0,n) = -\delta_-^0(\mathbf{Z})(n)V_+(\mathbf{Z})(n-1) - \sum_{k=1}^{n-1} \gamma_-^0(\mathbf{Z})(n-1,k-1) \cdot$
$\qquad \cdot R_+(0,k)$;

2.6 弱定常性と揺動散逸定理

(F_n) $R_+(0,n) = -\sum_{k=0}^{n-1} \gamma_-^0(\mathbf{Z})(n,k) R_+(0,k).$

以下において, d 次の正方行列 $R_+(0,0)$ を V と置く:

$$V \equiv R_+(0,0). \tag{2.132}$$

最初に, つぎを示そう.

主張 2.6.1 命題 $(A_0), (B_0)$ は成り立つ.

証明 命題 (A_0) は明らかに成り立つ. 補題 2.5.3, (2.121), (2.122), (2.132) より, $R_+(0,0) = V_+(\mathbf{Z})(0) = V, R_-(0,0) = V_-(\mathbf{Z})(0)$ が成り立つ. したがって, (FDT-1) より

$$R_+(0,0) = R_-(0,0) = V_+(\mathbf{Z})(0) = V_-(\mathbf{Z})(0) = V \tag{2.133}$$

が得られるので, 命題 (B_0) が成り立つ. (証明終)

つぎの主張を示そう.

主張 2.6.2 命題 $(A_1), (B_1)$ は成り立つ.

証明 補題 2.6.1 (i), (ii) において $n=1, m=0$ とおくと, (DDT-1) より

$$R_+(1,0) = -\delta_+^0(\mathbf{Z})(1)V, \tag{2.134}$$

$$R_-(-1,0) = -\delta_-^0(\mathbf{Z})(1)V \tag{2.135}$$

が得られる. したがって, (FDT-3) よりつぎが得られる:

$$R_+(1,0) = R_-(0,-1). \tag{2.136}$$

補題 2.6.1 (i) で $n = m = 1$ とおくと, $R_+(1,1) = -\delta_+^0(\mathbf{Z})(1)R_+(0,1) + V_+(\mathbf{Z})(1)$. (i), (FDT-3) より, $\delta_+^0(\mathbf{Z})(1)R_+(0,1) = -\delta_+^0(\mathbf{Z})(1)^t(\delta_+^0(\mathbf{Z})(1)V)$

$$= -\delta_+^0(\mathbf{Z})(1)V \ {}^t\delta_+^0(\mathbf{Z})(1) = -\delta_+^0(\mathbf{Z})(1)\delta_-^0(\mathbf{Z})(1)V. \text{ ゆえに, (FDT-2) より,}$$
$R_+(1,1) = \delta_+^0(\mathbf{Z})(1)\delta_-^0(\mathbf{Z})(1)V + V_+(\mathbf{Z})(1) = V_+(\mathbf{Z})(0) = V$ が成り立ち

$$R_+(1,1) = R_+(0,0) \qquad (2.137)$$

が得られる. 同様につぎも示される:

$$R_-(1,1) = R_-(0,0). \qquad (2.138)$$

主張 2.6.1, (2.136), (2.137), (2.138) より, 主張 2.6.2 が示された. (証明終)
つぎの補題 2.6.7 を示そう.

補題 2.6.7 各 n $(1 \leq n \leq r - \ell)$ に対して
 (i) $R_+(n,0) = -\delta_+^0(\mathbf{Z})(n)V_-(\mathbf{Z})(n-1)$
$\qquad\qquad\qquad - \sum_{k=1}^{n-1} \gamma_+^0(\mathbf{Z})(n-1, k-1)R_+(k,0),$
 (ii) $V_-(\mathbf{Z})(n) = V + \sum_{k=1}^{n} \gamma_-^0(\mathbf{Z})(n, n-k)R_+(k,0).$

証明 (i) と (ii) を n に関する数学的帰納法で同時に証明する. $n = 1$ のときは, (i) は (FDT-1), (2.134) より, (ii) は補題 2.6.1 (iv), (2.136), (2.138) より従う. 任意に固定した n_0 $(2 \leq n_0 \leq r - \ell)$ に対して, (i) と (ii) が $n = n_0 - 1$ のとき成り立つと仮定する. 補題 2.6.1 (i), (DDT-1), (DDT-2) より

$$R_+(n_0, 0) = -\sum_{k=1}^{n_0-1} \gamma_+^0(\mathbf{Z})(n_0-1, k-1)R_+(k,0)$$
$$- \delta_+^0(\mathbf{Z})(n_0)\left(V + \sum_{k=1}^{n_0-1} \gamma_-^0(\mathbf{Z})(n_0-1, n_0-1-k)R_+(k,0)\right)$$

が得られる. 帰納法の仮定である $n = n_0 - 1$ のときの (ii) を上式の右辺の第 2 項に代入して, (i) が $n = n_0$ のとき成り立つ.
　つぎに, (ii) が $n = n_0$ のときに成り立つことを示そう. (FDT-2) から

$$V_-(\mathbf{Z})(n_0) = V_-(\mathbf{Z})(n_0-1) - \delta_-^0(\mathbf{Z})(n_0)\delta_+^0(\mathbf{Z})(n_0)V_-(\mathbf{Z})(n_0-1)$$
$$(2.139)$$

2.6 弱定常性と揺動散逸定理

が得られる．一方，$n = n_0$ のときの (i) より，$\delta_+^0(\mathbf{Z})(n_0)V_-(\mathbf{Z})(n_0 - 1) = -R_+(n_0, 0) - \sum_{k=1}^{n_0-1} \gamma_+^0(\mathbf{Z})(n_0-1, k-1)R_+(k, 0)$ が得られる．これを (2.139) に代入して

$$V_-(\mathbf{Z})(n_0) = V_-(\mathbf{Z})(n_0 - 1) \\ + \delta_-^0(\mathbf{Z})(n_0) \left(R_+(n_0, 0) + \sum_{k=1}^{n_0-1} \gamma_+^0(\mathbf{Z})(n_0 - 1, k - 1)R_+(k, 0) \right)$$

が得られる．$n = n_0 - 1$ のときの (ii) を上式に代入して，つぎが得られる．

$$V_-(\mathbf{Z})(n_0) = V + \sum_{k=1}^{n_0-1} \gamma_-^0(\mathbf{Z})(n_0 - 1, n_0 - 1 - k)R_+(k, 0) \\ + \delta_-^0(\mathbf{Z})(n_0) \left(R_+(n_0, 0) + \sum_{k=1}^{n_0-1} \gamma_+^0(\mathbf{Z})(n_0 - 1, k - 1)R_+(k, 0) \right).$$

最後に，(DDT-2) を上式に適用して，(ii) が $n = n_0$ のときに成り立つことがわかる．ゆえに，数学的帰納法によって，補題 2.6.7 が示された．　　　(証明終)

命題 $(C_n), (D_n), (E_n), (F_n)$ の間の論理的関係について調べよう．

補題 2.6.8

(i) (C_1) は成り立つ．

(ii) (D_1) は成り立つ．

(iii) (E_1) は成り立つ．

(iv) (F_1) は成り立つ．

(v) 各 n $(1 \le n \le r - \ell - 1)$ に対し，もし (C_n) が成り立てば (E_{n+1}) が成り立つ．

(vi) 各 n $(2 \le n \le r - \ell)$ に対し，もし (D_{n-1}) と (E_n) が成り立てば (D_n) が成り立つ．

(vii) 各 n $(2 \le n \le r - \ell)$ に対し，もし (D_{n-1}) と (E_n) が成り立てば (F_n) が成り立つ．

証明　(i) は (2.134), (FDT-3) から従う．(ii) は補題 2.6.1 (iii), (2.137) から従う．(iii) と (iv) は (2.123), (2.136), (FDT-1), (FDT-3) から従う．補題 2.6.7

(i)で n を $n+1$ として両辺の転置をとり，(FDT-3) と (2.123) に注意して，$R_+(0, n+1) = -\delta_-^0(\mathbf{Z})(n+1)V_+(\mathbf{Z})(n) - \sum_{k=0}^{n-1} R_+(0, k+1)\,{}^t\gamma_+^0(\mathbf{Z})(n, k)$ が得られる．ゆえに，(v) が成り立つ．(DDT-1), (DDT-2) から得られるつぎの式

$$(D_n) \text{ の右辺} = V + \sum_{k=1}^{n-1} \gamma_+^0(\mathbf{Z})(n-1, n-k-1)R_+(0, k)$$
$$+ \delta_+^0(\mathbf{Z})(n)\left(R_+(0, n) + \sum_{k=1}^{n-1} \gamma_-^0(\mathbf{Z})(n-1, k-1)R_+(0, k)\right)$$

に (D_{n-1}) を代入して

$$(D_n) \text{ の右辺} = V_+(\mathbf{Z})(n-1) \tag{2.140}$$
$$+ \delta_+^0(\mathbf{Z})(n)\left(R_+(0, n) + \sum_{k=1}^{n-1} \gamma_-^0(\mathbf{Z})(n-1, k-1)R_+(0, k)\right)$$

が成り立つ．一方，(E_n) より，$R_+(0, n) + \sum_{k=1}^{n-1} \gamma_-^0(\mathbf{Z})(n-1, k-1)R_+(0, k) = -\delta_-^0(\mathbf{Z})(n)V_+(n-1)$ が得られる．これを (2.140) に代入して

$$(D_n) \text{ の右辺} = V_+(n-1) - \delta_+^0(\mathbf{Z})(n)\delta_-^0(\mathbf{Z})(n)V_+(n-1)$$

が得られる．ゆえに，(vi) は (FDT-2) より従う．

(D_{n-1}) を (E_n) の右辺の第 1 項の $V_+(n-1)$ に代入して

$$R_+(0, n) = -\delta_-^0(\mathbf{Z})(n)V - \sum_{k=1}^{n-1}\big\{\delta_-^0(\mathbf{Z})(n)\gamma_+^0(\mathbf{Z})(n-1, n-1-k)$$
$$+ \gamma_-^0(\mathbf{Z})(n-1, k-1)\big\}R_+(0, k)$$

が得られる．(DDT-2) を上式の右辺の第 2 項に代入して

$$R_+(0, n) = -\delta_-^0(\mathbf{Z})(n)V - \sum_{k=1}^{n-1} \gamma_-^0(\mathbf{Z})(n, k)R_+(0, k)$$

が得られる．これより (F_n) が成り立ち，(vii) が示された． (証明終)

補題 2.6.8 より直ちに，つぎの補題 2.6.9 が示される．

補題 2.6.9 n を $2 \leq n \leq r-\ell$ を満たす任意の自然数とする. もし (C_m) が各 m $(2 \leq m \leq n-1)$ に対して成り立てば, $(D_m), (E_m), (F_m)$ もまた各 m $(1 \leq m \leq n)$ に対して成り立つ.

今までの準備の下に, (2.131) を証明する. 命題 $(A_n), (B_n), (C_n)$ を併せて n に関する数学的帰納法で証明する. 最初に, 主張 2.6.1, 主張 2.6.2 と補題 2.6.8 (i) より, つぎのことが示される.

主張 2.6.3 命題 $(A_1), (B_1), (C_1)$ は成立する.

$2 \leq n_0 \leq r-\ell$ なる任意の自然数 n_0 を固定し, 三つの命題 $(A_m), (B_m), (C_m)$ が任意の m $(1 \leq m \leq n_0-1)$ に対して成り立つと仮定する. これからの目的は命題 $(A_{n_0}), (B_{n_0}), (C_{n_0})$ が成り立つことを示すことである. 任意の m $(1 \leq m \leq n_0-1)$ に対して, (A_m) と (B_m) が成り立つという仮定より, (2.123) に注意して, つぎが得られる.

主張 2.6.4
 (i) $R_+(j,k) = R_+(n_0-1-k, n_0-1-j)$ $(0 \leq \forall j, \forall k \leq n_0-1)$.
 (ii) $R_+(j+1,k) = R_+(j, k-1)$ $(0 \leq \forall j \leq n_0-2, 1 \leq \forall k \leq n_0-1)$.
 (iii) $R_-(-j,-k) = R_+(n_0-1-j, n_0-1-k)$ $(0 \leq \forall j, \forall k \leq n_0-1)$.
 (iv) $R_-(-j-1,-k) = R_-(-j, -k+1)$ $(0 \leq \forall j \leq n_0-2, 1 \leq \forall k \leq n_0-1)$.
 (v) $R_-(0,-j) = R_+(j,0)$ $(0 \leq \forall j \leq n_0-1)$.
 (vi) $R_+(j, n_0-k-1) = R_-(-(n_0-j-1), -k)$ $(0 \leq \forall j, \forall k \leq n_0-1)$.

主張 2.6.5 各 k $(1 \leq k \leq n_0-1)$ に対して
$$R_+(n_0, k) = R_+(n_0-1, k-1) - \delta_+^0(\mathbf{Z})(n_0) H_-(k)$$

が成り立つ. ここで, 行列関数 $H_-(\star)$ はつぎで定義される:

$$H_-(k) \equiv R_+(0,k) + \sum_{j=0}^{n_0-2} \gamma_-^0(\mathbf{Z})(n_0-1,j) R_+(n_0-1-k, j).$$

証明 補題 2.6.1 (i), (DDT-1), (DDT-2) より

$$\begin{aligned}R_+(n_0, k) &= -\sum_{j=0}^{n_0-2} \gamma_+^0(\mathbf{Z})(n_0-1,j) R_+(j, k-1) - \delta_+^0(\mathbf{Z})(n_0) \bigg(R_+(0,k) \\ &\quad + \sum_{j=1}^{n_0-1} \gamma_-^0(\mathbf{Z})(n_0-1, n_0-1-j) R_+(n_0-1-k, n_0-1-j) \bigg) \\ &= -\sum_{j=0}^{n_0-2} \gamma_+^0(\mathbf{Z})(n_0-1,j) R_+(j, k-1) - \delta_+^0(\mathbf{Z})(n_0) H_-(k)\end{aligned}$$

が得られる. 主張 2.6.4 (i), (ii) を使い, (2.123) に注意して得られるつぎの

$$\begin{aligned}R_+(n_0, k) &= -\sum_{j=0}^{n_0-2} \gamma_+^0(\mathbf{Z})(n_0-1,j) R_+(j, k-1) - \delta_+^0(\mathbf{Z})(n_0) \bigg(R_+(0,k) \\ &\quad + \sum_{j=1}^{n_0-1} \gamma_-^0(\mathbf{Z})(n_0-1, n_0-1-j) R_+(n_0-1-k, n_0-1-j) \bigg) \\ &= -\sum_{j=0}^{n_0-2} \gamma_+^0(\mathbf{Z})(n_0-1,j) R_+(j, k-1) - \delta_+^0(\mathbf{Z})(n_0) H_-(k)\end{aligned}$$

に, 補題 2.6.1 (i) を再び適用して, 主張 2.6.5 が証明される. (証明終)

主張 2.6.6 $H_-(k) = 0 \quad (1 \leq \forall k \leq n_0 - 1)$.

証明 帰納法の仮定より, $(A_{n_0-1}), (B_{n_0-1})$ が成り立つので, (2.123) より

$$\begin{aligned}H_-(k) &= {}^t R_+(k, 0) + \sum_{j=0}^{n_0-2} \gamma_-^0(\mathbf{Z})(n_0-1, j) R_+(n_0-1-k, j) \\ &= R_-(-n_0+1, -n_0+1+k) \\ &\quad + \sum_{j=0}^{n_0-2} \gamma_-^0(\mathbf{Z})(n_0-1, j) R_-(-j, -n_0+1+k)\end{aligned}$$

が得られる．これに補題 2.6.1 (ii) を適用して，主張 2.6.6 が示される．(証明終)
　以上の準備の下に，つぎの主張を示そう．

主張 2.6.7　命題 (A_{n_0}) は成立する．

証明　帰納法の仮定より，(A_{n_0-1}) が成り立つので，(A_{n_0}) を示すには，つぎの (i) と (ii) を示せばよい：

(i) $R_+(n_0, k) = R_+(n_0 - k, 0)$ $(0 \leq \forall k \leq n_0 - 1)$;

(ii) $R_+(n_0, n_0) = R_+(0, 0)$.

(i) において，$k = 0$ のときは明らかに成り立つ．$1 \leq k \leq n_0 - 1$ のときは，主張 2.6.5 と主張 2.6.6 より，$R_+(n_0, k) = R_+(n_0 - 1, k - 1)$ が成り立つ．したがって，(A_{n_0-1}) が成り立っていることを再び使って，$R_+(n_0, k) = R_+(n_0 - k, 0)$ が成り立つ．最後に，(ii) を示そう．今証明した (i) と補題 2.6.1 (iii) より

$$R_+(n_0, n_0) = V_+(\mathbf{Z})(n_0) - \sum_{k=0}^{n_0-1} \gamma_+^0(\mathbf{Z})(n_0, k) R_+(0, n_0 - k)$$

が成り立つ．これに補題 2.6.9 から従う命題 (D_{n_0}) を適用して，上式の右辺は V に等しくなり，(ii) が示された．ゆえに，主張 2.6.7 が証明される．(証明終)
　つぎに，命題 (B_{n_0}) が成り立つことを示すために，いくつかの主張を準備しよう．

主張 2.6.8　各 k $(1 \leq k \leq n_0 - 1)$ に対して

$$R_-(-n_0, -k) = R_-(-n_0 + 1, -k + 1) - \delta_-^0(\mathbf{Z})(n_0) H_+(k)$$

が成り立つ．ここで，行列関数 $H_+(\star)$ はつぎで定義される：

$$H_+(k) \equiv R_+(k, 0) + \sum_{j=0}^{n_0-2} \gamma_+^0(\mathbf{Z})(n_0 - 1, j) R_+(j, n_0 - 1 - k).$$

証明　補題 2.6.1 (ii) に (DDT-1)，(DDT-2)，主張 2.6.4 (iii)，(v) を適用して，つぎが得られる：

$$R_-(-n_0, -k)$$

$$= -\sum_{j=0}^{n_0-2} \gamma_-^0(\mathbf{Z})(n_0-1,j) R_-(-j-1,-k)$$
$$- \delta_-^0(\mathbf{Z})(n_0)\left(R_+(k,0) + \sum_{j=0}^{n_0-2} \gamma_+^0(\mathbf{Z})(n_0-1,j) R_+(j,n_0-1-k)\right)$$
$$= -\sum_{j=0}^{n_0-2} \gamma_-^0(\mathbf{Z})(n_0-1,j) R_-(-j-1,-k) - \delta_-^0(\mathbf{Z})(n_0) H_+(k).$$

主張 2.6.4 (iv) を補題 2.6.1 (ii) に適用して,$\sum_{j=0}^{n_0-2} \gamma_-^0(\mathbf{Z})(n_0-1,j) R_-(-j-1,-k) = \sum_{j=0}^{n_0-2} \gamma_-^0(\mathbf{Z})(n_0-1,j) R_-(-j,-k+1) = -R_-(-n_0+1,-k+1)$ が得られる.上の二つの式を併せて,主張 2.6.8 が証明される. (証明終)

主張 2.6.9 $H_+(k) = 0$ $(1 \leq \forall k \leq n_0 - 1)$.

証明 補題 2.6.1 (i) に主張 2.6.4 (i) を適用し,(2.123) に注意して,$H_+(k) = R_+(k,0) + \sum_{j=0}^{n_0-2} \gamma_+^0(\mathbf{Z})(n_0-1,j) R_+(j,n_0-1-k) = R_+(k,0) - R_+(n_0-1,n_0-1-k) = R_+(k,0) - R_+(k,0) = 0$ が示される. (証明終)

以上の準備の下に,つぎの主張を示そう.

主張 2.6.10 命題 (B_{n_0}) は成立する.

証明 帰納法の仮定より,(B_{n_0-1}) が成り立つので,(B_{n_0}) を示すには,つぎの (i) と (ii) を示せばよい:

(i) $R_-(-n_0,-k) = R_+(k,n_0)$ $(0 \leq \forall k \leq n_0-1)$;

(ii) $R_-(-n_0,-n_0) = R_+(0,0)$.

(i) で $1 \leq k \leq n_0-1$ を満たす k のときは主張 2.6.8 と主張 2.6.9 より直ちに従うので,(i) で $k = 0$ のときを示す.補題 2.6.1 (ii) と帰納法の仮定 (B_{n_0-1}) を適用して,$R_-(n_0,0) = -\sum_{k=0}^{n_0-1} \gamma_-^0(\mathbf{Z})(n_0,k) R_-(-k,0) = -\sum_{k=0}^{n_0-1} \gamma_-^0(\mathbf{Z})(n_0,k) R_+(0,k)$ が得られる.補題 2.6.9 より従う命題 (F_{n_0}) を上式に適用すると,上式は $R_+(0,n_0)$ と等しくなり,$k = 0$ のときの (i) が示された.つぎに,(ii) を示す.今示した (i),補題 2.6.1 (iv) と主張 2.6.7 で示し

2.6 弱定常性と揺動散逸定理

た命題 (A_{n_0}) より得られるつぎの式

$$R_-(-n_0,-n_0) = -\sum_{k=0}^{n_0-1} \gamma_-^0(\mathbf{Z})(n_0,k) R_-(-k,-n_0) + V_-(\mathbf{Z})(n_0)$$

$$= -\sum_{k=0}^{n_0-1} \gamma_-^0(\mathbf{Z})(n_0,k) R_+(n_0-k,0) + V_-(\mathbf{Z})(n_0)$$

に補題 2.6.7 (ii) を適用して,上式は V に等しくなり,(ii) が示された.(証明終)

最後に,つぎの主張を示そう.

主張 2.6.11 命題 (C_{n_0}) が成り立つ.

証明 バーグの関係式 (補題 2.6.6) の証明と同じ考えを用いて,これを証明しよう.主張 2.6.7 より,(A_{n_0}) が成り立つことより,$0 \le k \le n_0 - 1$ なる任意の k に対して,$R_+(k+1,0) = R_+(n_0, n_0-k-1)$. したがって,補題 2.6.1 (i) で $n = n_0, \ell = n_0 - k - 1$ とおいて,つぎが成り立つ:

$$\sum_{k=0}^{n_0-1} R_+(k+1,0) \,{}^t\gamma_-^0(\mathbf{Z})(n_0,k)$$
$$= \sum_{j=0}^{n_0-1} \gamma_+^0(\mathbf{Z})(n_0,j) \left(-\sum_{k=0}^{n_0-1} R_+(j, n_0-k-1) \,{}^t\gamma_-^0(\mathbf{Z})(n_0,k) \right)$$
$$= \sum_{j=0}^{n_0-1} \gamma_+^0(\mathbf{Z})(n_0,j) \,{}^t\!\left(-\sum_{k=0}^{n_0-1} \gamma_-^0(\mathbf{Z})(n_0,k) \,{}^tR_+(j, n_0-k-1) \right). \quad (2.141)$$

一方,$(A_{n_0}), (B_{n_0})$ が成り立つことから,任意の j ($0 \le j \le n_0 - 1$) に対し,$R_+(0, j+1) = R_-(-n_0, -(n_0 - j - 1))$ が成り立つことを注意する.さらに,主張 2.6.4 (vi) に注意し,補題 2.6.1 (ii) で $n = n_0, \ell = n_0 - j - 1$ とおき,$(A_{n_0}), (B_{n_0})$ を再び用いて,$-\sum_{k=0}^{n_0-1} \gamma_-^0(\mathbf{Z})(n_0,k) \,{}^tR_+(j, n_0-k-1) = -\sum_{k=0}^{n_0-1} \gamma_-^0(\mathbf{Z})(n_0,k) R_-(-k, -(n_0-j-1)) = R_-(-n_0, -(n_0-j-1)) = R_+(0, j+1)$ が得られる.ゆえに,これを (2.141) に代入し,(2.123) に注意して

$$\sum_{k=0}^{n_0-1} R_+(k+1,0) \,{}^t\gamma_-^0(\mathbf{Z})(n_0,k) = \sum_{j=0}^{n_0-1} \gamma_+^0(\mathbf{Z})(n_0,j) R_+(j+1,0)$$

が得られた. これは命題 (C_{n_0}) が成り立つことを意味する.　　　　　(証明終)

主張 2.6.3 から主張 2.6.11 によって, (2.131) が証明され, 定理 2.6.1 の十分条件が証明された.

定理 2.6.1 は, 確率過程 **Z** が弱定常性を満たすとき, 確率過程 **Z** に付随する KM$_2$O-ランジュヴァン行列系は前向きと後ろ向き KM$_2$O-ランジュヴァン偏相関行列関数によって完全に定まることを主張している. 後者に対する関係式として, 補題 2.6.5 より, つぎの定理 2.6.2 が得られる.

定理 2.6.2　(文献[119,131])　確率過程 **Z** は弱定常性を持つとする. このとき, 任意の自然数 n $(1 \leq n \leq r-\ell)$ に対し
 (i) $\delta_+^0(\mathbf{Z})(n)V_-(\mathbf{Z})(n-1) = -(R(n) + \sum_{k=1}^{n-1} \gamma_+^0(\mathbf{Z})(n-1,k-1)R(k))$,
 (ii) $\delta_-^0(\mathbf{Z})(n)V_+(\mathbf{Z})(n-1) = -(R(-n) + \sum_{k=1}^{n-1} \gamma_-^0(\mathbf{Z})(n-1,k-1)R(-k))$.

この定理 2.6.2 は, 定常過程 **Z** が非退化のときは, 前向きと後ろ向き KM$_2$O-ランジュヴァン偏相関行列 $\delta_\pm^0(\mathbf{Z})(n)$ を時間が $n-1$ までの前向きと後ろ向き KM$_2$O-ランジュヴァン散逸行列系 $\{\gamma_\pm^0(\mathbf{Z})(m,k); 0 \leq m \leq n-1\}$ と時間 n までの共分散行列関数 $R(m)$ $(0 \leq m \leq n)$ によって求める**アルゴリズム**を与えている. 詳しくは次節で説明しよう.

注意 2.6.1　本節でも, 標本空間の特別な構造は全く使わず, 確率空間という性質のみを用いていた. したがって, 本節で述べた事柄はすべて一般の確率空間とその上で定義された条件 (H.1) を満たす確率過程に対して成立する.

注意 2.6.2　揺動散逸定理に関する今までの研究を述べよう. 定理 2.6.1 の必要条件である (i) から (vi) のアルゴリズムは弱定常過程の中で自己回帰モデルに対して導かれていた. 特に, これらのアルゴリズムは, 1 次元の場合はレビンソン・ダービンアルゴリズム[18,23], 多次元の場合はレビンソン・フィットル・ビギンズ・ロビンソンアルゴリズム[27,29]と呼ばれる. 定理 2.6.1 の十分条件, すなわち, これらのアルゴリズムが弱定常性を特徴付けることを示したのは文献[77]

においてであった．本節で見たように，これらのアルゴリズムの背後に，弱定常過程の局所的な時間発展を記述するKM_2O-ランジュヴァン方程式を通じて，揺動項と散逸項という物理学的概念が導入され，両者の間にある関係式が成り立つことを指摘した点が今までにない新しい視点である．その意味で，これらのアルゴリズムを揺動散逸定理と呼んだ．

確率過程 $\mathbf{Z} = (Z(n) : \ell \leq n \leq r)$ の弱定常性を関数解析の立場から特徴付けることができる．一般性を失うことなく，$r - \ell \geq 1$ の場合を考察する．

定理 2.6.3 つぎの二つの条件は同値である：
 (i) d 次元の確率過程 $\mathbf{Z} = (Z(n); \ell \leq n \leq r)$ は弱定常性を満たす．
 (ii) 各自然数 n $(1 \leq n \leq r - \ell)$ に対し，つぎの性質を満たすユニタリー作用素 $U_n : \mathbf{M}_\ell^{r-n}(\mathbf{Z}) \to \mathbf{M}_{\ell+n}^r(\mathbf{Z})$ が存在する：

$$U_n(Z_j(m)) = Z_j(m + n) \qquad (\ell \leq m \leq r - n, 1 \leq j \leq d).$$

証明 「(i)⇒(ii)」を示そう．部分空間 $\mathbf{M}_\ell^{r-n}(\mathbf{Z})$ の任意の元 f は

$$f = \sum_{j=1}^{d} \sum_{m=\ell}^{r-n} c_{j,m} Z_j(m) \tag{2.142}$$

の形をしている．$c_{j,m}$ は実数の定数である．このとき，ベクトル $U_n(f)$ を

$$U_n(f) \equiv \sum_{j=1}^{d} \sum_{m=\ell}^{r-n} c_{j,m} Z_j(m + n) \tag{2.143}$$

で定める．f から $U_n(f)$ への対応が部分空間 $\mathbf{M}_\ell^{r-n}(\mathbf{Z})$ から部分空間 $\mathbf{M}_{\ell+n}^r(\mathbf{Z})$ への写像 U_n を定義するためには，つぎのことに注意しなければいけない．それは，ベクトル f の表現 (2.142) は一意的でない，すなわち，別の定数 $d_{j,m}$ でもって

$$f = \sum_{j=1}^{d} \sum_{m=\ell}^{r-n} d_{j,m} Z_j(m) \tag{2.144}$$

と書けるかもしれない. それゆえ, (2.143) によってベクトル $U_n(f)$ が f の表現によらないこと, すなわち

$$(2.143) \text{の右辺} = \sum_{j=1}^{d} \sum_{m=\ell}^{r-n} d_{j,m} Z_j(m+n) \tag{2.145}$$

を示す必要がある. これを証明するには

$$\|(2.143) \text{の右辺} - (2.145) \text{の右辺}\|_2 = 0 \tag{2.146}$$

を示せばよい. ここで, $L^2(W, \mathcal{B}(W), P)$ の任意の元 g に対して, $\|g\|_2$ は L^2-ノルムを意味する, すなわち, $\|g\|_2 \equiv \sqrt{\int_W |g(w)|^2 P(dw)}$ によって定義される. (2.143) の右辺 $-$ (2.145) の右辺 $= \sum_{j=1}^{d} \sum_{m=\ell}^{r-n} (c_{j,m} - d_{j,m}) Z_j(m+n)$ であるから, 任意の実数 $e_{j,m}$ に対して, つぎを示せばよい:

$$\left\| \sum_{j=1}^{d} \sum_{m=\ell}^{r-n} e_{j,m} Z_j(m) \right\|_2 = \left\| \sum_{j=1}^{d} \sum_{m=\ell}^{r-n} e_{j,m} Z_j(m+n) \right\|_2 \tag{2.147}$$

なぜなら, (2.147) において $e_{j,m} \equiv c_{j,m} - d_{j,m}$ とおくと, (2.142), (2.144) より, $\|\sum_{j=1}^{d} \sum_{m=\ell}^{r-n} e_{j,m} Z_j(m+n)\|_2 = \|\sum_{j=1}^{d} \sum_{m=\ell}^{r-n} e_{j,m} Z_j(m)\|_2 = 0$ となり, (2.146) が成立するからである. (2.147) を示そう. L^2-ノルムの定義より

$$\left\| \sum_{j=1}^{d} \sum_{m=\ell}^{r-n} e_{j,m} Z_j(m+n) \right\|_2^2 = \sum_{j,k=1}^{d} \sum_{m,m'=\ell}^{r-n} e_{j,m} e_{k,m'} (Z_j(m+n), Z_k(m'+n))_2$$

が従う. ここで, $L^2(W, \mathcal{B}(W), P)$ の任意の元 g, h に対し, $(g, h)_2$ は L^2-内積を意味し, $(g, h)_2 \equiv \int_W g(w) h(w) P(dw)$ によって定義される. 確率過程 $\mathbf{Z}$ の弱定常性より, $(Z_j(m+n), Z_k(m'+n))_2 = (Z_j(m), Z_k(m'))_2$ ($\ell \leq m \leq r-n$) であるので, 上の計算を逆にたどって, 式 (2.147) が示された.

以上のことより, 定理 2.6.3 を満たす部分空間 $\mathbf{M}_\ell^{r-n}(\mathbf{Z})$ から部分空間 $\mathbf{M}_{\ell+n}^r(\mathbf{Z})$ への写像 U_n が構成された. (2.143) で示した well-definedness より, この写像 U_n は線形性を持ち, (2.147) は写像 U_n が等距離性を持つことを意味する. L^2-ノルムと L^2-内積の関係式 (2.47) より, 線形写像 U_n の等距離性はユニタリー性を示す. ゆえに, (ii) が示された.

つぎに, 「(ii)⇒(i)」を示そう. 任意の m,n ($\ell \leq m,n \leq r$) を取る. 一般性を失うことなく, $m \leq n$ とする. $Z(\ell), Z(\ell+m-n)$ の各成分は $\mathbf{M}_\ell^{r-n}(\mathbf{Z})$ に属するから, ユニタリー作用素 $U_{n-\ell}: \mathbf{M}_\ell^{r-(n-\ell)}(\mathbf{Z}) \to \mathbf{M}_n^r(\mathbf{Z})$ を用いて, $R(\mathbf{Z})(m,n) = E(Z(m)\,{}^tZ(n)) = E(U_{n-\ell}(Z(\ell+m-n))\,{}^tU_{n-\ell}(Z(\ell))) = E(Z(\ell+m-n)\,{}^tZ(\ell))$ が成り立つので, $\mathbf{Z}$ の弱定常性, すなわち, (i) が示された.

ゆえに, 定理 2.6.3 が証明された. (証明終)

2.7 揺動散逸アルゴリズム

前節で扱った d 次元の確率過程 $\mathbf{Z} = (Z(n); \ell \leq n \leq r)$ を考察し, 2 点相関行列関数 $R(\mathbf{Z})$ より, $\mathbf{Z}$ に付随する $\mathrm{KM}_2\mathrm{O}$-ランジュヴァン行列系を構成的に求めるアルゴリズムを紹介しよう.

2.7.1 弱定常性を満たす場合

本項では, もっと一般に, 有限集合 $\{-N, -N+1, \ldots, N-1, N\}$ の上で定義され, $M(d; \mathbf{R})$ の値をとる関数 $R = (R(n); |n| \leq N)$ でつぎの条件 (R.1), (R.2) を満たすものが与えられたとする:

(R.1) ${}^tR(n) = R(-n)$ $(0 \leq n \leq N)$;

(R.2) $(T(n)\xi, \xi) \geq 0$ $(\forall \xi \in \mathbf{R}^{nd}, 1 \leq n \leq N+1)$.

ここで, $T(n)$ はつぎで定義されたテープリッツ行列である:

$$T(n) = \begin{pmatrix} R(0) & R(-1) & \cdots & R(-(n-1)) \\ R(1) & R(0) & \cdots & R(-(n-2)) \\ \vdots & \vdots & \ddots & \vdots \\ R(n-1) & R(n-2) & \cdots & R(0) \end{pmatrix}. \quad (2.148)$$

注意 2.7.1 確率過程 $\mathbf{Z} = (Z(n); \ell \leq n \leq r)$ が弱定常性を満たす場合を考える. このとき, 共分散行列関数 $R: \{-(r-\ell), -(r-\ell)+1, \ldots, r-\ell-1, r-\ell\} \to M(d; \mathbf{R})$ が存在して, $R(\mathbf{Z})(m,n) = R(m-n)$ $(\ell \leq m, n \leq r)$. この行列関数 R は上の (R.1), (R.2) を $N \equiv r-\ell$ として満たす.

本項の目的は,$M(d;\mathbf{R})$ の部分集合 $\mathcal{LM}(R) = \{\gamma_+(n,k), \gamma_-(n,k), V_+(m), V_-(m); 0 \leq k < n \leq N, 0 \leq m \leq N\}$ で,その成分が散逸散逸定理 ((DDT-1), (DDT-2)) と揺動散逸定理((FDT-1), (FDT-2), (FDT-3), (FDT-4)) を満たすものを構成することである.

各正数 ϵ に対し,行列関数 $R^{(\epsilon)} = (R^{(\epsilon)}(n); |n| \leq N)$ をつぎで定義する:

$$R^{(\epsilon)}(n) \equiv R(n) + \epsilon^2 \delta_{n0} I_d \qquad (|n| \leq N). \tag{2.149}$$

[第0段] $V_+^{(\epsilon)}(0), V_-^{(\epsilon)}(0)$ をつぎで定義する:

$$V_\pm^{(\epsilon)}(0) \equiv R^{(\epsilon)}(0).$$

[第1段] $\delta_+^{(\epsilon)}(1), \delta_-^{(\epsilon)}(1)$ をつぎで定義する:

$$\delta_\pm^{(\epsilon)}(1) \equiv -R^{(\epsilon)}(\pm 1) R^{(\epsilon)}(0)^{-1}.$$

[第1段: DDT] $\gamma_+^{(\epsilon)}(1,0), \gamma_-^{(\epsilon)}(1,0)$ をつぎで定義する:

$$\gamma_\pm^{(\epsilon)}(1,0) \equiv \delta_\pm^{(\epsilon)}(1).$$

[第1段: FDT] $V_+^{(\epsilon)}(1), V_-^{(\epsilon)}(1)$ をつぎで定義する:

$$V_\pm^{(\epsilon)}(1) \equiv (I - \delta_\pm^{(\epsilon)}(1)\delta_\mp^{(\epsilon)}(1)) R^{(\epsilon)}(0).$$

[第2段] ある自然数 n ($1 \leq n \leq N-1$) に対し,$M(d;\mathbf{R})$ の部分集合 $\mathcal{LM}(R^{(\epsilon)}; n) = \{\gamma_+^{(\epsilon)}(m,k), \gamma_-^{(\epsilon)}(m,k), V_+^{(\epsilon)}(\ell), V_-^{(\epsilon)}(\ell)\ (0 \leq k < m \leq n, 0 \leq \ell \leq n)\}$ で,その成分がつぎの(DDT-1), (DDT-2), (FDT-1), (FDT-2), (FDT-3), (FDT-4)を満たすものが構成されたとする:

(DDT-1) $\gamma_\pm^{(\epsilon)}(m,0) = \delta_\pm^{(\epsilon)}(m);$

(DDT-2) $\gamma_\pm^{(\epsilon)}(m,k) = \gamma_\pm^{(\epsilon)}(m-1, k-1) + \delta_\pm^{(\epsilon)}(m) \gamma_\mp^{(\epsilon)}(m-1, m-k-1);$

(FDT-1) $V_+^{(\epsilon)}(0) = V_-^{(\epsilon)}(0);$

(FDT-2) $V_\pm^{(\epsilon)}(n) = (I - \delta_\pm^{(\epsilon)}(n) \delta_\mp^{(\epsilon)}(n)) V_\pm^{(\epsilon)}(n-1);$

(FDT-3) $\delta_+^{(\epsilon)}(n) V_-^{(\epsilon)}(n-1) = V_+^{(\epsilon)}(n-1)\ {}^t\delta_-^{(\epsilon)}(n);$

(FDT-4) $\delta_+^{(\epsilon)}(n) V_-^{(\epsilon)}(n) = V_+^{(\epsilon)}(n)\ {}^t\delta_-^{(\epsilon)}(n).$

そのとき, 行列 $\delta_+^{(\epsilon)}(n+1), \delta_-^{(\epsilon)}(n+1)$ を関数 $R^{(\epsilon)}(m)$ ($|m| \le n+1$) と $\mathcal{LM}(R^{(\epsilon)}; n)$ の要素を用いてつぎのように定義する:

$$\delta_\pm^{(\epsilon)}(n+1) \equiv -\left(R^{(\epsilon)}(\pm(n+1)) + \sum_{k=0}^{n-1} \gamma_\pm^{(\epsilon)}(n,k) R^{(\epsilon)}(\pm(k+1))\right) V_\mp^{(\epsilon)}(n)^{-1}.$$

[第2段: DDT] $\delta_+^{(\epsilon)}(n+1), \delta_-^{(\epsilon)}(n+1)$ と $\mathcal{LM}(R^{(\epsilon)}; n)$ の要素である $\gamma_+^{(\epsilon)}(n,*), \gamma_-^{(\epsilon)}(n,*)$ を用いて, 行列 $\gamma_+^{(\epsilon)}(n+1,\star), \gamma_-^{(\epsilon)}(n+1,\star)$ を (DDT-1), (DDT-2) に従ってつぎのように定義する:

$$\begin{cases} \gamma_\pm^{(\epsilon)}(n+1, 0) \equiv \delta_\pm^{(\epsilon)}(n+1), \\ \gamma_\pm^{(\epsilon)}(n+1, k) \equiv \gamma_\pm^{(\epsilon)}(n, k-1) + \delta_\pm^{(\epsilon)}(n+1)\gamma_\mp^{(\epsilon)}(n, n-k) \ (1 \le k \le n). \end{cases}$$

[第2段: FDT] $\delta_+^{(\epsilon)}(n+1), \delta_-^{(\epsilon)}(n+1)$ と $\mathcal{LM}(R^{(\epsilon)}; n)$ の要素である $V_+^{(\epsilon)}(n), V_-^{(\epsilon)}(n)$ を用いて, 行列 $V_+^{(\epsilon)}(n+1), V_-^{(\epsilon)}(n+1)$ を (FDT-2) に従ってつぎのように定義する:

$$V_\pm^{(\epsilon)}(n+1) \equiv (I - \delta_\pm^{(\epsilon)}(n+1)\delta_\mp^{(\epsilon)}(n+1))V_\pm^{(\epsilon)}(n).$$

以上のことをまとめて, つぎの定理 2.7.1 が得られる.

定理 2.7.1 条件 (R.1), (R.2) を満たす行列関数 $R = (R(n); |n| \le N)$ が与えられているとする. このとき, 各正数 ϵ に対し, $M(d; \mathbf{R})$ の部分集合 $\mathcal{LM}(R^{(\epsilon)}) = \{\gamma_+^{(\epsilon)}(n,k), \gamma_-^{(\epsilon)}(n,k), V_+^{(\epsilon)}(m), V_-^{(\epsilon)}(m) \ (0 \le k < n \le N, 0 \le 0 \le m \le N)\}$ で, その成分が (DDT-1), (DDT-2), (FDT-1), (FDT-2), (FDT-3), (FDT-4) を満たし, つぎの関係を満たすものが唯一つ存在する:

$$\begin{cases} \delta_+^{(\epsilon)}(n+1) = -(R^{(\epsilon)}(n+1) + \sum_{k=0}^{n-1} \gamma_+^{(\epsilon)}(n,k) R^{(\epsilon)}(k+1)) V_-^{(\epsilon)}(n)^{-1}, \\ \delta_-^{(\epsilon)}(n+1) = -({}^t R^{(\epsilon)}(n+1) + \sum_{k=0}^{n-1} \gamma_-^{(\epsilon)}(n,k) \, {}^t R^{(\epsilon)}(k+1)) V_+^{(\epsilon)}(n)^{-1}. \end{cases}$$

[第3段] 上の定理 2.7.1 で正数 ϵ を 0 に近づけることによって, つぎの定理 2.7.2 が得られる.

定理 2.7.2　k, m, n を $0 \leq k < n \leq N, 0 \leq m \leq N$ なる任意の整数とする.
 (i) $\lim_{\epsilon \to 0} \gamma_+^{(\epsilon)}(n, k)$ が存在する. これを $\gamma_+^0(n, k)$ と書く;
 (ii) $\lim_{\epsilon \to 0} \gamma_-^{(\epsilon)}(n, k)$ が存在する. これを $\gamma_-^0(n, k)$ と書く;
 (iii) $\lim_{\epsilon \to 0} V_+^{(\epsilon)}(m) = V_+^0(m)$;
 (iv) $\lim_{\epsilon \to 0} V_-^{(\epsilon)}(n) = V_-^0(m)$.

定理2.7.1と定理2.7.2より, つぎの定理2.7.3が成り立つ.

定理 2.7.3　条件(R.1), (R.2)を満たす行列関数 $R = (R(n); |n| \leq N)$ が与えられているとする. $M(d; \mathbf{R})$ の部分集合 $\mathcal{LM}(R) = \{\gamma_+^0(n, k), \gamma_-^0(n, k), V_+^0(m), V_-^0(m); 0 \leq k < n \leq N, 0 \leq m \leq N\}$ はその成分が(DDT-1), (DDT-2), (FDT-1), (FDT-2), (FDT-3), (FDT-4)を満たす.

定理2.7.3で構成された $M(d; \mathbf{R})$ の部分集合 $\mathcal{LM}(R)$ を**行列関数** R **に付随するKM_2O-ランジュヴァン行列系**と言う. [第0段], [第1段], [第2段], [第3段]において, 行列関数 R からそれに付随するKM_2O-ランジュヴァン行列系 $\mathcal{LM}(R)$ を求めるアルゴリズムを**揺動散逸アルゴリズム**と呼ぶ.

2.7.2　一般の場合

一般の場合として, つぎの条件(R.4), (R.5)を満たす $M(d; \mathbf{R})$ 値の関数 $R = (R(m, n); \ell \leq m, n \leq r)$ が与えられたとする:

(R.4)　${}^t R(m, n) = R(n, m)$　$(\ell \leq m, n \leq r)$;
(R.5)　$(T(R)(n)\xi, \xi) \geq 0$　$(\forall \xi \in \mathbf{R}^{nd}, 1 \leq n \leq r - \ell)$.

ここで, $T(R)(n)$ はつぎで定義されたテープリッツ行列である:

$$T(R)(n) \equiv (R(\ell + j, \ell + k))_{0 \leq j, k \leq n-1}. \tag{2.150}$$

注意 2.7.2　(2.89)と補題2.5.1より, 2点相関行列関数 $R(\mathbf{Z})$ は上の性質(R.4), (R.5)を満たしていることを注意する.

テープリッツ行列 $T(R)(n)$ はつぎの性質を満たす:

$$T(R)(1) = R(\ell, \ell), \qquad (2.151)$$

$${}^t T(R)(n) = T(R)(n) \quad (1 \leq n \leq r - \ell + 1). \qquad (2.152)$$

任意の正数 ϵ をとり, 固定する. 行列関数 $R^{(\epsilon)} = (R^{(\epsilon)}(m,n); \ell \leq m, n \leq r)$ をつぎで定義する:

$$R^{(\epsilon)}(m,n) \equiv R(m,n) + \epsilon^2 \delta_{mn} I_d \quad (\ell \leq m, n \leq r). \qquad (2.153)$$

本項の目的はつぎの定理 2.7.4 を証明することである.

定理 2.7.4 各正数 ϵ に対し, 集合 $\mathcal{LM}(R^{(\epsilon)}) = \{\gamma_+^{(\epsilon)}, \gamma_-^{(\epsilon)}, V_+^{(\epsilon)}, V_-^{(\epsilon)}\}$ でその要素である $\gamma_+^{(\epsilon)}, \gamma_-^{(\epsilon)}$ は 3 変数 m, k, s の行列関数, $V_+^{(\epsilon)}, V_-^{(\epsilon)}$ は 2 変数 m, s の行列関数でつぎの性質を満たすものが存在する: 各自然数 n $(1 \leq n \leq r - \ell)$ に対し, それぞれの関数の m の定義域を $\{0, 1, \ldots, n\}$ に制限したつぎの関数

$$\gamma_+^{(\epsilon)}|_n = (\gamma_+^{(\epsilon),s}(m,k); 0 \leq k < m \leq n, 0 \leq s \leq r - \ell - m),$$
$$\gamma_-^{(\epsilon)}|_n = (\gamma_-^{(\epsilon),s}(m,k); 0 \leq k < m \leq n, m \leq s \leq r - \ell),$$
$$V_+^{(\epsilon)}|_n = (V_+^{(\epsilon),s}(m); 0 \leq m \leq n, 0 \leq s \leq r - \ell - m),$$
$$V_-^{(\epsilon)}|_n = (V_-^{(\epsilon),s}(m); 0 \leq m \leq n, m \leq s \leq r - \ell)$$

は (PAC), (DDT), (FDT) を満たす:

$$(\text{PAC}) \begin{cases} \delta_+^{(\epsilon),s}(m) V_-^{(\epsilon),s+m-1}(m-1) = -\{R^{(\epsilon)}(\ell+s+m, \ell+s) \\ \qquad + \sum_{k=0}^{m-2} \gamma_+^{(\epsilon),s+1}(m-1,k) R^{(\epsilon)}(\ell+s+k+1, \ell+s)\} \\ \qquad\qquad\qquad (1 \leq m \leq n, 0 \leq s \leq r - \ell - m), \\ \delta_-^{(\epsilon),s}(m) V_+^{(\epsilon),s-m+1}(m-1) = -\{R^{(\epsilon)}(\ell+s-m, \ell+s) \\ \qquad + \sum_{k=0}^{m-2} \gamma_-^{(\epsilon),s-1}(m-1,k) R^{(\epsilon)}(\ell+s-k-1, \ell+s)\} \\ \qquad\qquad\qquad (1 \leq m \leq n, m \leq s \leq r - \ell), \end{cases}$$

$$\text{(DDT)} \begin{cases} \gamma_+^{(\epsilon),s}(m,k) = \gamma_+^{(\epsilon),s+1}(m-1,k-1) \\ \qquad\qquad + \delta_+^{(\epsilon),s}(m)\gamma_-^{(\epsilon),s+m-1}(m-1,m-k-1) \\ \qquad\qquad (1 \le k < m \le n, 0 \le s \le r-\ell-m), \\ \gamma_-^{(\epsilon),s}(m,k) = \gamma_-^{(\epsilon),s-1}(m-1,k-1) \\ \qquad\qquad + \delta_-^{(\epsilon),s}(m)\gamma_+^{(\epsilon),s-m+1}(m-1,m-k-1) \\ \qquad\qquad (1 \le k < m \le n, m \le s \le r-\ell), \end{cases}$$

$$\text{(FDT)} \begin{cases} V_+^{(\epsilon),s}(0) = V_-^{(\epsilon),s}(0) = R^{(\epsilon)}(\ell+s,\ell+s) \quad (0 \le s \le r-\ell), \\ V_+^{(\epsilon),s}(m) = (I_d - \delta_+^{(\epsilon),s}(m)\delta_-^{(\epsilon),s+m}(m))V_+^{(\epsilon),s+1}(m-1) \\ \qquad\qquad (1 \le m \le n, 0 \le s \le r-\ell-m), \\ V_-^{(\epsilon),s}(m) = (I_d - \delta_-^{(\epsilon),s}(m)\delta_+^{(\epsilon),s-m}(m))V_-^{(\epsilon),s-1}(m-1) \\ \qquad\qquad (1 \le m \le n, m \le s \le r-\ell). \end{cases}$$

ここで, 行列関数 $\delta_+^{(\epsilon)} = (\delta_+^{(\epsilon),s}(m); 1 \le m \le n, 0 \le s \le r-\ell-m), \delta_-^{(\epsilon)} = (\delta_-^{(\epsilon),s}(m); 1 \le m \le n, m \le s \le r-\ell)$ はつぎで定義される:

$$\begin{cases} \delta_+^{(\epsilon),s}(m) \equiv \gamma_+^{(\epsilon),s}(m,0) & (1 \le m \le n, 0 \le s \le r-\ell-m), \\ \delta_-^{(\epsilon),s}(m) \equiv \gamma_-^{(\epsilon),s}(m,0) & (1 \le m \le n, m \le s \le r-\ell). \end{cases}$$

この定理2.7.4 における集合 $\mathcal{LM}(R^{(\epsilon)})$ を集合の集まり $\{\mathcal{LM}(R^{(\epsilon)};n) = \{\gamma_+^{(\epsilon)}|_n, \gamma_-^{(\epsilon)}|_n, V_+^{(\epsilon)}|_n, V_-^{(\epsilon)}|_n\}; 1 \le n \le r-\ell\}$ と分解して, $\mathcal{LM}(R^{(\epsilon)};n)$ を構成する (n に関する) アルゴリズムを下に与えよう. その際のポイントは行列 $V_+^{(\epsilon),s}(m), V_-^{(\epsilon),s}(m)$ がすべて正則であることを示すことである.

[第0段] 各 s $(0 \le s \le r-\ell)$ に対し, d 次の正方行列 $V_\pm^{(\epsilon),s}(0)$ をつぎで定義する:

$$V_\pm^{(\epsilon),s}(0) \equiv R^{(\epsilon)}(\ell+s, \ell+s).$$

[第1段] これらの行列 $V_\pm^{(\epsilon),s}(0)$ は正則なので, d 次の正方行列 $\delta_\pm^{(\epsilon),s}(1)$ を

$$\begin{cases} \delta_+^{(\epsilon),s}(1) \equiv -R^{(\epsilon)}(\ell+s+1,\ell+s)V_-^{(\epsilon),s}(0)^{-1} & (0 \le s \le r-\ell-1), \\ \delta_-^{(\epsilon),s}(1) \equiv -R^{(\epsilon)}(\ell+s-1,\ell+s)V_+^{(\epsilon),s}(0)^{-1} & (1 \le s \le r-\ell) \end{cases}$$

2.7 揺動散逸アルゴリズム

で定義でき, d 次の正方行列 $\gamma_{\pm}^{(\epsilon),s}(1,0), V_{\pm}^{(\epsilon),s}(1)$ をつぎで定義する:

$$\begin{cases} \gamma_{+}^{(\epsilon),s}(1,0) \equiv \delta_{+}^{(\epsilon),s}(1) & (0 \leq s \leq r-\ell-1), \\ \gamma_{-}^{(\epsilon),s}(1,0) \equiv \delta_{-}^{(\epsilon),s}(1) & (1 \leq s \leq r-\ell), \end{cases}$$

$$\begin{cases} V_{+}^{(\epsilon),s}(1) \equiv (I_d - \delta_{+}^{(\epsilon),s}(1)\delta_{-}^{(\epsilon),s+1}(1))V_{+}^{(\epsilon),s+1}(0) & (0 \leq s \leq r-\ell-1), \\ V_{-}^{(\epsilon),s}(1) \equiv (I_d - \delta_{-}^{(\epsilon),s}(1)\delta_{+}^{(\epsilon),s-1}(1))V_{-}^{(\epsilon),s-1}(0) & (1 \leq s \leq r-\ell). \end{cases}$$

したがって, 集合 $\mathcal{LM}(R^{(\epsilon)}; 1)$ でその要素が (PAC), (DDT), (FDT) を満たすものが構成できた.

[第2段] 任意の自然数 n $(2 \leq n \leq r-\ell)$ を固定し, 集合 $\mathcal{LM}(R^{(\epsilon)}; n-1)$ が構成できたとする.

補題 2.7.1

(i) $V_{+}^{(\epsilon),s}(m)$ は正の定符号である $(0 \leq m \leq n-1, 0 \leq s \leq r-\ell-m)$.

(ii) $V_{-}^{(\epsilon),s}(m)$ は正の定符号である $(0 \leq m \leq n-1, m \leq s \leq r-\ell)$.

証明 (i) のみを示す. (ii) は同様に示すことができる. 補題 2.5.2 (i), (ii) より, つぎが得られる:

(e_{n-1}^{+}) $\displaystyle V_{+}^{(\epsilon),s}(m) = \sum_{k=0}^{m-1} \gamma_{+}^{(\epsilon),s}(m,k) R^{(\epsilon)}(\ell+s+k, \ell+s+m)$
$\qquad + R^{(\epsilon)}(\ell+s+m, \ell+s+m)$ $(0 \leq m \leq n-1, 0 \leq s \leq r-\ell-m),$

(f_{n-1}^{+}) $\displaystyle R^{(\epsilon)}(\ell+s+m, \ell+s+j) = -\sum_{k=0}^{m-1} \gamma_{+}^{(\epsilon),s}(m,k) R^{(\epsilon)}(\ell+s+k, \ell+s)$
$\qquad (0 \leq j < m \leq n-1, 0 \leq s \leq r-\ell-m).$

任意の整数 m_0, s_0 $(1 \leq m_0 \leq n-1, 0 \leq s_0 \leq r-\ell-m_0)$ を固定し, m_0+1 次の正方行列 T, G をつぎで定義する:

$$T \equiv (R^{(\epsilon)}(\ell+s_0+j, \ell+s_0+k))_{0 \leq j,k \leq m_0},$$

$$G \equiv \begin{pmatrix} I_d & & & & \\ \gamma_+^{(\epsilon),s_0}(1,0) & I_d & & 0 & \\ \gamma_+^{(\epsilon),s_0}(2,0) & \gamma_+^{(\epsilon),s_0}(2,1) & I_d & & \\ \vdots & \vdots & & \ddots & \\ \gamma_+^{(\epsilon),s_0}(m_0,0) & \gamma_+^{(\epsilon),s_0}(m_0,1) & \cdots & \gamma_+^{(\epsilon),s_0}(m_0,m_0-1) & I_d \end{pmatrix}.$$

$(e_{n-1}^+), (f_{n-1}^+)$ の両辺の転置をとって，つぎのことを示すことができる:

$$GT\,{}^tG = \begin{pmatrix} V_+^{(\epsilon),s_0}(0) & & & 0 \\ & V_+^{(\epsilon),s_0}(1) & & \\ & & \ddots & \\ 0 & & & V_+^{(\epsilon),s_0}(m_0) \end{pmatrix}.$$

T は正の定符号で G が正則であるので，$GT\,{}^tG$ は正の定符号である．したがって，$V_+^{(\epsilon),s_0}(m_0)$ は正の定符号である． (証明終)

補題2.7.1によって，d 次の正方行列 $\delta_+^{(\epsilon),s}(n)$ $(0 \le s \le r - \ell - n)$ と $\delta_-^{(\epsilon),s}(n)$ $(n \le s \le r - \ell)$ をつぎで定義することができる:

$$\begin{cases} \delta_+^{(\epsilon),s}(n) \equiv -\{R^{(\epsilon)}(\ell+s+n,\ell+s) + \sum_{k=0}^{n-2}\gamma_+^{(\epsilon),s+1}(n-1,k)\cdot \\ \qquad \cdot R^{(\epsilon)}(\ell+s+k+1,\ell+s)\}V_-^{(\epsilon),s+n-1}(n-1)^{-1}, \\ \delta_-^{(\epsilon),s}(n) \equiv -\{R^{(\epsilon)}(\ell+s-n,\ell+s) + \sum_{k=0}^{n-2}\gamma_-^{(\epsilon),s-1}(n-1,k)\cdot \\ \qquad \cdot R^{(\epsilon)}(\ell+s-k-1,\ell+s)\}V_+^{(\epsilon),s-n+1}(n-1)^{-1}. \end{cases} \qquad (2.154)$$

これらの行列 $\delta_\pm^{(\epsilon),s}(n)$ を用いて，行列 $\gamma_+^{(\epsilon),s}(n,k)$ $(0 \le k < n, 0 \le s \le r-\ell-n), \gamma_-^{(\epsilon),s}(n,k)$ $(0 \le k < n, n \le s \le r-\ell), V_+^{(\epsilon),s}(n)$ $(0 \le s \le r-\ell-n), V_-^{(\epsilon),s}(n)$ $(n \le s \le r-\ell)$ をつぎで定義する:

$$\begin{cases} \gamma_+^{(\epsilon),s}(n,0) \equiv \delta_+^{(\epsilon),s}(n), \\ \gamma_-^{(\epsilon),s}(n,0) \equiv \delta_-^{(\epsilon),s}(n), \end{cases} \qquad (2.155)$$

$$\begin{cases} \gamma_+^{(\epsilon),s}(n,k) \equiv \gamma_+^{(\epsilon),s+1}(n-1,k-1) \\ \qquad + \delta_+^{(\epsilon),s}(n)\gamma_-^{(\epsilon),s+n-1}(n-1,n-k-1) \quad (1 \le k < n), \\ \gamma_-^{(\epsilon),s}(n,k) \equiv \gamma_-^{(\epsilon),s-1}(n-1,k-1) \\ \qquad + \delta_-^{(\epsilon),s}(n)\gamma_+^{(\epsilon),s-n+1}(n-1,n-k-1) \quad (1 \le k < n), \end{cases} \qquad (2.156)$$

$$\begin{cases} V_+^{(\epsilon),s}(n) \equiv (I_d - \delta_+^{(\epsilon),s}(n)\delta_-^{(\epsilon),s+n}(n))V_+^{(\epsilon),s+1}(n-1), \\ V_-^{(\epsilon),s}(n) \equiv (I_d - \delta_-^{(\epsilon),s}(n)\delta_+^{(\epsilon),s-n}(n))V_-^{(\epsilon),s-1}(n-1). \end{cases} \quad (2.157)$$

以上によって, 集合 $\mathcal{LM}(R^{(\epsilon)};n)$ の要素 $\gamma_+^{(\epsilon)} = (\gamma_+^{(\epsilon),s}(m,k); 0 \leq k < m \leq n, 0 \leq s \leq r-\ell-m), \gamma_-^{(\epsilon)} = (\gamma_-^{(\epsilon),s}(m,k); 0 \leq k < m \leq n, m \leq s \leq r-\ell), V_+^{(\epsilon)} = (V_+^{(\epsilon),s}(m); 0 \leq m \leq n, 0 \leq s \leq r-\ell-m), V_-^{(\epsilon)} = (V_-^{(\epsilon),s}(m); 0 \leq m \leq n, m \leq s \leq r-\ell)$ で (PAC), (DDT), (FDT) を満たすものを構成した. ゆえに, n に関する数学的帰納法によって, 集合の集まり $\{\mathcal{LM}(R^{(\epsilon)};n); 1 \leq n \leq r-\ell\}$ が構成された.

[第3段] 行列関数 $\gamma_+^{(\epsilon)} = (\gamma_+^{(\epsilon)}(n,k); 0 \leq k < n \leq r-\ell), \gamma_-^{(\epsilon)} = (\gamma_-^{(\epsilon)}(n,k); 0 \leq k < n \leq r-\ell), V_+^{(\epsilon)} = (V_+^{(\epsilon)}(n); 0 \leq n \leq r-\ell), V_-^{(\epsilon)} = (V_-^{(\epsilon)}(n); 0 \leq n \leq r-\ell)$ をつぎで定義する:

$$\gamma_+^{(\epsilon)}(n,k) \equiv \gamma_+^{(\epsilon),0}(n,k), \quad \gamma_-^{(\epsilon)}(n,k) \equiv \gamma_-^{(\epsilon),r-\ell}(n,k), \quad (2.158)$$

$$V_+^{(\epsilon)}(n) \equiv V_+^{(\epsilon),0}(n), \quad V_-^{(\epsilon)}(n) \equiv V_-^{(\epsilon),r-\ell}(n). \quad (2.159)$$

これらの行列を用いて, 集合 $\mathcal{LM}(R^{(\epsilon)})$ をつぎで定義する:

$$\mathcal{LM}(R^{(\epsilon)}) \equiv \{\gamma_+^{(\epsilon)}(n,k), \gamma_-^{(\epsilon)}(n,k), V_+^{(\epsilon)}(m), V_-^{(\epsilon)}(m); \\ 0 \leq k < n \leq r-\ell, 0 \leq m \leq r-\ell\}. \quad (2.160)$$

[第4段] この 2.7.2 項で対象とした行列関数 $R = (R(m,n); \ell \leq m, n \leq r)$ はある確率空間 $(\Omega, \mathcal{B}, P)$ の上で定義された d 次元の 2 乗可積分な確率過程 $\mathbf{Z} = (Z(n); \ell \leq n \leq r)$ の 2 点相関行列関数として表現される:

$$R(m,n) = E(Z(m)\,{}^tZ(n)) \quad (\ell \leq m, n \leq r), \quad (2.161)$$

$$E(Z(n)) = 0 \quad (\ell \leq n \leq r). \quad (2.162)$$

そのことを証明しよう. 集合 Ω として, これまで本書で考えてきた標本空間 W (2.1節の(2.1)) を多次元化したつぎの集合をとる:

$$\Omega \equiv \{w : \{\ell, \ell+1, \ldots, r\} \to \mathbf{R}^d; \text{関数}\} \quad (2.163)$$
$$= \{(w(\ell), w(\ell+1), \ldots, w(r)); w(n) \in \mathbf{R}^d \ (\ell \leq n \leq r)\}.$$

可測構造 $\mathcal{B}$ は, (2.3), (2.4) を多次元化して, つぎのように定められる:

$$\mathcal{A} \equiv \{A \in 2^\Omega; A = A_\ell \times A_{\ell+1} \times \cdots \times A_r, \tag{2.164}$$
$$A_n \in \mathcal{B}(\mathbf{R}^d)\ (\ell \leq n \leq r)\},$$
$$\mathcal{B} \equiv \{A \in 2^\Omega; 任意の\ \sigma\text{-加法族}\ \mathcal{F} \supset \mathcal{A}\ に対し, A \in \mathcal{F}\}. \tag{2.165}$$

集合 Ω は, $d(r-\ell+1)$ 次元のユークリッド空間 $\mathbf{R}^{d(r-\ell+1)}$ とはつぎの写像 Φ で一対一に対応する:

$$\Phi((w(\ell), w(\ell+1), \ldots, w(r))) = {}^t(w_1(\ell), w_2(\ell), \ldots, w_d(\ell), \tag{2.166}$$
$$w_1(\ell+1), w_2(\ell+1), \ldots, w_d(\ell+1), \ldots, w_1(r), w_2(r), \ldots, w_d(r)).$$

この写像のもとで, σ-加法族 $\mathcal{B}$ は $\mathcal{B}(\mathbf{R}^{d(r-\ell+1)})$ と対応することを注意する.

一方, 性質 (R.4), (R.5) より, 可測空間 $(\mathbf{R}^{d(r-\ell+1)}, \mathcal{B}(\mathbf{R}^{d(r-\ell+1)}))$ の上に平均ベクトルが 0 で, 分散行列が $T(R)$ である正規分布 $N(0, T(R))$ を構成できる. 上の写像 Φ でこの正規分布を可測空間 $(\Omega, \mathcal{B})$ に移した確率測度 (写像 Φ^{-1} による正規分布の像測度である) を P とする.

(2.2) と同様に, Ω から $\mathbf{R}^d$ への関数の集まり $\mathbf{Z} = (Z(n); \ell \leq n \leq r)$ を

$$Z(n)((w(\ell), w(\ell+1), \ldots, w(r))) \equiv w(n) \tag{2.167}$$

で定義するとき, 関数の集まり $\mathbf{Z} = (Z(n); \ell \leq n \leq r)$ は確率空間 $(\Omega, \mathcal{B}, P)$ の上で定義された確率過程となり, (2.161), (2.162) を満たすことがわかる.

[第5段] さらに, ウェイト変換を用いて, 各正数 ϵ に対し, 行列関数 $R^{(\epsilon)} = (R^{(\epsilon)}(m, n); \ell \leq m, n \leq r)$ は d 次元の2乗可積分な確率過程 $\mathbf{Z}^{(\epsilon)} = (Z^{(\epsilon)}(n); \ell \leq n \leq r)$ の2点相関行列関数として表現される:

$$R^{(\epsilon)}(m,n) = E(Z^{(\epsilon)}(m)\ {}^tZ^{(\epsilon)}(n)) \quad (\ell \leq m, n \leq r), \tag{2.168}$$
$$Z^{(\epsilon)}(n) = Z(n) + \epsilon\xi(n) \quad (\ell \leq n \leq r). \tag{2.169}$$

ここで, ϵ はウェイトであり, $\boldsymbol{\xi} = (\xi(n); 0 \leq n \leq r - \ell)$ は d 次元確率過程で確率過程 $\mathbf{Z}$ と無相関でホワイトノイズ性を満たす:

$$E(Z(\ell+m)\ {}^t\xi(n)) = 0 \quad (0 \leq m, n \leq r - \ell), \tag{2.170}$$
$$E(\xi(m)\ {}^t\xi(n)) = \delta_{mn}I_d \quad (0 \leq m, n \leq r - \ell). \tag{2.171}$$

2.7 揺動散逸アルゴリズム

今後, そのような確率過程 $\mathbf{Z}, \boldsymbol{\xi}$ を任意にとり固定する. このとき, [第3段] で構成した集合 $\mathcal{LM}(R^{(\epsilon)})$ は確率過程 $\mathbf{Z}^{(\epsilon)}$ に付随する KM_2O-ランジュヴァン行列系 $\mathcal{LM}(\mathbf{Z}^{(\epsilon)})$ と一致する: 各整数 m, n $(0 \le m, n \le r - \ell)$ に対し

$$Z^{(\epsilon)}(\ell + n) = -\sum_{k=0}^{n-1} \gamma_+^{(\epsilon)}(n, k) Z^{(\epsilon)}(\ell + k) + \nu_+(\mathbf{Z}^{(\epsilon)})(n), \quad (2.172)$$

$$Z^{(\epsilon)}(r - n) = -\sum_{k=0}^{n-1} \gamma_-^{(\epsilon)}(n, k) Z^{(\epsilon)}(r - k) + \nu_-(\mathbf{Z}^{(\epsilon)})(-n), \quad (2.173)$$

$$E(\nu_\pm(\mathbf{Z}^{(\epsilon)})(\pm m) \, {}^t\nu_\pm(\mathbf{Z}^{(\epsilon)})(\pm n)) = \delta_{mn} V_\pm^{(\epsilon)}(n). \quad (2.174)$$

これらのことを考慮して, [第3段] で構成した集合 $\mathcal{LM}(R^{(\epsilon)})$ を行列関数 $R^{(\epsilon)}$ に付随する KM_2O-ランジュヴァン行列系と呼ぶ.

[第6段] 定理2.5.3, 定理2.5.4 より

$$\gamma_\pm^0(R)(n, k) \equiv \lim_{\epsilon \to 0} \gamma_\pm^{(\epsilon)}(n, k), \quad (2.175)$$

$$V_\pm^0(R)(n) \equiv \lim_{\epsilon \to 0} V_\pm^{(\epsilon)}(n). \quad (2.176)$$

特に, 行列関数 $\gamma_\pm^0(R) = (\gamma_\pm^0(R)(n, k); 0 \le k < n \le r - \ell), V_\pm^0(R) = (V_\pm^0(R)(n); 0 \le n \le r - \ell)$ はそれぞれ確率過程 $\mathbf{Z}$ に付随した最小 KM_2O-ランジュヴァン散逸行列関数, 最小 KM_2O-ランジュヴァン揺動行列関数となる: 各整数 m, n $(0 \le m, n \le r - \ell)$ に対し

$$Z(\ell + n) = -\sum_{k=0}^{n-1} \gamma_+^0(R)(n, k) Z(\ell + k) + \nu_+(\mathbf{Z})(n), \quad (2.177)$$

$$Z(r - n) = -\sum_{k=0}^{n-1} \gamma_-^0(R)(n, k) Z(r - k) + \nu_-(\mathbf{Z})(-n), \quad (2.178)$$

$$E(\nu_\pm(\mathbf{Z})(\pm m) \, {}^t\nu_\pm(\mathbf{Z})(\pm n)) = \delta_{mn} V_\pm^0(R)(n). \quad (2.179)$$

さらに, 行列関数 R に付随する KM_2O-ランジュヴァン行列系 $\mathcal{LM}(R)$ をつぎで定義する:

$$\mathcal{LM}(R) \equiv \{\gamma_+^0(R)(n, k), \gamma_-^0(R)(n, k), V_+^0(R)(m), V_-^0(R)(m);$$
$$0 \le k < n \le r - \ell, 0 \le m \le r - \ell\}. \quad (2.180)$$

第0段から第6段における行列関数 R に付随するKM_2O-ランジュヴァン行列系 $\mathcal{LM}(R)$ を求めるアルゴリズムを**拡張された揺動散逸アルゴリズム**と呼ぶ．

2.8 揺動散逸原理

2.8.1 弱定常性を満たす場合

弱定常性に関わる揺動散逸原理を与えよう．有限集合 $\{-(r-\ell), -(r-\ell)+1, \ldots, r-\ell-1, r-\ell\}$ の上で定義され，$M(d; \mathbf{R})$ の値をとる関数 $R = (R(n); -(r-\ell) \leq n \leq r-\ell)$ で前節の2.7.1項で扱った条件 (R.1)，(R.2) を $N = r - \ell$ として満たすものが与えられたとする．

$\mathcal{LM}(R)$ を2.7.1項の揺動散逸アルゴリズムによって求められた行列関数 R に付随するKM_2O-ランジュヴァン行列系とする．

二つの d 次元の確率過程 $\mathbf{Z} = (Z(n); \ell \leq n \leq r), \boldsymbol{\nu} = (\nu(n); 0 \leq n \leq r-\ell)$ が与えられ，つぎの関係式で結ばれているとする：

$$Z(\ell + n) = -\sum_{k=0}^{n-1} \gamma_+^0(n,k) Z(\ell + k) + \nu(n) \qquad (0 \leq n \leq r - \ell). \quad (2.181)$$

これには二つの解釈がある．一つは，d 次元確率過程 $\mathbf{Z} = (Z(n); \ell \leq n \leq r)$ が先に与えられたとき，d 次元の確率過程 $\boldsymbol{\nu} = (\nu(n); 0 \leq n \leq r-\ell)$ をつぎのアルゴリズムに従って**導く**という解釈である：

$$\nu(n) \equiv Z(\ell + n) + \sum_{k=0}^{n-1} \gamma_+^0(n,k) Z(\ell + k) \qquad (0 \leq n \leq r - \ell). \quad (2.182)$$

二つめの解釈は，d 次元の確率過程 $\boldsymbol{\nu} = (\nu(n); 0 \leq n \leq r-\ell)$ が先に与えられたとき，d 次元の確率過程 $\mathbf{Z} = (Z(n); \ell \leq n \leq r)$ をつぎのアルゴリズムに従って**構成**するという解釈である：

$$Z(\ell + n) \equiv -\sum_{k=0}^{n-1} \gamma_+^0(n,k) Z(\ell + k) + \nu(n) \qquad (0 \leq n \leq r - \ell). \quad (2.183)$$

このとき，前節の揺動散逸アルゴリズムを用いることによって，つぎの定理を示すことができる．

定理 2.8.1 (揺動散逸原理) 確率過程 $\mathbf{Z}$ に対する性質 (S) と 確率過程 $\boldsymbol{\nu}$ に対する性質 (W.N) は互いに同値である：

(S) $\quad E(Z(m)\,{}^tZ(n)) = R(m-n) \quad (\ell \leq m,n \leq r);$

(W.N) $\quad (\nu(n),\,{}^t\nu(m)) = \delta_{mn} V_+^0(R)(n) \quad (0 \leq m,n \leq r-\ell).$

2.8.2 一般の場合

本項では一般の場合に関わる揺動散逸原理を与えよう．今度は，有限集合である直積集合 $\{\ell, \ell+1, \ldots, r-1, r\} \times \{\ell, \ell+1, \ldots, r-1, r\}$ の上で定義され，$M(d; \mathbf{R})$ の値をとる関数 $R = (R(m,n); \ell \leq m, n \leq r)$ で前節の 2.7.2 項で扱った条件 (R.4), (R.5) を満たすものが与えられたとする．

$\mathcal{LM}(R)$ を拡張された揺動散逸アルゴリズムによって求められた行列関数 R に付随する KM$_2$O-ランジュヴァン行列系とする．

二つの d 次元の確率過程 $\mathbf{Z} = (Z(n); \ell \leq n \leq r), \boldsymbol{\nu} = (\nu(n); 0 \leq n \leq r-\ell)$ が与えられ，(2.181) と同じつぎの関係式で結ばれているとする：

$$Z(\ell+n) = -\sum_{k=0}^{n-1} \gamma_+^0(n,k) Z(\ell+k) + \nu(n) \quad (0 \leq n \leq r-\ell). \quad (2.184)$$

このとき，前節の拡張された揺動散逸アルゴリズムを用いることによって，つぎの定理を示すことができる．

定理 2.8.2 (揺動散逸原理) 確率過程 $\mathbf{Z}$ に対する性質 (R) と確率過程 $\boldsymbol{\nu}$ に対する性質 (W.N) は互いに同値である：

(R) $\quad E(Z(m)\,{}^tZ(n)) = R(m,n) \quad (\ell \leq m,n \leq r);$

(W.N) $\quad (\nu(n),\,{}^t\nu(m)) = \delta_{mn} V_+^0(R)(n) \quad (0 \leq m,n \leq r-\ell).$

2.9 非線形情報空間と生成系

今までは時系列の標本空間 W の上で定義された確率過程の線形構造を調べてきた．2.4節で，(2.2) で定義された関数の集まり $\mathbf{X} = (X(n); 0 \leq n \leq N)$

に対し,階数6の非線形変換を紹介した.本節では,その奥にある非線形な確率的構造を調べるために,非線形情報空間について議論し,その生成系を構成しよう.

2.5節と同様に,時系列の標本空間 W に可測構造を入れた可測空間 $(W, \mathcal{B}(W))$ の上に一つの確率測度 P を考えるが,本節では関数の集まり $\mathbf{X}$ を確率空間 $(W, \mathcal{B}(W), P)$ 上で定義された実数 $\mathbf{R}$ の値をとる確率過程とみて,確率過程論的観点より解析しよう.最後の2.9.5項を除いて,2.9.4項まではつぎの条件を満たす場合を考える:

(E) 任意の n $(0 \leq n \leq N)$ に対して,正の定数 $c_0(n)$ が存在して,つぎの不等式が成り立つ;

$$E(e^{\lambda X(n)}) < \infty \qquad (|\lambda| \leq c_0(n)).$$

(M) $X(n)$ の平均は 0 $(0 \leq n \leq N)$.

条件(E)はドブルーシン・ミンロス[42]が確率超過程の多項式近似定理を示したときに導入した条件で,ドブルーシン・ミンロスの可積分性の条件と呼ぶ.以下の定理2.9.1の証明は彼らの証明を参考にしている.

2.9.1 非線形情報空間

補題 2.9.1 正の定数 c_0 が存在して,任意の n $(0 \leq n \leq N)$ に対して,つぎの不等式が成り立つ:

$$E(e^{\lambda |X(n)|}) < \infty \qquad (|\lambda| \leq c_0).$$

証明 条件(E)にある定数 $c_0(n)$ を使って,正数 c_0 を $c_0 \equiv \max\{c_0(n); 0 \leq n \leq N\}$ とおく.任意の整数 n $(0 \leq n \leq N)$ に対し,λ を $|\lambda| \leq c_0$ を満たす任意の実数とする.このとき

$$\begin{aligned}
E(e^{\lambda |X(n)|}) &= E(e^{\lambda |X(n)|} \chi_{(X(n) \geq 0)}) + E(e^{\lambda |X(n)|} \chi_{(X(n) < 0)}) \\
&= E(e^{\lambda X(n)} \chi_{(X(n) \geq 0)}) + E(e^{-\lambda X(n)} \chi_{(X(n) < 0)}) \\
&\leq E(e^{\lambda X(n)}) + E(e^{(-\lambda) X(n)}).
\end{aligned}$$

ゆえに, 条件 (E) より, 補題 2.9.1 が従う. (証明終)

さらに, つぎのことを示すことができる.

補題 2.9.2 $X(n) \in \bigcap_{1 \leq p < \infty} L^p(W, \mathcal{B}(W), P)$ $(0 \leq n \leq N)$.

証明 任意の実数 x, 正数 c と自然数 p に対し

$$|x|^p \leq \frac{p!}{c^p} e^{c|x|} \tag{2.185}$$

が成り立つことより, 補題 2.9.2 は補題 2.9.1 より従う. (証明終)

この補題 2.9.2 より, 2.5 節の条件 (H.1) が 1 次元の確率過程 $\mathbf{X}$ に対して成り立つ. したがって, (2.66) と同様に, 各 m, n $(0 \leq m \leq n \leq N)$ に対して, 実ヒルベルト空間 $L^2(W, \mathcal{B}(W), P)$ の中の閉部分空間で $\mathbf{X}$ の時刻 m から時刻 n までの線形情報空間 $\mathbf{M}_m^n(\mathbf{X})$ が定義される:

$$\mathbf{M}_m^n(\mathbf{X}) \equiv \{\sum_{k=m}^{n} c_k X(k); m \leq k \leq n\}. \tag{2.186}$$

さらに, 実ヒルベルト空間 $L^2(W, \mathcal{B}(W), P)$ の中の閉部分空間 $\mathbf{N}_m^n(\mathbf{X})$ を

$$\mathbf{N}_m^n(\mathbf{W}) \equiv \{f(X(m), X(m+1), \ldots, X(n)) \in L^2(W, \mathcal{B}(W), P);$$
$$f \text{ は } \mathcal{B}(\mathbf{R}^{n+1}) \text{ 可測なボレル関数}\} \tag{2.187}$$

で定義し, 確率過程 $\mathbf{X}$ の時刻 m から時刻 n までの非線形の情報を表す**非線形情報空間**と言う. 線形情報空間と非線形情報空間の間にはつぎの包含関係が成り立つ:

$$\mathbf{M}_m^n(\mathbf{X}) \subset \mathbf{N}_m^n(\mathbf{X}) \qquad (0 \leq n \leq N). \tag{2.188}$$

非線形情報空間 $\mathbf{N}_m^n(\mathbf{W})$ の別の表現を与えよう. (2.10) で導入した標本空間 W の σ-加法族 $\mathcal{B}_m^n(\mathbf{X})$ を用いて, つぎのことが成り立つ:

$$\mathbf{N}_m^n(\mathbf{W}) = L^2(W, \mathcal{B}_m^n(\mathbf{X}), P). \tag{2.189}$$

つぎのことを示すことができる.

補題 2.9.3 任意の整数 $n, p_k \in \mathbf{N}^* (0 \leq n \leq N, 0 \leq k \leq n)$ に対し

$$X(0)^{p_0} X(1)^{p_1} \cdots X(n)^{p_n} \in \mathbf{N}_0^n(\mathbf{X}).$$

証明 不等式 (2.185) を用いて, 任意の正数 c に対し

$$|X(0)^{p_0} X(1)^{p_1} \cdots X(n)^{p_n}|^2 \leq \left(\frac{p_0! p_1! \cdots p_n!}{c^{p_0 + p_1 + \cdots + p_n}}\right)^2 e^{2c(|X(0)| + |X(1)| + \cdots + |X(n)|)}$$

が成り立つ. 一方, 幾何平均 $\leq$ 算術平均の不等式より, 任意の正数 c に対して

$$e^{2c(|x_0| + |x_1| + \cdots + |x_n|)} \leq \frac{1}{n+1} \sum_{j=0}^{n} e^{(n+1)2c|x_j|} \qquad (2.190)$$

を用いて, 不等式 $e^{2c(|X(0)| + |X(1)| + \cdots + |X(n)|)} \leq \frac{1}{n+1} \sum_{j=0}^{n} e^{(n+1)2c|X(j)|}$ が成り立つ. したがって

$$|X(0)^{p_0} X(1)^{p_1} \cdots X(n)^{p_n}|^2 \leq \left(\frac{p_0! p_1! \cdots p_n!}{c^{p_0 + p_1 + \cdots + p_n}}\right)^2 \frac{1}{n+1} \sum_{j=0}^{n} e^{(n+1)2c|X(j)|}.$$

ゆえに, 補題 2.9.2 より, 正数 c を $c \equiv \frac{c_0}{2(n+1)}$ と取ることによって, 補題 2.9.3 が成り立つ. (証明終)

上の補題 2.9.3 の証明より, つぎのことが成り立つ.

補題 2.9.4 $|\lambda| \leq \frac{c_0}{2(n+1)}$ を満たす任意の実数 λ に対し

$$E(e^{2\lambda(|X(0)| + |X(1)| + \cdots + |X(n)|)}) < \infty.$$

各整数 n $(0 \leq n \leq N)$ に対して, つぎの集合 $\mathbf{F}_0^n(\mathbf{X})$ を定義する:

$$\mathbf{F}_0^n(\mathbf{X}) \equiv \{\prod_{k=0}^{n-l} X(n-k)^{p_k} - E\left(\prod_{k=0}^{n-l} X(n-k)^{p_k}\right);$$
$$p_0 \in \mathbf{N}, p_k \in \mathbf{N}^* \ (1 \leq k \leq N)\}. \quad (2.191)$$

補題 2.9.3 より, この集合は実ヒルベルト空間 $L^2(W, \mathcal{B}(W), P)$ の部分集合である. つぎの定理を示そう.

定理 2.9.1 （文献[131]） $\mathbf{N}_0^n(\mathbf{X}) = [\{1\}] \oplus \left[\bigcup_{m=0}^{n} \mathbf{F}_0^m(\mathbf{X}) \right] \quad (0 \leq n \leq N).$

証明 任意の整数 n $(0 \leq n \leq N)$ を固定し，非線形情報空間 $\mathbf{N}_0^n(\mathbf{X})$ の元 $Y = f(X(0), X(1), \ldots, X(n))$ を部分空間 $[\{1\}] \oplus \left[\bigcup_{m=0}^{n} \mathbf{F}_0^m(\mathbf{X}) \right]$ のすべての元と直交する任意のものとする．μ を $(n+1)$ 次元の確率変数 ${}^t(X(0), X(1), \ldots, X(n))$ の分布とする．関数 f は実ヒルベルト空間 $L^2(\mathbf{R}^{n+1}, \mathcal{B}(\mathbf{R}^{n+1}), \mu)$ の元である．上の直交性は $n+1$ 変数の任意の多項式 $p(x) = p(x_0, x_1, \ldots, x_n)$ に対し

$$\int_{\mathbf{R}^{n+1}} p(x) f(x) \mu(dx) = 0 \tag{2.192}$$

を意味する．

$\mathbf{R}^{n+1}$ の任意の元 $\xi = {}^t(\xi_0, \xi_1, \ldots, \xi_n)$ を取り，固定する．つぎに，複素平面の領域 D を $D \equiv \{z \in \mathbf{C}; |\mathrm{Im} z| < \frac{c_0}{4(n+1)\max(|\xi_0|+1, |\xi_1|+1, \ldots, |\xi_n|+1)}\}$ で定義する．このとき，関数 $h : D \to \mathbf{C}$ をつぎで定義する：

$$h(z) \equiv \int_{\mathbf{R}^{n+1}} e^{iz(\xi, x)} f(x) \mu(dx) \quad (z \in D).$$

これが定義可能であることを見るには，D の任意の元 z を固定したとき，x の関数 $e^{iz(\xi,x)}$ が $L^2(\mathbf{R}^{n+1}, \mathcal{B}(\mathbf{R}^{n+1}), \mu)$ の元であることを示せばよい：最初に，変数変換の公式より

$$E(e^{\frac{c_0}{(n+1)}(|X(0)|+|X(1)|+\ldots+|X(n)|)}) = \int_{\mathbf{R}^{n+1}} e^{\frac{c_0}{(n+1)}(|x_0|+|x_1|+\ldots+|x_n|)} \mu(dx)$$

が成り立つことを注意する．さらに，つぎの不等式

$$\begin{aligned}|e^{iz(\xi,x)}|^2 &\leq e^{2|\mathrm{Im} z| \max(|\xi_0|+1, |\xi_1|+1, \ldots, |\xi_n|+1)(|x_0|+|x_1|+\ldots+|x_n|)} \\ &\leq e^{\frac{c_0}{(n+1)}(|x_0|+|x_1|+\ldots+|x_n|)}\end{aligned} \tag{2.193}$$

が成り立つことと補題 2.9.3 より，x の関数 $e^{iz(\xi,x)}$ が $L^2(\mathbf{R}^{n+1}, \mathcal{B}(\mathbf{R}^{n+1}), \mu)$ に属することが示された．

つぎに, 関数 $h = h(z)$ は領域 D で正則であることを示そう: 最初, 任意の自然数 m に対し, 正数 c_m が存在して, つぎが成り立つことを示そう.

$$|(i(\xi,x))^m e^{iz(\xi,x)}| \leq c_m e^{\frac{c_0}{2(n+1)}(|x_0|+|x_1|+\ldots+|x_n|)} \quad (\forall z \in D). \quad (2.194)$$

つぎの不等式

$$|(i(\xi,x))^m|$$
$$\leq \max(|\xi_0|, |\xi_1|, \ldots, |\xi_n|)^m (|x_0| + |x_1| + \ldots + |x_n|)^m$$
$$\leq \max(|\xi_0|, |\xi_1|, \ldots, |\xi_n|)^m (n+1)^{m+1}(|x_0|^m + |x_1|^m + \ldots + |x_n|^m)$$

が成り立つので, 不等式 (2.185) より

$$|(i(\xi,x))^m|$$
$$\leq \max(|\xi_0|, |\xi_1|, \ldots, |\xi_n|)^m \frac{(n+1)^{m+1}(m!)^{n+1}}{(\frac{c_0}{4(n+1)})^{(n+1)m!}} e^{\frac{c_0}{4(n+1)}(|x_0|+|x_1|+\ldots+|x_n|)}$$

が成り立つ. したがって, 不等式 (2.185) とあわせて, 正数 $c_m \geq 1$ が存在して

$$|(i(\xi,x))^m e^{iz(\xi,x)}| \leq c_m e^{\frac{c_0}{4(n+1)}(|x_0|+|x_1|+\ldots+|x_n|)}$$
$$e^{\text{Im}z(\max(|\xi_0|,|\xi_1|,\ldots,|\xi_n|))(|x_0|+|x_1|+\ldots+|x_n|)}$$
$$\leq c_m e^{\frac{c_0}{4(n+1)}(|x_0|+|x_1|+\ldots+|x_n|)} e^{\frac{c_0}{4(n+1)}(|x_0|+|x_1|+\ldots+|x_n|)}$$
$$\leq c_m e^{\frac{c_0}{2(n+1)}(|x_0|+|x_1|+\ldots+|x_n|)}$$

が成り立つ. ゆえに, (2.194) が示された.

各自然数 m に関して, $\frac{d^m}{dz^m} e^{iz(\xi,x)} = (i(\xi,x))^m e^{iz(\xi,x)}$ であり, 不等式 (2.193) が成立しているので, ルベーグの微分と積分の順序交換定理より, 関数 h は正則であり, その m 階の導関数 $\frac{d^m}{dz^m}h(z)$ は

$$\frac{d^m}{dz^m}h(z) = \int_{\mathbf{R}^{n+1}} (i(\xi,x))^m e^{iz(\xi,x)} f(x)\mu(dx)$$

で与えられる. 関係式 (2.192) より, これは $\frac{d^m}{dz^m}h(z)|_{z=0} = 0$ を意味する. 関係式 (2.192) は定数関数である多項式に対しても成り立つので, $m = 0$ に対応す

る $h(0) = 0$ も成り立つ. したがって, 正則関数 h に関する一致の定理[140]より, $h(z) = 0$ $(\forall z \in D)$ が成り立つ. 特に, $h(1) = 0$. このことはつぎを意味する：

$$\int_{\mathbf{R}^{n+1}} e^{i(\xi,x)} f(x)\mu(dx) = 0 \quad (\forall \xi \in \mathbf{R}^{n+1}).$$

確率測度のフーリエ変換の一意性定理(定理2.2.3)より, $f = 0$ $\mu\text{-a.e.}$ が成り立ち, 定理2.9.1が証明された. (証明終)

2.9.2 階数有限の非線形変換のクラス $\mathcal{T}^{(q)}(\mathbf{X})$

2.4節で, 集合 $\mathbf{N}^*$ の $N+1$ 個の直積空間 ${}^t(\mathbf{N}^*)^{N+1}$ を考え, その元として, 19個の元 $\mathbf{p}_j$ $(0 \leq j \leq 18)$ を取り上げ, それらの間の順序のつけ方を紹介した. 本項では, 同じ考え方を用いて, 部分集合 $\bigcup_{n=0}^{N} \mathbf{F}_0^n(\mathbf{X})$ の要素の順序付けを行う. そのために, 集合 ${}^t(\mathbf{N}^*)^{N+1}$ の部分集合 Λ をつぎで定義する：

$$\Lambda \equiv \{\mathbf{p} = (p_0, p_1, \ldots, p_N) \in {}^t(\mathbf{N}^*)^{N+1}; p_0 \geq 1\}. \tag{2.195}$$

Λ の各元 $\mathbf{p}$ に対し, $\sigma(\mathbf{p}) \in \{0, 1, \ldots, N\}$ をつぎで定める：

$$\sigma(\mathbf{p}) \equiv \max\{k \in \{0, 1, \ldots, N\}; p_k \neq 0\}. \tag{2.196}$$

このとき, 1次元の確率過程 $\varphi_{\mathbf{p}} = (\varphi_{\mathbf{p}}(n); \sigma(\mathbf{p}) \leq n \leq N)$ を

$$\varphi_{\mathbf{p}}(n) \equiv \prod_{k=0}^{\sigma(\mathbf{p})} X(n-k)^{p_k} \tag{2.197}$$

で定義し, それらの全体を

$$G \equiv \{\varphi_{\mathbf{p}}; \mathbf{p} \in \Lambda\} \tag{2.198}$$

と記す. (2.191) はつぎのように書き直せる. 各 n $(0 \leq n \leq N)$ に対して

$$\mathbf{F}_0^n(\mathbf{X}) = \{\varphi_{\mathbf{p}}(n) - E(\varphi_{\mathbf{p}}(n)); \mathbf{p} \in \Lambda, \sigma(\mathbf{p}) \leq n\}. \tag{2.199}$$

任意の自然数 q に対して, Λ の部分集合 $\Lambda(q)$ と G の部分集合 $G(q)$ を

$$\Lambda(q) \equiv \{\mathbf{p} = (p_0, p_1, \ldots, p_N) \in \Lambda; \sum_{k=0}^{N}(k+1)p_k = q\}, \tag{2.200}$$

$$G(q) \equiv \{\varphi_{\mathbf{p}}; \mathbf{p} \in \Lambda(q)\} \tag{2.201}$$

で定めると,G はつぎのように直和分解される:

$$G = \bigcup_{q \in \mathbf{N}} G(q). \qquad (2.202)$$

つぎに,集合 G に辞書式順序を入れる.G の任意の二つの元 Y, Y' を取る.そのとき,$q, q' \in \mathbf{N}$ と $\varphi_{\mathbf{p}} \in G(q), \varphi_{\mathbf{p}'} \in G(q')$ が存在して,$Y = \varphi_{\mathbf{p}}, Y' = \varphi_{\mathbf{p}'}$ と一意的に書ける.Y が Y' より先行するとは,つぎの (i) あるいは (ii) が成り立つときを言う:

(i) $q < q'$;
(ii) $q = q'$ のときはさらに
   (ii-1) $p_0 > p'_0$
   (ii-2) $p_0 = p'_0$ のときはさらにある $k_0 \in \{1, 2, \ldots, N\}$ が存在して
$$p_k = p'_k \ (0 \leq \forall k \leq k_0 - 1), p_{k_0} > p'_{k_0}.$$

この順序に従って,集合 G の元に添数 j ($j \in \mathbf{N}$) を付けて

$$G = \{\varphi_j; j \in \mathbf{N}^*\} \qquad (2.203)$$

と表現できる.各 j ($j \in \mathbf{N}^*$) に対し,G の成分である1次元の確率過程 φ_j は,一意的に定まる $\mathbf{p}_j \in \Lambda$ があって,$\varphi_j = \varphi_{\mathbf{p}_j}$ となるので,つぎのように記す:

$$\begin{cases} \varphi_j \equiv (\varphi_j(n); \sigma(j) \leq n \leq N), \\ \sigma(j) \equiv \sigma(\mathbf{p}_j). \end{cases} \qquad (2.204)$$

各自然数 q に対して,d_q を

$$d_q \equiv (\text{集合} \bigcup_{s=1}^{q} G(s) \text{の要素の数}) - 1 \qquad (2.205)$$

で定義したとき,$G(q)$ はつぎのように表現される:

$$G(q) = \{\varphi_{d_{q-1}+1}, \varphi_{d_{q-1}+2}, \ldots, \varphi_{d_q}\}. \qquad (2.206)$$

2.9 非線形情報空間と生成系

$N \geq q-2 \geq 1$ のとき, $G(q)$ の元の具体的な表現はつぎのようになる:

$$\begin{cases} \varphi_{d_{q-1}+1} = (X(n)^q; 0 \leq n \leq N), \\ \varphi_{d_{q-1}+2} = (X(n)^{q-2}X(n-1); 1 \leq n \leq N), \\ \vdots \\ \varphi_{d_q} = (X(n)X(n-q+2); q-2 \leq n \leq N). \end{cases} \quad (2.207)$$

特に, $q = 7, N \geq 5$ のときは

$$(d_1, d_2, d_3, d_4, d_5, d_6, d_7) = (0, 1, 3, 6, 11, 18, 29). \quad (2.208)$$

$q = 6$ のときの φ_j $(0 \leq j \leq 18)$ の具体的な表現は 2.4 節の表 2.4.1 で階数 6 の非線形変換として与えた. ここでは, $q = 7$ のときの φ_j $(0 \leq j \leq 29)$ の中で φ_j $(19 \leq j \leq 29)$ の具体的な表現を与えよう.

表 2.9.1 階数 7 の非線形変換

$$\begin{cases} \varphi_0, \varphi_1, \varphi_2, \ldots, \varphi_{18} \\ \varphi_{19} = (X(n)^7; 0 \leq n \leq N) \quad\quad \varphi_{25} = (X(n)^2 X(n-4); 4 \leq n \leq N) \\ \varphi_{20} = (X(n)^5 X(n-1); 1 \leq n \leq N) \quad \varphi_{26} = (X(n)X(n-1)^3; 1 \leq n \leq N) \\ \varphi_{21} = (X(n)^4 X(n-2); 2 \leq n \leq N) \quad \varphi_{27} = (X(n)X(n-1)X(n-3); \\ \varphi_{22} = (X(n)^3 X(n-1)^2; 1 \leq n \leq N) \quad\quad\quad\quad\quad\quad\quad\quad 3 \leq n \leq N) \\ \varphi_{23} = (X(n)^3 X(n-3); 3 \leq n \leq N) \quad \varphi_{28} = (X(n)X(n-2)^2; 2 \leq n \leq N) \\ \varphi_{24} = (X(n)^2 X(n-1)X(n-2); \quad\quad \varphi_{29} = (X(n)X(n-5); 5 \leq n \leq N) \\ \quad\quad\quad\quad 2 \leq n \leq N) \end{cases}$$

任意の q $(q \in \mathbf{N})$ と j $(0 \leq j \leq d_q)$ を固定する. (2.204) より, 確率過程 φ_j の時間域は $\{\sigma(j), \sigma(j)+1, \ldots, N\}$ である. (2.199) を考慮して, 1次元の確率過程 $\mathbf{X}_j = (X_j(n); \sigma(j) \leq n \leq N)$ をつぎで定義する:

$$X_j(n) \equiv \varphi_j(n) - E(\varphi_j(n)). \quad (2.209)$$

$\mathbf{X}_0 = \mathbf{X}$ であることを注意する.

これら $d_q + 1$ 個の確率過程の全体 $\{\mathbf{X}_j; 0 \leq j \leq d_q\}$ を確率過程 $\mathbf{X}$ に**階数** q **の非線形変換**を施して得られる確率過程のクラスと言い, $\mathcal{T}^{(q)}(\mathbf{X})$ と記す:

$$\mathcal{T}^{(q)}(\mathbf{X}) \equiv \{\boldsymbol{\varphi}_j; 0 \leq j \leq d_q\}. \quad (2.210)$$

2.9.3 非線形情報空間の多項式型の生成系

任意の q ($q \in \mathbf{N}$) と j ($0 \leq j \leq d_q$) を固定する．注意しなければならないのは，各確率過程 $\mathbf{X}_j$ の時間域が異なる点である．そこで，確率過程 $\mathbf{X}_j$ の時間域の外で値を 0 とすることによって，時間域を共通な集合 $\{0, 1, \ldots, N\}$ に拡げた確率過程を $\tilde{\mathbf{X}}_j = (\tilde{X}_j(n); 0 \leq n \leq N)$ とする:

$$\tilde{X}_j(n) \equiv \begin{cases} 0 & (0 \leq n < \sigma(j)), \\ X_j(n) & (\sigma(j) \leq n \leq N). \end{cases} \quad (2.211)$$

(2.209), (2.211) より，つぎのことが成り立つ．

$$\mathbf{M}_0^n(\tilde{\mathbf{X}}_j) = \begin{cases} \{0\} & (0 \leq n < \sigma(j)), \\ \mathbf{M}_{\sigma(j)}^n(\mathbf{X}_j) & (\sigma(j) \leq n \leq N). \end{cases} \quad (2.212)$$

$d_q + 1$ 次元の確率過程 $\tilde{\mathbf{X}}^{(q)} = (\tilde{X}^{(q)}(n); 0 \leq n \leq N)$ と $d_{q+1} - d_q$ 次元確率過程 $\tilde{\mathbf{Y}}^{(q+1)} = (\tilde{Y}^{(q+1)}(n); 0 \leq n \leq N)$ をつぎのように定義する:

$$\tilde{X}^{(q)}(n) \equiv {}^t(\tilde{X}_0(n), \tilde{X}_1(n), \ldots, \tilde{X}_{d_q}(n)), \quad (2.213)$$

$$\tilde{Y}^{(q+1)}(n) \equiv {}^t(\tilde{X}_{d_q+1}(n), \tilde{X}_{d_q+2}(n), \ldots, \tilde{X}_{d_{q+1}}(n)). \quad (2.214)$$

各 j ($1 \leq j \leq d_q + 1$) に対して，$d_q + 1$ 次元の確率変数 $\tilde{X}^{(q)}(n)$ の j 成分を $\tilde{X}_j^{(q)}(n)$ とするとき，つぎのことを注意する:

$$\tilde{X}_j^{(q)}(n) = \tilde{X}_{j-1}(n) \quad (0 \leq n \leq N). \quad (2.215)$$

これらの確率過程 $\tilde{\mathbf{X}}^{(q)}, \tilde{\mathbf{Y}}^{(q+1)}$ ともとの確率過程 $\mathbf{X}$ との関係として，定理 2.9.1 より，つぎのことが成り立つ．

定理 2.9.2 (文献[131])

(i) 任意の $q \in \mathbf{N}$ に対し，$\tilde{\mathbf{X}}^{(q)}, \tilde{\mathbf{Y}}^{(q+1)}$ はそれぞれ $d_q + 1, d_{q+1} - d_q$ 次元の確率過程である．

(ii) $\tilde{\mathbf{X}}^{(1)} = \mathbf{X}$.

(iii) $\tilde{X}^{(q+1)}(n) = \begin{pmatrix} \tilde{X}^{(q)}(n) \\ \tilde{Y}^{(q+1)}(n) \end{pmatrix} \quad (q \in \mathbf{N}).$

2.9 非線形情報空間と生成系

(iv)　　$\mathbf{N}_0^n(\mathbf{X}) = [\{1\}] \oplus \left[\bigcup_{q=1}^{\infty} \mathbf{M}_0^n(\tilde{\mathbf{X}}^{(q)}) \right]$　　　$(0 \leq n \leq N)$.

定理2.9.2 (ii) をネスト構造と言う．定理2.9.2 (iii) より，任意に固定した n $(0 \leq n \leq N)$ に対して，線形情報空間 $\mathbf{M}_0^n(\tilde{\mathbf{X}}^{(q)})$ は q に関して単調増大である：

$$\mathbf{M}_0^n(\tilde{\mathbf{X}}^{(q)}) \subset \mathbf{M}_0^n(\tilde{\mathbf{X}}^{(q+1)}) \quad (q \in \mathbf{N}). \tag{2.216}$$

さらに，定理2.9.2 (iv) は確率過程 $\mathbf{X}$ の非線形情報空間の元は定数と確率過程 $\tilde{\mathbf{X}}^{(q)}$ の線形情報空間の元の1次結合で近似できることを示している．その意味で，確率過程の集まり $\{\tilde{\mathbf{X}}^{(q)}; q \in \mathbf{N}\}$ を確率過程 $\mathbf{X}$ の非線形情報空間の多項式型の生成系と呼ぶ．

任意の自然数 q を固定する．2.5節の結果，特に，(2.102)を(2.213)で構成した d_q+1 次元の確率過程 $\tilde{\mathbf{X}}^{(q)} = (\tilde{X}^{(q)}(n); 0 \leq n \leq N)$ に適用して，確率過程 $\tilde{\mathbf{X}}^{(q)}$ に対する前向き $\mathrm{KM}_2\mathrm{O}$-ランジュヴァン方程式を導くことができる．任意の n $(0 \leq n \leq N)$ に対して

$$\tilde{X}^{(q)}(n) = -\sum_{k=0}^{n-1} \gamma_+^0(\tilde{\mathbf{X}}^{(q)})(n,k)\tilde{X}^{(q)}(k) + \nu_+(\tilde{\mathbf{X}}^{(q)})(n). \tag{2.217}$$

2.9.4　階数有限の非線形変換のクラス $\mathcal{T}^{(q,d)}(\mathbf{X})$

任意の自然数 q を固定する．2.9.2項の(2.209)で構成された1次元の確率過程 $\mathbf{X}_j$ が定常性を満たしたとしても，2.9.3項の(2.211)で定義された1次元の確率過程 $\tilde{\mathbf{X}}_j$ は定常性を満たさない．

そこで，2.9.2項に戻り，任意の自然数 q, d $(1 \leq d \leq d_q+1)$ を固定する．$\{0,1,2,\ldots,d_q\}$ から任意の d 個の自然数 j_k $(1 \leq k \leq d), 0 \leq j_1 < j_2 < \cdots < j_d \leq d_q$ をとる．各成分の順序は j_k が小さい順に並べ，時間域を狭めることによって，d 次元の確率過程 $\mathbf{X}_{(j_1,j_2,\ldots,j_d)} = (X_{(j_1,j_2,\ldots,j_d)}(n); \sigma(j_1,j_2,\ldots,j_d) \leq n \leq N)$ をつぎのように構成する：

$$X_{(j_1,j_2,\ldots,j_d)}(n) \equiv {}^t(X_{j_1}(n), X_{j_2}(n), \ldots, X_{j_d}(n)), \tag{2.218}$$

$$\sigma(j_1,j_2,\ldots,j_d) \equiv \max\{\sigma(j_k); 1 \leq k \leq d\}. \tag{2.219}$$

2.5節の結果である (2.102) を確率過程 $\mathbf{X}_{(j_1,j_2,\ldots,j_d)}$ に適用して，確率過程 $\mathbf{X}_{(j_1,j_2,\ldots,j_d)}$ に対する $\mathrm{KM_2O}$-ランジュヴァン方程式を導くことができる:

$$X_{(j_1,j_2,\ldots,j_d)}(n+\sigma(j_1,j_2,\ldots,j_d)) \quad (2.220)$$
$$= -\sum_{k=0}^{n-1}\gamma_+^0(\mathbf{X}_{(j_1,j_2,\ldots,j_d)})(n,k)X_{(j_1,j_2,\ldots,j_d)}(k+\sigma(j_1,j_2,\ldots,j_d))$$
$$+\nu_+(\mathbf{X}_{(j_1,j_2,\ldots,j_d)})(n) \quad (0 \leq n \leq N - \sigma(j_1,j_2,\ldots,j_d)).$$

これらの確率過程 $\mathbf{X}_{(j_1,j_2,\ldots,j_d)}$ の全体を $\mathcal{T}^{(q,d)}(\mathbf{X})$ とする:

$$\mathcal{T}^{(q,d)}(\mathbf{X}) \equiv \{\mathbf{X}_{(j_1,j_2,\ldots,j_d)}; 0 \leq j_1 < j_2 < \cdots < j_d \leq d_q\}. \quad (2.221)$$

2.9.5 非線形情報空間の生成系

本項では，今まで条件 (E), (M) を満たす確率過程 $\mathbf{X}$ に対して，その非線形情報空間の多項式型の生成系を構成してきた．実は，条件 (E) が満たされなくても，非線形情報空間の多項式型とは限らない生成系を構成できる．それを説明しよう．後半で過去に依存しない非線形情報空間を扱い，その多項式型とは限らない生成系を構成する．

時系列の標本空間 W に可測構造を入れた可測空間 $(W, \mathcal{B}(W))$ の上に一つの確率測度 P で条件 (M) のみを満たすものが与えられているとする．条件 (M) が成立していなくても，確率過程 $\mathbf{X}$ の非線形情報空間 $\mathbf{N}_0^n(\mathbf{X})$ は (2.187) によって定義できる．しかし，(2.186) にある線形情報空間 $\mathbf{M}_0^n(\mathbf{X})$ はこの場合は定義できないことを注意する．

(a): 最初に，確率過程 $\mathbf{X}$ の非線形情報空間の生成系の定義を与えよう．

定義 2.9.1 (i) 確率過程の集まり $\{\mathbf{Z}^{(q)}; q \in \mathbf{N}\}$ が確率過程 $\mathbf{X}$ の非線形情報空間 $\mathbf{N}_0^n(\mathbf{X})$ $(0 \leq n \leq N)$ の **弱生成系** であるとは，つぎの性質が成り立つときを言う:

(α) 各 $\mathbf{Z}^{(q)} = (Z^{(q)}(n); 0 \leq n \leq N)$ は $d^{(q)}$ 次元の確率過程である $(q \in \mathbf{N})$,

2.9 非線形情報空間と生成系

(β) $\{\mathbf{Z}^{(q)}; q \in \mathbf{N}\}$ はネスト構造を持つ, すなわち

$$Z^{(q+1)}(n) = \begin{pmatrix} Z^{(q)}(n) \\ \star \end{pmatrix} \quad (q \in \mathbf{N}, 0 \le n \le N),$$

(γ) $\mathbf{N}_0^n(\mathbf{X}) = [\{1\}] \oplus \left[\bigcup_{q=1}^{\infty} \mathbf{M}_0^n(\mathbf{Z}^{(q)})\right] \quad (0 \le n \le N).$

(ii) 確率過程の集まり $\{\mathbf{Z}^{(q)}; q \in \mathbf{N}\}$ が確率過程 $\mathbf{X}$ の非線形情報空間 $\mathbf{N}_0^n(\mathbf{X})$ $(0 \le n \le N)$ の**生成系**であるとは, 上の性質 (α), (β), (γ) のほかに, つぎの性質が成り立つときを言う:

(δ) $\mathbf{Z}^{(1)} = \mathbf{X}.$

生成系の存在定理を証明しよう.

定理 2.9.3 (文献[153]) 条件 (M) を満足する任意の確率過程 $\mathbf{X}$ に対し, その非線形情報空間 $\mathbf{N}_0^n(\mathbf{X})$ $(0 \le n \le N)$ の弱生成系は存在する. さらに, 確率過程 $\mathbf{X}$ が2乗可積分であれば, その非線形情報空間の生成系は存在する.

証明 1次元の確率過程 $\mathbf{Y} = (Y(n); 0 \le n \le N)$ をつぎで定義する:

$$Y(n) \equiv \arctan(X(n)) - E(\arctan(X(n))). \tag{2.222}$$

逆正接変換 $\arctan: \mathbf{R} \to (-\frac{\pi}{2}, \frac{\pi}{2})$ は逆変換を持つので, つぎが成り立つ:

$$\mathbf{N}_0^n(\mathbf{X}) = \mathbf{N}_0^n(\mathbf{Y}) \quad (0 \le n \le N). \tag{2.223}$$

確率過程 $\mathbf{Y}$ は有界であるので, 条件 (E) と条件 (M) を満足する. したがって, 定理 2.9.2 をこの確率過程 $\mathbf{Y}$ に適用して得られる確率過程 $\mathbf{Y}$ の非線形情報空間の多項式型の生成系は確率過程 $\mathbf{X}$ の非線形情報空間の弱生成系になる.

$\{\mathbf{Z}^{(q)}; q \in \mathbf{N}\}$ を確率過程 $\mathbf{X}$ の非線形情報空間の任意の弱生成系とする. 各自然数 $q \in \mathbf{N}$ に対し, 確率過程 $\tilde{\mathbf{Z}}^{(q)} = (\tilde{Z}^{(q)}(n); 0 \le n \le N)$ をつぎで定義する:

$$\tilde{Z}^{(q)}(n) \equiv {}^t(X(n), {}^tZ^{(q)}(n)) \quad (0 \le n \le N). \tag{2.224}$$

このとき，確率過程の集まり $\{\tilde{\mathbf{Z}}^{(q)}; q \in \mathbf{N}\}$ は確率過程 $\mathbf{X}$ の非線形情報空間の生成系になる． (証明終)

(b): つぎに，確率過程 $\mathbf{X}$ の過去非依存の非線形情報空間 $\mathbf{N}_n^n(\mathbf{X})$ の生成系を定義し，それを構成しよう．

定義 2.9.2 (i) 確率過程の集まり $\{\mathbf{Z}^{(q;0)}; q \in \mathbf{N}\}$ が確率過程 $\mathbf{X}$ の過去非依存の非線形情報空間 $\mathbf{N}_n^n(\mathbf{X})$ $(0 \leq n \leq N)$ の**弱生成系**であるとは，つぎの性質が成り立つときを言う：

(α) 各 $\mathbf{Z}^{(q;0)} = (Z^{(q;0)}(n); 0 \leq n \leq N)$ は $d^{(q;0)}$ 次元の確率過程である $(q \in \mathbf{N})$,

(β) $\{\mathbf{Z}^{(q;0)}; q \in \mathbf{N}\}$ はネスト構造を持つ，すなわち

$$Z^{(q+1;0)}(n) = \begin{pmatrix} Z^{(q;0)}(n) \\ \star \end{pmatrix} \quad (q \in \mathbf{N}, 0 \leq n \leq N),$$

(γ) $\mathbf{N}_n^n(\mathbf{X}) = [\{1\}] \oplus \left[\bigcup_{q=1}^{\infty} \mathbf{M}_n^n(\mathbf{Z}^{(q;0)})\right] \quad (0 \leq n \leq N)$.

(ii) 確率過程の集まり $\{\mathbf{Z}^{(q;0)}; q \in \mathbf{N}\}$ が確率過程 $\mathbf{X}$ の過去非依存の非線形情報空間 $\mathbf{N}_n^n(\mathbf{X})$ $(0 \leq n \leq N)$ の**生成系**であるとは，上の性質 $(\alpha), (\beta), (\gamma)$ のほかに，つぎの性質が成り立つときを言う：

(δ) $\mathbf{Z}^{(1;0)} = \mathbf{X}$.

定理 2.9.3 の証明と同様に，過去非依存の非線形情報空間の生成系の存在定理を証明することができる．

定理 2.9.4 (文献[160]) 条件 (M) を満足する任意の確率過程 $\mathbf{X}$ に対し，その過去非依存の非線形情報空間 $\mathbf{N}_n^n(\mathbf{X})$ $(0 \leq n \leq N)$ の弱生成系は存在する．さらに，確率過程 $\mathbf{X}$ が 2 乗可積分であれば，その過去非依存の非線形情報空間の生成系は存在する．特に，確率過程 $\mathbf{X}$ が条件 (E) を満たすときは，つぎのような過去非依存の非線形情報空間の生成系 $\{\mathbf{Z}^{(q;0)} = (Z^{(q;0)}(n); 0 \leq n \leq N); q \in \mathbf{N}\}$

を構成することができる:

$$Z^{(q;0)}(n) = {}^t(X(n), X(n)^2 - E(X(n)^2), \ldots, X(n)^q - E(X(n)^q)).$$

注意 2.9.1 本節でも,標本空間の特別な構造は全く使わず,確率空間という性質のみを用いていた.したがって,本節で述べた事柄はすべて一般の確率空間とその上で定義された確率過程に対して成立する.さらに,本節の結果は条件 (E), (M) を満たす多次元の確率過程に対しても成り立つ[124].

2.10 因 果 性

因果関係の重要な問題として,地球大気の温暖化の問題がある.その因果関係の原因として,太陽の黒点の活動,エルニーニョ現象,オゾン層の破壊や二酸化炭素の増加等さまざまなものが挙げられている.たとえば,図 2.1.1 に挙げた太陽の黒点の時系列,図 2.1.2 に挙げたエルニーニョの時系列,図 2.1.3 に挙げた札幌の年平均気温の時系列を見て,それらの因果関係の有無を客観的に主張できるだろうか.

いくつかの時系列の間の因果関係があるかどうかを客観的かつ定量的に判断するためには,因果性の数学的定義をする必要がある.本節では,時系列データの因果性の実証分析に耐えうるように,線形の場合と非線形の場合に分けて,二つの確率過程の間の因果性の概念の数学的な定義を与え,それを調べよう.

2.10.1 線形因果性と非線形因果性

本項では,ある確率空間の上で定義された二つの確率過程に対して,線形因果性 (LL-因果性) の数学的定義を与えよう.

$\mathbf{Z} = (Z(n); \ell \leq n \leq r), \mathbf{Y} = (Y(n); \ell \leq n \leq r)$ を確率空間 $(\Omega, \mathcal{B}, P)$ の上で定義されたそれぞれ $d, 1$ 次元の確率過程とする.ℓ, r は $-\infty < \ell < r < \infty$ を満たす有限の整数とする.

定義 2.10.1 二つの確率過程 $\mathbf{Z}, \mathbf{Y}$ の間に,$\mathbf{Z}$ が原因で,$\mathbf{Y}$ が結果であるとい

う局所的な線形因果性 (LL-因果性) が成り立つとは, ある整数 N_0 ($\ell \leq N_0 \leq r$) が存在して, 任意の整数 n ($N_0 \leq n \leq r$) に対して

$$Y(n) = F_n(Z(n), Z(n-1), \ldots, Z(\ell)) \qquad (2.225)$$

を満たす $\mathbf{R}^{(n-\ell+1)d}$ 上で定義され, 実数の値をとる線形の関数 F_n が存在することを言う. これをつぎのように表示する:

$$\mathbf{Z} \xrightarrow{LL\text{-因果性}} \mathbf{Y}. \qquad (2.226)$$

二つの確率過程 $\mathbf{Z}, \mathbf{Y}$ が 2 乗可積分であるとする. このとき, (2.66) と同様に, 各 m, n ($\ell \leq m \leq n \leq r$) に対して, 確率過程 $\mathbf{Y}$ の時刻 m から時刻 n までの線形情報空間 $\mathbf{M}_m^n(\mathbf{Y})$ が定義される:

$$\mathbf{M}_m^n(\mathbf{Y}) \equiv \{\sum_{k=m}^{n} c_k Y(k); c_k \in \mathbf{R} \ (m \leq k \leq n)\}. \qquad (2.227)$$

(2.226) として与えた LL-因果性の定義はつぎと同値になる: ある整数 N_0 ($\ell \leq N_0 \leq r$) が存在して, 任意の整数 n ($N_0 \leq n \leq r$) に対して

$$\mathbf{M}_{N_0}^n(\mathbf{Y}) \subset \mathbf{M}_\ell^n(\mathbf{Z}). \qquad (2.228)$$

例 2.10.1 $\mathbf{Z} = (Z(n); \ell \leq n \leq r)$ を確率空間 $(\Omega, \mathcal{B}, P)$ で定義された d 次元の確率過程で, 2 乗可積分であるとする. $\nu_+(\mathbf{Z}) = (\nu_+(\mathbf{Z})(n); 0 \leq n \leq r - \ell)$ を確率過程 $\mathbf{Z}$ に付随する前向き KM_2O-ランジュヴァン揺動過程とする. このとき, (2.86) より, つぎが成り立つ: 各 j ($1 \leq j \leq d$) に対し

$$\mathbf{Z}(\ell + *) \xrightarrow{LL\text{-因果性}} \nu_{+j}(\mathbf{Z}); \quad \nu_+(\mathbf{Z}) \xrightarrow{LL\text{-因果性}} \mathbf{Z}_j(\ell + *).$$

ここで, $\mathbf{Z}(\ell + *)$ は $\mathbf{Z}(\ell + *) = (Z(\ell + n); 0 \leq n \leq r - \ell)$ で定義された確率過程である.

例 2.10.2 例 2.10.1 の具体例として, 2.9.2 項で導入された非線形変換のクラス $\mathcal{T}^{(q)}(\mathbf{X})$ の元や 2.9.4 項で導入された非線形変換のクラス $\mathcal{T}^{(q,d)}(\mathbf{X})$ の元が考えられる.

つぎに，線形因果性の概念を精密化して，3種類の非線形因果性の概念を紹介しよう．$(W, \mathcal{B}(W), P)$ を標本空間に任意の確率測度をいれた確率空間とし，$\mathbf{X} = (X(n); 0 \leq n \leq N)$ を (2.2) で定義された 1 次元の確率過程とし，$\mathbf{Y} = (Y(n); 0 \leq n \leq N)$ を同じ確率空間 $(W, \mathcal{B}(W), P)$ の上で定義された 1 次元の値をとる確率過程とする．$\mathbf{X}$ は 2.9 節の条件 (E), (M) を満足し，$\mathbf{Y}$ は 2 乗可積分であるとする．

任意に固定した自然数 q に対して，2.9.2 項で導入された非線形変換のクラス $\mathcal{T}^{(q)}(\mathbf{X})$ の元である $d_q + 1$ 次元の確率過程 $\tilde{\mathbf{X}}^{(q)} = (\tilde{X}^{(q)}(n); 0 \leq n \leq N)$ を考える．

定義 2.10.2 二つの確率過程 $\mathbf{X}, \mathbf{Y}$ の間に，$\mathbf{X}$ が原因で，$\mathbf{Y}$ が結果であるという**局所的な階数 q の非線形因果性**($LN(q)$-因果性) が成り立つとは

$$\tilde{\mathbf{X}}^{(q)} \xrightarrow{LL\text{-因果性}} \mathbf{Y} \tag{2.229}$$

が成り立つときを言い，つぎのように記す:

$$\mathbf{X} \xrightarrow{LN(q)\text{-因果性}} \mathbf{Y}. \tag{2.230}$$

ここで定義した因果関係が成り立つ確率過程の例を与えよう．

例 2.10.3 実数の値をとる確率過程 $\mathbf{Y} = (Y(n); 0 \leq n \leq N)$ を

$$Y(n) = X(n)^2 \qquad (0 \leq n \leq N)$$

で定義する．このとき，つぎのことが成り立つ:

$$\mathbf{X} \xrightarrow{LN(2)\text{-因果性}} \mathbf{Y}.$$

つぎに，任意に固定した自然数 q と自然数 d $(1 \leq d \leq d_q + 1)$ に対して，2.9.4 項で導入された非線形変換のクラス $\mathcal{T}^{(q,d)}(\mathbf{X})$ の任意の元である

d 次元の確率過程 $\mathbf{X}_{(j_1,j_2,\ldots,j_d)} = (X_{(j_1,j_2,\ldots,j_d)}(n); \sigma(j_1,j_2,\ldots,j_d) \leq n \leq N)$ $(0 \leq j_1 < j_2 < \cdots < j_d \leq d_q)$ を考える. さらに, 確率過程 $\mathbf{Y}$ の時間域を $\{\sigma(j_1,j_2,\ldots,j_d),\ldots,N\}$ に制限した確率過程を $\mathbf{Y}|_{[\sigma(j_1,j_2,\ldots,j_d),N]} = (Y|_{[\sigma(j_1,j_2,\ldots,j_d),N]}(n); \sigma(j_1,j_2,\ldots,j_d) \leq n \leq N)$ と書く:

$$Y|_{[\sigma(j_1,j_2,\ldots,j_d),r]}(n) \equiv Y(n). \tag{2.231}$$

定義 2.10.3 二つの確率過程 $\mathbf{X}, \mathbf{Y}$ の間に, $\mathbf{X}$ が原因で, $\mathbf{Y}$ が結果であるという局所的な階数 (q,d) の非線形因果性 ($LN(q,d)$-**因果性**) が成り立つとは, d 個の j_k $(0 \leq j_1 < j_2 < \cdots < j_d \leq d_q)$ が存在して

$$\mathbf{X}_{(j_1,j_2,\ldots,j_d)} \xrightarrow{LL\text{-因果性}} \mathbf{Y}|_{[\sigma(j_1,j_2,\ldots,j_d),N]} \tag{2.232}$$

が成り立つときを言い, つぎのように記す:

$$\mathbf{X} \xrightarrow{LN(q,d)\text{-因果性}} \mathbf{Y}. \tag{2.233}$$

注意 2.10.1 (2.232) は実質的にはつぎのことを意味する: $\sigma(j_1,j_2,\ldots,j_d) \leq N_0 \leq N$ なる整数 N_0 が存在して, 任意の整数 n $(N_0 \leq n \leq N)$ に対して

$$\mathbf{M}_{N_0}^n(\mathbf{Y}) \subset \mathbf{M}_{\sigma(j_1,j_2,\ldots,j_d)}^n(\mathbf{X}_{(j_1,j_2,\ldots,j_d)}). \tag{2.234}$$

つぎのことを示すことができる.

定理 2.10.1 任意の自然数 q, d $(1 \leq d \leq d_q + 1)$ に対して

$$\mathbf{X} \xrightarrow{LN(q,d)\text{-因果性}} \mathbf{Y} \Longrightarrow \mathbf{X} \xrightarrow{LN(q)\text{-因果性}} \mathbf{Y}.$$

注意 2.10.2 定理 2.10.1 において逆の命題は成り立たない. 特に, $d = d_q + 1$ のときでも, 理論的には, $LN(q, d_q+1)$-因果性は $LN(q)$-因果性より強い概念である.

2.10 因果性

最後に非線形因果性の一般の場合を考え, 局所的な非線形因果性 (LN-因果性)の数学的定義を与えよう.

定義 2.10.4 二つの確率過程 $\mathbf{X}, \mathbf{Y}$ の間に, $\mathbf{X}$ が原因で, $\mathbf{Y}$ が結果であるという**局所的な非線形因果性 (LN-因果性)** が成り立つとは, ある N_1 ($0 \leq N_1 \leq N$) が存在して, 任意の整数 n ($N_1 \leq n \leq N$) に対して

$$Y(n) = H_n(X(n), X(n-1), \ldots, X(0)) \text{ a.s.} \qquad (2.235)$$

を満たす $\mathbf{R}^{n+1}$ から $\mathbf{R}$ へのボレル可測関数 H_n が存在することを言い, つぎのように表示する:

$$\mathbf{X} \xrightarrow{LN\text{-因果性}} \mathbf{Y}. \qquad (2.236)$$

2.2 節で見たように, 各 $m, n \in \mathbf{Z}$ ($0 \leq m \leq n \leq N$) に対して, 確率過程 $\mathbf{X}$ の時刻 m から時刻 n までの非線形な情報は (2.10) で定義された σ-加法族 $\mathcal{B}_m^n(\mathbf{X})$ で表現できる. 同様に, 確率過程 $\mathbf{Y}$ の時刻 m から時刻 n までの非線形な情報を表わす σ-加法族 $\mathcal{B}_m^n(\mathbf{Y})$ が定義される:

$$\mathcal{A}_m^n(\mathbf{Y}) \equiv \{Y(k)^{-1}(F); m \leq k \leq n, F \in \mathcal{B}(\mathbf{R})\}, \qquad (2.237)$$

$$\mathcal{B}_m^n(\mathbf{Y}) \equiv \{A \in 2^W; \forall \sigma\text{-加法族 } \mathcal{F} \supset \mathcal{A}_m^n(\mathbf{Y}) \text{ に対し, } A \in \mathcal{F}\}. \qquad (2.238)$$

このとき, (2.236) で述べた因果関係の定義はつぎと同値になる: ある N_1 ($0 \leq N_1 \leq N$) が存在して, 任意の整数 n ($N_1 \leq n \leq N$) に対して

$$\mathcal{B}_{N_1}^n(\mathbf{Y}) \subset \mathcal{B}_0^n(\mathbf{X}). \qquad (2.239)$$

さらに, 因果関係 (2.239) は, ある N_1 ($l \leq N_1 \leq N$) が存在して, 任意の整数 n ($N_1 \leq n \leq N$) に対して

$$\mathbf{N}_{N_1}^n(\mathbf{Y}) \subset \mathbf{N}_0^n(\mathbf{X}) \qquad (2.240)$$

が成り立つときと同値である. ここで, $\mathbf{N}_m^n(\mathbf{Y})$ ($0 \leq m \leq n \leq N$) は, (2.189) と同じく, つぎで定義される:

$$\mathbf{N}_m^n(\mathbf{Y}) = L^2(W, \mathcal{B}_m^n(\mathbf{Y}), P). \qquad (2.241)$$

つぎのことは明らかである.

定理 2.10.2

あるの自然数 q が存在して, $\mathbf{X} \xrightarrow{LN(q)\text{-因果性}} \mathbf{Y} \Longrightarrow \mathbf{X} \xrightarrow{LN\text{-因果性}} \mathbf{Y}.$

ここで定義した因果関係が成り立つ確率過程の例を与えよう.

例 2.10.4
実数の値をとる確率過程 $\mathbf{Y} = (Y(n); 0 \le n \le N)$ を

$$Y(n) = \cos(X(n)) \qquad (0 \le n \le N)$$

で定義する. このとき, つぎが成り立つ:

$$\mathbf{X} \xrightarrow{LN\text{-因果性}} \mathbf{Y}.$$

2.10.2 因 果 関 数

前の二つの項で紹介した因果性を定量的に特徴付ける因果関数を導入する.

2.10.1項と同じく, $\mathbf{Z} = (Z(n); \ell \le n \le r), \mathbf{Y} = (Y(n); \ell \le n \le r)$ を確率空間 $(\Omega, \mathcal{B}, P)$ の上で定義されたそれぞれ $d, 1$ 次元の確率過程とする. 関数 $C_*(\mathbf{Y}|\mathbf{Z}) : \{0, 1, \ldots, r - \ell\} \longrightarrow [0, \infty)$ を

$$C_n(\mathbf{Y}|\mathbf{Z}) \equiv \|P_{\mathbf{M}_\ell^{\ell+n}(\mathbf{Z})} Y(\ell + n)\|_2 \qquad (0 \le n \le r - \ell) \qquad (2.242)$$

で定義し, 確率過程 $\mathbf{Z}$ から確率過程 $\mathbf{Y}$ への**因果関数**と名付ける. この因果関数の性質を調べよう.

三つの2点相関行列関数 $R(\mathbf{Z}), R(\mathbf{Y}, \mathbf{Z}), R(\mathbf{Y})$ をつぎで定義する: 任意の m, n $(\ell \le m, n \le r)$ に対して

$$\begin{cases} R(\mathbf{Z})(m, n) \equiv E(Z(m) \, {}^t Z(n)) \in M(d, d; \mathbf{R}), \\ R(\mathbf{Y}, \mathbf{Z})(m, n) \equiv E(Y(m) \, {}^t Z(n)) \in M(1, d; \mathbf{R}), \\ R(\mathbf{Y})(m, n) \equiv E(Y(m) Y(n)) \in M(1, 1; \mathbf{R}). \end{cases} \qquad (2.243)$$

[第1段] 始めに,流れ $\mathbf{Z}$ は非退化の条件 (H.2) を満たすと仮定し,確率過程 $\mathbf{Z}$ に付随する前向き $\mathrm{KM_2O}$-ランジュヴァン行列系 $\mathcal{LM}(\mathbf{Z})$ を用いて,確率過程 $\mathbf{X}$ から確率過程 $\mathbf{Y}$ への因果関数を定量的に表現しよう.

定理 2.10.3 任意の n $(0 \leq n \leq r - \ell)$ に対して

$$C_n(\mathbf{Y}|\mathbf{Z}) = \{\sum_{k=0}^{n} C(n,k) V_+(\mathbf{Z})(k)\, {}^tC(n,k)\}^{1/2}.$$

ここで,$C(n,k)$ は $(1,d)$ 型の行列でつぎで与えられる: 各整数 k $(0 \leq k \leq n)$ に対し

$$C(n,k) = (R(\mathbf{Y},\mathbf{Z})(\ell+n,\ell+k) + \sum_{j=0}^{k-1} R(\mathbf{Y},\mathbf{Z})(\ell+n,\ell+j)\, {}^t\gamma_+(\mathbf{Z})(k,j)) \cdot$$
$$\cdot V_+(\mathbf{Z})(k)^{-1}.$$

証明 (2.86) より,$M(1,d;\mathbf{R})$ の系 $\{C(n,k); 0 \leq k \leq n \leq r - \ell\}$ が存在して,つぎが成り立つ:

$$P_{\mathrm{M}_\ell^{\ell+n}(\mathbf{Z})} Y(\ell+n) = \sum_{k=0}^{n} C(n,k) \nu_+(\mathbf{Z})(k) \quad (0 \leq n \leq r - \ell). \quad (2.244)$$

係数行列 $C(n,k)$ は,(2.244) の両辺とベクトル $\nu_+(\mathbf{Z})(k)$ との内積行列をとることによって,定理 2.10.3 のように求まる. (証明終)

注意 2.10.3 定理 2.10.3 において,$C(n,0) = R(\mathbf{Y},\mathbf{Z})(n,0) V_+(\mathbf{Z})(0)^{-1}$ であることを注意する.

[第2段] 確率過程 $\mathbf{Z}$ が退化した一般の場合を扱う.前向き $\mathrm{KM_2O}$-ランジュヴァン揺動過程 $\nu_+(\mathbf{Z})$ も一般には退化である,すなわち,$\{\nu_{+j}(\mathbf{Z})(n); 0 \leq n \leq r - \ell, 1 \leq j \leq d\}$ は $L^2(W, \mathcal{B}(W), P)$ の中で1次独立とは限らない.したがって,(2.244) における係数である行列関数 $C = (C(n,k); 0 \leq k \leq n \leq r - \ell)$ は一意的に定まらない.

さらに, (2.244) における左辺の別の表現として, $M(1,d;\mathbf{R})$ の値をとる行列関数 $D = (D(n,k); 0 \leq k \leq n \leq r-\ell)$ が存在して

$$P_{\mathrm{M}_\ell^{\ell+n}(\mathrm{Z})}Y(\ell+n) = \sum_{k=0}^n D(n,k)Z(\ell+k) \qquad (0 \leq n \leq r-\ell) \quad (2.245)$$

が成り立つ. このときも, 上の関係式のみでは行列関数 D の一意性は成り立たない. (2.245) を満たす行列関数 $D = (D(n,k); 0 \leq k \leq n \leq r-\ell)$ の全体を $\mathcal{LMF}(\mathbf{Y}|\mathbf{Z})$ とする:

$$\mathcal{LMF}(\mathbf{Y}|\mathbf{Z}) \equiv \{D = (D(n,k); 0 \leq k \leq n \leq r-\ell); \quad (2.246)$$
$$P_{\mathrm{M}_\ell^{\ell+n}(\mathrm{Z})}Y(\ell+n) = \sum_{k=0}^n D(n,k)Z(\ell+k) \qquad (0 \leq n \leq r-\ell)\}.$$

そこで, ウェイト変換を用いることにしよう. $\boldsymbol{\xi} = (\xi(n); \ell \leq n \leq r)$ を 2.5 節の条件 (H.3) を強めた条件 (H.3') と条件 (H.4) を満たす d 次元の確率過程とする:

(H.3') $E(\xi(m)\,{}^tZ(n)) = 0, \qquad E(\xi(m)\,{}^tY(n)) = 0 \quad (\ell \leq n \leq r);$

(H.4) $E(\xi(m)\,{}^t\xi(n)) = \delta_{mn}I_d \quad (\ell \leq n \leq r).$

任意の正数 ϵ に対して, d 次元の確率過程 $\mathbf{Z}^{(\epsilon)} = (Z^{(\epsilon)}(n); \ell \leq n \leq r)$ を (2.105) で定義する. $\mathbf{Z}^{(\epsilon)}$ は非退化であるので, $M(1,d;\mathbf{R})$ の値をとる二つの行列関数 $C^{(\epsilon)} = (C^{(\epsilon)}(n,k); 0 \leq k \leq n \leq r-\ell)$ と $D^{(\epsilon)} = (D^{(\epsilon)}(n,k); 0 \leq k \leq n \leq r-\ell)$ が一意的に存在して, つぎが成り立つ:

$$P_{\mathrm{M}_\ell^{\ell+n}(\mathrm{Z}^{(\epsilon)})}Y(\ell+n) = \sum_{k=0}^n C^{(\epsilon)}(n,k)\nu_+(\mathbf{Z}^{(\epsilon)})(k), \quad (2.247)$$

$$P_{\mathrm{M}_\ell^{\ell+n}(\mathrm{Z}^{(\epsilon)})}Y(\ell+n) = \sum_{k=0}^n D^{(\epsilon)}(n,k)Z^{(\epsilon)}(\ell+k). \quad (2.248)$$

一方, 確率過程 $\mathbf{Z}^{(\epsilon)}$ の時間発展を記述する前向き $\mathrm{KM_2O}$-ランジュヴァン方程式が $M(d;\mathbf{R})$ の値をとる前向き $\mathrm{KM_2O}$-散逸行列関数 $\gamma_+(\mathbf{Z}^{(\epsilon)}) = (\gamma_+(\mathbf{Z}^{(\epsilon)})(n,k); 0 \leq k \leq n \leq r-\ell)$ と前向き $\mathrm{KM_2O}$-ランジュヴァン揺動

過程 $\nu_+(\mathbf{Z}^{(\epsilon)})$ を用いてつぎのように導かれる:

$$Z^{(\epsilon)}(\ell+n) = -\sum_{k=0}^{n-1} \gamma_+(\mathbf{Z}^{(\epsilon)})(n,k) Z^{(\epsilon)}(\ell+k) + \nu_+(\mathbf{Z}^{(\epsilon)})(n). \quad (2.249)$$

さらに, $M(d;\mathbf{R})$ の値をとる行列関数 $P_+(\mathbf{Z}^{(\epsilon)}) = (P_+(\mathbf{Z}^{(\epsilon)})(n,k); 0 \leq k \leq n \leq r-\ell)$ が一意的に存在して, つぎが成り立つ:

$$Z^{(\epsilon)}(\ell+n) = \sum_{k=0}^{n} P_+(\mathbf{Z}^{(\epsilon)})(n,k) \nu_+(\mathbf{Z}^{(\epsilon)})(k). \quad (2.250)$$

確率過程 $\mathbf{Z}^{(\epsilon)}$ から確率過程 $\mathbf{Y}$ への因果関数 $C_*(\mathbf{Y}|\mathbf{Z}^{(\epsilon)})$ は

$$C_n(\mathbf{Y}|\mathbf{Z}^{(\epsilon)}) \equiv \|P_{\mathbf{M}_\ell^{\ell+n}(Z^{(\epsilon)})} Y(\ell+n)\|_2 \quad (0 \leq n \leq r-\ell) \quad (2.251)$$

として定義される. つぎのことを示そう.

補題 2.10.1 $\lim_{\epsilon \to 0} C_n(\mathbf{Y}|\mathbf{Z}^{(\epsilon)}) = C_n(\mathbf{Y}|\mathbf{Z})$ $(0 \leq n \leq r-\ell)$.

証明 証明の考えは (2.109) を示したときの考えと同じであるが, 完全を期して証明を与えよう. 性質 (H.3') より, $\mathbf{M}_\ell^{\ell+n-1}(\mathbf{Z}^{(\epsilon)}) \subset \mathbf{M}_\ell^{\ell+n-1}(\mathbf{Z}) \oplus \mathbf{M}_\ell^{\ell+n-1}(\boldsymbol{\xi})$ であるから

$$\begin{aligned}P_{\mathbf{M}_\ell^{\ell+n-1}(Z^{(\epsilon)})} Y(\ell+n) &= P_{\mathbf{M}_\ell^{\ell+n-1}(Z^{(\epsilon)})} P_{\mathbf{M}_\ell^{\ell+n-1}(Z) \oplus \mathbf{M}_\ell^{\ell+n-1}(\boldsymbol{\xi})} Y(\ell+n) \\ &= P_{\mathbf{M}_\ell^{\ell+n-1}(Z^{(\epsilon)})} P_{\mathbf{M}_\ell^{\ell+n-1}(Z)} Y(\ell+n).\end{aligned}$$

W のベクトル v を $v \equiv P_{\mathbf{M}_\ell^{\ell+n-1}(Z)} Y(\ell+n)$ と置く. あとは, (2.110) 以下の証明と全く同じで, $\lim_{\epsilon \to 0} P_{\mathbf{M}_\ell^{\ell+n-1}(Z^{(\epsilon)})} v = v$ が成り立つ. したがって

$$P_{\mathbf{M}_\ell^{\ell+n-1}(Z^{(\epsilon)})} Y(\ell+n) = P_{\mathbf{M}_\ell^{\ell+n-1}(Z)} Y(\ell+n) \quad (2.252)$$

が成り立つ. これより, 補題 2.10.1 が示される.   (証明終)

定理 2.10.3 によって, 確率過程 $\mathbf{Z}^{(\epsilon)}$ から確率過程 $\mathbf{Y}$ への因果関数 $C_*(\mathbf{Y}|\mathbf{Z}^{(\epsilon)})$ はつぎのように表現される.

補題 2.10.2 任意の整数 n ($0 \leq n \leq r - \ell$) に対して
$$C_n(\mathbf{Y}|\mathbf{Z}^{(\epsilon)}) = \left(\sum_{k=0}^{n} C^{(\epsilon)}(n,k) V_+(\mathbf{Z}^{(\epsilon)})(k) \, {}^t C^{(\epsilon)}(n,k) \right)^{1/2}.$$

ここで, 行列関数 $C^{(\epsilon)}$ は2点相関行列関数 $R(\mathbf{Y}, \mathbf{Z}^{(\epsilon)})$, 前向き KM$_2$O-散逸行列関数 $\gamma_+(\mathbf{Z}^{(\epsilon)})$ と前向き KM$_2$O-揺動行列関数 $V_+(\mathbf{Z}^{(\epsilon)})$ からつぎのように計算できる:

$$C^{(\epsilon)}(n,k) = \bigg(R(\mathbf{Y}, \mathbf{Z}^{(\epsilon)})(\ell+n, \ell+k)$$
$$+ \sum_{m=0}^{k-1} R(\mathbf{Y}, \mathbf{Z}^{(\epsilon)})(\ell+n, \ell+m) \, {}^t\gamma_+(\mathbf{Z}^{(\epsilon)})(k,m) \bigg) V_+(\mathbf{Z}^{(\epsilon)})(k)^{-1}.$$

最初に, 四つの行列関数 $C^{(\epsilon)}, D^{(\epsilon)}, \gamma_+(\mathbf{Z}^{(\epsilon)})$ と $P_+(\mathbf{Z}^{(\epsilon)})$ の間に成立する関係式を求めよう.

補題 2.10.3 任意の正数 ϵ と整数 n, k ($0 \leq k < n \leq r - \ell$) に対して

(i) $\begin{cases} P_+(\mathbf{Z}^{(\epsilon)})(n,n) = I_d, \\ P_+(\mathbf{Z}^{(\epsilon)})(n,k) = -\sum_{m=k}^{n-1} \gamma_+(\mathbf{Z}^{(\epsilon)})(n,m) P_+(\mathbf{Z}^{(\epsilon)})(m,k), \end{cases}$

(ii) $D^{(\epsilon)}(n,n) = C^{(\epsilon)}(n,n),$

(iii) $D^{(\epsilon)}(n,k) = C^{(\epsilon)}(n,k) + \sum_{m=k+1}^{n} C^{(\epsilon)}(n,m) \gamma_+(\mathbf{Z}^{(\epsilon)})(m,k),$

(iv) $C^{(\epsilon)}(n,k) = \sum_{m=k}^{n} D^{(\epsilon)}(n,m) P_+(\mathbf{Z}^{(\epsilon)})(m,k).$

証明 (2.249) の右辺の第1項に (2.250) を代入して

$$Z^{(\epsilon)}(\ell+n)$$
$$= -\sum_{k=0}^{n-1} \gamma_+(\mathbf{Z}^{(\epsilon)})(n,k) \left(\sum_{m=0}^{k} P_+(\mathbf{Z}^{(\epsilon)})(k,m) \nu_+(\mathbf{Z}^{(\epsilon)})(m) \right) + \nu_+(\mathbf{Z}^{(\epsilon)})(n)$$
$$= \sum_{m=0}^{n-1} \left(-\sum_{k=m}^{n-1} \gamma_+(\mathbf{Z}^{(\epsilon)})(n,k) P_+(\mathbf{Z}^{(\epsilon)})(k,m) \right) \nu_+(\mathbf{Z}^{(\epsilon)})(m) + \nu_+(\mathbf{Z}^{(\epsilon)})(n)$$

が成り立つ. 係数の一意性より, (i) が成り立つ.

つぎに, 各 k $(0 \leq k \leq n)$ に対して, (2.249) より導かれる

$$\nu_+(\mathbf{Z}^{(\epsilon)})(k) = Z^{(\epsilon)}(\ell+k) + \sum_{m=0}^{k-1} \gamma_+(\mathbf{Z}^{(\epsilon)})(k,m) Z^{(\epsilon)}(\ell+m) \quad (2.253)$$

を (2.247) に代入して

$$\begin{aligned}
&P_{\mathrm{M}_\ell^{\ell+n}(\mathbf{Z}^{(\epsilon)})} Y(\ell+n) \\
&= \sum_{k=0}^{n} C^{(\epsilon)}(n,k) \left(Z^{(\epsilon)}(\ell+k) + \sum_{m=0}^{k-1} \gamma_+(\mathbf{Z}^{(\epsilon)})(k,m) Z^{(\epsilon)}(\ell+m) \right) \\
&= \sum_{k=0}^{n} C^{(\epsilon)}(n,k) Z^{(\epsilon)}(\ell+k) \\
&\quad + \sum_{m=0}^{n-1} \left(\sum_{k=m+1}^{n} C^{(\epsilon)}(n,k) \gamma_+(\mathbf{Z}^{(\epsilon)})(k,m) \right) Z^{(\epsilon)}(\ell+m)
\end{aligned}$$

が成り立つ. 係数の一意性より, (ii), (iii) が成り立つ.

最後に, (2.250) を (2.248) に代入して

$$\begin{aligned}
P_{\mathrm{M}_\ell^{\ell+n}(\mathbf{Z}^{(\epsilon)})} Y(\ell+n) &= \sum_{k=0}^{n} D^{(\epsilon)}(n,k) \left(\sum_{m=0}^{k-1} P_+(\mathbf{Z}^{(\epsilon)})(k,m) \nu_+(\mathbf{Z}^{(\epsilon)})(m) \right) \\
&= \sum_{m=0}^{n-1} \left(\sum_{k=m+1}^{n} D^{(\epsilon)}(n,k) P_+(\mathbf{Z}^{(\epsilon)})(k,m) \right) \nu_+(\mathbf{Z}^{(\epsilon)})(m)
\end{aligned}$$

が成り立つ. 係数の一意性より, (iv) が成り立つ. (証明終)

各自然数 n $(1 \leq n \leq r-\ell+1)$ に対し, nd 次の対称行列 $T(\mathbf{Z})(n)$, (n,d) 型の行列 $\Delta(n), S(\mathbf{Y}|\mathbf{Z})(n)$ をつぎで定義する:

$$T(\mathbf{Z})(n) \equiv (\, R(\mathbf{Z})(\ell+j, \ell+k)\,)_{0 \leq j,k \leq n-1}, \quad (2.254)$$

$$\Delta(n) \equiv {}^t(\, D(n-1,j)\,)_{0 \leq j \leq n-1}, \quad (2.255)$$

$$S(\mathbf{Y}|\mathbf{Z})(n) \equiv {}^t(\, R(\mathbf{Y},\mathbf{Z})(\ell+n-1, \ell+j)\,)_{0 \leq j \leq n-1}. \quad (2.256)$$

ここで, 行列関数 $D = (D(n,k); 0 \leq k \leq n \leq r-\ell)$ は, 集合 $\mathcal{LMF}(\mathbf{Y}|\mathbf{Z})$ は空集合でないので, その任意の元とする.

補題 2.10.4 各自然数 n $(1 \leq n \leq N+1)$ に対し

$$T(\mathbf{Z})(n)\Delta(n) = S(\mathbf{Y}|\mathbf{Z})(n).$$

証明 行列関数 $D = (D(n,k); 0 \leq k \leq n \leq N)$ は集合 $\mathcal{LMF}(\mathbf{Y}|\mathbf{Z})$ の元であるから, (2.245) が成り立つ. その両辺に右から ${}^tZ(\ell+m)$ $(0 \leq m \leq n)$ をかけて平均をとると, $R(\mathbf{Y},\mathbf{Z})(\ell+n,m) = \sum_{k=0}^n D(n,k)R(\mathbf{Z})(\ell+k,\ell+m)$ $(0 \leq m \leq n \leq r-\ell)$ が得られる. これを行列 $T(\mathbf{Z})(n), \Delta(n), S(\mathbf{Y}|\mathbf{Z})(n)$ を用いて書き直すと, 補題 2.10.4 が示される. (証明終)

行列 $T(\mathbf{Z})(n), \Delta(n), S(\mathbf{Y}|\mathbf{Z})(n)$ の定義から, つぎの補題が示される.

補題 2.10.5 任意の正数 ϵ と整数 m,n,k $(0 \leq m,n \leq r-\ell+1, 1 \leq k \leq r-\ell+1)$ に対し
 (i) $R(\mathbf{Z}^{(\epsilon)})(\ell+m,\ell+n) = R(\mathbf{Z})(\ell+m,\ell+n) + \epsilon^2 \delta_{mn} I_d$,
 (ii) $R(\mathbf{Y},\mathbf{Z}^{(\epsilon)})(\ell+m,\ell+n) = R(\mathbf{Y},\mathbf{Z})(\ell+m,\ell+n)$,
 (iii) $T(\mathbf{Z}^{(\epsilon)})(k) = T(\mathbf{Z})(k) + \epsilon^2 T(\boldsymbol{\xi})(k)$,
 (iv) $S(\mathbf{Y}|\mathbf{Z}^{(\epsilon)})(k) = S(\mathbf{Y}|\mathbf{Z})(k)$.

以上の準備の下に, つぎの定理を示そう.

定理 2.10.4 任意の整数 n,k $(0 \leq k \leq n \leq N)$ に対し
 (i) 極限 $C^0(\mathbf{Y}|\mathbf{Z}) \equiv \lim_{\epsilon \to 0} C^{(\epsilon)}, D^0(\mathbf{Y}|\mathbf{Z}) \equiv \lim_{\epsilon \to 0} D^{(\epsilon)}, P_+^0(\mathbf{Z}) \equiv \lim_{\epsilon \to 0} P_+(\mathbf{Z}^\epsilon)$
 が存在する,
 (ii) $D^0(\mathbf{Y}|\mathbf{Z})(n,n) = C^0(\mathbf{Y}|\mathbf{Z})(n,n)$,
 (iii) $D^0(\mathbf{Y}|\mathbf{Z})(n,k) = C^0(\mathbf{Y}|\mathbf{Z})(n,k) + \sum_{\ell=k+1}^n C^0(\mathbf{Y}|\mathbf{Z})(n,\ell)\gamma_+^0(\mathbf{Z})(\ell,k)$,
 (iv) $C^0(\mathbf{Y}|\mathbf{Z})(n,k) = \sum_{\ell=k}^n D^0(\mathbf{Y}|\mathbf{Z})(n,\ell)P_+^0(\mathbf{Z})(\ell,k)$.

証明 定理 2.5.4 (i) によって, 行列関数 $\gamma_+(\mathbf{Z}^\epsilon)$ は ϵ を小さくしたとき, $\gamma_+^0(\mathbf{Z})$ に近づくので, 補題 2.10.3 (i) によって, 極限 $P_+^0(\mathbf{Z}) \equiv \lim_{\epsilon \to 0} P_+(\mathbf{Z}^\epsilon)$ が存

在する．つぎに，補題 2.10.4 と補題 2.10.5 によって，$D^{(\epsilon)} = (T(\mathbf{Z})(n) + \epsilon^2 T(\boldsymbol{\xi})(n))^{-1} S(\mathbf{Y}|\mathbf{Z})(n)$ であるので，補題 2.5.8 を $A \equiv T(\mathbf{Z}), B \equiv T(\boldsymbol{\xi}), C \equiv S(\mathbf{Y}|\mathbf{Z}), D \equiv 0$ に適用して，極限 $D_+^0(\mathbf{Z}) \equiv \lim_{\epsilon \to 0} D^{(\epsilon)}$ が存在する．したがって，補題 2.10.3 (iv) によって，極限 $C_+^0(\mathbf{Z}) \equiv \lim_{\epsilon \to 0} C^{(\epsilon)}$ が存在する．これによって，(i) が示された．(ii)，(iii)，(iv) は補題 2.10.3 (ii)，(iii)，(iv) において，ϵ を小さくすることによって導かれる． (証明終)

(2.244)，(2.245) の特別な場合として，つぎの表現定理を示そう．

定理 2.10.5 任意の整数 n $(0 \leq n \leq r - \ell)$ に対し
(i) $P_{\mathrm{M}_\ell^{\ell+n}(\mathrm{Z})} Y(\ell+n) = \sum_{k=0}^n C^0(\mathbf{Y}|\mathbf{Z})(n,k) \nu_+(\mathbf{Z})(k)$,
(ii) $P_{\mathrm{M}_\ell^{\ell+n}(\mathrm{Z})} Y(\ell+n) = \sum_{k=0}^n D^0(\mathbf{Y}|\mathbf{Z})(n,k) Z(\ell+k)$.

証明 定理 2.5.3 (i)，(2.108)，(2.252)，定理 2.10.4 を (2.247) と (2.248) に適用して，それぞれ，(i) と (ii) が示される． (証明終)

補題 2.10.1，補題 2.10.2，定理 2.5.3 (ii) と定理 2.10.5 (i) によって，確率過程 $\mathbf{Z}$ から確率過程 $\mathbf{Y}$ への因果関数 $C_*(\mathbf{Y}|\mathbf{Z})$ はつぎのように表現される．

定理 2.10.6 任意の整数 n $(0 \leq n \leq r - \ell)$ に対し
$$C_n(\mathbf{Y}|\mathbf{Z}) = \left(\sum_{k=0}^n C^0(\mathbf{Y}|\mathbf{Z})(n,k) V_+(\mathbf{Z})(k) \, {}^t C^0(\mathbf{Y}|\mathbf{Z})(n,k) \right)^{1/2}.$$

注意 2.10.4 行列関数 $C^0(\mathbf{Y}|\mathbf{Z})$ は行列関数 $C^{(\epsilon)}$ の ϵ を小さくしたときの極限として捉えられ，行列関数 $C^{(\epsilon)}$ そのものは補題 2.10.2 にあるように，2 点相関行列関数 $R(\mathbf{Y},\mathbf{Z})$ と前向き KM$_2$O-ランジュヴァン行列系 $\gamma_+(\mathbf{Z}^{(\epsilon)}), V_+(\mathbf{Z}^{(\epsilon)})$ によって計算することができる．

[第3段] つぎの $d+1$ 次元の流れ $\mathbf{U} = (U(n); \ell \leq n \leq r)$ を考える：
$$U(n) = {}^t(Y(n), Z_1(n), Z_2(n), \ldots, Z_d(n)). \tag{2.257}$$

このとき，つぎのことを証明しよう．

定理 2.10.7 $d+1$ 次元の確率過程 $\mathbf{U} = (U(n); \ell \leq n \leq r)$ は弱定常性を満たすと仮定する．このとき，次が成り立つ：

(i) $0 \leq C_n(\mathbf{Y}|\mathbf{Z}) \leq \sqrt{R(\mathbf{Y})(0,0)}$ $(0 \leq n \leq r - \ell)$;

(ii) $C_n(\mathbf{Y}|\mathbf{Z}) \leq C_{n+1}(\mathbf{Y}|\mathbf{Z})$ $(0 \leq n \leq r - \ell - 1)$.

定理 2.10.7 の証明のために，定理 2.6.3 と同様に，つぎの補題を示そう．

補題 2.10.6 $d+1$ 次元の確率過程 $\mathbf{U} = (U(n); \ell \leq n \leq r)$ は弱定常性を満たすとする．各 n $(0 \leq n \leq r - \ell)$ に対し，つぎの性質を満たすユニタリー作用素 $V_n : \mathbf{M}_\ell^{\ell+n}(\mathbf{U}) \to \mathbf{M}_{r-n}^r(\mathbf{U})$ が存在する：

$$\begin{cases} V_n(Y(\ell+m)) = Y(r-n+m) & (0 \leq m \leq n), \\ V_n(Z_j(\ell+m)) = Z_j(r-n+m) & (0 \leq m \leq n, 1 \leq j \leq d). \end{cases}$$

証明 部分空間 $\mathbf{M}_\ell^{\ell+n}(\mathbf{U})$ の任意の元 f はつぎの形をしている：

$$f = \sum_{j=0}^{d} \sum_{m=0}^{n} c_{j,m} Z_j(\ell+m). \tag{2.258}$$

ここで $Z_0(k) \equiv Y(k)$ $(\ell \leq k \leq r)$ であり，$c_{j,m}$ は実数の定数である．このとき，ベクトル $V_n(f)$ を

$$V_n(f) \equiv \sum_{j=0}^{d} \sum_{m=0}^{n} c_{j,m} Z_j(r-n+m) \tag{2.259}$$

で定める．あとは，確率過程 $\mathbf{U}$ の弱定常性より，任意の m, m' $(0 \leq m, m' \leq n, 0 \leq j \leq d)$ に対し，$(Z_j(\ell+m), Z_k(\ell+m'))_2 = (Z_j(r-n+m), Z_k(r-n+m'))_2$ が成り立つので，定理 2.6.3 の証明と同様に，f から $V_n(f)$ への対応が部分空間 $\mathbf{M}_\ell^{\ell+n}(\mathbf{U})$ から部分空間 $\mathbf{M}_{r-n}^r(\mathbf{U})$ への写像 V_n が定まり，この写像はユニタリー性を持つことが示される．ゆえに，補題 2.10.6 が証明される．

(証明終)

定理 2.10.7 の証明 射影作用素の性質より，$\|P_{\mathbf{M}_\ell^{\ell+n}(\mathbf{Z})} Y(\ell+n)\|_2 \leq \|Y\|_2$ であり，$\mathbf{U}$ の弱定常性より，$\|Y\|_2 = \sqrt{R(\mathbf{Y})(0,0)}$ が従うので，(i) が示される．

任意に固定した n ($\ell \leq n \leq r$) に対し，補題2.10.5 より，ユニタリー作用素 V_n はつぎの性質

$$\begin{cases} V_n(\mathbf{M}_\ell^{\ell+n}(\mathbf{Y})) = \mathbf{M}_{r-n}^r(\mathbf{Y}), \\ V_n(\mathbf{M}_\ell^{\ell+n}(\mathbf{U}) \ominus \mathbf{M}_\ell^{\ell+n}(\mathbf{Y})) = \mathbf{M}_\ell^{\ell+n}(\mathbf{U}) \ominus \mathbf{M}_{r-n}^r(\mathbf{Y}), \\ V_n(\mathbf{M}_\ell^{\ell+n}(\mathbf{Z})) = \mathbf{M}_{r-n}^r(\mathbf{Z}), \\ V_n(\mathbf{M}_\ell^{\ell+n}(\mathbf{U}) \ominus \mathbf{M}_\ell^{\ell+n}(\mathbf{Z})) = \mathbf{M}_\ell^{\ell+n}(\mathbf{U}) \ominus \mathbf{M}_{r-n}^r(\mathbf{Z}) \end{cases}$$

を持つので

$$\begin{aligned} C_n(\mathbf{Y}|\mathbf{Z}) &= \|P_{\mathbf{M}_\ell^{\ell+n}(\mathbf{Z})} Y(\ell+n)\|_2 \\ &= \|V_n(P_{\mathbf{M}_\ell^{\ell+n}(\mathbf{Z})} Y(\ell+n))\|_2 \\ &= \|P_{\mathbf{M}_{r-n}^r(\mathbf{Z})} Y(r)\|_2 \end{aligned}$$

が成り立つ．$\mathbf{M}_{r-n}^r(\mathbf{Z}) \subset \mathbf{M}_{r-(n+1)}^r(\mathbf{Z})$ であるから，射影作用素の性質より，(ii) が示される． (証明終)

2.10.3 因果関数による因果性の特徴付け

最初，定義2.10.1 で述べた二つの確率過程の間の LL-因果性の概念を因果関数を用いて特徴付ける．$\mathbf{Z} = (Z(n); \ell \leq n \leq r)$, $\mathbf{Y} = (Y(n); \ell \leq n \leq r)$ を確率空間 $(\Omega, \mathcal{B}, P)$ の上で定義されたそれぞれ $d, 1$ 次元の確率過程とする．

定理 2.10.8 つぎの (i), (ii) は同値である：

(i) $\mathbf{Z} \xrightarrow{LL\text{-因果性}} \mathbf{Y}$;
(ii) $0 \leq \exists N_0 \leq r - \ell$; $C_n(\mathbf{Y}|\mathbf{Z}) = \|Y(\ell+n)\|_2$ ($N_0 \leq \forall n \leq r - \ell$).

つぎに，2.10.1 項で扱った確率空間 $(W, \mathcal{B}(W), P)$ で定義された二つの1次元の確率過程 $\mathbf{X} = (X(n); 0 \leq n \leq N)$, $\mathbf{Y} = (Y(n); 0 \leq n \leq N)$ を考え，そこで導入した2種類の階数有限の非線形因果性の概念を因果関数を用いて特徴付ける．任意の自然数 q を固定する．2.9.3項の (2.213) で定義した $d_q + 1$ 次元の確率過程 $\tilde{\mathbf{X}}^{(q)} = (\tilde{X}^{(q)}(n); 0 \leq n \leq N)$ を考える．定義2.10.2で与えた $LN(q)$-因果性は定理2.10.6 と定理2.10.8 よりつぎのように特徴付けられる．

定理 2.10.9 つぎの (i), (ii) は同値である:

(i) $\tilde{\mathbf{X}}^{(q)} \xrightarrow{LN(q)\text{-因果性}} \mathbf{Y}$;

(ii) $0 \leq \exists N_1 \leq N;\ C_n(\mathbf{Y}|\tilde{\mathbf{X}}^{(q)}) = \|Y(n)\|\quad (N_1 \leq \forall n \leq N)$.

このとき,つぎの表現が成り立つ:

$$Y(n) = \sum_{k=0}^{n} D^0(\mathbf{Y}|\tilde{\mathbf{X}}^{(q)})(n,k)\tilde{X}^{(q)}(k) \quad (N_1 \leq \forall n \leq N).$$

最後に,定義 2.10.3 で述べた二つの確率過程の間の $LN(q,d)$-因果性の概念を因果関数を用いて特徴付ける.任意の自然数 $q,\ 1 \leq d \leq d_q + 1$ を満たす任意の自然数 d と任意の d 個の整数 $j_k\ (1 \leq k \leq d, 0 \leq j_1 < j_2 < \cdots < j_d \leq d_q)$ を固定し,これらの組を J とおく:

$$J \equiv (j_1, j_2, \ldots, j_d). \tag{2.260}$$

2.9.4 項で導入した非線形変換のクラス $\mathcal{T}^{(q,d)}(\mathbf{X})$ の元である d 次元の確率過程 $\mathbf{X}_{(j_1,j_2,\cdots,j_d)}$ を $\mathbf{X}_J = (X_J(n); \sigma(J) \leq n \leq N)$ とおく:

$$X_J(n) \equiv X_{(j_1,j_2,\cdots,j_d)}(n), \tag{2.261}$$

$$\sigma(J) \equiv \max\{\sigma(j_k); 1 \leq k \leq d\}. \tag{2.262}$$

定理 2.10.9 の証明で用いた考えを確率過程 $\mathbf{X}_J, \mathbf{Y}|_{[\sigma(\mathbf{Z}),N]}$ に適用して,定義 2.10.3 で導入した $LN(q,d)$-因果性はつぎのように特徴付けられる.

定理 2.10.10 つぎの (i), (ii) は同値である:

(i) $\mathbf{X} \xrightarrow{LN(q,d)\text{-因果性}} \mathbf{Y}$ 特に $\mathbf{X}_J \xrightarrow{LL\text{-因果性}} \mathbf{Y}|_{[\sigma(J),N]}$;

(ii) 整数 $N_2\ (0 \leq N_2 \leq N - \sigma(J))$ が存在して

$$C_n(\mathbf{Y}|_{[\sigma(J),N]}|\mathbf{X}_J) = \|Y(\sigma(J)+n)\| \quad (N_2 \leq \forall n \leq N - \sigma(J)).$$

このとき,つぎの表現が成り立つ: 任意の $n\ (N_2 \leq n \leq N - \sigma(J))$ に対し

$$Y(n+\sigma(J)) = \sum_{k=0}^{n} D^0(\mathbf{Y}|_{[\sigma(J),N]}|\mathbf{X}_J)(n,k) X_J(\sigma(J)+k). \tag{2.263}$$

2.10.4 弱定常過程に対する非線形因果性

前項の続きとして,二つの確率過程の間の $LN(q,d)$-因果性の概念を確率過程 $\mathbf{X}$ が弱定常性を満たす場合に調べる.(2.221)で定義した非線形変換のクラス $\mathcal{T}^{(q,d)}(\mathbf{X})$ の任意の元 X_J を考える.

定理 2.10.11 つぎの階数有限の非線形因果性が成り立つとする:

$$\mathbf{X} \xrightarrow{LN(q,d)\text{-因果性}} \mathbf{Y} \quad 特に \quad X_J \xrightarrow{LL\text{-因果性}} \mathbf{Y}|_{[\sigma(J),N]}.$$

さらに,$d+1$ 次元の確率過程 ${}^t(\mathbf{Y}|_{[\sigma(J),N]}, {}^t X_J)$ は弱定常性を満たすと仮定する.そのとき,ある N_1 $(0 \leq N_1 \leq N - \sigma(J))$ が存在し,任意の n $(N_1 + \sigma(J) \leq n \leq N)$ に対して

$$Y(n) = F(X_J(n), X_J(n-1), \ldots, X_J(n-N_2)).$$

ここで,$F = F(x(N_1), x(N_1-1), \ldots, x(0))$ は $\mathbf{R}^{(N_1+1)d}$ で定義された実数値をとる線形な関数で,つぎのように計算される:

$$F(x(N_1), x(N_1-1), \ldots, x(0)) = \sum_{k=0}^{N_1} D^0(\mathbf{Y}|_{[\sigma(J),N]}|\mathbf{X}_J)(N_1, k) x(k).$$

証明 定理2.10.9より,ある N_1 $(0 \leq N_1 \leq N - \sigma(J))$ が存在して

$$Y(N_1 + \sigma(J)) = \sum_{k=0}^{N_1} D^0(\mathbf{Y}|_{[\sigma(J),N]}|\mathbf{X}_J)(N_1, k) X_J(\sigma(J) + k)$$

が成り立つ.これに定理2.6.3を適用する.そのとき,任意の n $(N_1 + \sigma(J) \leq n \leq N)$ に対し,ユニタリー作用素 $U_{n-N_1-\sigma(J)}$ を上式の両辺に施して,定理 2.10.11 が示される.　　　　　　　　　　　　　　　　　　　　(証明終)

注意 2.10.5 前節の注意2.9.1で述べたときと同様に,本節で述べた事柄は一般の確率空間とその上で定義された多次元の確率過程に対して成り立つ.特に,原因が多次元の確率過程である場合の非線形因果性の解析ができる.

2.11 決 定 性

文献[83]において, 図2.1.8に挙げた麻疹の時系列データのダイナミクスが決定的であることを前提として, 麻疹の時系列データはカオスであるとの結果が発表された. さらに,「秩序と混沌の共存」というカオス現象は決定的なダイナミクスから起こるから意味があるが, 前提とされた条件を検証する問題, すなわち, 決定性の検証の問題が提出された. これは,「時系列データを解析する際に適用する理論あるいは定理の前提条件を検証せよ」ということであり, 実験数学の憲法である[111,136].

本節では, 因果性の特別な場合として, 一つの確率過程に対し, その時間発展が線形の意味で決定的であることの定義を与える. さらに, 確率過程から構成される流れの時間発展が非線形の意味で決定的であることの定義を与える. それらの特徴付けは因果性の特徴付け定理より従うが, 弱定常性をもつ確率過程に対しては, 決定性特有の特徴付け定理が得られる.

2.11.1 決 定 性

本項では, (2.2)で定義された関数の集まり $\mathbf{X} = (X(n); 0 \leq n \leq N)$ を対象にする. 2.5節と同様に, 時系列の標本空間 W に可測構造を入れた可測空間 $(W, \mathcal{B}(W))$ の上に一つの確率測度 P で条件 (E), (M) を満たすものを考え, 関数の集まり $\mathbf{X}$ を確率空間 $(W, \mathcal{B}(W), P)$ 上で定義された実数 $\mathbf{R}$ の値をとる確率過程とみる.

確率過程の時間発展を1時刻シフトさせた確率過程 $\mathbf{X}^{(sh)} = (X^{(sh)}(n); 0 \leq n \leq N-1)$ をつぎで定義する:

$$X^{(sh)}(n) \equiv X(n+1). \tag{2.264}$$

確率過程 $\mathbf{X}$ の時間域を確率過程 $\mathbf{X}^{(sh)}$ のそれと揃えた確率過程を $\mathbf{X}|_{[0,N-1]} = (X|_{[0,N-1]}(n); 0 \leq n \leq N-1)$ とする:

$$X|_{[0,N-1]}(n) \equiv X(n). \tag{2.265}$$

2.11 決定性

定義 2.11.1 (i) 確率過程 $\mathbf{X}$ が LL-決定性 (局所的な線形決定性) を持つとは, 二つの確率過程 $\mathbf{X}|_{[0,N-1]}, \mathbf{X}^{(sh)}$ の間に, $\mathbf{X}|_{[0,N-1]}$ が原因で, $\mathbf{X}^{(sh)}$ が結果であるという LL-因果性が成り立つときを言う:

$$\mathbf{X} \text{ が } LL\text{-決定性を持つ} \iff \mathbf{X}|_{[0,N-1]} \xrightarrow{LL\text{-因果性}} \mathbf{X}^{(sh)}.$$

(ii) 任意の固定した自然数 q に対して, 確率過程 $\mathbf{X}$ が $LN(q)$-決定性 (局所的な階数 q の非線形決定性) を持つとは, 二つの確率過程 $\mathbf{X}|_{[0,N-1]}, \mathbf{X}^{(sh)}$ の間に, $\mathbf{X}|_{[0,N-1]}$ が原因で, $\mathbf{X}^{(sh)}$ が結果であるという $LN(q)$-因果性が成り立つときを言う:

$$\mathbf{X} \text{ が } LN(q)\text{-決定性を持つ} \iff \mathbf{X}|_{[0,N-1]} \xrightarrow{LN(q)\text{-因果性}} \mathbf{X}^{(sh)}.$$

(iii) 任意の自然数 q, d $(1 \leq d \leq d_q + 1)$ を固定する. 確率過程 $\mathbf{X}$ が $LN(q,d)$-決定性 (局所的な階数 (q,d) の非線形決定性) を持つとは, 二つの確率過程 $\mathbf{X}|_{[0,N-1]}, \mathbf{X}^{(sh)}$ の間に, $\mathbf{X}|_{[0,N-1]}$ が原因で, $\mathbf{X}^{(sh)}$ が結果であるという $LN(q,d)$-因果性が成り立つときを言う:

$$\mathbf{X} \text{ が } LN(q,d)\text{-決定性を持つ} \iff \mathbf{X}|_{[0,N-1]} \xrightarrow{LN(q,d)\text{-因果性}} \mathbf{X}^{(sh)}.$$

(iv) 確率過程 $\mathbf{X}$ が LN-決定性 (局所的な非線形決定性) を持つとは, 二つの確率過程 $\mathbf{X}|_{[0,N-1]}, \mathbf{X}^{(sh)}$ の間に, $\mathbf{X}|_{[0,N-1]}$ が原因で, $\mathbf{X}^{(sh)}$ が結果であるという LN-因果性が成り立つときを言う:

$$\mathbf{X} \text{ が } LN\text{-決定性を持つ} \iff \mathbf{X}|_{[0,N-1]} \xrightarrow{LN\text{-因果性}} \mathbf{X}^{(sh)}.$$

注意 2.11.1 定義 2.11.1 の (ii) は, 階数 q の非線形変換として, (2.213) において構成した $d_q + 1$ 次元の確率過程 $\tilde{\mathbf{X}}^{(q)} = (\tilde{X}^{(q)}(n); 0 \leq n \leq N)$ を考えたとき, つぎのように述べられる:

$$\mathbf{X} \text{ が } LN(q)\text{-決定性を持つ} \iff \tilde{\mathbf{X}}^{(q)}|_{[0,N-1]} \xrightarrow{LL\text{-因果性}} \mathbf{X}^{(sh)}.$$

注意 2.11.2 注意 2.10.2 で述べたように, 決定性に関しても, 理論的には, $LN(q, d_q+1)$-決定性は $LN(q)$-決定性より強い概念である.

2.11.2 決定性と定常性

本項では前項と同じ設定で,確率過程 $\mathbf{X}$ が弱定常性を満たす場合に,3種類の決定性の概念を深く調べよう.

[第1段] 最初に,LL-決定性について調べる.

定理 2.11.1 $\mathbf{X}$ が LL-決定性を持つとき,ある N_1 $(0 \leq N_1 \leq N-1)$ が存在して,つぎのダイナミクスが成り立つ:

$$X(n+1) = -\sum_{k=0}^{N_1} \gamma_+^0(\mathbf{X})(N_1+1, k) X(n - N_1 + k) \quad (N_1 \leq n \leq N-1).$$

証明 定理2.10.8より,ある N_0 $(0 \leq N_0 \leq N-1)$ が存在して

$$\|P_{\mathrm{M}_0^{N_0}(\mathrm{X})} X(N_0+1)\|_2 = \|X(N_0+1)\|_2$$

が成り立つ.したがって,$\nu_+(\mathbf{X})(N_0+1) = 0$ となるので,確率過程 $\mathbf{X}$ に対する前向き $\mathrm{KM}_2\mathrm{O}$-ランジュヴァン方程式より

$$X(N_0+1) = -\sum_{k=0}^{N_0} \gamma_+^0(\mathbf{X})(N_0+1, k) X(k)$$

が得られる.任意の n $(N_0 \leq n \leq N-1)$ に対し,定理2.6.3のユニタリー作用素 U_{n-N_0} を上式に施すことによって,定理2.11.1が示される. (証明終)

[第2段] 任意の自然数 q, d $(1 \leq d \leq d_q+1)$ を固定する.定理2.10.10を $\mathbf{Y}$ が $\mathbf{X}^{(sh)}$ である場合に適用して,つぎの定理が得られる.

定理 2.11.2 $\mathbf{X}$ が $LN(q,d)$-決定性を持つ,すなわち,系 $T^{(q,d)}(\mathbf{X})$ の要素 $\mathbf{X}_J$ で

$$\mathbf{X}_J|_{[\sigma(J), N-1]} \xrightarrow{LL\text{-因果性}} \mathbf{X}^{(sh)}|_{[\sigma(J), N-1]} \quad (2.266)$$

を満たし,弱定常性を満たすものがあるとする.ここで,$J, X_J, \sigma(J)$ は (2.260),(2.261),(2.262) で定義された記法を用いている.そのとき,ある N_2 $(0 \leq N_2 \leq$

$N-1-\sigma(J))$ が存在し,任意の n $(N_2 \leq n \leq N-1-\sigma(J))$ に対して

$$X(\sigma(J)+n+1)$$
$$= F(X_J(\sigma(J)+n), X_J(\sigma(J)+n-1), \ldots, X_J(\sigma(J)+n-M_2)).$$

ここで, $F = F(x(N_2), x(N_2-1), \ldots, x(0))$ は $\mathbf{R}^{(N_2+1)d}$ で定義された実数値をとる線形な関数で,つぎのように計算される:

$$F(x(N_2), x(N_2-1), \ldots, x(0)) = \sum_{k=0}^{N_2} D^0(\mathbf{X}^{(sh)}|\mathbf{X}_J)(N_2, k)x(k).$$

定理2.11.2の補足として,つぎのことを示そう.

定理 2.11.3 定理2.11.2において,さらに,系 $\mathcal{T}^{(q,d)}(\mathbf{X})$ の要素 $\mathbf{X}_J$ は $j_1 = 0$ として選べたとする.定理2.11.2における関数 F は弱定常過程 $\mathbf{X}_J$ に付随する前向き KM_2O-ランジュヴァン行列系を用いて,つぎのように表現できる:

$$F(x(N_2), x(N_2-1), \ldots, x(0)) = -\sum_{k=0}^{N_2}\left(\sum_{j=1}^{d}\gamma_{+1j}^0(\mathbf{X}_J)(N_2+1, k)x_j(k)\right).$$

証明 定理2.11.1の証明で用いた考えを使う.各 n $(0 \leq n \leq N-1-\sigma(J))$ に対して

$$P_{\mathbf{M}_{\sigma(J)}^{\sigma(J)+n}(\mathbf{X}_J)}X^{(sh)}(\sigma(J)+n) = P_{\mathbf{M}_{\sigma(J)}^{\sigma(J)+n}(\mathbf{X}_J)}X_J(\sigma(J)+n+1)$$ の第1成分

である.したがって,$\mathbf{X}_J$ に対する前向き KM_2O-ランジュヴァン方程式より

$$X_J(\sigma(J)+n+1) = -\sum_{k=0}^{n}\left(\sum_{i=1}^{d}\gamma_{+1i}^0(\mathbf{X}_J)(n+1, k)X_{j_i}(\sigma(J)+k)\right)$$
$$+\nu_{+1}(\mathbf{X}_J)(n+1) \quad (2.267)$$

となる.ここで,$\nu_{+1}(\mathbf{X}_J)(n+1)$ は $\mathbf{X}_J$ に付随する前向き KM_2O-ランジュヴァン揺動過程 $\nu_+(\mathbf{X}_J)$ の時刻 $n+1$ での値の第1成分である.

一方, 確率過程 $\mathbf{X}_J$ が (2.266) を満たすことはつぎのことを意味する:

$$\nu_{+1}(\mathbf{X}_J)(N_2+1) = 0. \qquad (2.268)$$

したがって, (2.267) はつぎのように書ける:

$$\begin{aligned}&X_J(\sigma(J)+N_2+1)\\&= F(X_J(\sigma(J)+N_2), X_J(\sigma(J)+N_2-1), \ldots, X_J(\sigma(J))).\end{aligned}$$

ここで, $F(x(N_2), x(N_2-1), \ldots, x(0)) \equiv -\sum_{k=0}^{N_2}\{\sum_{j=1}^{d}\gamma_{+1j}^{0}(\mathbf{X}_J)(N_2+1,k)x_j(k)\}$. 弱定常性を用いて, 任意の n ($N_2 \leq n \leq N-1-\sigma(J)$) に対し, 定理 2.6.3 のユニタリー作用素 U_{n-N_2} を上式の両辺に施すことによって, 定理 2.11.3 が示される. (証明終)

注意 2.11.3 前節の注意 2.10.5 で述べたときと同様に, 本節で述べた事柄は一般の確率空間とその上で定義された多次元の確率過程に対して成り立つ.

2.12 非線形予測問題

本節では, 非線形情報空間の生成系を用いて, 非線形予測問題を解く一つの解法を紹介しよう.

2.12.1 非線形予測公式

時系列の標本空間 W に可測構造を入れた可測空間 $(W, \mathcal{B}(W))$ の上の確率測度 P で, 関数の集まり $\mathbf{X}$ がつぎの条件を満たす場合を考える:

 (E') $X(n)$ は 2 乗可積分   ($0 \leq n \leq N$);
 (M) $X(n)$ の平均は 0   ($0 \leq n \leq N$).

$\{\mathbf{Z}^{(q)}; q \in \mathbf{N}\}$ を確率過程 $\mathbf{X}$ の非線形情報空間の任意の生成系とする. 確率過程 $\mathbf{X}$ が 2.9 節の条件 (E) を満たすときは, 生成系として定理 2.9.2 で構成した多項式型の生成系が, 一般の場合は定理 2.9.3 で構成した生成系が一つのとり方である.

2.12 非線形予測問題

任意の q $(q \in \mathbf{N})$ を固定する. $\mathbf{Z}^{(q)} = (Z^{(q)}(n); 0 \leq n \leq N)$ を $d_q + 1$ 次元の確率過程とする. $\mathcal{LM}(\mathbf{Z}^{(q)})$ を $d_q + 1$ 次元の確率過程 $\mathbf{Z}^{(q)}$ に付随する KM$_2$O-ランジュヴァン行列系とする. さらに, $d_q + 1$ 次の正方行列の系 $\{Q_+(\mathbf{Z}^{(q)})(m, n; k); 0 \leq k, m, n \leq N, k \leq n < m\}$ をつぎのアルゴリズムに従って定める: 任意の k, n, m $(0 \leq k \leq n < m \leq N)$ に対して

$$\begin{cases} Q_+(\mathbf{Z}^{(q)})(n+1, n; k) \equiv -\gamma_+^0(\mathbf{Z}^{(q)})(n+1, k), \\ Q_+(\mathbf{Z}^{(q)})(m, n; k) \equiv -\sum_{j=n+1}^{m-1} \gamma_+^0(\mathbf{Z}^{(q)})(m, j) Q_+(\mathbf{Z}^{(q)})(j, n; k) \\ \qquad\qquad\qquad\qquad - \gamma_+^0(\mathbf{Z}^{(q)})(m, k). \end{cases}$$
(2.269)

このとき, つぎのことを証明しよう.

補題 2.12.1 (p 期先の線形予測公式) 任意の整数 n, p $(0 \leq n < n+p \leq N)$ に対し

$$P_{\mathbf{M}_0^n(\mathbf{Z}^{(q)})} Z^{(q)}(n+p) = \sum_{k=0}^{n} Q_+(\mathbf{Z}^{(q)})(n+p, n; k) Z^{(q)}(k).$$

証明 p に関する帰納法で示す. $p = 1$ のとき, 補題 2.12.1 は (2.94), (2.102) より従う. p_0 を $1 \leq p_0 < N - n_0$ として, 補題 2.12.1 が $p = 1, 2, \ldots, p_0$ に対して成立したと仮定する. 前向き KM$_2$O-ランジュヴァン方程式 (2.102) で n を $n + p_0 + 1$ としたものを $d_q + 1$ 次元の確率過程 $\mathbf{Z}^{(q)}$ に適用して

$$Z^{(q)}(n+p_0+1) = -\sum_{k=0}^{n} \gamma_+^0(\mathbf{Z}^{(q)})(n+p_0+1, k) Z^{(q)}(k)$$
$$- \sum_{j=n+1}^{n+p_0} \gamma_+^0(\mathbf{Z}^{(q)})(n+p_0+1, j) Z^{(q)}(j) + \nu_+(\mathbf{Z}^{(q)})(n+p_0+1)$$

が得られる. これを閉部分空間 $\mathbf{M}_0^n(\mathbf{Z}^{(q)})$ へ射影して

$$P_{\mathbf{M}_0^n(\mathbf{Z}^{(q)})} Z^{(q)}(n+p_0+1) = -\sum_{k=0}^{n} \gamma_+^0(\mathbf{Z}^{(q)})(n+p_0+1, k) Z^{(q)}(k)$$

$$-\sum_{j=n+1}^{n+p_0}\gamma_+^0(\mathbf{Z}^{(q)})(n+p_0+1,j)P_{\mathrm{M}_0^n(\mathrm{Z}^{(q)})}Z^{(q)}(j) \qquad (2.270)$$

を得る. 帰納法の仮定より, 各 j $(n+1 \leq j \leq n+p_0)$ に対して

$$P_{\mathrm{M}_0^n(\mathrm{Z}^{(q)})}Z^{(q)}(j) = \sum_{k=0}^{n}Q_+(\mathbf{Z}^{(q)})(j,n;k)Z^{(q)}(k)$$

が成り立つので, これらを (2.270) の項 $P_{\mathrm{M}_0^n(\mathrm{Z}^{(q)})}Z^{(q)}(j)$ に代入して

$$\begin{aligned}&P_{\mathrm{M}_0^n(\mathrm{Z}^{(q)})}Z^{(q)}(n+p_0+1)\\ &=\sum_{k=0}^{n}\{-\gamma_+^0(\mathbf{Z}^{(q)})(n+p_0+1,k)\\ &\qquad -\sum_{j=n+1}^{n+p_0}\gamma_+^0(\mathbf{Z}^{(q)})(n+p_0+1,j)Q_+(\mathbf{Z}^{(q)})(j,n;k)\}Z^{(q)}(k)\\ &=\sum_{k=0}^{n}Q_+(\mathbf{Z}^{(q)})(n+p_0+1,n;k)Z^{(q)}(k)\end{aligned}$$

が得られる. これは補題 2.12.1 が $p=p_0+1$ のとき成り立つことを示す. したがって, 数学的帰納法によって, 補題 2.12.1 が証明された. (証明終)

注意 2.12.1 補題 2.12.1 における線形予測公式における行列関数 $Q_+(\mathbf{Z}^{(q)})$ $= (Q_+(\mathbf{Z}^{(q)})(n+p,n;k); 0 \leq k \leq n < n+p \leq N)$ は, (2.269) にあるアルゴリズムに従って, d_q+1 次元の確率過程 $\mathbf{Z}^{(q)}$ に付随する前向き $\mathrm{KM}_2\mathrm{O}$-ランジュヴァン偏相関行列関数 $\gamma_+^0(\mathbf{Z}^{(q)})$ から求めることができる. そして, 後者の前向き $\mathrm{KM}_2\mathrm{O}$-ランジュヴァン偏相関行列関数 $\gamma_+^0(\mathbf{Z}^{(q)})$ は, 2.7 節で述べた拡張された揺動散逸アルゴリズムに従って, d_q+1 次元の確率過程 $\mathbf{Z}^{(q)}$ の 2 点相関行列関数 $R(\mathbf{Z}^{(q)})$ から求めることができる.

注意 2.12.2 補題 2.12.1 は $d^{(q)}$ 次元の確率過程 $\mathbf{Z}^{(q)}$ に対してだけでなく, 一般の 2 乗可積分な多次元の確率過程に対しても成り立つ. 特に, 2.9.4 項で導入した非線形変換のクラスである $\mathcal{T}^{(q,d)}(\mathbf{X})$ の任意の元に対しても, 線形予測公式が得られる.

補題 2.12.1 にある線形予測公式の第 1 成分をとることによって, つぎの非線形予測公式が得られる.

定理 2.12.1 (文献[131]) (p 期先の階数有限の非線形予測公式)　各 p, n ($0 \leq n < n+p \leq N$) に対して

$$P_{\mathrm{M}_0^n(\mathbf{Z}^{(q)})}X(n+p) = \sum_{k=0}^{r} \sum_{j=1}^{d_q+1} Q_+(\mathbf{Z}^{(q)})(n+p, n; k)_{1j} Z_j^{(q)}(k).$$

定理 2.12.1 は階数有限の非線形情報に基づく予測子の公式である. この極限をとることによって, 非線形な情報に基づく予測子の公式が得られる.

定理 2.12.2 (文献[131]) (p 期先の非線形予測公式)　各 p, n ($0 \leq n < n+p \leq N$) に対して

$$P_{\mathrm{N}_0^n(\mathrm{X})}X(n+p) = \lim_{q \to \infty} \left(\sum_{k=0}^{n} \sum_{j=1}^{d_q+1} Q_+(\mathbf{Z}^{(q)})(n+p, n; k)_{1j} Z_j^{(q)}(k) \right).$$

証明　$E(X(n+p)) = 0$ であるから, $P_{\mathrm{N}_0^n(\mathrm{X})}X(n+p) = P_{\mathrm{N}_0^n(\mathrm{X}) \ominus [\{1\}]}X(n+p)$ となる. 定理 2.9.2 の (iv) より, $\mathbf{M}_0^n(\mathbf{Z}^{(q)}) \nearrow \mathbf{N}_0^n(\mathbf{X}) \ominus [\{1\}]$　($q \to \infty$) であるから, 射影作用素の極限定理 (定理 2.3.10) を適用して, 定理 2.12.2 が示される. 　(証明終)

定理 2.12.2 に現れる各行列関数 $Q_+(\mathbf{Z}^{(q)})$ ($q \in \mathbf{N}$) は, 注意 2.12.1 に述べたように, $d^{(q)}$ 次元の確率過程 $\mathbf{Z}^{(q)}$ の 2 点相関行列関数 $R(\mathbf{Z}^{(q)})$ から求めることができる. したがって, 多項式型の生成系を用いることができるとき, すなわち, 条件 (E) を満たす場合は, 我々が得た非線形予測公式は 1 次元の確率過程 $\mathbf{X}$ の高次のモーメントを用いて計算できることが**ポイント**である.

2.12.2　予測誤差と因果関数

本項では前項と同じ設定のもとで考え, 予測誤差と因果関数の関連について調べよう.

[第1段] $\{\mathbf{Z}^{(q)}; q \in \mathbf{N}\}$ を確率過程 $\mathbf{X}$ の非線形情報空間の任意の生成系とする. 任意の固定した自然数 q に対して, $d^{(q)}$ 次元の確率過程 $\mathbf{Z}^{(q)} = (Z^{(q)}(n); 0 \leq n \leq N)$ を考える. 確率過程 $\mathbf{Z}^{(q)}$ に対する前向き予測誤差行列 $e_+(\mathbf{Z}^{(q)})(\star, *)$ はつぎのように定義する: 各 m, n $(0 \leq n < m \leq N)$ に対して

$$e_+(\mathbf{Z}^{(q)})(m, n) \tag{2.271}$$
$$\equiv E((Z^{(q)}(m) - P_{\mathrm{M}_0^n(Z^{(q)})}Z^{(q)}(m))\,{}^t(Z^{(q)}(m) - P_{\mathrm{M}_0^n(Z^{(q)})}Z^{(q)}(m))).$$

特に, $m = n+1$ のときは, $\mathbf{Z}^{(q)}$ に付随する前向き KM_2O-ランジュヴァン方程式 (2.217) より

$$e_+(\mathbf{Z}^{(q)})(n+1, n) = V_+(\mathbf{Z}^{(q)})(n+1) \quad (0 \leq n \leq N-1) \tag{2.272}$$

と求められる. 一方, 前向き予測誤差行列 $e_+(\mathbf{Z}^{(q)})(n+1, n)$ の $(1,1)$ 成分をとるとつぎのようになる:

$$\begin{aligned}e_+(\mathbf{Z}^{(q)})(n+1, n)_{11} &= \|X(n+1) - P_{\mathrm{M}_0^n(\mathbf{Z}^{(q)})}X(n+1)\|_2^2 \\ &= \|X^{(sh)}(n) - P_{\mathrm{M}_0^n(Z^{(q)})}X^{(sh)}(n)\|_2^2 \\ &= \|X^{(sh)}(n)\|^2 - \|P_{\mathrm{M}_0^n(Z^{(q)})}X^{(sh)}(n)\|_2^2.\end{aligned}$$

ここで, $X^{(sh)}(n)$ は (2.264) で定義されている. ゆえに, (2.242) で定義した確率過程 $\mathbf{Z}^{(q)}|_{[0,N-1]}$ から確率過程 $\mathbf{X}^{(sh)}$ への因果関数 $C_*(\mathbf{X}^{(sh)}|\mathbf{Z}^{(q)}|_{[0,N-1]})$ を用いることによって

$$e_+(\mathbf{Z}^{(q)})(n+1, n)_{11} = \|X^{(sh)}(n)\|_2^2 - C_n(\mathbf{X}^{(sh)}|\mathbf{Z}^{(q)}|_{[0,N-1]})^2 \tag{2.273}$$

と書き直せる. (2.272) と (2.273) を併せてつぎの定理を得る.

定理 2.12.3 各整数 n $(0 \leq n \leq N-1)$ に対し
(i) $e_+(\mathbf{Z}^{(q)})(n+1, n) = V_+(\mathbf{Z}^{(q)})(n+1),$
(ii) $e_+(\mathbf{Z}^{(q)})(n+1, n)_{11} = \|X^{(sh)}(n)\|_2^2 - C_n(\mathbf{X}^{(sh)}|\mathbf{Z}^{(q)}|_{[0,N-1]})^2.$

[第2段] ここでは, 確率過程 $\mathbf{X}$ は 2.9 節の条件 (E) を満たすとする. 任意に固定した自然数 q, d $(1 \leq d \leq d_q + 1)$ を固定する. 2.9.4 項で導入した非線

2.12 非線形予測問題

形変換のクラス $\mathcal{T}^{(q,d)}(\mathbf{X})$ の元 $\mathbf{X}_{(j_1,j_2,\cdots,j_d)}$ $(0 \le j_1 < j_2 < \cdots < j_d \le d_q)$ で $j_1 = 0$ を満たす d 次元の確率過程を考える. これを 2.10.3 項の (2.261) と同じく, $\mathbf{X}_J = (X_J(n); \sigma(J) \le n \le N), J = (0, j_2, \ldots, j_q)$ と置く. これに付随する前向き $\mathrm{KM_2O}$-ランジュヴァン方程式は (2.220) において導かれている. 確率過程 $\mathbf{X}_J$ に対する前向き予測誤差行列 $e_+(\mathbf{X}_J)(\star, *)$ を定義する: 各 m, n $(\sigma(J) \le n < m \le N)$ に対して

$$e_+(\mathbf{X}_J)(m,n) \tag{2.274}$$
$$\equiv E((X_J(m) - P_{\mathrm{M}^n_{\sigma(J)}(\mathbf{X}_J)} X_J(m))\,{}^t(X_J(m) - P_{\mathrm{M}^n_{\sigma(J)}(\mathbf{X}_J)} X_J(m))).$$

定理 2.12.3 の証明と同様にして, つぎの定理 2.12.4 が得られる.

定理 2.12.4 任意の n $(0 \le n \le N - 1 - \sigma(J))$ に対して
(i) $e_+(\mathbf{X}_J)(n+1+\sigma(J), n+\sigma(J)) = V_+(\mathbf{X}_J)(n+1)$,
(ii) $e_+(\mathbf{X}_J)(n+1+\sigma(J), n+\sigma(J))_{11} = \|X^{(sh)}(n+\sigma(J))\|_2^2$
$$- C_n(\mathbf{X}^{(sh)}|_{[\sigma(J),N-1]}|\mathbf{X}_J|_{[\sigma(J),N-1]})^2.$$

定理 2.12.4 の (ii) は, 弱定常性を満たす場合はつぎのようになる.

定理 2.12.5 系 $\mathcal{T}^{(q,d)}(\mathbf{X})$ の要素 $\mathbf{X}_J$ $(J = (0, j_2, \ldots, j_q))$ で弱定常性を満たすものがあるとする. そのとき, 任意の n $(0 \le n \le N - 1 - \sigma(J))$ に対して

$$e_+(\mathbf{X}_J)(n+1+\sigma(J), n+\sigma(J))_{11}$$
$$= R(0)^2 - C_n(\mathbf{X}^{(sh)}|_{[\sigma(J),N-1]}|\mathbf{X}_J|_{[\sigma(J),N-1]})^2.$$

定理 2.10.7 より

定理 2.12.6 系 $\mathcal{T}^{(q,d)}(\mathbf{X})$ の要素 $\mathbf{X}_J$ $(J = (0, j_2, \ldots, j_q))$ で弱定常性を満たすものがあるとする. そのとき, 任意の n $(0 \le n \le N - 2 - \sigma(J))$ に対し

$$0 \le C_n(\mathbf{X}^{(sh)}|_{[\sigma(J),N-1]}|\mathbf{X}_J|_{[\sigma(J),N-1]})$$
$$\le C_{n+1}(\mathbf{X}^{(sh)}|_{[\sigma(J),N-1]}|\mathbf{X}_J|_{[\sigma(J),N-1]}) \le \sqrt{R(0)}.$$

注意 2.12.3　前節の注意 2.11.3 で述べたときと同様に, 本節においてこれまで述べた事柄は一般の確率空間とその上で定義された多次元の確率過程に対して成り立つ.

2.12.3　応用: 非線形システムの予測問題

本項では, つぎのマルコフ的な非線形差分方程式を扱い, その非線形予測問題を前節の過去非依存の非線形情報空間の生成系を用いて解こう.

$$X(n) = F_{n-1}(X(n-1)) + G_{n-1}(X(n-1), W(n)) \qquad (n \in \mathbf{N}). \quad (2.275)$$

関数 $F_n : \mathbf{R}^d \to \mathbf{R}^d, G_n : \mathbf{R}^d \times \mathbf{R}^{d_s} \to \mathbf{R}^d \ (n \in \mathbf{N}^*)$ はボレル可測関数である. さらに, $X(0), \mathbf{W} = (W(n); n \in \mathbf{N})$ は確率空間 $(\Omega, \mathcal{B}, P)$ の上で定義され, それぞれ d 次元の確率変数, d_s 次元の確率過程でつぎの条件を満たすとする:

$$\{X(0), W(n); n \in \mathbf{N}\} \text{ は独立である.} \quad (2.276)$$

注意 2.12.4　松浦は文献 [120] において, (2.275) で $G_{n-1}(x, u) = au$ (a は実数の定数) の形をしている場合を扱った.

差分方程式 (2.275) は離散的であるから, その解 $\mathbf{X} = (X(n); n \in \mathbf{N}^*)$ を d 次元の確率過程として逐次的に求めることができ, つぎの形に表現できる: 各 $n \in \mathbf{N}$ に対し, ボレル関数 $k_n : \mathbf{R}^d \times \mathbf{R}^{nd_s} \to \mathbf{R}^d$ が存在して

$$X(n) = k_n(X(0), W(1), W(2), \ldots, W(n)). \quad (2.277)$$

差分方程式 (2.275) に現れる関数 $F_n, G_n \ (n \in \mathbf{N}^*)$ はつぎの条件を満たすとする:

$$X(n) \text{ の各成分} \in L^2(\Omega, \mathcal{B}, P) \qquad (n \in \mathbf{N}^*). \quad (2.278)$$

任意の自然数 p を固定する. 解の表現式 (2.277) とは別の表現式として, 各整数 $n \in \mathbf{N}^*$ に対し, ボレル関数 $k_n^{(p)} : \mathbf{R}^d \times \mathbf{R}^{pd_s} \to \mathbf{R}^d$ が存在して

$$X(n+p) = k_n^{(p)}(X(n), W(n+1), \ldots, W(n+p)) \qquad (n \in \mathbf{N}^*) \quad (2.279)$$

が成り立つ. 実際, ボレル可測関数 $k_n^{(p)}$ はつぎのアルゴリズムに従って求めることができる:

$$k_n^{(1)}(x,u) = F_n(x) + G_n(x,u), \qquad (2.280)$$

$$k_n^{(p)}(x,u_1,\ldots,u_p) = F_{n+p-1}(k_n^{(p-1)}(x,u_1,\ldots,u_{p-1})) \qquad (2.281)$$
$$+ G_{n+p-1}(k_n^{(p-1)}(x,u_1,\ldots,u_{p-1}),u_p).$$

各 $n \in \mathbf{N}^*$ に対し, ボレル可測関数 $K_n^{(p)} : \mathbf{R}^d \to \mathbf{R}^d$ をつぎで定義する:

$$K_n^{(p)}(x) \equiv \int_{\mathbf{R}^{pd_s}} k_n^{(p)}(x,u_1,\ldots,u_p) \mu_{n+1}(du_1) \cdots \mu_{n+p}(du_p). \qquad (2.282)$$

ここで, 確率測度 $\mu_m(du)$ は確率変数 $W(m)$ の確率分布である:

$$\mu_m(du) \equiv P(W(m) \in du) \qquad (m \in \mathbf{N}). \qquad (2.283)$$

確率過程 $\mathbf{X}$ の非線形予測子はつぎのように表現される.

定理 2.12.7 $\quad E(X(n+p)|\mathcal{B}_0^n(\mathbf{X})) = K_n^{(p)}(X(n)) \qquad (n \in \mathbf{N}^*, p \in \mathbf{N}).$

証明 (2.276), (2.277) より, 各 $n \in \mathbf{N}^*$ に対し, 確率変数の集まり $\{W(m); m \geq n+1\}$ は σ-加法族 $\mathcal{B}_0^n(\mathbf{X})$ と独立である. したがって, 条件付平均の性質より, 定理 2.12.7 が成り立つことがわかる. (証明終)

定理 2.12.7 より直ちに,

$$E(X(n+p)|\mathcal{B}_0^n(\mathbf{X})) = P_{\mathrm{N}_n^n(\mathrm{X})} X(n+p). \qquad (2.284)$$

$\{\mathbf{Z}^{(q;0)}; q \in \mathbf{N}\}$ を定理 2.9.4 で構成した確率過程 $\mathbf{X}$ の過去非依存の非線形情報空間 $\mathbf{N}_n^n(\mathbf{X})$ $(n \in \mathbf{N}^*)$ の任意の弱生成系とし, 固定する. このとき, つぎを満たすボレル可測関数 $\psi_n^{(q;0)} : \mathbf{R}^d \to \mathbf{R}^{d^{(q;0)}}$ が存在する:

$$Z^{(q;0)}(n) = \psi_n^{(q;0)}(X(n)) \qquad (n \in \mathbf{N}^*). \qquad (2.285)$$

(2.277) と (2.285) より, 各整数 n, q $(n \in \mathbf{N}^*, q \in \mathbf{N})$ に対し, ボレル可測関数 $\Psi_n^{(q;0)} : \mathbf{R}^d \times \mathbf{R}^{nd_s} \to \mathbf{R}^{d^{(q;0)}}$ が存在して, 次が成り立つ.

$$Z^{(q;0)}(n) = \Psi_n^{(q;0)}(X(0), W(1), W(2), \ldots, W(n)). \qquad (2.286)$$

つぎのことを注意する.

$$\Psi_n^{(q;0)}(x, u_1, u_2, \ldots, u_n)$$
$$= \psi_n^{(q;0)}(x, k_1(x, u_1), \ldots, k_n(x, u_1, u_2, \ldots, u_n)). \quad (2.287)$$

さらに, 各整数 n, p, q ($n \in \mathbf{N}^*$, $p, q \in \mathbf{N}$) に対し, 二つの確率過程 $\mathbf{X}^{+(n+p)} = (X^{+(n+p)}(k); k \in \mathbf{N}^*), \mathbf{Z}^{(q;0)+n} = (Z^{(q;0)+n}(k); k \in \mathbf{N}^*)$ をつぎで定義する:

$$X^{+(n+p)}(k) \equiv X(k+n+p), \quad (2.288)$$
$$Z^{(q;0)+n}(k) \equiv Z^{(q;0)}(k+n). \quad (2.289)$$

確率過程 $\mathbf{X}$ の非線形予測子に現れる定理2.12.7 における関数 $K_n^{(p)}$ はつぎのように表現される.

定理 2.12.8 任意の整数 n, p ($n \in \mathbf{N}^*, p \in \mathbf{N}$) に対し

$$K_n^{(p)} = E(X(n+p))$$
$$+ \lim_{q \to \infty} D^0(\mathbf{X}^{+(n+p)}|\mathbf{X}^{(q;0)+n})(0,0)\psi_n^{(q;0)} \quad \text{in } L^2(\mathbf{R}^d, \mathcal{B}(\mathbf{R}^d), P_{X(n)}).$$

証明 (2.284) と定義2.9.2 にある弱生成系の性質 (γ) より

$$E(X(n+p)|\mathcal{B}_0^n(\mathbf{X})) = E(X(n+p))$$
$$+ \lim_{q \to \infty} P_{\mathrm{M}_n^n(\mathrm{X}^{(q;0)})} X(n+p) \quad \text{in } L^2(\Omega, \mathcal{B}, P).$$

(2.288), (2.289) に定義した確率過程 $\mathbf{X}^{+(n+p)}, \mathbf{X}^{(q;0)+n}$ を用いて

$$P_{\mathrm{M}_n^n(\mathrm{X}^{(q;0)})} X(n+p) = P_{\mathrm{M}_0^0(\mathrm{X}^{(q;0)+n})} X^{+(n+p)}(0)$$
$$= D^0(\mathbf{X}^{+(n+p)}|\mathbf{X}^{(q;0)+n})(0,0)\psi_n^{(q;0)}(X(n)).$$

したがって, 定理2.12.8 が成り立つ. (証明終)

2.12 非線形予測問題

定理 2.12.8 にある行列関数 $D^0(\mathbf{X}^{+(n+p)}|\mathbf{X}^{(q;0)+n})(0,0)$ は,補題 2.10.2, 補題 2.10.3 (ii),補題 2.10.5 (i),(ii) と定理 2.10.4 (ii) より,つぎのように 2 点相関行列関数 $R(\mathbf{X},\mathbf{X}^{(q;0)}), R(\mathbf{X}^{(q;0)})$ から計算できる.

定理 2.12.9 任意の整数 n,p ($n\in\mathbf{N}^*, p\in\mathbf{N}$) に対し

$$D^0(\mathbf{X}^{+(n+p)}|\mathbf{X}^{(q;0)+n})(0,0)$$
$$= \lim_{w\to 0} R(\mathbf{X},\mathbf{X}^{(q;0)})(n+p,n)(R(\mathbf{X}^{(q;0)})(n,n)+\epsilon^2 I_{d^{(q;0)}})^{-1}.$$

さらに,2 点相関行列関数 $R(\mathbf{X},\mathbf{X}^{(q;0)}), R(\mathbf{X}^{(q;0)})$ は,(2.277),(2.286) より,つぎのように計算することができる.

定理 2.12.10 任意の q,m,n ($q\in\mathbf{N}, m,n\in\mathbf{N}^*$) に対し
(i) $R(\mathbf{X}^{+p},\mathbf{X}^{(q;0)})(m,n) = \int_{\mathbf{R}^d\times\mathbf{R}^{\max\{m+p,n\}d_s}} k_{m+p}(x,u_1,\ldots,u_{m+p})\cdot$
$\cdot {}^t\Psi_n^{(q;0)}(x,u_1,\ldots,u_n)\mu_0(dx)\mu_1(du_1)\cdots\mu_{\max\{m+p,n\}}(du_{\max\{m+p,n\}}),$
(ii) $R(\mathbf{X}^{(q;0)})(m,n) = \int_{\mathbf{R}^d\times\mathbf{R}^{\max\{m,n\}d_s}} \Psi_m^{(q;0)}(x,u_1,\ldots,u_m)\cdot$
$\cdot {}^t\Psi_n^{(q;0)}(x,u_1,\ldots,u_n)\mu_0(dx)\mu_1(du_1)\cdots\mu_{\max\{m,n\}}(du_{\max\{m,n\}}).$
ここで,$\mu_0(dx)$ は確率変数 $X(0)$ の確率分布である:

$$\mu_0(dx) \equiv P(X(0)\in dx).$$

別の非線形予測公式を求めよう.$\{\mathbf{Z}^{(q;0)}; q\in\mathbf{N}\}$ を過去非依存の非線形情報空間 $\mathbf{N}_n^n(\mathbf{X})$ ($n\in\mathbf{N}^*$) の任意の生成系とする.このときは,定理 2.12.2 を示したときと同じ考えを用いて,つぎの定理を示すことができる.

定理 2.12.11 任意の整数 n,p,q ($n\in\mathbf{N}^*, p,q\in\mathbf{N}$) に対し

$$K_n^{(p)} = E(X(n+p)) + \lim_{q\to\infty} Q(\mathbf{Z}^{(q;0)+n})(p,0;0)\psi_n^{(q;0)} \text{ の第 } d \text{ 成分}$$
$$\text{in } L^2(\mathbf{R}^d, \mathcal{B}(\mathbf{R}^d), P_{X(n)}).$$

(2.269) において, $\mathbf{Z}^{(q)}$ を $\mathbf{Z}^{(q;0)+n}$ に置き換えることによって, 定理 2.12.11 にある行列関数 $Q(\mathbf{Z}^{(q;0)+n})(p,0;0)$ はつぎのアルゴリズムに従って求めることができる:

$$Q(\mathbf{Z}^{(q;0)+n})(p,0;0) = -\sum_{j=1}^{p-1} \gamma_+^0(\mathbf{Z}^{(q;0)+n})(p,j) Q(\mathbf{X}^{(q;0)+n})(j,0;0)$$
$$-\gamma_+^0(\mathbf{X}^{(q;0)+n})(p,0). \qquad (2.290)$$

さらに, 前向き KM_2O-散逸行列関数 $\gamma_+^0(\mathbf{Z}^{(q;0)+n})$ は, 拡張された揺動散逸アルゴリズム (EFDA) に従って, 2 点相関行列関数 $R(\mathbf{Z}^{(q;0)})$ から求めることができるので, 行列関数 $Q(\mathbf{Z}^{(q;0)+n})(p,0;0)$ も 2 点相関行列関数 $R(\mathbf{Z}^{(q;0)})$ から求めることができる. 2 点相関行列関数 $R(\mathbf{Z}^{(q;0)})$ 自身は定理 2.12.10 (ii) によって計算できる.

2.12.4 非線形予測問題の研究の歴史

$\mathbf{X} = (X(n); -\infty < n < \infty)$ を確率空間 $(\Omega, \mathcal{B}, P)$ 上で定義された実数 $\mathbf{R}$ の値をとる 2 乗可積分な確率過程とする. これに対する非線形予測問題とは, 任意の整数 n と自然数 p に対して, 実ヒルベルト空間 $L^2(\Omega, \mathcal{B}, P)$ の元とみた確率変数 $X(n+p)$ を非線形情報空間 $\mathbf{N}_{-\infty}^n(\mathbf{X})$ へ射影したベクトル ($\mathbf{X}$ の非線形予測子と呼ばれる)

$$P_{\mathbf{N}_{-\infty}^n(\mathbf{X})} X(n+p) \qquad (2.291)$$

を計算できるアルゴリズムを求めることである. 非線形情報空間 $\mathbf{N}_{-\infty}^n(\mathbf{X})$ とはつぎで定義される実ヒルベルト空間 $L^2(\Omega, \mathcal{B}, P)$ の閉部分空間である:

$$\mathbf{N}_{-\infty}^n(\mathbf{X}) \equiv L^2((\Omega, \mathcal{B}_{-\infty}^n(\mathbf{X}), P), \qquad (2.292)$$
$$\mathcal{B}_{-\infty}^n(\mathbf{X}) \equiv \sigma(X(m); -\infty < m \leq n). \qquad (2.293)$$

ここで, σ-加法族 $\sigma(X(m); -\infty < m \leq n)$ は (2.11) と同様に定義され, 確率変数 $X(m)$ $(-\infty < m \leq n)$ をすべて可測にする最小の σ-加法族である.

マサニ・ウィーナーはつぎの条件 (H.1)〜(H.4) を満たす確率過程 $\mathbf{X}$ を対象にして, 非線形予測子の表現式を与え, それらの係数を求めるアルゴリズムを与えた[22]:

(H.1) $\mathbf{X}$ は有界である, すなわち, 正数 $c > 0$ が存在して
$$P(\{\omega \in \Omega; |X(n)(\omega)| \leq c \; (-\infty < n < \infty)\}) = 1;$$
(H.2) 任意個数の相異なる整数 $n_j \; (1 \leq j \leq k)$ に対し
確率分布 $P_{t(X(n_1),X(n_2),...,X(n_k))}$ の支えは正のルベーグ測度を持つ;
(H.3) 任意個数の相異なる整数 $n_j \; (1 \leq j \leq k)$ と任意の整数 m に対し
確率分布 $P_{t(X(n_1+m),X(n_2+m),...,X(n_k+m))}$ は m に依存しない;
(H.4) の平均は 0 $(-\infty < n < \infty)$.

性質 (H.1) より, 2.9 節で扱ったドブルーシン・ミンロスの可積分性の条件 (E) が従う. 性質 (H.3) は強定常性と言われる性質である. マサニ・ウィーナーが与えたアルゴリズムを説明しよう. 性質 (H.1) より, 多項式型の非線形変換を施した無限個の確率変数の集まり $\{Y_j; j \in \mathbf{N}^*\}$ で非線形情報空間 $\mathbf{N}_{-\infty}^0(\mathbf{X})$ を生成するものが連続関数の多項式近似定理を用いて構成される. 性質 (H.2) は確率変数の集まり $\{Y_j(n); n \in \mathbf{Z}, j \in \mathbf{N}^*\}$ が 1 次独立となることを保障し, シュミットの直交化法を用いて, 実ヒルベルト空間 $\mathbf{N}_{-\infty}^0(\mathbf{X})$ の完全正規直交系が構成され, 非線形予測子 $P_{\mathbf{N}_{-\infty}^0(\mathbf{X})} X(p)$ のフーリエ級数による表現式が得られる. 最後に, 強定常性の性質 (H.3) により構成される時間をシフトさせるユニタリー作用素を用いて, 一般の非線形予測子 $P_{\mathbf{N}_{-\infty}^n(\mathbf{X})} X(n+p)$ のフーリエ級数による表現式が得られる.

マサニ・ウィーナーの非線形予測子のフーリエ級数による表現式に現れる係数は確率過程 $\mathbf{X}$ の高次のモーメントから数学的には完全に求めることができると言う意味ではアルゴリズムは求まっていた. しかし, 彼らはアルゴリズムの背後に潜む数学的な構造を求める必要があることを論文の中で述べていた. そのためには, 非線形予測問題を解く前に線形予測問題を解く「深い」数学的理論が必要であると述べていた.

文献[92]において, KM_2O-ランジュヴァン方程式論に基づく線形予測問題が扱われ, 線形予測子を求めるアルゴリズムには揺動散逸定理という数学的構造があることが注意された. その応用として, 文献[104]において, マサニ・ウィーナーの論文と同じ条件 ((H.1)〜(H.4)) の下で, 非線形情報空間の多項式型の生成系という確率過程の集まりが導入され, KM_2O-ランジュヴァン方程式論に基

づいて非線形予測子を求める計算可能なアルゴリズムが与えられた．マサニ・ウィーナーの非線形予測子を求めるアルゴリズムには確率過程 $\mathbf{X}$ の高次のモーメントが関わっていたが，上記の非線形予測子を求めるアルゴリズムには多項式型の生成系の2点相関行列関数が関わっている．多項式型の生成系の各要素に対しては線形のKM_2O-ランジュヴァン方程式論が適用される．

つぎに，退化した確率過程に対するKM_2O-ランジュヴァン方程式論が展開され，非定常な確率過程に対する揺動散逸アルゴリズムが開発され，文献[131]において，性質(H.1)より弱いドブルーシン・ミンロスの可積分性の条件(E)の下で，性質(H.2), (H.3)を仮定することなく，非線形予測子を求めるアルゴリズムが与えられた．さらに，時間域が整数全体ではなく，有限集合である確率過程 $\mathbf{X} = (X(n); \ell \leq n \leq r)$ に対する非線形予測子を求めるアルゴリズムも与えられた．むしろ，時間域が有限な場合の結果から無限の場合の結果が得られるのである．それはそれらの基盤となるKM_2O-ランジュヴァン方程式論は時間域が局所的なものであるからである．

さらに，文献[124]において，時間域が無限あるいは有限の多次元の確率過程に対しても非線形予測子を求めるアルゴリズムが与られ，エルニーニョ現象に関わる時系列に対する因果解析と予測解析の実証分析が行われた．

最後に，文献[153]において，可積分な一般の確率過程に対して，非線形情報空間の多項式型とは限らない生成系が構成され，非線形予測子を求めるアルゴリズムが与えられた．

3

時 系 列 解 析

3.1 Test(S)

　本節では，時系列が定常性を持つことの定義を与え，時系列解析における指導原理として確立した2.8節の揺動散逸原理(定理2.8.1)に従い，時系列の定常性を検証する際の揺動散逸原理とそれを実行するテスト—Test(S)—を紹介しよう．

3.1.1　見本共分散関数

　時刻 n $(0 \leq n \leq N)$ と共に変化する $N+1$ 個の実数のデータ z_n からなる1次元の時系列 $z = (z(n); 0 \leq n \leq N)$ が与えられたとする．時系列 z の見本平均 $\mu(z)$ と見本分散 $v(z)$ をつぎで定める：

$$\mu(z) \equiv \frac{1}{N+1} \sum_{n=0}^{N} z(n), \tag{3.1}$$

$$v(z) \equiv \frac{1}{N+1} \sum_{n=0}^{N} (z(n) - \mu(z))^2. \tag{3.2}$$

以下において，見本分散は正であるとする：

$$v(z) > 0. \tag{3.3}$$

時系列 z をつぎの時系列 $\tilde{z} = (\tilde{z}(n); 0 \leq n \leq N)$ に変換する：

$$\tilde{z}(n) \equiv \frac{z(n) - \mu(z)}{\sqrt{v(z)}}. \tag{3.4}$$

特に
$$\mu(\tilde{z}) = 0, \quad v(\tilde{z}) = 1. \tag{3.5}$$
この意味で，時系列 z から時系列 $\tilde{z}$ への変換を時系列の規格化と言う．

時系列 $\tilde{z}$ の見本共分散関数 $R(\tilde{z}) = (R(\tilde{z})(n); -N \leq n \leq N)$ を

$$\begin{cases} R(\tilde{z})(n) \equiv \dfrac{1}{N+1} \sum_{m=0}^{N-n} \tilde{z}(n+m)\tilde{z}(m) & (0 \leq n \leq N), \\ R(\tilde{z})(-n) \equiv R(\tilde{z})(n) & (0 \leq n \leq N) \end{cases} \tag{3.6}$$

で定義する．元の時系列 z の言葉で書けば，整数 n $(0 \leq n \leq N)$ に対して

$$R(\tilde{z})(n) = \frac{\sum_{m=0}^{N-n}(z(n+m) - \mu(z))(z(m) - \mu(z))}{\sum_{m=0}^{N}(z(m) - \mu(z))^2} \tag{3.7}$$

と表現される．特に
$$R(\tilde{z})(0) = 1. \tag{3.8}$$

3.1.2 階数有限の非線形変換

2.4節で，標本空間 W 上に (2.2) によって定義された関数の集まり $\mathbf{X} = (X(n); 0 \leq n \leq N)$ に階数6の非線形変換を施して得られる19個の関数の集まり φ_j $(0 \leq j \leq 18)$ を表2.4.1に与えた．階数7の非線形変換を施した関数の集まりは表2.9.1に与えた．もっと一般に，自然数 q に対し，階数 q の非線形変換を施して得られる関数の集まり φ_j $(0 \leq j \leq d_q)$ の一端は (2.207) に与えられた．本項では同じ非線形変換を時系列データに施すことを考えよう．

$z = (z(n); 0 \leq n \leq N)$ を任意の1次元の時系列とし，それを規格化した時系列を $\tilde{z}$ とする．任意の自然数 q を固定する．$\tilde{z}$ を標本空間 W の元とみて，各 j $(0 \leq j \leq d_q)$ に対し，φ_j の点 $\tilde{z}$ での実現として，時系列 $z_j = (z_j(n); \sigma(j) \leq n \leq N)$ をつぎで定義する：

$$z_j(n) \equiv \varphi_j(n)(\tilde{z}) \qquad (0 \leq j \leq d_q, \sigma(j) \leq n \leq N). \tag{3.9}$$

これらの全体を $T^{(q)}(z)$ とおき，時系列 z に階数 q の非線形変換を施して得られる時系列の集まりと言う：

$$T^{(q)}(z) \equiv \{z_j; 0 \leq j \leq d_q\}. \tag{3.10}$$

特に, $N \geq 4, q = 6$ のときの $\mathcal{T}^{(6)}(z)$ の各要素はつぎのように表現される：

表 3.1.1　階数 6 の非線形変換

$$\begin{cases} z_0 = (\tilde{z}(n); 0 \leq n \leq N) & z_{10} = (\tilde{z}(n)\tilde{z}(n-1)^2; 1 \leq n \leq N) \\ z_1 = (\tilde{z}(n)^2; 0 \leq n \leq N) & z_{11} = (\tilde{z}(n)\tilde{z}(n-3); 3 \leq n \leq N) \\ z_2 = (\tilde{z}(n)^3; 0 \leq n \leq N) & z_{12} = (\tilde{z}(n)^6; 0 \leq n \leq N) \\ z_3 = (\tilde{z}(n)\tilde{z}(n-1); 1 \leq n \leq N) & z_{13} = (\tilde{z}(n)^4\tilde{z}(n-1); 1 \leq n \leq N) \\ z_4 = (\tilde{z}(n)^4; 0 \leq n \leq N) & z_{14} = (\tilde{z}(n)^3\tilde{z}(n-2); 2 \leq n \leq N) \\ z_5 = (\tilde{z}(n)^2\tilde{z}(n-1); 1 \leq n \leq N) & z_{15} = (\tilde{z}(n)^2\tilde{z}(n-1)^2; 1 \leq n \leq N) \\ z_6 = (\tilde{z}(n)\tilde{z}(n-2); 2 \leq n \leq N) & z_{16} = (\tilde{z}(n)^2\tilde{z}(n-3); 3 \leq n \leq N) \\ z_7 = (\tilde{z}(n)^5; 0 \leq n \leq N) & z_{17} = (\tilde{z}(n)\tilde{z}(n-1)\tilde{z}(n-2); \\ z_8 = (\tilde{z}(n)^3\tilde{z}(n-1); 1 \leq n \leq N) & \quad\quad 2 \leq n \leq N) \\ z_9 = (\tilde{z}(n)^2\tilde{z}(n-2); 2 \leq n \leq N) & z_{18} = (\tilde{z}(n)\tilde{z}(n-4); 4 \leq n \leq N) \end{cases}$$

さらに, $1 \leq d \leq d_q + 1$ を満たす任意の自然数 d を固定する. 2.9.4 項の (2.218) と同様に, $\mathbf{X}$ を時系列 $\tilde{z}$ に置き換えることによって, $\mathcal{T}^{(q)}(z)$ の中から選んだ d 個の時系列 z_{j_k} $(1 \leq k \leq d, 0 \leq j_1 < j_2 < \cdots < j_d \leq d_q)$ を組にした d 次元の時系列 $z_{(j_1,j_2,\ldots,j_d)} = (z_{(j_1,j_2,\ldots,j_d)}(n); \sigma(j_1, j_2, \ldots, j_d) \leq n \leq N)$ をつぎのように構成する：

$$z_{(j_1,j_2,\ldots,j_d)}(n) \equiv {}^t(z_{j_1}(n), z_{j_2}(n), \ldots, z_{j_d}(n)), \tag{3.11}$$

$$\sigma(j_1, j_2, \ldots, j_d) \equiv \max\{\sigma(j_k); 1 \leq k \leq d\}. \tag{3.12}$$

これらの全体を $\mathcal{T}^{(q,d)}(z)$ とする：

$$\mathcal{T}^{(q,d)}(z) \equiv \{z_{(j_1,j_2,\ldots,j_d)}; 0 \leq j_1 < j_2 < \cdots < j_d \leq d_q\}. \tag{3.13}$$

3.1.3　見本共分散行列関数とそれに付随する見本 KM_2O-ランジュヴァン行列系

前項の続きとして, 時系列の集まり $\mathcal{T}^{(q,d)}(z)$ の任意の元 $z_{(j_1,j_2,\ldots,j_d)}$ $(0 \leq j_1 < j_2 < \cdots < j_d \leq d_q)$ をとり, これを $\mathcal{Z} = (\mathcal{Z}(n); \ell \leq n \leq r)$ と書く.

$$\mathcal{Z}(n) \equiv z_{(j_1,j_2,\ldots,j_d)}(n), \tag{3.14}$$

$$\ell \equiv \sigma(j_1, j_2, \ldots, j_d), \quad r \equiv N. \tag{3.15}$$

さらに, $\mathcal{Z}_j = (\mathcal{Z}_j(n); \ell \leq n \leq r)$ $(1 \leq j \leq d)$ を $\mathcal{Z}$ の j 成分の時系列とする:
$$\mathcal{Z}(n) \equiv {}^t(\mathcal{Z}_1(n), \ldots, \mathcal{Z}_d(n)). \tag{3.16}$$

時系列 $\mathcal{Z}$ の見本平均ベクトル $\mu(\mathcal{Z})$ と見本分散行列 $v(\mathcal{Z})$ をつぎで定める:
$$\mu(\mathcal{Z}) \equiv \frac{1}{r-\ell+1} \sum_{n=\ell}^{r} \mathcal{Z}(n), \tag{3.17}$$
$$v(\mathcal{Z}) \equiv \frac{1}{r-\ell+1} \sum_{n=\ell}^{r} (\mathcal{Z}(n) - \mu(\mathcal{Z})) {}^t(\mathcal{Z}(n) - \mu(\mathcal{Z})). \tag{3.18}$$

時系列 $\mathcal{Z}$ をつぎの時系列 $\widetilde{\mathcal{Z}} = (\widetilde{\mathcal{Z}}(n); \ell \leq n \leq r)$ に変換する:
$$\widetilde{\mathcal{Z}}(n) = \begin{pmatrix} \sqrt{v_{11}(\mathcal{Z})^{-1}} & & 0 \\ & \ddots & \\ 0 & & \sqrt{v_{dd}(\mathcal{Z})^{-1}} \end{pmatrix} (\mathcal{Z}(n) - \mu(\mathcal{Z})). \tag{3.19}$$

ここで, $v_{ij}(\mathcal{Z})$ は見本分散行列 $v(\mathcal{Z})$ の (i,j) 成分である. 特に
$$\mu(\widetilde{\mathcal{Z}}) = 0, \quad v_{jj}(\widetilde{\mathcal{Z}}) = 1 \qquad (1 \leq j \leq d). \tag{3.20}$$

この意味で, 時系列 $\mathcal{Z}$ から時系列 $\widetilde{\mathcal{Z}}$ への変換を時系列の規格化と言う.

時系列 $\widetilde{\mathcal{Z}}$ の見本共分散行列関数 $R(\widetilde{\mathcal{Z}}) = (R_{jk}(\widetilde{\mathcal{Z}})(*))_{1 \leq j,k \leq d} : \{-(r-\ell), -(r-\ell)+1, \ldots, (r-\ell)-1, (r-\ell)\} \longrightarrow M(d; \mathbf{R})$ をつぎで定義する: 各整数 n $(0 \leq n \leq r-\ell)$ と各自然数 j, k $(1 \leq j, k \leq d)$ に対し
$$\begin{cases} R_{jk}(\widetilde{\mathcal{Z}})(n) \equiv \dfrac{1}{r-\ell+1} \displaystyle\sum_{m=0}^{r-\ell-n} \widetilde{\mathcal{Z}}_j(\ell+n+m)\widetilde{\mathcal{Z}}_k(\ell+m), \\ R_{jk}(\widetilde{\mathcal{Z}})(-n) \equiv R_{kj}(\widetilde{\mathcal{Z}})(n). \end{cases} \tag{3.21}$$

具体的には, 整数 n $(0 \leq n \leq r-\ell)$ に対して
$$R(\widetilde{\mathcal{Z}})_{jk}(n) = \frac{\sum_{m=0}^{r-\ell-n}(\mathcal{Z}_j(\ell+n+m) - \mu_j(\mathcal{Z}))(\mathcal{Z}_k(\ell+m) - \mu_k(\mathcal{Z}))}{\sqrt{\sum_{m=0}^{r-\ell}(\mathcal{Z}_j(\ell+m) - \mu_j(\mathcal{Z}))^2 \sum_{m=0}^{r-\ell}(\mathcal{Z}_k(\ell+m) - \mu_k(\mathcal{Z}))^2}} \tag{3.22}$$

が得られる. 特に
$$R_{jj}(\widetilde{\mathcal{Z}})(0) = 1 \qquad (1 \leq j \leq d). \tag{3.23}$$
見本共分散行列関数が非負定符号性を持つことを証明しよう.

補題 3.1.1 見本共分散行列関数 $R(\widetilde{\mathcal{Z}})$ は非負定符号性を満たす: 任意の自然数 m と m 個の任意の $\xi_j \ (\in \mathbf{R}^d), n_j \ (\in \{n; 0 \leq n \leq r - \ell\}) \ (1 \leq j \leq m)$ に対して
$$\sum_{j,k=1}^{m} {}^t\xi_j R(\widetilde{\mathcal{Z}})(n_j - n_k)\xi_k \geq 0.$$

証明 $N+1$ 個のデータ $\widetilde{\mathcal{Z}}(n) \ (\in \mathbf{R}^d)$ を延長して, 可算無限個のデータ $\mathcal{X}(n) \ (\in \mathbf{R}^d)$ を
$$\mathcal{X}(n) \equiv \begin{cases} \widetilde{\mathcal{Z}}(n) & (0 \leq n \leq r - \ell), \\ 0 & (\text{それ以外の } n) \end{cases} \tag{3.24}$$
で定義し, 関数 $R = R(\cdot) : \mathbf{Z} \longrightarrow M(d; \mathbf{R})$ をつぎで定める:
$$R(n) \equiv \frac{1}{r-\ell+1} \sum_{k=-\infty}^{\infty} \mathcal{X}(n+k) \, {}^t\mathcal{X}(k) \qquad (n \in \mathbf{Z}). \tag{3.25}$$
時刻 n での値である行列 $R(n)$ の (p,q) 成分 $R_{pq}(n) \ (1 \leq p, q \leq d)$ は
$$R_{pq}(n) = \frac{1}{r-\ell+1} \sum_{k=-\infty}^{\infty} \mathcal{X}_p(n+k) \, \mathcal{X}_q(k)$$
となるので, (3.24) より, (3.25) の和は有限和であることを注意する. 再び (3.24) に注意して, (3.25) よりつぎが従う:
$$R(n) = \begin{cases} R(\widetilde{\mathcal{Z}})(n) & (|n| \leq r - \ell), \\ 0 & (|n| > r - \ell). \end{cases} \tag{3.26}$$
したがって, これと (3.25) より
$$R(\widetilde{\mathcal{Z}})(n_j - n_k) = \frac{1}{r-\ell+1} \sum_{i=-\infty}^{\infty} \mathcal{X}(n_j - n_k + i) \, {}^t\mathcal{X}(i)$$

となるが, 上で $i - n_k$ を i に変数変換することによって

$$R(\widetilde{\mathcal{Z}})(n_j - n_k) = \frac{1}{r - \ell + 1} \sum_{i=-\infty}^{\infty} \mathcal{X}(n_j + i) \, {}^t\mathcal{X}(n_k + i)$$

となる. したがって

$$\sum_{j,k=1}^{m} {}^t\xi_j R(\widetilde{\mathcal{Z}})(n_j - n_k)\xi_k$$

$$= \frac{1}{r - \ell + 1} \sum_{i=-\infty}^{\infty} \left(\sum_{j=1}^{m} {}^t\xi_j \mathcal{X}(n_j + i) \right) \left(\sum_{k=1}^{m} {}^t\mathcal{X}(n_k + i)\xi_k \right)$$

$$= \frac{1}{r - \ell + 1} \sum_{i=-\infty}^{\infty} \left(\sum_{j=1}^{m} {}^t\xi_j \mathcal{X}(n_j + i) \right)^2 \geq 0$$

が得られる. ゆえに, 補題 3.1.1 が示された. (証明終)

この応用として, つぎを証明しよう.

定理 3.1.1 見本共分散行列関数 $R(\widetilde{\mathcal{Z}})$ は 2.7.1 項の性質 (R.1), (R.2) を満たす, すなわち, つぎの性質を満たす:

(R.1) ${}^tR(\widetilde{\mathcal{Z}})(n) = R(\widetilde{\mathcal{Z}})(-n)$ $(0 \leq n \leq r - \ell)$;

(R.2) $(T(n)\xi, \xi) \geq 0$ $(\forall \xi \in \mathbf{R}^{nd}, 1 \leq n \leq r - \ell + 1)$;

ここで, $T(n)$ は (2.148) で R を $R(\widetilde{\mathcal{Z}})$ で置き換えて定義されたテープリッツ行列である.

証明 (R.1) は (3.21) より従う. (R.2) はつぎのように示せる: 補題 3.1.1 より, ある確率空間 $(W, \mathcal{B}(W), P)$ の上で定義された d 次元の確率過程 $\mathbf{Z} = (Z(n); 0 \leq n \leq r - \ell)$ の 2 点相関行列関数として表現される:

$$R(\widetilde{\mathcal{Z}})(n - m) = E(Z(n) \, {}^tZ(m)) \quad (0 \leq n, m \leq r - \ell).$$

各自然数 n $(1 \leq n \leq r - \ell)$ に対し, $T(n) = ({}^t({}^tZ(0), {}^tZ(1), \ldots, {}^tZ(n-1)), {}^t({}^tZ(0), {}^tZ(1), \ldots, {}^tZ(n-1)))$ が成り立つので, $\mathbf{R}^{nd}$ の任意の元 ξ に

対し, $\xi = {}^t({}^t\xi(0), {}^t\xi(1), \ldots, {}^t\xi(n-1))$ $(\xi(k) \in \mathbf{R}^d, 0 \leq k \leq n-1)$ とブロックベクトルとして表すと

$$(T(n)\xi, \xi) = \sum_{k=0}^{n-1}({}^tZ(k)\xi(k))^2 \geq 0$$

となるので, (R.2) が成り立つ.　　　　　　　　　　　　　　　　　(証明終)

本項の最後の目的は, 時系列 $\widetilde{\mathcal{Z}}$ に付随した見本 KM_2O-ランジュヴァン行列系を導入することである. 時系列 $\widetilde{\mathcal{Z}}$ の見本共分散行列関数 $R(\widetilde{\mathcal{Z}})$ は2.7.1項の性質 (R.1), (R.2) を満たすことを定理3.1.1において証明した. 見本共分散行列関数 $R(\widetilde{\mathcal{Z}})$ の定義域は $\{-(r-\ell), -(r-\ell)+1, \ldots, -1, 0, 1, \ldots, (r-\ell)-1, (r-\ell)\}$ であるが, 定義式 (3.21) より, 純粋数学的な実質的な範囲は $\{0, 1, \ldots, N\}$ である. しかし, (3.21) からわかるように, n が $r-\ell$ に近いとき, (3.21) の右辺の分子の項数と較べて分母 $r-\ell+1$ が大きくなり, 見本共分散行列関数の信頼できる定義域が問題となる. 時系列解析の経験則より, 見本共分散行列関数 $R(\widetilde{\mathcal{Z}})$ の $r-\ell+1$ 個の値 $R(\widetilde{\mathcal{Z}})(n)$ $(0 \leq n \leq r-\ell)$ のうちで有効な数は, $[2\sqrt{r-\ell+1}/d]$ から $[3\sqrt{r-\ell+1}/d]$ の範囲にあることが知られている[36]. ここで, 実数 x に対し, $[x]$ は x を越えない最大の整数を意味する. たとえば, $[100/3] = 33$. 本書では, 最大限の個数を選び, $M+1$ とおく:

$$M \equiv [3\sqrt{r-\ell+1}/d] - 1. \tag{3.27}$$

今後, 見本共分散行列関数 $R(\widetilde{\mathcal{Z}})$ の定義域を $\{-M, -M+1, \ldots, -1, 0, 1, \ldots, M\}$ に制限する. 実質的に大切な範囲は $\{0, 1, \ldots, M\}$ である. このとき, 定理3.1.1より, 2.7節の2.7.1項の定理2.7.3を見本共分散行列関数 $R(\widetilde{\mathcal{Z}})$ に適用して, 見本共分散行列関数 $R(\widetilde{\mathcal{Z}})$ に付随する見本 KM_2O-ランジュヴァン行列系 $\mathcal{LM}(R(\widetilde{\mathcal{Z}}))$ を導入できる:

$$\mathcal{LM}(R(\widetilde{\mathcal{Z}})) = \{\gamma_+^0(R(\widetilde{\mathcal{Z}}))(n,k), \gamma_-^0(R(\widetilde{\mathcal{Z}}))(n,k), V_+^0(R(\widetilde{\mathcal{Z}}))(m),$$
$$V_-^0(R(\widetilde{\mathcal{Z}}))(m); 1 \leq n \leq M, 0 \leq k \leq n-1, 0 \leq m \leq M\}. \tag{3.28}$$

3.1.4 時系列における揺動散逸原理

前項と同じく, $\mathcal{T}^{(q,d)}(z)$ の任意の元 $z_{(j_1,j_2,\ldots,j_d)}$ $(0 \leq j_1 < j_2 < \cdots < j_d \leq d_q)$ をとり, (3.14), (3.15) によって, それを $\mathcal{Z} = (\mathcal{Z}(n); \ell \leq n \leq r)$ と書く. 本項の目的は, (3.19)によって $\mathcal{Z}$ を規格化した時系列 $\widetilde{\mathcal{Z}} = (\widetilde{\mathcal{Z}}(n); \ell \leq n \leq r)$ が定常性を持つことの数学的な定義を与え, それを2.8節の揺動散逸原理(定理2.8.1)に従って検証する**揺動散逸原理(FDP)**を打ち立てることである.

時系列 $\widetilde{\mathcal{Z}}$ の出発時刻は ℓ, 終点時刻は r で, データ数は $r - \ell + 1$ 個あるが, この時系列データから統計解析に使用できる情報量はその見本共分散行列関数 $R(\widetilde{\mathcal{Z}}) = R(\widetilde{\mathcal{Z}})(n)$ $(0 \leq n \leq M)$ で定義域の要素(時刻)の数は $M + 1$ である. M は(3.27)で定まっている. そこで, 時系列 $\widetilde{\mathcal{Z}}$ の出発点の時刻をずらし, 各時刻 s $(\ell \leq s \leq r - M)$ に対し, $\widetilde{\mathcal{Z}}(s)$ を始点, $\widetilde{\mathcal{Z}}(s+M)$ を終点とするデータ数が $M + 1$ 個の時系列 $\widetilde{\mathcal{Z}}_s = (\widetilde{\mathcal{Z}}_s(n); 0 \leq n \leq M)$ を考える:

$$\widetilde{\mathcal{Z}}_s(n) \equiv \widetilde{\mathcal{Z}}(s+n) \qquad (0 \leq n \leq M). \tag{3.29}$$

上のことを考慮して, つぎの定義を与えよう.

定義 3.1.1 (時系列の定常なコピー) 各 s $(\ell \leq s \leq r - M)$ に対し, 時系列 $\widetilde{\mathcal{Z}}_s$ が時系列 $\widetilde{\mathcal{Z}}$ の定常なコピーであるとは

(S) $\begin{cases} \text{時系列 } \widetilde{\mathcal{Z}}_s \text{ が行列関数 } R(\widetilde{\mathcal{Z}}) \text{ を共分散行列関数とする } d \text{ 次元の} \\ \text{弱定常過程 } \mathbf{X}_s = (X_s(n); 0 \leq n \leq M) \text{ の実現である} \end{cases}$

が成り立つことである.

[第1段] 任意の $s \in \{\ell, \ell+1, \ldots, r-M\}$ を固定する. 上の性質 (S) を統計的に検証するために, 2.8節の揺動散逸原理(定理2.8.1)を参考に, 時系列 $\widetilde{\mathcal{Z}}_s$ に付随する見本前向き KM$_2$O-揺動時系列 $\nu_{+s} = (\nu_{+s}(n); 0 \leq n \leq M)$ を抜き出す:

$$\nu_{+s}(n) \equiv \widetilde{\mathcal{Z}}_s(n) + \sum_{k=0}^{n-1} \gamma_+(R(\widetilde{\mathcal{Z}}))(n,k)\widetilde{\mathcal{Z}}_s(k). \tag{3.30}$$

[第2段] つぎに, 各 n $(0 \leq n \leq M)$ に対して, d 次の下三角行列 $W(n)$ で

$$V_+^0(R(\widetilde{\mathcal{Z}}))(n) = W(n) \, {}^tW(n) \tag{3.31}$$

を満たすものをとる. $d=1$ のとき, $W(n)$ は

$$W(n) \equiv \sqrt{V_+^0(R(\widetilde{\mathcal{Z}}))(n)} \tag{3.32}$$

で与えられ, $d=2$ のときは, 行列 $W(n)$ の (i,j) 成分 $W_{ij}(n)$ はつぎで与えられる:

$$\begin{cases} W_{11}(n) \equiv \sqrt{V_{11}^0(R(\widetilde{\mathcal{Z}}))(n)}, \\ W_{12}(n) \equiv 0, \\ W_{21}(n) \equiv \dfrac{V_{12}^0(R(\widetilde{\mathcal{Z}}))(n)}{\sqrt{V_{11}^0(R(\widetilde{\mathcal{Z}}))(n)}}, \\ W_{22}(n) \equiv \dfrac{\sqrt{V_{11}^0(R(\widetilde{\mathcal{Z}}))(n)V_{22}^0(R(\widetilde{\mathcal{Z}}))(n) - V_{12}^0(R(\widetilde{\mathcal{Z}}))(n)^2}}{\sqrt{V_{11}^0(R(\widetilde{\mathcal{Z}}))(n)}}. \end{cases} \tag{3.33}$$

ここで, $V_{ij}^0(R(\widetilde{\mathcal{Z}}))(n)$ は行列 $V_+(R(\widetilde{\mathcal{Z}}))(n)$ の (i,j) 成分である.

[第3段] つぎに, (3.31)の行列 $W(n)$ を用いて, d 次元の時系列 $\xi_{+s} = (\xi_{+s}(n); 0 \leq n \leq M)$ を

$$\xi_{+s}(n) \equiv W(n)^{-1}\nu_{+s}(n) \tag{3.34}$$

で定め, そのベクトル表示を

$$\xi_{+s}(n) = {}^t(\xi_{+s1}(n), \xi_{+s2}(n), \ldots, \xi_{+sd}(n)) \tag{3.35}$$

とする. これらの $d(M+1)$ 個のデータ $\xi_{sj}(n)$ をつぎのように1列に並べて, 1次元の時系列 $\xi_s = (\xi_s(n); 0 \leq n \leq d(M+1) - 1)$ を構成する:

$$\begin{aligned} \xi_s \equiv (&\xi_{+s1}(0), \ldots, \xi_{+sd}(0), \xi_{+s1}(1), \ldots, \xi_{+sd}(1), \ldots, \\ &\xi_{+s1}(M), \ldots, \xi_{+sd}(M)). \end{aligned} \tag{3.36}$$

2.8節の揺動散逸原理(定理2.8.1)より, つぎの時系列解析における揺動散逸原理 **(FDP)** が成り立つ:

時系列解析における揺動散逸原理——(FDP) 各 s $(\ell \leq s \leq r - M)$ に対し, 時系列 $\widetilde{\mathcal{Z}}_s$ が時系列 $\widetilde{\mathcal{Z}}$ の定常なコピーであることは, つぎの性質(WN)が成り立つことと同値である:

(WN) 時系列 ξ_s は弱い意味でのホワイトノイズの実現値である.

3.1.5　Test(S)

性質(WN)を検証するために, 各 s ($\ell \leq s \leq r - M$) に対し, 三つの規準 $(M)_s, (V)_s, (O)_s$ を設定し, これらがすべての s に対してではなく, どの位の s の割合で成り立つときに, 性質(WN)が成り立つ, したがって, 性質(S)が成り立ち, 時系列 $\widetilde{\mathcal{Z}}$ が定常性を持つと言ってよいと主張するのが Test(S) である.

Test(S) を紹介しよう.

[**第1段**] d が2以上のときは, 時系列 $\widetilde{\mathcal{Z}}$ の定常性は, 任意の p, q ($1 \leq p < q \leq d$) に対して, $\widetilde{\mathcal{Z}}(n)$ の p 成分と q 成分から作った2次元の時系列の定常性と数学的には同値である. 実験数学的には念を押して, 時系列 $\widetilde{\mathcal{Z}}$ の定常性は $\widetilde{\mathcal{Z}}(n)$ の p 成分と q 成分から作った2次元の時系列の定義域を狭めた時系列 $\widetilde{\mathcal{Z}}_{pq} = ({}^t(\widetilde{\mathcal{Z}}_{j_p}(n), \widetilde{\mathcal{Z}}_{j_q}(n)); \sigma(j_p, j_q) \leq n \leq N)$ の定常性と $\widetilde{\mathcal{Z}}(n)$ の p, q 成分から作った1次元の時系列の定義域を広げた時系列 $\widetilde{\mathcal{Z}}_p = (\widetilde{\mathcal{Z}}_{j_p}(n); \sigma(j_p) \leq n \leq N), \widetilde{\mathcal{Z}}_q = (\widetilde{\mathcal{Z}}_{j_q}(n); \sigma(j_q) \leq n \leq N)$ の定常性を持つこととする.

以下において扱う時系列 $\widetilde{\mathcal{Z}} = (\widetilde{\mathcal{Z}}(n); \ell \leq n \leq r)$ は上の1次元の時系列 $\widetilde{\mathcal{Z}}_p, \widetilde{\mathcal{Z}}_q$ か2次元の時系列 $\widetilde{\mathcal{Z}}_{pq}$ のいずれかとする.

[**第2段**] 各 s ($\ell \leq s \leq r - M$) を固定したとき, (WN)の検定のために, 前項の(3.36)で導いた1次元の時系列 ξ_s の見本平均 μ^{ξ_s}, 見本擬似分散 v^{ξ_s}, 見本擬似共分散関数の系 $R^{\xi_s}(n; m)$ ($0 \leq n \leq L, 0 \leq m \leq L - n$) を定義する:

$$\mu^{\xi_s} \equiv \frac{1}{d(M+1)} \sum_{k=0}^{d(M+1)-1} \xi_s(k), \tag{3.37}$$

$$v^{\xi_s} \equiv \frac{1}{d(M+1)} \sum_{k=0}^{d(M+1)-1} \xi_s(k)^2, \tag{3.38}$$

$$R^{\xi_s}(n; m) \equiv \frac{1}{d(M+1)} \sum_{k=m}^{d(M+1)-1-n} \xi_s(k)\xi_s(n+k). \tag{3.39}$$

$m = 0$ のときの関数 $R^{\xi_s}(n; 0)$ が1次元の時系列 ξ_s の見本擬似共分散関数である. L は

$$L \equiv [2\sqrt{d(M+1)}] - 1 \tag{3.40}$$

で定まる見本擬似共分散関数 $R^{\xi_s}(n;0)$ の信頼できる n の最小の数である.

[第3段] 調べるべきことは, 性質 (WN) が成り立つ基準を求めること, すなわち

$$\begin{cases} \mu^{\xi_s} \text{ が } 0 \text{ に近い割合を定める規準,} \\ v^{\xi_s} - 1 \text{ が } 0 \text{ に近い割合を定める規準,} \\ R^{\xi_s}(n;m) \ (1 \leq n \leq L, 0 \leq m \leq L - n) \text{ が } 0 \text{ に近い割合を定める規準} \end{cases}$$

を求めることである. これらはつぎの三つの規準 $(M)_s, (V)_s, (O)_s$ で与えられる. 詳しくは文献[134, 135] を見て頂きたい.

規準 $(M)_s$: 不等式 $\sqrt{d(M+1)}|\mu^{\xi_s}| < 1.96$ が成立する.

規準 $(V)_s$: 不等式 $|(v^{\xi_s} - 1)^\sim| < 2.2414$ が成立する.

ここで, $(v^{\xi_s} - 1)^\sim$ はつぎで与えられる:

$$(v^{\xi_s} - 1)^\sim \equiv \frac{\sum_{k=0}^{d(M+1)-1}(\xi_s(k)^2 - 1)}{\sqrt{\sum_{k=0}^{d(M+1)-1}(\xi_s(k)^2 - 1)^2}}. \tag{3.41}$$

規準 $(O)_s$: 不等式 $d(M+1)\left(\sqrt{L_{n,m}^{(1)}} + \sqrt{L_{n,m}^{(2)}}\right)^{-1}|R^{\xi_s}(n;m)| < 1.96$ が成立する割合 $(1 \leq n \leq L, 0 \leq m \leq L - n)$ が9割以上.

ここで, $L_{n,m}^{(1)}, L_{n,m}^{(2)}$ がつぎで与えられる: $d(M+1) - 1, m$ を共に $2n$ で割り, 商をそれぞれ q, u, 余りをそれぞれ r, t とする:

$$d(M+1) - 1 = q(2n) + r \quad (0 \leq r \leq 2n - 1), \tag{3.42}$$

$$m = u(2n) + t \quad (0 \leq t \leq 2n - 1). \tag{3.43}$$

余り r が $0 \leq r \leq n-1$ を満たすときは

$$\begin{cases} L_{n,m}^{(1)} = \begin{cases} n(q+u) - m & (0 \leq t \leq n-1), \\ n(q-u-1) & (n \leq t \leq 2n-1), \end{cases} \\ L_{n,m}^{(2)} = \begin{cases} n(q-u-1) + r + 1 & (0 \leq t \leq n-1), \\ n(q+u) + r + 1 - m & (n \leq t \leq 2n-1). \end{cases} \end{cases} \tag{3.44}$$

余り r が $n+1 \leq r \leq 2n-1$ を満たすときは

$$\begin{cases} L_{n,m}^{(1)} = \begin{cases} n(q+u-1)+r+1-m & (0 \leq t \leq n-1), \\ n(q-u-2)+r+1 & (n \leq t \leq 2n-1), \end{cases} \\ L_{n,m}^{(2)} = \begin{cases} n(q-u) & (0 \leq t \leq n-1), \\ n(q+u+1)-m & (n \leq t \leq 2n-1). \end{cases} \end{cases} \quad (3.45)$$

最後に,時系列 $\mathcal{Z}$ が定常性を持つことを検証する Test(S) を与えよう.

定義 3.1.2 (Test(S)) 時系列 $\mathcal{Z} = (\mathcal{Z}(n); 0 \leq n \leq N)$ が定常性を持つとは

$$\text{Test(S)} \begin{cases} \text{規準 (M)}_s \text{ が通過する } s \text{ の割合 } (\ell \leq s \leq r-M) \text{ が 8 割以上,} \\ \text{規準 (V)}_s \text{ が通過する } s \text{ の割合 } (\ell \leq s \leq r-M) \text{ が 7 割以上,} \\ \text{規準 (O)}_s \text{ が通過する } s \text{ の割合 } (\ell \leq s \leq r-M) \text{ が 8 割以上} \end{cases}$$

が成り立つときを言う.このとき,各時系列 $\widetilde{\mathcal{Z}}_s$ ($\ell \leq s \leq r-M$) は時系列 $\widetilde{\mathcal{Z}}$ の定常なコピーである,すなわち,性質(S)が成り立つと見なす.

注意 3.1.1 本書では,1次元の時系列 z を対象にして,(3.14), (3.15) によって構成した特別な d 次元の時系列 $\mathcal{Z}$ の定常性を定義し,それを検証する Test(S) を紹介した.そこでの手続きは一般の d 次元の時系列に対しても定常性を定義し,それを検証する Test(S) を提案できる.詳しくは文献[134]を見て頂きたい.

3.2 Test(EP)

前節で時系列が定常性を持つことの定義とそれを検証する Test(S) を紹介した.しかし,世の中には定常性を持たない非定常な時系列がたくさんある.非定常な時系列がほとんどと言ってよいかもしれない.それだからこそ,世の中で観測あるいは計測される時系列が定常性を持つかどうかを検証することは,実験数学の心の「データから法則」の一つの表現であり,一つの発見を意味し,意義あることである.

3.2 Test(EP)

本節で一般の時系列を実験数学の観点から調べる方法を紹介する．時系列解析における指導原理として確立した2.8節の揺動散逸原理(定理2.8.2)を用いよう．実験数学では闇雲に「時系列の実験」を行うのではなく，一般の時系列の中でどういう性質に着目するかが大切である．ターゲットとする時系列に対し，(R.4), (R.5)を満たす行列関数 $R = R(m,n)$ をどのように見積もるかが最初の課題である．一つの時系列だけではなく，ある現象を観測あるいは計測してたくさんの標本としての時系列が得られる場合を扱い，それらが等確率で実現しているかどうかを検証するテスト—Test(EP)—を紹介しよう．

3.2.1 トレーサビリティ

本項では一つの時系列だけではなく，ある現象を観測あるいは計測してたくさんの標本としての時系列が得られる場合を紹介する．

例3.2.1 毎日，新聞やテレビで流される経済動向の中で，日経平均株価は，1950年9月7日から日本経済新聞社が計算を開始したもので，東京証券取引所第一部に上場されている株式のうちで，225銘柄を選びそれらの株価の平均を一つの時系列と見たものである．どの銘柄を選び，どの銘柄を入れ替えるかは日本経済新聞社で決められているが，難しい問題である．むしろ，平均する前に，225個の銘柄を「日本経済の株価」という仮のあるいは時系列の奥に潜む確率過程の実現と見ることはできないだろうか．225個の銘柄が等確率で実現しているかどうかは問題があるが，逆に等確率で実現しているかどうかを調べることは時系列解析における一つの「発見」であり，意味があるのではないだろうか．

例3.2.2 最近，トレーサビリティという言葉を耳にする．デパートやスーパー等で売られる製品や商品が生まれるまでの履歴を表示したラベルを見ることがある．これは製品や商品の安全・安心・品質の問題を解決するためのもので，一種のトレーサビリティである．商品の生産過程におけるトレーサビリティの情報である時系列に，等確率性の破れの度合いを検証するTest(EP)を適用することによって，生産される商品が消費者に届く前に異常の兆候を掴める解析ができる．それは次節で紹介するTest(ABN-EP)で，等確率性の破れとしての異常性を調べるものである．第4章で，定常性の破れとしての異常性を調べるTest(ABN-S)を用いた実証分析を徹底的に行うが，Test(ABN-EP)を用いた実証分析は本書

では行わない.別の機会に述べたい.

3.2.2 見本2点相関関数

時刻 n $(0 \leq n \leq N)$ と共に変化する $N+1$ 個の実数の時系列データからなる A 個の1次元の時系列 $z^{(\alpha)} = (z^{(\alpha)}(n); 0 \leq n \leq N)$ $(1 \leq \alpha \leq A)$ が与えられたとする.$A \geq 2$ とする.これら時系列 $z^{(\alpha)}$ の全体を Z とし,1次元の**時系列群**と言うことにする:

$$Z \equiv \{z^{(\alpha)}; 1 \leq \alpha \leq A\}. \tag{3.46}$$

この時系列群 Z の見本平均関数 $\mu(Z) = (\mu(Z)(n); 0 \leq n \leq N)$ と見本分散関数 $v(Z) = (v(Z)(n); 0 \leq n \leq N)$ をつぎで定める:

$$\mu(Z)(n) \equiv \frac{1}{A} \sum_{\alpha=1}^{A} z^{(\alpha)}(n), \tag{3.47}$$

$$v(Z)(n) \equiv \frac{1}{A} \sum_{\alpha=1}^{A} (z^{(\alpha)}(n) - \mu(Z)(n))^2. \tag{3.48}$$

以下において,見本分散関数 $v(Z)$ は正数であるとする:

$$v(Z)(n) > 0 \quad (0 \leq n \leq N). \tag{3.49}$$

各 α $(1 \leq \alpha \leq A)$ に対し,時系列 $z^{(\alpha)}$ をつぎの時系列 $\tilde{z}^{(\alpha)} = (\tilde{z}^{(\alpha)}(n); 0 \leq n \leq N)$ に変換し,これらの時系列の集まりである時系列群を $\tilde{Z}$ とする:

$$\tilde{z}^{(\alpha)}(n) \equiv \frac{z^{(\alpha)}(n) - \mu(Z)(n)}{\sqrt{v(Z)(n)}}, \tag{3.50}$$

$$\tilde{Z} \equiv \{\tilde{z}^{(\alpha)}; 1 \leq \alpha \leq A\}. \tag{3.51}$$

特に

$$\mu(\tilde{Z}) = 0, \quad v(\tilde{Z}) = 1. \tag{3.52}$$

この意味で,時系列群 Z から時系列群 $\tilde{Z}$ への変換を**時系列群の規格化**と言う.

時系列群 $\tilde{Z}$ の見本2点相関関数 $R(\tilde{Z}) = (R(\tilde{Z})(m,n); 0 \leq m, n \leq N)$ を

$$R(\tilde{Z})(m,n) \equiv \frac{1}{A} \sum_{\alpha=1}^{A} \tilde{z}^{(\alpha)}(m) \tilde{z}^{(\alpha)}(n) \tag{3.53}$$

で定義する．元の時系列群 Z の言葉で書けば

$$R(\tilde{Z})(m,n) \qquad (3.54)$$
$$= \frac{\sum_{\alpha=1}^{A}(z^{(\alpha)}(m)-\mu(Z)(m))(z^{(\alpha)}(n)-\mu(Z)(n))}{\sqrt{\sum_{\alpha=1}^{A}(z^{(\alpha)}(m)-\mu(Z)(m))^2 \sum_{\alpha=1}^{A}(z^{(\alpha)}(n)-\mu(Z)(n))^2}}$$

と表現される．特に

$$R(\tilde{Z})(n,n) = 1 \qquad (0 \leq n \leq N). \qquad (3.55)$$

3.2.3 階数有限の非線形変換

前項の続きとして，本項では3.1.2項と同じ非線形変換を時系列群 $Z = \{z^{(\alpha)}; 1 \leq \alpha \leq A\}$ に施そう．

任意の自然数 q を固定する．固定した j ($0 \leq j \leq d_q$) に対し，各 α ($1 \leq \alpha \leq A$) に対し，$\tilde{z}^{(\alpha)}$ を標本空間 W の元とみて，φ_j の点 $\tilde{z}^{(\alpha)}$ での実現として，時系列 $z_j^{(\alpha)} = (z_j^{(\alpha)}(n); \sigma(j) \leq n \leq N)$ をつぎで定義する：

$$z_j^{(\alpha)}(n) \equiv \varphi_j(n)(\tilde{z}^{(\alpha)}). \qquad (3.56)$$

これらのパラメータ α を走らせてできる時系列群を $Z_j^{(q)}$ とする．さらに j を走らせてできる時系列群の全体を $\mathcal{T}^{(q)}(Z)$ とおき，時系列群 Z に階数 q の非線形変換を施して得られる時系列群のクラスと言う：

$$Z_j^{(q)} \equiv \{z_j^{(\alpha)}; 1 \leq \alpha \leq A\}, \qquad (3.57)$$
$$\mathcal{T}^{(q)}(Z) \equiv \{Z_j^{(q)}; 0 \leq j \leq d_q\}. \qquad (3.58)$$

特に，$N \geq 4, q = 6$ のとき，$\mathcal{T}^{(6)}(Z)$ はつぎの19個の要素から成っている：

表3.2.1 階数6の非線形変換

$$Z_j^{(6)} = \{z_j^{(\alpha)}; 1 \leq \alpha \leq A\} \quad (0 \leq j \leq 18)$$

$$\begin{cases}
z_0^{(\alpha)} = (\tilde{z}^{(\alpha)}(n); 0 \leq n \leq N) \\
z_1^{(\alpha)} = (\tilde{z}^{(\alpha)}(n)^2; 0 \leq n \leq N) \\
z_2^{(\alpha)} = (\tilde{z}^{(\alpha)}(n)^3; 0 \leq n \leq N) \\
z_3^{(\alpha)} = (\tilde{z}^{(\alpha)}(n)\tilde{z}^{(\alpha)}(n-1); 1 \leq n \leq N) \\
z_4^{(\alpha)} = (\tilde{z}^{(\alpha)}(n)^4; 0 \leq n \leq N) \\
z_5^{(\alpha)} = (\tilde{z}^{(\alpha)}(n)^2 \tilde{z}^{(\alpha)}(n-1); 1 \leq n \leq N) \\
z_6^{(\alpha)} = (\tilde{z}^{(\alpha)}(n)\tilde{z}^{(\alpha)}(n-2); 2 \leq n \leq N) \\
z_7^{(\alpha)} = (\tilde{z}^{(\alpha)}(n)^5; 0 \leq n \leq N) \\
z_8^{(\alpha)} = (\tilde{z}^{(\alpha)}(n)^3 \tilde{z}^{(\alpha)}(n-1); 1 \leq n \leq N) \\
z_9^{(\alpha)} = (\tilde{z}^{(\alpha)}(n)^2 \tilde{z}^{(\alpha)}(n-2); 2 \leq n \leq N) \\
z_{10}^{(\alpha)} = (\tilde{z}^{(\alpha)}(n)\tilde{z}^{(\alpha)}(n-1)^2; 1 \leq n \leq N) \\
z_{11}^{(\alpha)} = (\tilde{z}^{(\alpha)}(n)\tilde{z}^{(\alpha)}(n-3); 3 \leq n \leq N) \\
z_{12}^{(\alpha)} = (\tilde{z}^{(\alpha)}(n)^6; 0 \leq n \leq N) \\
z_{13}^{(\alpha)} = (\tilde{z}^{(\alpha)}(n)^4 \tilde{z}^{(\alpha)}(n-1); 1 \leq n \leq N) \\
z_{14}^{(\alpha)} = (\tilde{z}^{(\alpha)}(n)^3 \tilde{z}^{(\alpha)}(n-2); 2 \leq n \leq N) \\
z_{15}^{(\alpha)} = (\tilde{z}^{(\alpha)}(n)^2 \tilde{z}^{(\alpha)}(n-1)^2; 1 \leq n \leq N) \\
z_{16}^{(\alpha)} = (\tilde{z}^{(\alpha)}(n)^2 \tilde{z}^{(\alpha)}(n-3); 3 \leq n \leq N) \\
z_{17}^{(\alpha)} = (\tilde{z}^{(\alpha)}(n)\tilde{z}^{(\alpha)}(n-1)\tilde{z}(n-2); 2 \leq n \leq N) \\
z_{18}^{(\alpha)} = (\tilde{z}^{(\alpha)}(n)\tilde{z}^{(\alpha)}(n-4); 4 \leq n \leq N)
\end{cases}$$

さらに, $1 \leq d \leq d_q + 1$ を満たす任意の自然数 d と d 個の任意の整数 j_k ($1 \leq k \leq d, 0 \leq j_1 < j_2 < \cdots < j_d \leq d_q$) を固定する. これらの全体を集合 J とおく.

$$J \equiv \{j_1, j_2, \ldots, j_d\} \tag{3.59}$$

3.1.2項の (3.11), (3.12) と同様に, 各 α ($1 \leq \alpha \leq A$) に対し, d 次元の時系列 $z_J^{(\alpha)} = (z_J^{(\alpha)}(n); \sigma(J) \leq n \leq N)$ をつぎで定義する:

$$z_J^{(\alpha)}(n) \equiv {}^t(z_{j_1}^{(\alpha)}(n), z_{j_2}^{(\alpha)}(n), \ldots, z_{j_d}^{(\alpha)}(n)), \tag{3.60}$$

$$\sigma(J) \equiv \max\{\sigma(j_k); 1 \leq k \leq d\}. \tag{3.61}$$

これら時系列のパラメータ α を走らせてできる d 次元の時系列群を

$$Z_J^{(q,d)} \equiv \{z_J^{(\alpha)}; 1 \leq \alpha \leq A\} \tag{3.62}$$

とおき, J を走らせてできる時系列群の全体を $\mathcal{T}^{(q,d)}(Z)$ とおき, 時系列群 Z に階数 q の非線形変換を施して得られる d 次元の時系列群のクラスと言う:

$$\mathcal{T}^{(q,d)}(Z) \equiv \{Z_J^{(q,d)}; J = \{j_1, j_2, \ldots, j_d\}, 0 \leq j_1 < j_2 < \cdots < j_d \leq d_q\}. \tag{3.63}$$

3.2.4 見本2点相関行列関数とそれに付随する見本 KM_2O-ランジュヴァン行列系

(3.62) で構成された時系列群 $Z_J^{(q,d)}$ の見本平均ベクトル関数 $\mu(Z_J^{(q,d)}) = (\mu(Z_J^{(q,d)})(n); 0 \leq n \leq N)$ と見本分散行列関数 $v(Z_J^{(q,d)}) = v(Z_J^{(q,d)})(n); 0 \leq n \leq N)$ をつぎで定める:

$$\mu(Z_J^{(q,d)})(n) \equiv \frac{1}{A} \sum_{\alpha=1}^{A} z_J^{(\alpha)}(n), \tag{3.64}$$

$$v(Z_J^{(q,d)})(n) \equiv \frac{1}{A} \sum_{\alpha=1}^{A} (z_J^{(\alpha)}(n) - \mu(Z_J^{(q,d)})(n)) \cdot$$
$$\cdot {}^t(z_J^{(\alpha)}(n) - \mu(Z_J^{(q,d)})(n)). \tag{3.65}$$

以下において, 見本分散行列関数の対角成分 $v_{jj}(Z_J^{(q,d)})$ $(1 \leq j \leq d)$ は正数であるとする:

$$v_{jj}(Z_J^{(q,d)})(n) > 0 \quad (\sigma(J) \leq n \leq N). \tag{3.66}$$

時系列 $z_J^{(\alpha)}$ をつぎの時系列 $\tilde{z}_J^{(\alpha)} = (\tilde{z}_J^{(\alpha)}(n); \sigma(J) \leq n \leq N)$ に変換する:

$$\tilde{z}_J^{(\alpha)}(n) = \begin{pmatrix} \sqrt{v_{11}(z_J^{(\alpha)})(n)^{-1}} & & 0 \\ & \ddots & \\ 0 & & \sqrt{v_{dd}(z_J^{(\alpha)})(n)^{-1}} \end{pmatrix} \cdot$$
$$\cdot (z_J^{(\alpha)}(n) - \mu(Z_J^{(q,d)})(n)). \tag{3.67}$$

これらのパラメータ α を走らせてできる d 次元の時系列群を $\tilde{Z}_J^{(q,d)}$ とおく:

$$\tilde{Z}_J^{(q,d)} \equiv \{\tilde{z}_J^{(\alpha)}; 1 \leq \alpha \leq A\}. \tag{3.68}$$

特に
$$\mu(\tilde{Z}_J^{(q,d)}) = 0, \quad v_{jj}(\tilde{Z}_J^{(q,d)}) = 1 \qquad (1 \le j \le d). \tag{3.69}$$

この意味で，時系列群 $Z_J^{(q,d)}$ から時系列群 $\tilde{Z}_J^{(q,d)}$ への変換を時系列群の規格化と言う．

時系列群 $\tilde{Z}_J^{(q,d)}$ の見本2点相関行列関数 $R(\tilde{Z}_J^{(q,d)})$：$\{\sigma(J), \sigma(J)+1, \dots, N\} \longrightarrow M(d; \mathbf{R})$ をつぎで定義する：各整数 m, n $(\sigma(J) \le m, n \le N)$ に対し

$$R(\tilde{Z}_J^{(q,d)})(m,n) \equiv \frac{1}{A}\sum_{\alpha=1}^{A} \tilde{z}_J^{(\alpha)}(m) \, {}^t\tilde{z}_J^{(\alpha)}(n). \tag{3.70}$$

具体的には，各 i, k $(1 \le i, k \le d)$ に対し

$$R_{ik}(\tilde{Z}_J^{(q,d)})(m,n) \tag{3.71}$$
$$= \frac{\sum_{\alpha=1}^{A}(z_{j_i}^{(\alpha)}(m) - \mu_{j_i}(Z_J^{(q,d)})(m))(z_{j_k}^{(\alpha)}(n) - \mu_{j_k}(Z_J^{(q,d)})(n))}{\sqrt{\sum_{\alpha=1}^{A}(z_{j_i}^{(\alpha)}(m) - \mu_{j_i}(Z_J^{(q,d)})(m))^2 \sum_{\alpha=1}^{A}(z_{j_k}^{(\alpha)}(n) - \mu_{j_k}(Z_J^{(q,d)})(n))^2}}$$

が得られる．特に

$$R_{kk}(\tilde{Z}_J^{(q,d)})(n,n) = 1. \tag{3.72}$$

見本2点相関行列関数が非負定符号性を持つ，すなわち，つぎのことを証明しよう．

補題 3.2.1 見本2点相関行列関数 $R(\tilde{Z}_J^{(q,d)})$ は非負定符号性を満たす：任意の自然数 m と m 個の任意の ξ_j $(\in \mathbf{R}^d), n_j$ $(\in \{n; \ell \le n \le r\})$ $(1 \le j \le m)$ に対して

$$\sum_{j,k=1}^{m} {}^t\xi_j R(\tilde{Z}_J^{(q,d)})(n_j, n_k)\xi_k \ge 0.$$

証明 (3.70) より

$$\sum_{j,k=1}^{m} {}^t\xi_j R(\tilde{Z}_J^{(q,d)})(n_j, n_k)\xi_k = \frac{1}{A}\sum_{\alpha=1}^{A}\sum_{j,k=1}^{m} {}^t\xi_j (\tilde{z}_J^{(\alpha)}(n_j) \, {}^t\tilde{z}_J^{(\alpha)}(n_k))\xi_k$$

$$= \frac{1}{A} \sum_{\alpha=1}^{A} \sum_{j=1}^{m} |{}^t \xi_j \tilde{z}_J^{(\alpha)}(n_j)|^2$$

となるので, 補題3.2.1が成り立つ. (証明終)

この応用として, 定理3.1.1と同様に, つぎの定理を示すことができる.

定理 3.2.1 見本2点相関行列関数 $R(\tilde{Z}_J^{(q,d)})$ は2.7.2項の性質 (R.4), (R.5) を満たす, すなわち, つぎの性質を満たす:

(R.4) ${}^t R(\tilde{Z}_J^{(q,d)})(m,n) = R(\tilde{Z}_J^{(q,d)})(n,m)$ $(\ell \leq m, n \leq r)$;

(R.5) $(T(R(\tilde{Z}_J^{(q,d)})))(n) \xi, \xi) \geq 0$ $(\xi \in \mathbf{R}^{nd}, 1 \leq n \leq r - \ell)$;

ここで, $T(R(\tilde{Z}_J^{(q,d)}))(n)$ は (2.150) で R を $R(\tilde{Z}_J^{(q,d)})$ で置き換えて定義されたテープリッツ行列である.

定理3.2.1より, 2.7.2項の定理2.7.4を見本2点相関行列関数 $R(\tilde{Z}_J^{(q,d)})$ に適用して, それに付随する見本KM$_2$O-ランジュヴァン行列系 $\mathcal{LM}(R(\tilde{Z}_J^{(q,d)}))$ を導入できる:

$$\mathcal{LM}(R(\tilde{Z}_J^{(q,d)})) \tag{3.73}$$
$$= \{\gamma_+^0(R(\tilde{Z}_J^{(q,d)}))(n,k), \gamma_-^0(R(\tilde{Z}_J^{(q,d)}))(n,k), V_+^0(R(\tilde{Z}_J^{(q,d)}))(m),$$
$$V_-^0(R(\tilde{Z}_J^{(q,d)}))(m); 1 \leq n \leq r-\ell, 0 \leq k \leq n-1, 0 \leq m \leq r-\ell\}.$$

3.2.5 Test(EP)

前項と同じく, (3.62)で導入した時系列群 $Z_J^{(q,d)}$ を考え, これを規格化した (3.68)における時系列群 $\tilde{Z}_J^{(q,d)} = \{\tilde{z}_J^{(\alpha)}; 1 \leq \alpha \leq A\}$ を対象とする.

本項の目的は, 時系列群 $\tilde{Z}_J^{(q,d)}$ が等確率で実現するかどうかを判定する Test(EP)を紹介する. その前に, 時系列群 $\tilde{Z}_J^{(q,d)}$ が等確率で実現することの数学的な定義を与えよう.

定義 3.2.1 時系列群 $\tilde{Z}_J^{(q,d)}$ が等確率で実現するとは

(EP) $\begin{cases} \text{各時系列 } \tilde{z}_J^{(\alpha)} \ (1 \leq \alpha \leq A) \text{ が } R(\tilde{Z}_J^{(q,d)}) \text{ を2点相関行列関数} \\ \text{とする } d \text{ 次元の確率過程 } \mathbf{X} = (X(n); \ell \leq n \leq r) \text{ の実現である} \end{cases}$

が成り立つことである.

これを判定する検定—Test(EP)—を紹介しよう. Test(S)では2.8節の揺動散逸原理の定理2.8.1を用いたが, Test(EP)では揺動散逸原理の定理2.8.2を用いる. その際, パラメータ α はTest(S)におけるパラメータ s に対応することに注意して, 以下のステップを理解して頂きたい.

[第1段] 任意の α $(1 \leq \alpha \leq A)$ を固定する. 見本KM_2O-ランジュヴァン行列系 $\mathcal{LM}(R(\tilde{Z}_J^{(q,d)}))$ を用いて, 時系列 $\tilde{z}_J^{(\alpha)}$ から見本前向きKM_2O-ランジュヴァン揺動時系列 $\nu^{(\alpha)} = (\nu^{(\alpha)}(n); 0 \leq n \leq r - \ell)$ を抜き出す:

$$\nu^{(\alpha)}(n) \equiv \tilde{z}_J^{(\alpha)}(n) + \sum_{k=0}^{n-1} \gamma_+^0(R(\tilde{Z}_J^{(q,d)}))(n,k)\tilde{z}_J^{(\alpha)}(k). \tag{3.74}$$

[第2段] 各 n $(0 \leq n \leq r - \ell)$ に対して, d 次の下三角行列 $W(n)$ で

$$V_+^0(R(\tilde{Z}_J^{(q,d)}))(n) = W(n)\,^t W(n) \tag{3.75}$$

を満たすものをとる.

[第3段] d 次元の時系列 $\xi^{(\alpha)} = (\xi^{(\alpha)}(n); 0 \leq n \leq r - \ell)$ を

$$\xi^{(\alpha)}(n) \equiv W(n)^{-1}\nu^{(\alpha)}(n) \tag{3.76}$$

で定める. そのベクトル表示を

$$\xi^{(\alpha)}(n) = \,^t(\xi_1^{(\alpha)}(n), \xi_2^{(\alpha)}(n), \ldots, \xi_d^{(\alpha)}(n)) \tag{3.77}$$

とする. これらの $d(r - \ell + 1)$ 個のデータ $\xi^{(\alpha)}(n)$ をつぎのように1列に並べて, 1次元の時系列 $\xi^{(\alpha)} = (\xi^{(\alpha)}(n); 0 \leq n \leq d(r - \ell + 1) - 1)$ を構成する:

$$\xi^{(\alpha)} \equiv (\xi_1^{(\alpha)}(0), \ldots, \xi_d^{(\alpha)}(0), \xi_1^{(\alpha)}(1), \ldots, \xi_d^{(\alpha)}(1), \ldots,$$
$$\xi_1^{(\alpha)}(r - \ell), \ldots, \xi_d^{(\alpha)}(r - \ell)). \tag{3.78}$$

[第4段] 2.8節の揺動散逸原理(定理2.8.2)より, つぎの**時系列解析における揺動散逸原理(FDP)** が成り立つ:

(FDP) $\begin{cases} 1\text{次元の時系列 } \xi^{(\alpha)} \text{ は弱い意味のホワイトノイズの実現値である} \\ \text{ことが成り立つ } \alpha \ (1 \leq \alpha \leq A) \text{ の割合が大きいとき, 時系列群} \\ \tilde{Z}_J^{(q,d)} \text{ の等確率性 } (EP) \text{ が成り立つ.} \end{cases}$

[**第5段**] (FDP)の基準はTest(S)における(FDP)の基準と基本的には同じである. 注意する点はパラメータ $\alpha, r-\ell$ がそれぞれ Test(S) におけるパラメータ s, M に対応している点である. 各 $\alpha \ (1 \leq \alpha \leq A)$ に対し, 1次元の時系列 $\xi^{(\alpha)}$ の見本平均 $\mu^{\xi^{(\alpha)}}$, 見本擬似分散 $v^{\xi^{(\alpha)}}$, 見本擬似共分散関数の系 $R^{\xi^{(\alpha)}}(n;m) \ (0 \leq n \leq L, 0 \leq m \leq L-n)$ を定義する:

$$\mu^{\xi^{(\alpha)}} \equiv \frac{1}{d(r-\ell+1)} \sum_{k=0}^{d(r-\ell+1)-1} \xi^{(\alpha)}(k), \tag{3.79}$$

$$v^{\xi^{(\alpha)}} \equiv \frac{1}{d(r-\ell+1)} \sum_{k=0}^{d(r-\ell+1)-1} \xi^{(\alpha)}(k)^2, \tag{3.80}$$

$$R^{\xi^{(\alpha)}}(n;m) \equiv \frac{1}{d(r-\ell+1)} \sum_{k=m}^{d(r-\ell+1)-1-n} \xi^{(\alpha)}(k). \tag{3.81}$$

$m=0$ のときの関数 $R^{\xi^{(\alpha)}}(n;0)$ が1次元の時系列 $\xi^{(\alpha)}$ の見本擬似共分散関数である. L は

$$L \equiv [2\sqrt{d(r-\ell+1)}] - 1 \tag{3.82}$$

で定義され, $L+1$ が見本擬似共分散関数 $R^{\xi^{(\alpha)}}(n;0)$ の信頼できる n の最小の数である. 調べるべきことは, つぎの

$\begin{cases} \mu^{\xi^{(\alpha)}} \text{ が 0 に近い割合を定める規準,} \\ v^{\xi^{(\alpha)}} - 1 \text{ が 0 に近い割合を定める規準,} \\ R^{\xi^{(\alpha)}}(n;m) \ (1 \leq n \leq L, 0 \leq m \leq L-n) \text{ が 0 に近い割合を定める規準} \end{cases}$

を求めることである. これは, Test(S)における三つの規準 $(M)_s, (V)_s, (O)_s$ と同様に, 三つの規準 $(M)_\alpha, (V)_\alpha, (O)_\alpha$ をつぎで定義する:

規準 $(M)_\alpha$: 不等式 $\sqrt{d(r-\ell+1)}|\mu^{\xi^{(\alpha)}}| < 1.96$ が成立する.
規準 $(V)_\alpha$: 不等式 $|(v^{\xi^{(\alpha)}}-1)^\sim| < 2.2414$ が成立する.

ここで, $(v^{\xi^{(\alpha)}}-1)^{\sim}$ はつぎで与えられる:

$$(v^{\xi^{(\alpha)}}-1)^{\sim} \equiv \frac{\sum_{k=0}^{d(r-\ell+1)-1}(\xi^{(\alpha)}(k)^2-1)}{\sqrt{\sum_{k=0}^{d(r-\ell+1)-1}(\xi^{(\alpha)}(k)^2-1)^2}}. \qquad (3.83)$$

規準 $(O)_\alpha$: 不等式 $d(r-\ell+1)\left(\sqrt{L_{n,m}^{(1)}}+\sqrt{L_{n,m}^{(2)}}\right)^{-1}|R^{\xi^{(\alpha)}}(n;m)| < 1.96$ が成立する割合 $(1 \leq n \leq L, 0 \leq m \leq L-n)$ が9割以上.

ここで, $L_{n,m}^{(1)}, L_{n,m}^{(2)}$ が(3.44), (3.45)で定義されている. 前に注意したように, (3.42)における M は $r-\ell$ に置き換える必要がある.

最後に, 時系列群 $Z = \{z^{(\alpha)}; 1 \leq \alpha \leq A\}$ が等確率性を持つことを検証する Test(EP) を与えよう.

定義 3.2.2 (Test(EP)) 時系列群 Z が等確率性を持つとは

$$\text{Test(EP)} \begin{cases} 規準 (M)_\alpha \text{ が通過する割合 } (1 \leq \alpha \leq A) \text{ が8割以上,} \\ 規準 (V)_\alpha \text{ が通過する割合 } (1 \leq \alpha \leq A) \text{ が7割以上,} \\ 規準 (O)_\alpha \text{ が通過する割合 } (1 \leq \alpha \leq A) \text{ が8割以上} \end{cases}$$

が成り立つことを言う.

3.3 Test(ABN)

文献[138]において, 経済現象の三つの危機—1987年10月19日のブラックマンデイ; 1997年中頃のアジア危機; 2000年春のITバブル—に係わる金融時系列に対し, それらの危機の兆候を検出する方法として, 異常性のテスト—Test(ABN)—を提案した. Test(ABN)の基本的な考えは, 時系列の異常性の発生を時系列の定常性の破れと見なし, それをTest(S)を用いて時系列の破れの度合いによってチェックする点にある. Test(ABN)の特徴は, 時系列の異常性が出現する時刻より前の時系列だけを用いて, 時系列の異常性の兆候を検出する点である.

また, 商品の生い立ちを自動化するトレーサビリティの技術の進歩と品質管理を自動化する要請に対して, 工場で大量に生産される商品の異常の発生を等

確率性の破れと解釈して, Test(EP) を用いることによって, 品質管理における商品の異常性を自動的に検出する Test(ABN) を開発する必要がある.

本節では, 特別な現象にとらわれないよう, 別の言葉で言えば, 様々な時系列の異常性の検出を目指して, 一般の時系列の異常性の出現の数学的な定式化とその実証的な検出法—Test(ABN)—を紹介する. それは異常性の出現の定義から2種類のものからなり, 一つはを定常性の破れと見るものともう一つは等確率性の破れと見るものである.

第4章の実証分析のそれぞれの節の前半において, 地震波, オーロラ・磁気嵐等の電磁波, 脳波の時系列に対してはそれぞれの1次差分を取った時系列に, 日本語の母音の時系列に対しては1次差分を取らない元の時系列に, 定常性の破れを検出する Test(ABN) を適用して, 異常性の兆候を探る実験結果を紹介する.

3.3.1 定常性の破れとしての異常性

(a) 1次元の時系列　$x = (x(n); 0 \leq n \leq N_x)$ を任意の1次元の時系列とする. 前処理として, 時系列 x の1次差分を取るときと取らないときがある. そこで, 新しく1次元の時系列 $z = (z(n); 0 \leq n \leq N)$ をつぎのように定義する:

$$z(n) \equiv \begin{cases} x(n) & (\text{1次差分を取らないとき}), \\ x(n+1) - x(n) & (\text{1次差分を取るとき}), \end{cases} \quad (3.84)$$

$$N \equiv \begin{cases} N_x & (\text{1次差分を取らないとき}), \\ N_x - 1 & (\text{1次差分を取るとき}). \end{cases} \quad (3.85)$$

さらに, $1 \leq L \leq N$ を満たす自然数 L を固定する. 各 t ($L \leq t \leq N$) に対し, 時系列 z の一部分で, t を終点時刻とする長さ $L+1$ の時系列を $z_{(t;L)} = (z_{(t;L)}(n); 0 \leq n \leq L)$ とする:

$$z_{(t;L)}(n) \equiv z(t - L + n). \quad (3.86)$$

時系列 $z_{(t;L)}$ に対し, 3.1.2項の (3.13) で構成した171個の2次元の時系列の集まり $\mathcal{T}^{(0,2)}(z_{(t;L)})$ を考え, 関数 $ST(z; L): \{L, L+1, \ldots, N\} \longrightarrow \mathbf{N}^*$ を

$$ST(z; L)(t) \equiv \mathcal{T}^{(6,2)}(z_{(t;L)}) \text{ の元で Test(S) を通過する個数} \quad (3.87)$$

で定義する．さらに，関数 $ST(x;L):\{L_x,L_x+1,\ldots,N_x\}\longrightarrow \mathbf{N}^*$ を

$$ST(x;L)(t) \equiv \begin{cases} ST(z;L)(t) & (1次差分を取らないとき), \\ ST(z;L)(t-1) & (1次差分を取るとき), \end{cases} \quad (3.88)$$

$$L_x \equiv \begin{cases} L & (1次差分を取らないとき), \\ L+1 & (1次差分を取るとき) \end{cases} \quad (3.89)$$

と定義し，時系列 x の切断長が $L+1$ の定常関数，そのグラフを定常グラフと言う．

集合 $\{L_x, L_x+1,\ldots,N_x\}$ を二つの部分集合 $\mathcal{S}(x;L), \mathcal{NS}(x;L)$ によって直和分解する:

$$\{L_x, L_x+1,\ldots,N_x\} = \mathcal{S}(x;L) \cup \mathcal{NS}(x;L) \quad (直和), \quad (3.90)$$

$$\mathcal{S}(x;L) \equiv \{L_x \leq t \leq N_x; ST(x;L)(t) \geq 1\}, \quad (3.91)$$

$$\mathcal{NS}(x;L) \equiv \{L_x \leq t \leq N_x; ST(x;L)(t) = 0\}. \quad (3.92)$$

1次元の時系列 x の定常性を破る異常の兆候を探る **Test(ABN-S)** をつぎで与える:

定義 3.3.1 (Test(ABN-S)) (i) $L_x+1 \leq t \leq N_x$ を満たす時刻 t を考える．時刻 t が時系列 x の定常性を破る異常時刻であるとは，$ST(x;L)(t-1) \geq 1, ST(x;L)(t) = 0$ を満たすことを言う．このとき，時系列 x は時刻 t で定常性を破る異常が発生すると言う．

(ii) 始めの時系列 x のグラフの上で，Test(ABN) を適用できない時刻 0 から時刻 L_x-1 までは y 軸と平行な直線 $n=L_x-1$ は破線にして区別し，時刻 L_x から時刻 N_x までの途中の時刻 t においては，$x(t) \geq 0$ のときは $\{(t,y); y \leq x(t)\}$ の範囲を，$x(t) < 0$ のときは $\{(t,y); y \geq x(t)\}$ の範囲を，その時刻 t が $\mathcal{S}(x;L)$ に属するときは白色で，時刻 t が $\mathcal{NS}(x;L)$ に属するときは淡い灰色で色付けしたグラフを異常グラフと言う．

異常グラフだけでなく，定常グラフも同時に見ることによって，時系列 x が

定常性を破る異常時刻の直前でどのような挙動をしているかの情報を得ることができる.

注意 3.3.1 4.4節の日本語の母音の異常グラフは, $x(t) \geq 0$ のときは $\{(t,y); 0 \leq y \leq x(t)\}$ の範囲を, $x(t) < 0$ のときは $\{(t,y); 0 \geq y \geq x(t)\}$ の範囲を, その時刻 t が $\mathcal{S}(x;L)$ に属するときは白色で, 時刻 t が $\mathcal{NS}(x;L)$ に属するときは淡い灰色で色付けしている.

(b) 多次元の時系列 地震波, オーロラ, 磁気嵐の時系列は3個の成分を持つ3次元の時系列である. そこで, 1次元の時系列に対して定義した Test(ABN-S) を一般の d 次元の時系列 $x = (x(n); 0 \leq n \leq N_x)$ に適用できるように修正する. x の d 個の成分を $x^{(j)}$ $(1 \leq j \leq d)$ とする:

$$x = {}^t(x^{(1)}, x^{(2)}, \ldots, x^{(d)}), \tag{3.93}$$

$$x(n) = {}^t(x^{(1)}(n), x^{(2)}(n), \ldots, x^{(d)}(n)). \tag{3.94}$$

$1 \leq L \leq N$ を満たす自然数 L を固定する. 各 j $(1 \leq j \leq d)$ に対し, (a) で述べた手続きを1次元の時系列 $x^{(j)}$ に行うことによって, 時系列 $x^{(j)}$ の**切断長**が $L+1$ の**定常関数** $ST(x^{(j)}; L)$ とそのグラフである**定常グラフ**が定義される. これらの定常関数を用いて, 関数 $ST(x; L) : \{L_x, L_x+1, \ldots, N_x\} \longrightarrow \mathbf{N}^*$ を

$$ST(x;L)(t) \equiv \sum_{j=1}^{d} ST(x^{(j)}; L)(t) \tag{3.95}$$

で定義する. d 次元の時系列 x の定常性を破る異常の兆候を探る **Test(ABN-S)-dc** をつぎで与える:

定義 3.3.2 (Test(ABN-S)-dc) (i) $L_x + 1 \leq t \leq N_x$ を満たす時刻 t を考える. 時刻 t が d 次元の時系列 x の**定常性を破る異常時刻**であるとは, $ST(x;L)(t-1) \geq 1, ST(x;L)(t) = 0$ を満たすことを言う. このとき, d 次元の時系列 x は時刻 t で定常性を破る異常が発生すると言う.

(ii) 初めの d 次元の時系列 x の各成分 $x^{(j)}$ $(1 \leq j \leq d)$ のグラフに対し, Test(ABN) を適用できない時刻 0 から時刻 $L_x - 1$ までは y 軸と平行な直線 $n = L_x - 1$ は破線にして区別し, 時刻 L_x から時刻 N_x までの途中の時刻 t においては, $x^{(j)}(t) \geq 0$ のときは $\{(t, y); y \leq x^{(j)}(t)\}$ の範囲を, $x^{(j)}(t) < 0$ のときは $\{(t, y); y \geq x^{(j)}(t)\}$ の範囲を, その時刻 t が $\mathcal{S}(x; L)$ に属するときは白色で, 時刻 t が $\mathcal{NS}(x; L)$ に属するときは淡い灰色で色づけしたグラフを**異常グラフ**と言う.

3.3.2 等確率性の破れとしての異常性

本項では, 3.2 節で扱ったときと同様に, $N+1$ 個の実数のデータからなる A $(A \geq 2)$ 個の時系列 $z^{(\alpha)} = (z^{(\alpha)}(n); 0 \leq n \leq N)$ $(1 \leq \alpha \leq A)$ の集まりである時系列群 $Z = \{z^{(\alpha)}; 1 \leq \alpha \leq A\}$ を対象とする. さらに, $1 \leq L \leq N$ を満たす自然数 L を固定する.

(3.86) と同様に, 各 α, t $(1 \leq \alpha \leq A, L \leq t \leq N)$ に対し, 時系列 $z^{(\alpha)}$ の一部分で, t を終点の時刻とする長さ $L+1$ の時系列 $z^{(\alpha)}_{(t;L)} = (z^{(\alpha)}_{(t;L)}(n); 0 \leq n \leq L)$ を定義する:
$$z^{(\alpha)}_{(t;L)}(n) \equiv z^{(\alpha)}(t - L + n). \qquad (3.96)$$

これらの時系列の集まりである時系列群 $Z_{(t;L)} \equiv \{z^{(\alpha)}_{(t;L)}; 1 \leq a \leq A\}$ に対し, 3.2.3 項の (3.63) で構成した 171 個の 2 次元の時系列群の集まり $\mathcal{T}^{(6,2)}(Z_{(t;L)})$ を考え, 関数 $EP(Z; L): \{L, L+1, \ldots, N\} \longrightarrow \mathbf{N}^*$ を

$$EP(Z; L)(t) \equiv \mathcal{T}^{(6,2)}(Z_{(t;L)}) \text{ の元で Test(EP) を通過する個数} \qquad (3.97)$$

で定義し, 時系列群 Z の切断長が $L+1$ の**等確率関数**と言う.

(3.90) とは別に, 集合 $\{L, L+1, \ldots, N\}$ をつぎのように直和分解する:

$$\{L, L+1, \ldots, N\} = \mathcal{EP}(Z; L) \cup \mathcal{NEP}(Z; L) \quad (\text{直和}), \qquad (3.98)$$

$$\mathcal{EP}(Z; L) \equiv \{L \leq t \leq N; EP(Z; L)(t) \geq 1\}, \qquad (3.99)$$

$$\mathcal{NEP}(Z; L) \equiv \{L \leq t \leq N; EP(Z; L)(t) = 0\}. \qquad (3.100)$$

定義 3.3.1 とは異なるつぎの Test(ABN-EP) を定義しよう.

定義 3.3.3 (Test(ABN-EP)) $L+1 \leq t \leq N$ を満たす時刻 t を考える. 時刻 t が時系列群 Z の**等確率性を破る異常時刻**であるとは, $EP(Z;L)(t-1) \geq 1, EP(Z;L)(t) = 0$ を満たすことを言う. このとき, 時系列群 Z は時刻 t で等確率性を破る異常が発生すると言う.

3.4 Test(CS)

二つの1次元の時系列 $y = (y(n); 0 \leq n \leq N), z = (z(n); 0 \leq n \leq N)$ を対象とし, y を結果, z を原因とする $LN(q,d)$-因果性が成り立つことの定義とそれを検証するテスト—Test(CS)—を復習しよう[134]. Test(CS) とは, 標語的に言えば, ある非線形な関数 F_n が存在して, $y(n) = F_n(z(0), z(1), \ldots, z(n))$ がある統計的な意味で成り立つ基準を与えるものである. 大前提として, 時系列 y は Test(S) を通過しているとする.

3.4.1 見本因果関数と見本因果値

q を任意の自然数, d を $1 \leq d \leq d_q + 1$ を満たす任意の自然数とする. ここで, $d_q + 1$ は 3.1.2 項の階数 q の非線形変換を時系列 z に施して得られる1次元の時系列の個数である. その中から d 個をとって得られる d 次元の時系列の集まり $\mathcal{T}^{(q,d)}(z)$ を (3.13) で構成した. y とその中の元とを組にした $d+1$ 次元の時系列の中で Test(S) を通過するもの全体を $\mathcal{CT}^{(q,d)}(z)$ とする:

$$\mathcal{CT}^{(q,d)}(z) \equiv \{z_{(j_1,j_2,\ldots,j_d)} \in \mathcal{T}^{(q,d)}(z);$$
$$\phantom{\mathcal{CT}^{(q,d)}(z) \equiv \{} {}^t(y, {}^tz_{(j_1,j_2,\ldots,j_d)}) \text{ は Test(S) を通過する }\}. \quad (3.101)$$

$\mathcal{CT}^{(q,d)}(z)$ の任意の元 $z_{(j_1,j_2,\ldots,j_d)}$ をとり, y と $z_{(j_1,j_2,\ldots,j_d)}$ を組にした $d+1$ 次元の時系列を $u = (u(n); \sigma(j_1, j_2, \ldots, j_d) \leq n \leq N)$ とする:

$$u(n) \equiv {}^t(y(n), {}^tz_{(j_1,j_2,\ldots,j_d)}(n)). \quad (3.102)$$

3.1.5 項では d 次元の時系列 $z_{(j_1,j_2,\ldots,j_d)}$ が Test(S) を通過することの定義とその検証法を紹介した. 注意 3.1.1 で述べたように, そこの議論と同様に, $d+1$

次元の時系列 u が Test(S) を通過することの定義とその検証法を求めることができる. 詳しくは文献[134]を見て頂きたい.

u を規格化した時系列 $\tilde{u}$ の見本共分散行列関数 $R^{\tilde{u}} = (R^{\tilde{u}}_{jk}(*))_{1 \leq j,k \leq d+1}$ を用いて, 3個の関数 $R^{(1)} = R^{(1)}(n), R^{(2)} = R^{(2)}(n), R^{(12)} = R^{(12)}(n)$ $(-M \leq n \leq M)$ を

$$\begin{cases} R^{(1)}(n) & \equiv R^{\tilde{u}}_{11}(n), \\ R^{(2)}(n) & \equiv (R^{\tilde{u}}_{jk}(n))_{2 \leq j,k \leq d+1}, \\ R^{(12)}(n) & \equiv (R^{\tilde{u}}_{1k}(n))_{2 \leq k \leq d+1} \end{cases} \quad (3.103)$$

で定義する. ここで, M はつぎで与えられる:

$$M \equiv [3\sqrt{N - \sigma(j_1, j_2, \ldots, d_d) + 1}/(d+1)] - 1. \quad (3.104)$$

これらの関数 $R^{(1)}, R^{(2)}, R^{(12)}$ はそれぞれ, y を規格化した時系列 $\tilde{y}$ の見本分散関数, $z_{(j_1,j_2,\ldots,j_d)}$ を規格化した時系列 $\tilde{z}_{(j_1,j_2,\ldots,j_d)}$ の見本共分散行列関数, 時系列 $\tilde{y}$ と時系列 $\tilde{z}_{(j_1,j_2,\ldots,j_d)}$ の見本共分散行列関数である.

(3.29) と同じく, 各時刻 s $(\sigma(j_1, j_2, \ldots, j_d) \leq s \leq N - M)$ に対し, $\tilde{u}(s)$ を始点, $\tilde{u}(s+M)$ を終点とするデータ数が $M+1$ 個の時系列 $\tilde{u}_s = (\tilde{u}_s(n); 0 \leq n \leq M)$ を考える:

$$\tilde{u}_s(n) \equiv \tilde{u}(s+n) \quad (0 \leq n \leq M). \quad (3.105)$$

時系列 $\tilde{u}$ の見本共分散行列関数 $R^{\tilde{u}}$ の定義域を $\{-M, -M+1, \ldots, 0, \ldots, M\}$ に制限した関数を $R^{\tilde{u};M}$ と書く. この関数は補題3.1.1, 定理3.1.1と同様に, 非負定符号性を満たし, 2.7.1項の性質 (R.1), (R.2) を満たすことを示すことができる. したがって, 2.7節の第4段の議論を関数 $R^{\tilde{u};M}$ に適用して, $d+1$ 次元の弱定常過程 $\mathbf{U} = (U(n); \sigma(j_1, j_2, \ldots, j_d) \leq n \leq M)$ でつぎを満たすものが存在する:

$$R^{\tilde{u};M}(m-n) = E(U(m)\,{}^tU(n)), \quad (3.106)$$

$$E(U(n)) = 0. \quad (3.107)$$

時系列 u は $\mathcal{CT}^{(q,d)}(z)$ の元であるから, Test(S) を満たす. したがって, 各時系列 $\tilde{u}_s$ はある弱定常過程 $\mathbf{U}_s$ の実現と見てよい. 弱定常過程 $\mathbf{U}_s$ はすべて上

の弱定常過程 $\mathbf{U}$ と同じ共分散関数を持ち, (3.106), (3.107) を満たす. $\mathbf{U}_0 = \mathbf{U}$ とする.

$d+1$ 次元の確率過程 $\mathbf{U}$ を1次元の確率過程 $\mathbf{Y} = (Y(n); \sigma(j_1, j_2, \ldots, j_d) \le n \le M)$ と d 次元の確率過程 $\mathbf{Z} = (Z(n); \sigma(j_1, j_2, \ldots, j_d) \le n \le M)$ の組として表現する:

$$U(n) = {}^t(Y(n), {}^tZ(n)). \tag{3.108}$$

前に導入した3個の関数 $R^{(1)}, R^{(2)}, R^{(12)}$ はそれぞれ, 確率過程 $\mathbf{Y}$ の共分散関数, 確率過程 $\mathbf{Z}$ の共分散行列関数, 確率過程 $\mathbf{Y}$ と確率過程 $\mathbf{Z}$ の共分散行列関数であることを注意する; 各 m, n $(\sigma(j_1, j_2, \ldots, j_d) \le m, n \le M)$ に対し

$$\begin{cases} R^{(1)}(m-n) &= E(Y(m)Y(n)), \\ R^{(2)}(m-n) &\equiv E(Z(m)\,{}^tZ(n)), \\ R^{(12)}(m-n) &\equiv E(Y(m)\,{}^tZ(n)). \end{cases} \tag{3.109}$$

時系列 $z_{(j_1, j_2, \ldots, j_d)}$ から時系列 y への見本因果関数 $C_*(y|z_{(j_1, j_2, \ldots, j_d)}) = (C_n(y|z_{(j_1, j_2, \ldots, j_d)})); 0 \le n \le M - \sigma(j_1, j_2, \ldots, j_d)$ を (2.242) で導入した確率過程 $\mathbf{Z}$ から確率過程 $\mathbf{Y}$ への因果関数 $C_*(\mathbf{Y}|\mathbf{Z})$ で定義する:

$$C_*(y|z_{(j_1, j_2, \ldots, j_d)}) \equiv C_*(\mathbf{Y}|\mathbf{Z}). \tag{3.110}$$

定理2.10.7 より, 見本因果関数 $C_*(y|z_{(j_1, j_2, \ldots, j_d)})$ は単調性を満たす:

$$0 \le C_n(y|z_{(j_1, j_2, \ldots, j_d)}) \le C_{n+1}(y|z_{(j_1, j_2, \ldots, j_d)}) \le 1. \tag{3.111}$$

したがって, その最大値である右端の値 $C_{M-\sigma(j_1, j_2, \ldots, j_d)}(y|z_{(j_1, j_2, \ldots, j_d)})$ を時系列 $z_{(j_1, j_2, \ldots, j_d)}$ から時系列 y への見本因果値と言う.

3.4.2 アルゴリズム

定理2.10.6 を確率過程 $\mathbf{Y}, \mathbf{Z}$ に適用して, 時系列 $z_{(j_1, j_2, \ldots, j_d)}$ から時系列 y への見本因果関数は

$$\begin{aligned} &C_n(y|z_{(j_1, j_2, \ldots, j_d)}) \\ &= \left(\sum_{k=0}^{n} C^0(\mathbf{Y}|\mathbf{Z})(n,k) V_+(\mathbf{Z})(k) \, {}^tC^0(\mathbf{Y}|\mathbf{Z})(n,k) \right)^{1/2} \end{aligned} \tag{3.112}$$

と表現される．上式における行列関数 $C^0(\mathbf{Y}|\mathbf{Z}) = (C^0(\mathbf{Y}|\mathbf{Z})(n,k); 0 \leq k < n \leq M - \sigma(j_1, j_2, \ldots, j_d)), V_+(\mathbf{Z}) = (V_+(\mathbf{Z})(n); 0 \leq n \leq M - \sigma(j_1, j_2, \ldots, j_d))$ を与えられた時系列 y, z から求める手順を見ていこう．

[**Step 1**] 時系列 $\tilde{z}_{0(j_1, j_2, \ldots, j_d)}$ の見本共分散行列関数 $R^{\tilde{z}_0(j_1, j_2, \ldots, j_d)}$ もまた非負定符号性を満たし，2.7.1 項の性質 (R.1), (R.2) を満たす．ゆえに，見本共分散行列関数 $R^{\tilde{z}_0(j_1, j_2, \ldots, j_d)}$ に付随する見本 KM$_2$O-ランジュヴァン行列系 $\mathcal{LM}(R^{\tilde{z}_0(j_1, j_2, \ldots, j_d)})$ をつぎのように表現する:

$$\mathcal{LM}(R^{\tilde{z}_0(j_1, j_2, \ldots, j_d)}) = \{\gamma_+^0(R^{(2)})(n,k), \gamma_-^0(R^{(2)})(n,k), V_+^0(R^{(2)})(m),$$
$$V_-^0(R^{(2)})(m); 0 \leq k \leq n-1, 0 \leq m, n \leq M - \sigma(j_1, j_2, \ldots, j_d)\}. \quad (3.113)$$

(3.103) で $R^{\tilde{z}_0(j_1, j_2, \ldots, j_d)} = R^{(2)}$ とおいたことを注意する．この見本 KM$_2$O-ランジュヴァン行列系は 2.7 節の 2.7.1 項に述べた揺動散逸アルゴリズムに従って行列関数 $R^{\tilde{z}_0(j_1, j_2, \ldots, j_d)}$ から求めることができる．特に

$$V_+(\mathbf{Z})(n) = V_-^0(R^{(2)})(n) \quad (0 \leq n \leq M - \sigma(j_1, j_2, \ldots, j_d)). \quad (3.114)$$

[**Step 2**] 補題 2.10.2，補題 2.10.5，定理 2.10.4 より，行列関数 $C^0(\mathbf{Y}|\mathbf{Z})$ はつぎのアルゴリズム (3.115), (3.116) に従って求めることができる．

$$C^0(\mathbf{Y}|\mathbf{Z})(n,k) = \lim_{\epsilon \to 0} C^{(\epsilon)}(n,k) \quad (0 \leq k \leq n \leq M - \sigma(j_1, j_2, \ldots, j_d)).$$
$$(3.115)$$

各正数 ϵ に対し，行列 $C^{(\epsilon)}(n,k)$ はつぎのように計算できる:

$$C^{(\epsilon)}(n,k) = \bigg(R^{(12)}(n-k) \quad \quad \quad \quad \quad \quad \quad (3.116)$$
$$+ \sum_{m=0}^{k-1} R^{(12)}(n-m) \, {}^t\gamma_+(\mathbf{Z}^{(\epsilon)})(k,m) \bigg) V_+(\mathbf{Z}^{(\epsilon)})(k)^{-1}.$$

さらに，弱定常過程 $\mathbf{Z}$ の共分散行列関数は $R^{(2)} = R^{\tilde{z}(j_1, j_2, \ldots, j_d)}$ であることに注意して，行列関数 $\gamma_+(\mathbf{Z}^{(\epsilon)}), V_+(\mathbf{Z}^{(\epsilon)})$ は 2.7.1 項に述べた揺動散逸アルゴリズムに従って行列関数 $R^{\tilde{z}(j_1, j_2, \ldots, j_d)}$ から求めることができる．

3.4.3 $LN(q,d)$-因果性と関数関係

今までのことを整理し,調べることを明確にする.

(a) $LN(q,d)$-因果性 与えられた二つの1次元の時系列 $y = (y(n); 0 \leq n \leq N), z = (z(n); 0 \leq n \leq N)$ に対し, (3.101)で導入した集合 $\mathcal{CT}^{(q,d)}(z)$ の中から任意の元である d 次元の時系列 $z_{(j_1,j_2,\ldots,j_d)} = (z_{(j_1,j_2,\ldots,j_d)}(n); \sigma(j_1,j_2,\ldots,j_d) \leq n \leq N)$ をとり,固定する.

(3.110)において定義した時系列 $z_{(j_1,j_2,\ldots,j_d)}$ から時系列 y への見本因果関数 $C_*(y|z_{(j_1,j_2,\ldots,j_d)}) = (C_n(y|z_{(j_1,j_2,\ldots,j_d)}); 0 \leq n \leq M - \sigma(j_1,j_2,\ldots,j_d))$ を用いて,その最大値である右端の値 $C_{M-\sigma(j_1,j_2,\ldots,j_d)}(y|z_{(j_1,j_2,\ldots,j_d)})$ を時系列 $z_{(j_1,j_2,\ldots,j_d)}$ から時系列 y への見本因果値を定義した. M は(3.104)で与えられている.

時系列 u はTest(S)を満たすので, (3.106)で見たように,時系列 $\tilde{u}_0$ は見本共分散行列関数 $R^{\tilde{u}}$ を共分散行列関数とする $d+1$ 次元の弱定常過程 $\mathbf{U} = (U(n); \sigma(j_1,j_2,\ldots,j_d) \leq n \leq M)$ の実現と見てよい. さらに, (3.108)で表現したように, $d+1$ 次元の確率過程 $\mathbf{U}$ は1次元の確率過程 $\mathbf{Y} = (Y(n); \sigma(j_1,j_2,\ldots,j_d) \leq n \leq M)$ と d 次元の確率過程 $\mathbf{Z} = (Z(n); \sigma(j_1,j_2,\ldots,j_d) \leq n \leq M)$ の組として表現する.

$z_{(j_1,j_2,\ldots,j_d)}$ を原因として, y を結果とする線形の因果関係が成り立つことを確率過程 $\mathbf{Z}$ から確率過程 Y への LL-因果性が成り立つことが純粋数学的には自然であるが,実験数学的にはそれを検証するのがTest(CS)である. ポイントは,時系列 $\tilde{y}$ は規格化されているので, $R^{\tilde{y}_0}(0) = 1$ に注意して, 2.10節の定理 2.10.8, 定理2.10.9より,時系列 $z_{(j_1,j_2,\ldots,j_d)}$ から時系列 y への見本因果値が1からどのくらいの範囲に属するときに,因果関係があると判定したらよいかの基準を求めることである. それを与えるのが**Test(CS)**で,つぎに述べる二つのTest(CS)-1, Test(CS)-2から構成されている.

[Test(CS)-1] 1次元の時系列から d 次元の時系列 $z_{(j_1,j_2,\ldots,j_d)}$ を構成したときと同様に,時系列 z の代わりに物理乱数 $\boldsymbol{\xi}$ を用いることによって, d 次元の時系列 $\boldsymbol{\xi}_{(j_1,j_2,\ldots,j_d)}$ を構成する. そして,物理乱数とターゲットである時系列 y とは独立であるので, y と $\boldsymbol{\xi}_{(j_1,j_2,\ldots,j_d)}$ とを組にした $d+1$ 次元の時系列はTest(S)を通過すると考えてよい. 実験数学的には, Test(S)を通過する

物理乱数を選ぶことになる. 時系列 $z_{(j_1,j_2,...,j_d)}$ から時系列 y への見本因果値 $C_{M-\sigma(j_1,j_2,...,j_d)}(y|z_{(j_1,j_2,...,j_d)})$ を求めたときと同様に, 時系列 $\xi_{(j_1,j_2,...,j_d)}$ から時系列 y への見本因果値 $C_{M-\sigma(j_1,j_2,...,j_d)}(y|\xi_{(j_1,j_2,...,j_d)})$ を求める. この操作を 1,000 個の物理乱数を用いて行い, それらの分布を表す見本因果値の分布表をつぎのように作成する.

表 3.4.1 物理乱数 ξ から作った時系列 $\xi_{(j_1,j_2,...,j_d)}$ から時系列 y への見本因果値の分布表.

見本因果値	回数	割合	見本因果値	回数	割合
$0.00 \leq\ <0.05$			$0.50 \leq\ <0.55$		
$0.05 \leq\ <0.10$			$0.55 \leq\ <0.60$		
$0.10 \leq\ <0.15$			$0.60 \leq\ <0.65$		
$0.15 \leq\ <0.20$			$0.65 \leq\ <0.70$		
$0.20 \leq\ <0.25$			$0.70 \leq\ <0.75$		
$0.25 \leq\ <0.30$			$0.75 \leq\ <0.80$		
$0.30 \leq\ <0.35$			$0.80 \leq\ <0.85$		
$0.35 \leq\ <0.40$			$0.85 \leq\ <0.90$		
$0.40 \leq\ <0.45$			$0.90 \leq\ <0.95$		
$0.45 \leq\ <0.50$			$0.95 \leq\ \leq 1.00$		

このとき, つぎの Test(CS)-1 を定義する:

$$\textbf{Test(CS)-1} \begin{cases} \text{時系列 } z_{(j_1,j_2,...,j_d)} \text{ から時系列 } y \text{ への見本因果値} \\ C_{M-\sigma(j_1,j_2,...,j_d)}(y|z_{(j_1,j_2,...,j_d)}) \text{ が表 3.4.1 の 0.95 から} \\ 1.00 \text{ までに位置する} \end{cases}$$

注意 3.4.1 統計学におけるブートストラップ法を用いて, Test(CS)-1 を統計的に強固にした判定法が文献[115]に提案されている.

[**Test(CS)-2**] 時系列 y を i $(1 \leq i \leq M)$ だけシフトした時系列 $y^{(sh+i)} = (y^{(sh+i)}(n); 0 \leq n \leq N-M)$ を定義する:

$$y^{(sh+i)} \equiv y(n+i) \qquad (0 \leq n \leq N-M). \tag{3.117}$$

各 i $(1 \leq i \leq M)$ に対して, 純粋数学的には, 時系列 $y^{(sh+i)}$ から時系列 y への LL-因果性は満たされる. しかし, 実験数学的には, i の動く上端 M をつ

ぎで与えられる sh_c で置き換える. その詳しい理由は文献[134]を見て頂きたい:

$$sh_c \equiv [(-17 + 3\sqrt{16N + 41})/8]. \qquad (3.118)$$

そこで, 時系列 $y^{(sh+i)}$ から時系列 y への見本因果値の分布がどのようになっているかを見てみるためにつぎの表 3.4.2 を作成する.

表 3.4.2 時系列 $y^{(sh+i)}$ から時系列 y への見本因果値の分布表.

シフト数	見本因果値
1	
2	
$\vdots$	$\vdots$
sh_c	

このとき, Test(CS)-2 はつぎのように述べられる:

Test(CS)-2 $\begin{cases} \text{時系列 } z_{(j_1,j_2,...,j_d)} \text{ から時系列 } y \text{ への見本因果値} \\ C_{M-\sigma(j_1,j_2,...,j_d)}(y|z_{(j_1,j_2,...,j_d)}) \text{ が上の見本因果値の分布表} \\ \text{の上位 9 割以上に位置する} \end{cases}$

定義 3.4.1 (**Test(CS)**) (i) 集合 $\mathcal{CT}^{(q,d)}(z)$ の任意の元 $z_{(j_1,j_2,...,j_d)}$ をとり, 固定する. 時系列 $z_{(j_1,j_2,...,j_d)}$ から時系列 y への LL-因果性が成り立つとは, 二つの Test(CS)-1, Test(CS)-2 を通過することを言い, 時系列 $z_{(j_1,j_2,...,j_d)}$ から時系列 y への見本因果値は 1 であると見なす. このとき, つぎのように表記する:

$$z_{(j_1,j_2,...,j_d)} \xrightarrow{LL\text{-因果性}} y. \qquad (3.119)$$

(ii) 時系列 z から時系列 y への $LN(q,d)$-因果性が成り立つとは, 集合 $\mathcal{CT}^{(q,d)}(z)$ のある元 $z_{(j_1,j_2,...,j_d)}$ が存在して, (3.119) が成り立つことを言い, つぎのように表記する:

$$z \xrightarrow{LN(q,d)\text{-因果性}} y. \qquad (3.120)$$

注意 3.4.2 $q=1, d=1$ とするとき, $\mathcal{CT}^{(1,1)}(z)$ は空集合でないときは, その要素は2次元の時系列 ${}^t(y,z)$ のみとなるので, 本節で紹介した z から y への $LN(1,1)$-因果性は z から y への LL-因果性, すなわち, 局所的な線形因果性を意味する. 本節では階数 q を固定したが, 階数 q を動かしたときの議論は文献[134]に詳しく述べられている.

(b) 関数関係 時系列 z から時系列 y への $LN(q,d)$-因果性が成り立つことの意味を定量的に見てみよう. 特に, 二つの時系列 z と y の間に成り立つ関数関係を与えられた時系列から計算するアルゴリズムを求めよう.

定義3.4.1 より, 集合 $\mathcal{CT}^{(q,d)}(z)$ の中のある元 $z_{(j_1,j_2,\ldots,j_d)}$ が存在して, (3.119) が成り立っているとする. (3.106), (3.107), (3.108) にある確率過程 $\mathbf{Y}, \mathbf{Z}$ を用いると, (3.112) より, 時系列 $z_{(j_1,j_2,\ldots,j_d)}$ から時系列 y への見本因果関数は確率過程 $\mathbf{Z}$ から確率過程 $\mathbf{Y}$ への因果関数と一致する. $Y(M)$ を閉部分空間 $\mathbf{M}^M_{\sigma(j_0,j_1,\ldots,j_d)}(\mathbf{Z})$ に射影して

$$Y(M) = P_{\mathbf{M}^M_{\sigma(j_0,j_1,\ldots,j_d)}(\mathbf{Z})} Y(M) + \nu(\mathbf{Y}|\mathbf{Z})(M) \qquad (3.121)$$

と直交分解する. ここで, 確率変数 $\nu(\mathbf{Y}|\mathbf{Z})(M)$ はつぎで与えられる:

$$\nu(\mathbf{Y}|\mathbf{Z})(M) = P_{\mathbf{M}^M_{\sigma(j_0,j_1,\ldots,j_d)}(\mathrm{U}) \ominus \mathbf{M}^M_{\sigma(j_0,j_1,\ldots,j_d)}(\mathbf{Z})} Y(M). \qquad (3.122)$$

(3.119) が成り立つことは, 時系列 $z_{(j_1,j_2,\ldots,j_d)}$ から時系列 y への見本因果値は1であると見なすことを意味する. このことは, $\|Y(M)\| = R^{(1)}(0) = 1$ に注意して, (3.121) における $\nu(\mathbf{Y}|\mathbf{Z})(M)$ は0であると見なしてもよい, すなわち, つぎが成り立つとしてよいことを意味する.

$$Y(M) = P_{\mathbf{M}^M_{\sigma(j_0,j_1,\ldots,j_d)}(\mathbf{Z})} Y(M). \qquad (3.123)$$

したがって, 定理2.10.5 (ii) より, つぎが成り立つ:

$$Y(M) = \sum_{k=0}^{M-\sigma(j_0,j_1,\ldots,j_d)} D^0(\mathbf{Y}|\mathbf{Z})(M - \sigma(j_1,j_2,\ldots,j_d),k) \cdot$$
$$\cdot Z(\sigma(j_0,j_1,\ldots,j_d)+k). \qquad (3.124)$$

以上の準備の下に, つぎの定理を示そう.

3.4 Test(CS)

定理 3.4.1 時系列 z から時系列 y への $LN(q,d)$-因果性が成り立つとき,集合 $\mathcal{CT}^{(q,d)}(z)$ の中のある元 $z_{(j_1,j_2,\ldots,j_d)}$ が存在して,つぎの関数関係が成り立つ: 任意の n $(M \leq n \leq N)$ に対し

$$y(n) = \sum_{k=0}^{M-\sigma(j_0,j_1,\ldots,j_d)} D^0(\mathbf{Y}|\mathbf{Z})(M-\sigma(j_1,j_2,\ldots,j_d),k) \cdot$$
$$\cdot \tilde{z}_{(j_1,j_2,\ldots,j_d)}(\sigma(j_0,j_1,\ldots,j_d)+n-M+k).$$

証明 (3.108) と同様に, $d+1$ 次元の確率過程 $\mathbf{U}_s$ を1次元の確率過程 $\mathbf{Y}_s = (Y_s(n); \sigma(j_1,j_2,\ldots,j_d) \leq n \leq M)$ と d 次元の確率過程 $\mathbf{Z}_s = (Z_s(n); \sigma(j_1,j_2,\ldots,j_d) \leq n \leq M)$ の組として表現する.

$$U_s(n) = {}^t(Y_s(n),\; {}^tZ_s(n)). \qquad (3.125)$$

各 s $(0 \leq s \leq N-M)$ に対し,時系列 $\tilde{u}_s$ は弱定常過程 $\mathbf{U}_s$ の実現であり,弱定常過程 $\mathbf{U}_s$ は弱定常過程 $\mathbf{U}$ と同じ共分散関数を持ち, (3.106), (3.107) を満たしている. 特に, $\mathbf{U}_0 = \mathbf{U}$ である. したがって, 関係式(3.124)は弱定常過程 $\mathbf{U}_s$ の言葉で表現すると

$$Y_s(M) = \sum_{k=0}^{M-\sigma(j_0,j_1,\ldots,j_d)} D^0(\mathbf{Y}|\mathbf{Z})(M-\sigma(j_1,j_2,\ldots,j_d),k) \cdot$$
$$\cdot Z_s(\sigma(j_0,j_1,\ldots,j_d)+k).$$

が成り立つ. 時系列 u_s は弱定常過程 $\mathbf{U}_s$ の実現であることを用いると, (3.102) に注意して,上式より時系列 u_s に関するダイナミクスが導かれる. これを元の時系列 $u = {}^t(y, z_{(j_1,j_2,\ldots,j_d)})$ の言葉で表現すると

$$y(s+M) = \sum_{k=0}^{M-\sigma(j_0,j_1,\ldots,j_d)} D^0(\mathbf{Y}|\mathbf{Z})(M-\sigma(j_1,j_2,\ldots,j_d),k) \cdot$$
$$\cdot \tilde{z}_{(j_1,j_2,\ldots,j_d)}(\sigma(j_0,j_1,\ldots,j_d)+s+k).$$

が得られる. ゆえに, $M \leq n \leq N$ なる任意の自然数 n に対し, 上式における s として, $s \equiv n-M$ を採用することによって, 定理3.4.1が成り立つ. (証明終)

3.5 Test(D)

1次元の時系列 $x = (x(n); 0 \leq n \leq N)$ を対象とし,時系列 x が $LN(q,d)$-決定性を持つことの定義とそれを検証するテスト—Test(D)—を復習しよう[134]. 大前提として,時系列 x は Test(S) を通過しているとする.

時系列 x を 1 時刻シフトさせた時系列と時系列 x の時間域を $\{0, 1, \cdots, N-1\}$ に制限した時系列をそれぞれ $y = (y(n); 0 \leq n \leq N - 1), z = (z(n); 0 \leq n \leq N - 1)$ とする:

$$y(n) \equiv x(n+1), \qquad (3.126)$$
$$z(n) \equiv x(n). \qquad (3.127)$$

q を任意の自然数,d を $1 \leq d \leq d_q + 1$ を満たす任意の自然数とする.ここで,$d_q + 1$ は前節と同じく 3.1.2 項の階数 q の非線形変換を時系列 z に施して得られる 1 次元の時系列の個数である.

与えられた時系列 x が $LN(q,d)$-決定性を持つとは,時系列 z を原因として,y を結果とする $LN(q,d)$-因果性が成り立つことを言うのが自然であり,純粋数学的には,時系列 x が $LN(q,d)$-決定性が持つかどうかを判定する基準は前節の Test(CS) のそれに帰着する.しかし,時系列 z と時系列 x は完全に退化するので,2次元の時系列 $^t(y,z)$ は純粋数学的には定常性を持ってしかるべきだが,実験数学的には Test(S) を通過しにくくなる.そこで,時系列 x が $LN(q,d)$-決定性を持つかどうかを判定する Test(D) をつぎのステップに従って提案する.

3.5.1 LL-決定性とダイナミクス

本項では,時系列 x が LL-決定性の定義を与え,時系列 x が LL-決定性を持つとき,時系列 x の時間発展を与えるダイナミクスを求める.

時系列 x を規格化した時系列 $\tilde{x}$ の見本共分散関数 $R^{\tilde{x}}$ の定義域を $\{-M_1, -M_1 + 1, \ldots, M_1\}$ に制限した関数を $R^{\tilde{x}; M_1}$ と書く.ここで,M_1 はつぎで与

3.5 Test(D)

えられる:
$$M_1 \equiv [3\sqrt{N+1}] - 1. \tag{3.128}$$

時系列 $\tilde{x}$ の出発点の時刻をずらし,各時刻 s $(0 \leq s \leq N - M_1)$ に対し, $\tilde{x}(s)$ を始点, $\tilde{x}(s + M_1)$ を終点とするデータ数が $M_1 + 1$ 個の時系列 $\tilde{x}_s = (\tilde{x}_s(n); 0 \leq n \leq M_1)$ を考える:

$$\tilde{x}_s(n) \equiv \tilde{x}(s+n) \qquad (0 \leq n \leq M_1). \tag{3.129}$$

関数 $R^{\tilde{x};M_1}$ は補題3.1.1, 定理3.1.1と同様に, 非負定符号性を満たし, 2.7.1項の性質 (R.1), (R.2) を満たす. したがって, 2.7節の第4段の議論を関数 $R^{\tilde{x};M_1}$ に適用して, 1次元の弱定常過程 $\mathbf{X} = (X(n); 0 \leq n \leq M_1)$ でつぎを満たすものが存在する:

$$R^{\tilde{x};M_1}(m-n) = E(X(m)X(n)), \tag{3.130}$$
$$E(X(n)) = 0. \tag{3.131}$$

特に, 時系列 $\tilde{x}$ は規格化されているので, (3.129) より, つぎのことを注意する.

$$E(X(n)X(n)) = 1 \qquad (0 \leq n \leq M_1). \tag{3.132}$$

この確率過程 $\mathbf{X}$ を用いて, 1次元の確率過程 $\mathbf{Y} = (Y(n); 0 \leq n \leq M_1 - 1), \mathbf{Z} = (Z(n); 0 \leq n \leq M_1 - 1)$ と2次元の確率過程 $\mathbf{U} = (U(n); 0 \leq n \leq M_1 - 1)$ をつぎで定義する.

$$Y(n) \equiv X(n+1), \tag{3.133}$$
$$Z(n) \equiv X(n), \tag{3.134}$$
$$U(n) \equiv {}^t(Y(n), Z(n)). \tag{3.135}$$

時系列 x はTest(S)を満たすので, 時系列 $\tilde{x}_0$ は上の弱定常過程 $\mathbf{X}$ の実現と見てよい. (3.110)を参考に, 時系列 x の線形の見本決定関数 $D_*(x;0) = (D_n(x;0); 0 \leq n \leq M_1)$ を確率過程 $\mathbf{Z}$ から確率過程 $\mathbf{Y}$ への因果関数 $C_*(\mathbf{Y}|\mathbf{Z}) = (C_n(\mathbf{Y}|\mathbf{Z}); 0 \leq n \leq M_1)$ で定義する:

$$D_n(x;0) \equiv C_n(\mathbf{Y}|\mathbf{Z}). \tag{3.136}$$

(3.111) と同じく, 時系列 x の線形の見本決定関数は単調増大であるから, その最大値である右端の値 $D_{M_1}(x;0)$ を**時系列 x の線形の見本決定値**と言う.

注意 3.5.1 上の (3.135) で導入した弱定常過程 **U** の時間域は $\{0,1,\ldots,M_1\}$ であるが, 3.4.1項の (3.106), (3.107) で見た弱定常過程 **U** の時間域は $\{0,1,\ldots,M_2\}$ である. ここで, M_2 はつぎで与えられる:

$$M_2 \equiv [3\sqrt{N}/2] - 1. \tag{3.137}$$

M_1 と M_2 は異なるので, 純粋数学的のみならず実験数学的にも, 上の二つの弱定常過程 **U** は同じとは見なさない. その理由で, 本項で紹介する LL-決定性は前節で述べた LL-因果性の特別な場合ではない. したがって, 時系列 x の線形の見本決定関数は (3.110) で導入した時系列 z から時系列 y への見本線形因果関数ではなく, 時系列 x の線形の見本決定値 $D_{M_1}(x;0)$ も 3.4.1項で定義した時系列 z から時系列 y への線形の見本因果値 $C_{M_2}(y|z)$ と一般には一致しない.

因果関数の定義式 (2.242) より

$$D_n(x;0) = \|P_{\mathrm{M}_0^n(\mathrm{X})} X(n+1)\| \tag{3.138}$$

となる. 確率過程 **X** は定常性を満たすので, 揺動散逸定理 (定理 2.6.1) の (FDT-1), (2.70), (3.132) より, つぎが成り立つ:

$$D_n(x;0) = 1 - V_+(\mathbf{X})(n+1). \tag{3.139}$$

表 3.4.1 で $q=1, d=1$ として, 時系列 z の代わりに物理乱数 $\boldsymbol{\xi}$ を用いて, 1000個の1次元の時系列 $\boldsymbol{\xi}$ から時系列 y への見本因果値 $C_{M_2}(y|\boldsymbol{\xi})$ の分布を表す見本決定値の分布表を作成する.

定義 3.5.1 時系列 x が LL-決定性 (局所的な線形決定性) を持つとは, つぎの二つの Test(D)-1, Test(D)-2 を通過することを言い, 時系列 x の線形の見本

決定値は1であると見なす:

Test(D)-1 $\begin{cases} 時系列 x の線形の見本決定値が q=1, d=1 のときの \\ 表 3.4.1 の 0.95 から 1.00 までに位置する \end{cases}$

Test(D)-2 $\begin{cases} 時系列 x の線形の見本決定値が表 3.4.2 の上位9割以上に \\ 位置する \end{cases}$

つぎに,時系列 x が LL-決定性を持つことの意味を定量的に理解するために,時系列 x の時間発展を与えるダイナミクスを求めよう.

時系列 x は Test(S) を満たすので,時系列 $\tilde{x}_0$ は弱定常過程 $\mathbf{X}$ の実現であったので,(3.129) で定義した時系列 $\tilde{x}_s$ はある弱定常過程 $\mathbf{X}_s$ の実現と見てよく,弱定常過程 $\mathbf{X}_s$ はすべて上の弱定常過程 $\mathbf{X}$ と同じ共分散関数を持ち,(3.130), (3.131) を満たす.$\mathbf{X}_0 = \mathbf{X}$ とする.

確率過程 $\mathbf{X}$ に付随する前向き KM_2O-ランジュヴァン方程式を用いると,(2.70) より

$$X(n+1) = -\sum_{k=0}^{n} \gamma_+^0(\mathbf{X})(n+1,k) X(k) + \nu_+(\mathbf{X})(n+1) \qquad (3.140)$$

が成り立つ.定義 3.5.1 より,時系列 x の線形の見本決定値 $D_{M_1}(x;0)$ は 1 であると見なしてよい.このことは (3.139) より,$\nu_+(\mathbf{X})(M_1+1) = 0$ を意味する.したがって,(3.140) より,つぎが成り立つ:

$$X(M_1+1) = -\sum_{k=0}^{M_1} \gamma_+^0(\mathbf{X})(n,k) X(k). \qquad (3.141)$$

定理 3.4.1 の証明と同様に,つぎの定理 3.5.1 を示すことができる.

定理 3.5.1 時系列 x が LL-決定性を持つとき,時系列 x の時間発展を与えるダイナミクスはつぎで与えられる: 任意の n ($M_1 \leq n \leq N-1$) に対し

$$x(n+1) = -\sum_{k=0}^{M_1} \gamma_+^0(\mathbf{X})(n,k) x(n - M_1 + k).$$

3.5.2 $LN(q,d)$-決定性とダイナミクス

本項では,時系列 x が $LN(q,d)$-決定性を持つことを定義し,時系列 x が $LN(q,d)$-決定性を持つとき,時系列 x のダイナミクス,すなわち,時系列 x の時間発展を記述する決定的な差分方程式を導こう.

(3.127)で導入された時間域が $\{0,1,\ldots,N-1\}$ である時系列 z に対し,(3.13)で N を $N-1$ に置き換えて構成した d 次元の時系列の集まり $\mathcal{T}^{(q,d)}(z)$ の部分集合 $\mathcal{DT}^{(q,d)}(z)$ をつぎで定義する:

$$\mathcal{DT}^{(q,d)}(z) \equiv \{z_{(j_1,j_2,\ldots,j_d)} \in \mathcal{T}^{(q,d)}(z);$$
$$\text{時系列 } {}^t(y,\, {}^tz_{(j_1,j_2,\ldots,j_d)}) \text{ は Test(S) を通過する}\}. \quad (3.142)$$

注意 3.5.2 時系列 ${}^t(y,\, {}^tz_{(j_1,j_2,\ldots,j_d)})$ が Test(S) を通過することの検証は,$j_1=0$ で $d=1$ のときは,LL-決定性を定義し,それを検証するときに注意したように,時系列 x が Test(S) を通過していることで良しとし,$j_1=0$ で $d\geq 2$ のときは,二つの時系列 $z_{(j_1,j_2,\ldots,j_d)}$, ${}^t(y,\, {}^tz_{(j_2,\ldots,j_d)})$ が Test(S) を通過,$j_1\neq 0$ のときは,${}^t(y,\, {}^tz_{(j_1,j_2,\ldots,j_d)})$ が Test(S) を通過することを検証することとする.

集合 $\mathcal{DT}^{(q,d)}(z)$ の中から任意の元 $z_{(j_1,j_2,\ldots,j_d)}$ をとり,固定する.以下においては,$d=1, j_1=0$ の場合はすでに,前項の LL-決定性で扱っているので,それ以外の場合を考える.(3.110)において定義した時系列 $z_{(j_1,j_2,\ldots,j_d)}$ から時系列 y への見本因果関数 $C_*(y|z_{(j_1,j_2,\ldots,j_d)}) = (C_n(y|z_{(j_1,j_2,\ldots,j_d)}); 0\leq n\leq M-\sigma(j_1,j_2,\ldots,j_d))$ を**時系列 x の非線形の型 $(j_1,j_2,\ldots,j_d)$ の見本決定関数**と呼び,$D_*(x;j_1,j_2,\ldots,j_d) = (D_n(x;j_1,j_2,\ldots,j_d); 0\leq n\leq M-\sigma(j_1,j_2,\ldots,j_d))$ と書く:

$$D_n(x;j_1,j_2,\ldots,j_d) \equiv C_n(y|z_{(j_1,j_2,\ldots,j_d)}), \quad (3.143)$$
$$M \equiv [3\sqrt{N-\sigma(j_1,j_2,\ldots,j_d)}/d+1]-1. \quad (3.144)$$

さらに,この関数 $D_*(x;j_1,j_2,\ldots,j_d)$ の定義域の右端 $M-\sigma(j_1,j_2,\ldots,j_d)$ での値である最大値 $D_{M-\sigma(j_1,j_2,\ldots,j_d)}(x;j_1,j_2,\ldots,j_d)$ を**時系列 x の非線形の型 $(j_1,j_2,\ldots,j_d)$ の見本決定値**と言う.時系列 x が $LN(q,d)$-決定性を持つことをつぎのように定義する.

定義 3.5.2 (Test(D)) 時系列 x が $LN(q,d)$-決定性が持つとは，集合 $\mathcal{DT}^{(q,d)}(z)$ の中のある元時系列 $z_{(j_1,j_2,\ldots,j_d)}$ で $d=1, j_1=0$ でないものが存在し，時系列 $z_{(j_1,j_2,\ldots,j_d)}$ から時系列 y への LL-因果性があるとき，すなわち，つぎの二つの Test(D)-1, Test(D)-2 を通過するときを言い，時系列 x の非線形の型 $(j_1,j_2,\ldots,j_d)$ の見本決定値は 1 であると見なす：

Test(D)-1 $\begin{cases} 時系列 \ x \ の非線形の型 \ (j_1,j_2,\ldots,j_d) \ の見本決定値が \\ 表 3.4.1 の 0.95 から 1.00 までに位置する \end{cases}$

Test(D)-2 $\begin{cases} 時系列 \ x \ の非線形の型 \ (j_1,j_2,\ldots,j_d) \ の見本決定値が \\ 表 3.4.2 の上位 9 割以上に位置する \end{cases}$

最後に，定理 3.4.1 より，つぎの定理 3.5.2 が得られる．

定理 3.5.2 時系列 x が $LN(q,d)$-決定性を持つとき，集合 $\mathcal{CT}^{(q,d)}(z)$ の中のある元 $z_{(j_1,j_2,\ldots,j_d)}$ で $d=1, j_1=0$ でないものが存在し，時系列 x のダイナミクスはつぎのように与えられる：任意の n ($M \leq n \leq N-1$) に対し

$$x(n+1) = \sum_{k=0}^{M-\sigma(j_0,j_1,\ldots,j_d)} D^0(\mathbf{Y}|\mathbf{Z})(M-\sigma(j_1,j_2,\ldots,j_d),k) \cdot$$
$$\cdot \tilde{x}_{(j_1,j_2,\ldots,j_d)}(\sigma(j_0,j_1,\ldots,j_d)+n-M+k).$$

3.5.3 ランダムなダイナミクスとしての見本 KM_2O-ランジュヴァン方程式

本項では，1 次元の時系列 $x = (x(n); 0 \leq n \leq N)$ はどの自然数 q, d ($1 \leq d \leq d_q + 1$) に対しても $LN(q,d)$-決定性を持たないとする．しかし，実際の時系列解析では，そのことは検証できない．そこで，ある固定した自然数 q に対し，どの自然数 d ($1 \leq d \leq d_q + 1$) に対しても，時系列 x は $LN(q,d)$-決定性を持たないとする．さらに，任意の自然数 d ($1 \leq d \leq d_q + 1$) を固定し，系 $\mathcal{T}^{(q,d)}(z)$ の中で第 1 成分が z である時系列の全体を $\mathcal{MT}^{(q,d)}(z)$ とする：

$$\mathcal{MT}^{(q,d)}(z) \equiv \{z_{(j_1,j_2,\ldots,j_d)} \in \mathcal{T}^{(q,d)}(z);$$

$j_1 = 0$, 時系列 $z_{(0,j_2,\ldots,j_d)}$ は Test(S) を通過する $\}$. (3.145)

$\mathcal{MT}^{(q,d)}(z)$ の任意の元 $z_{(0,j_2,\ldots,j_d)}$ を考える. 各 s $(0 \leq s \leq N-M)$ に対し, 規格化した時系列 $\tilde{z}_{(0,j_2,\ldots,j_d)}$ は, (3.30) に従って見本前向き KM_2O-ランジュヴァン揺動時系列 $\nu_{+s} = (\nu_{+s}(n); \sigma(0,j_2,\ldots,j_d) \leq n \leq M)$ を抜き出すことにより, つぎの方程式を満たす:

$$\tilde{z}_{(0,j_2,\ldots,j_d)}(s+n) = -\sum_{k=0}^{n-1} \gamma_+^0(R(\tilde{z}_{(0,j_2,\ldots,j_d)}))(n,k)\tilde{z}_{(0,j_2,\ldots,j_d)}(s+k)$$
$$+ \nu_{+s}(n). \qquad (3.146)$$

ここで, M はつぎで与えられる:

$$M \equiv [3\sqrt{N - \sigma(z_{(0,j_2,\ldots,j_d)})}/d] - 1. \qquad (3.147)$$

見本前向きの KM_2O-ランジュヴァン揺動行列関数の $n = M - \sigma(0,j_2,\ldots,j_d)$ での値の $(1,1)$ 成分 $V_{+11}(R(z_{(0,j_2,\ldots,j_d)}))(M - \sigma(0,j_2,\ldots,j_d))$ が一番小さい時系列 $z_{(0,j_2,\ldots,j_d)}$ を選択する. 与えられた時系列 x の時間発展を記述するダイナミクスは, 方程式 (3.146) の第1成分をとり, 時系列 x の言葉で書き直すことによって導かれる. これが本書で展開する実験数学の憲法である「データからモデル」の一つの具現化である.

4

実 証 分 析

　本章では，前章で展開した時系列解析を，4.1節で地震波の時系列，4.2節でオーロラや磁気嵐の電磁波の時系列，4.3節で脳波の時系列，4.4節で日本語の母音の音声波の時系列に適用した実証分析を行う．

　特に，Test(ABN)を適用するとき，4.1節で地震のP波，S波の到着の初期位相を捉えられるかについて，4.2節でオーロラと磁気嵐の発生・終結の位相を捉えられるかについて，4.3節では親指を動かしたとき大脳皮質に電極を当てて計測する脳波の時系列がどのような挙動をするかについて調べる．

　さらに，Test(D)を適用するとき，4.1節で，通常の地震波の時系列とは異なり，深部低周波地震で励起された地震波 (以後深部低周波地震波と言う) の時系列はS波の到着直後の定常性を満たす時間域において，「分離性」という新しい性質が現れること，4.2節で，オーロラや磁気嵐が発生した後の電磁波の時系列が定常性を満たす時間域において「分離性」が現れることを発見する．この「分離性」は，4.3節で，頭皮から測定する脳波には現れず，大脳皮質で測定する脳波に現れること，4.4節で，日本語の「お」の母音以外の音声波の時系列に現れることを実証する．

4.1 地 震 波

　10年前の1995年1月17日に兵庫県南部地震が発生した．その日は北海道大学で複雑系札幌シンポジウムが開催される日で朝早く起きて朝食をとっていた．札幌へ飛ぶ飛行機の中のイヤホーンで被害の状況が悪くなることを聞いた記憶がはっきりと蘇る．兵庫県南部地震を予知できなかった反省からか，日本科学者

会議は1995年に阪神淡路大震災の調査に対する特別コミッティを設立し、今までの結果に基づいて地震の正確な短期予測を行うことは不可能であり、地震の発生後に起こる被害を軽減させる基本的な研究を行う必要があるという結論を出した[116]. しかし、地震の兆候を探知できるという意見は今でも根強くある[55,56].

最近、日本の政治家あるいは政党は選挙公約として「マニフェスト」を出すようになった. 政治家が「マニフェスト」を責任を持って実行することを信じる人は、悲しいことだが、多くはない. 政界には一筋縄ではいかない独特の論理が働くことはあるだろうが、「責任をとらないことが政界の論理である」とはなってほしくない. 学問の世界においても、研究者は自分の研究結果には責任が伴うことを自覚してほしい.

数学者は「仮定から結果」という定理を導く際にはその「証明」に責任を持つ. 実験数学者にとっての責任は、適用する定理の前提条件である「仮定」が成り立っているかどうかの「検証」である. 現象を説明できれば良いというわけではないのが実験数学の憲法である. 実験科学における研究者にとって「マニフェスト」は大切である. 地震予知の科学的研究において、どのような目的を持って研究しているのか、どのような観測データに基づいて議論しているのか、どのような結果で結論付けているのかを明示する (manifest) ことは必要である.

天下り的に立てたモデルから導いた「情報」は、「当たるも八卦 当たらぬも八卦」で信頼性がないし、科学の香りがしない. 導いたという「情報」の根拠を説明する、すなわち、「情報」を導く方法論を提示するのが科学であり、科学者の使命である. 実験数学的観点から言えば、「データから情報」「データからモデル」「データから法則」の精神の下に、地震に関わるどのような時系列に基づいて、どのような方法で地震の前兆を探知できるかの方法を提案することが大切である.

4.1.1 P波とS波

本項では、地震の前兆を探知する際に必ず現れるP波とS波の説明を文献[126,142]に従って簡単に与えよう.

武尾実教授によると[126]、地震とは断層運動のことである. 地球表面を覆って互いに動き、ぶつかり合ういくつかの硬いプレートの中で、一方のプレートの下

にもう一方のプレートが潜り込むときにプレートの中に大きな「歪み」が蓄えられる．プレートの内部や隣り合うプレートの間で，この大きな歪みという変形に耐えきれなくなるとき，ある面を境にして，両側が上下や左右に「ずれる」ことによって，「歪み」を解消するのが断層運動である．

地下の断層運動によって発生した波は地球を伝わり，地球上のさまざまな場所で地震計によって観測される地面の振動を波形として記録した観測波形が地震波であり，時系列の一つである．地震波形にあらわれる顕著な波群を位相と呼び，最初に到着する位相が **P波** (primary wave)，2番目に到着する位相が **S波** (secondary wave) である．

「歪み」は変形の一種で，固体の変形には伸び縮み変形とずり変形があり，単位長さあたりの伸びを伸び歪み，単位長さあたりのずりをずり歪みと言う．固体内でこの歪みをもとに戻そうとする力が応力 σ であり，それは歪みがあまり大きくないときは，歪み ϵ に比例する，すなわち，つぎのフックの法則

$$\sigma = C\epsilon \tag{4.1}$$

が成り立つ[142]．ここで，定数 C は媒質に固有で弾性率と呼ばれる．伸び縮み変形に対する弾性率 C_1 とずり変形に対する弾性率 C_2 は異なる．

伸び縮み変形が伝わるとき，振動の方向と波の伝わる方向は同じであり，**縦波**と呼ばれる．地震波のP波は縦波である．一方，ずり変形が伝わるとき，振動の方向と波の伝わる方向は互いに直交し，**横波**と呼ばれる．地震波のS波は横波である．P波の速度 α とS波の速度 β はつぎで与えられる：

$$\alpha = \sqrt{\frac{C_1}{\rho}}, \quad \beta = \sqrt{\frac{C_2}{\rho}}. \tag{4.2}$$

ここで，ρ は媒質の密度である．さらに，P波の速度 α とS波の速度 β の比は

$$\frac{\alpha}{\beta} = \sqrt{\frac{2(1-\nu)}{1-2\nu}} \tag{4.3}$$

で与えられることが知られている[142]．ここで，ν は，岩石を一方向に圧縮したとき，その方向の縮みと直角方向の伸びの比を表し，ポアソン比と呼ばれる．そ

の範囲は $-1 < \nu < 1/2$ であるから

$$\frac{\alpha}{\beta} > \sqrt{\frac{4}{3}} \tag{4.4}$$

となり，P波はS波より速度が速いことがわかる．

4.1.2　Test(ABN) と地震波の初期位相の兆候

今まで統計科学的になされた地震の研究は多い[10~12,21,25,26,31]．特に，確率過程論的観点からみたとき，地震波の主な特徴は非定常であると言われている[75]．最近の統計科学的な研究の多くは，地震波の時系列の時間域を分割し，それぞれの時間域に自己回帰モデルをあてはめ，赤池情報量を計算し，赤池情報量を最小にする時間域を探すことによって，地震波のP波とS波の到着時刻を推定する問題を研究している[57,75,86,87,95,118]．

この方法は地震の発生前の時系列のみならず，地震の発生後の時系列が必要であるので，地震の初期位相をリアルタイムで探知するのに有効ではない．実験数学的観点から見たとき，自己回帰モデルをあてはめる理由はどこにもない．

地震波のP波とS波の到着時刻を時系列から推定する方法は他にもいろいろあるが，地震学者である武尾実教授によると，最も信頼できる方法は地震学者の目で推定される方法であるとさえ言われている．その意見は，地震学者の「勘」が一番であると受け取られるのが普通であるが，その「勘」の根拠を明示するのが科学であり，明示するために行う研究が「空即是色」の「即是」という修行にあたり，その修行を通じて，「勘」は「空即是色」の「色」となる．

本項では，Test(ABN-S) と Test(ABN)-3c を日本で発生した通常の地震と深部低周波地震で励起された地震波の時系列に適用し，P波とS波が到着する直前の時系列の異常性を捉えられるかどうか，またP波とS波が到着する時刻をリアルタイムで推定できるかどうかを見てみよう．

3次元の時系列 x の3個の上下成分，南北成分，東西成分の時系列をそれぞれ $x^{ud} = (x^{ud}(n); 0 \leq n \leq N)$, $x^{ns} = (x^{ns}(n); 0 \leq n \leq N)$, $x^{ew} = (x^{ew}(n); 0 \leq n \leq N)$ とする:

$$x = {}^t(x^{ud}, x^{ns}, x^{ew}), \tag{4.5}$$

$$x(n) = {}^t(x^{ud}(n), x^{ns}(n), x^{ew}(n)). \tag{4.6}$$

地震波に対しては,各成分の時系列の1次差分をとることによって,(3.84),(3.85) に従い,新しい3個の時系列 $z^{ud} = (z^{ud}(n); 0 \leq n \leq N-1)$, $z^{ns} = (z^{ns}(n); 0 \leq n \leq N-1)$, $z^{ew} = (z^{ew}(n); 0 \leq n \leq N-1)$ を定義する.

L を $1 \leq L \leq N-2$ を満たす自然数とする.$L+1$ が切断長となる.(3.86) に従い,各自然数 t $(L \leq t \leq N-1)$ に対し,各時系列 z^{ud}, z^{ns}, z^{ew} の一部分で,t を終点時刻とする長さ $L+1$ の時系列を定義し,それぞれ $z^{ud}_{(t;L)} = (z^{ud}_{(t;L)}(n); 0 \leq n \leq L)$, $z^{ns}_{(t;L)} = (z^{ns}_{(t;L)}(n); 0 \leq n \leq L)$, $z^{ew}_{(t;L)} = (z^{ew}_{(t;L)}(n); 0 \leq n \leq L)$ とする.

(a) 通常の地震 最初のイベント (事象) は図 4.1.1 にある群馬県の星印の付いた震源地で 2001 年 8 月 1 日に発生した通常の地震で,その地震を足利 (北緯 36.4250°, 東経 139.4533°) と足尾 (北緯 36.6493°, 東経 139.4597°) で観測した地震波の時系列を扱う.データ数は共に $N+1 = 5{,}400$ である.

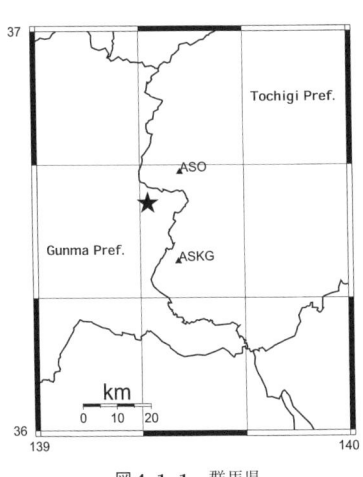

図 4.1.1 群馬県

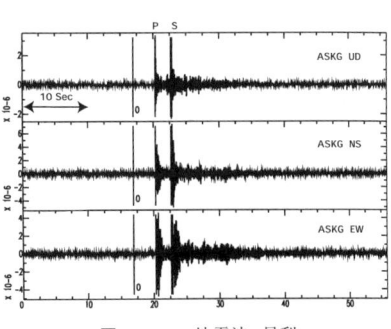

図 4.1.2 地震波: 足利

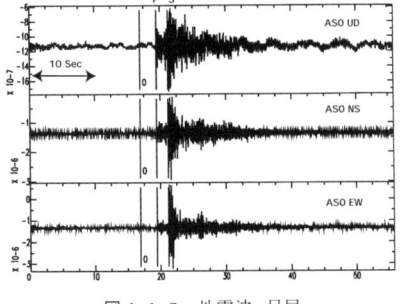

図 4.1.3 地震波: 足尾

図 4.1.2 は足利で観測された地震波の時系列のグラフで,上段,中段,下段はそれぞれ上下成分,南北成分,東西成分の時系列のグラフである.図 4.1.3 は足尾で観測された地震波の時系列のグラフである.

(a.1) 足利 図 4.1.4 は足利で観測された地震波の時系列に Test(ABN)-1c を適用した定常グラフで,上段,中段,下段のグラフはそれぞれ上下成分,南北成分,東西成分の時系列に対する定常グラフを表している.切断長は $L+1=100$ とした.図 4.1.5 は足利で観測された地震波の時系列に Test(ABN)-1c を適用した異常グラフで,上段,中段,下段のグラフはそれぞれ上下成分,南北成分,東西成分の時系列に対する異常グラフを表し,実線は図 4.1.2 の各成分のグラフと同じである.図 4.1.4, 図 4.1.5 にある P, S という記号は地震学者の武尾実教授の目で推定された P 波,S 波の到着時刻を表している.さらに,Test(S) を適用できない最初の 99 個の時刻は,y 軸と平行な直線 $t=98$ を破線にして,$t=99$ 以降の時刻とは区別されている.

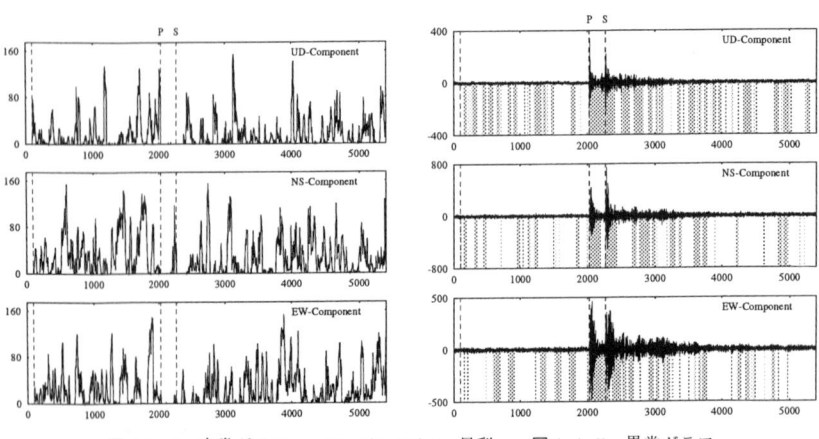

図 4.1.4 定常グラフ —Test(ABN)-1c:足利— 図 4.1.5 異常グラフ

図 4.1.6 の上段,下段のグラフはそれぞれ図 4.1.4 の定常グラフ,図 4.1.5 の異常グラフの上下成分の P 波の到着時刻を含む時間域のグラフを表し,図 4.1.7 の上段,下段のグラフはそれぞれ図 4.1.4 の定常グラフ,図 4.1.5 の異常グラフの上下成分の S 波の到着時刻を含む時間域のグラフを表している.

図 4.1.7 における記号 S は,図 4.1.4, 図 4.1.5 における記号 S の意味と異

4.1 地震波

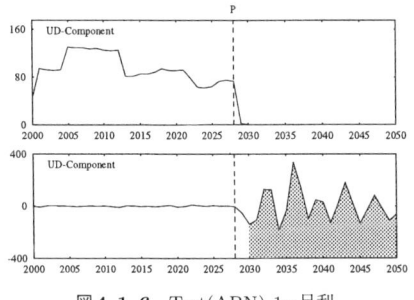

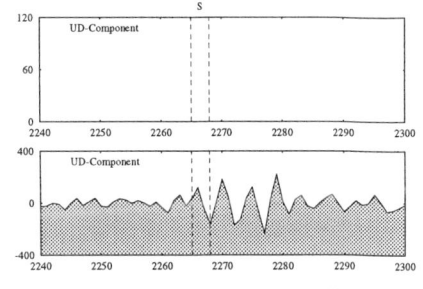

図4.1.6 Test(ABN)-1c:足利

図4.1.7 Test(ABN)-1c:足利

なり，二つの破線で囲まれた時間域の間にS波が到着していることを意味している．このような時間域は地震学者の武尾実教授の目によって評価されていて，S波の到着時間域と呼ぶことにする．同様に，図4.1.8，図4.1.10はそれぞれ南北成分，東西成分のP波の到着時刻を含む時間域のグラフを表し，図4.1.9，図4.1.11はそれぞれ南北成分，東西成分のS波の到着時刻を含む時間域のグラフを表している．

図4.1.6から，P波の到着時刻は上下成分の定常グラフが0になる異常時間の直前に減少している時間に対応し，図4.1.6，図4.1.8，図4.1.10から，P波の到着時刻と関わる上下成分の異常時間が他の成分よりも早く来ることがわかる．しかし，図4.1.6からは，そのような異常時間の前に非常に多くの他の異常時間がある．上下成分に関する図4.1.7からS波の到着時刻を読み取ることはできない．しかし，南北と東西の水平成分に関する図4.1.9，図4.1.11から，S波の到着時間域はP波の到着時刻と区別できる．さらに，図4.1.9，図4.1.11から，東

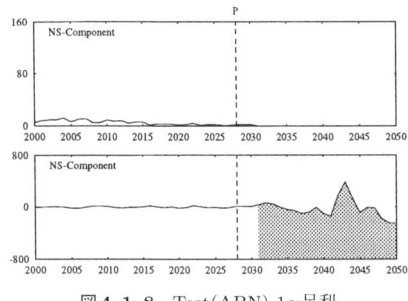

図4.1.8 Test(ABN)-1c:足利

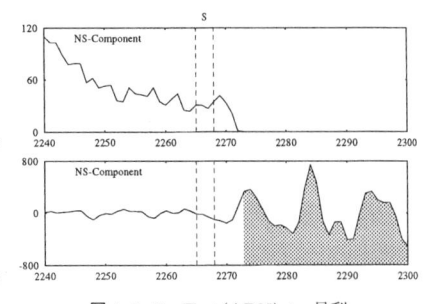

図4.1.9 Test(ABN)-1c:足利

図 4.1.10　Test(ABN)-1c:足利

図 4.1.11　Test(ABN)-1c:足利

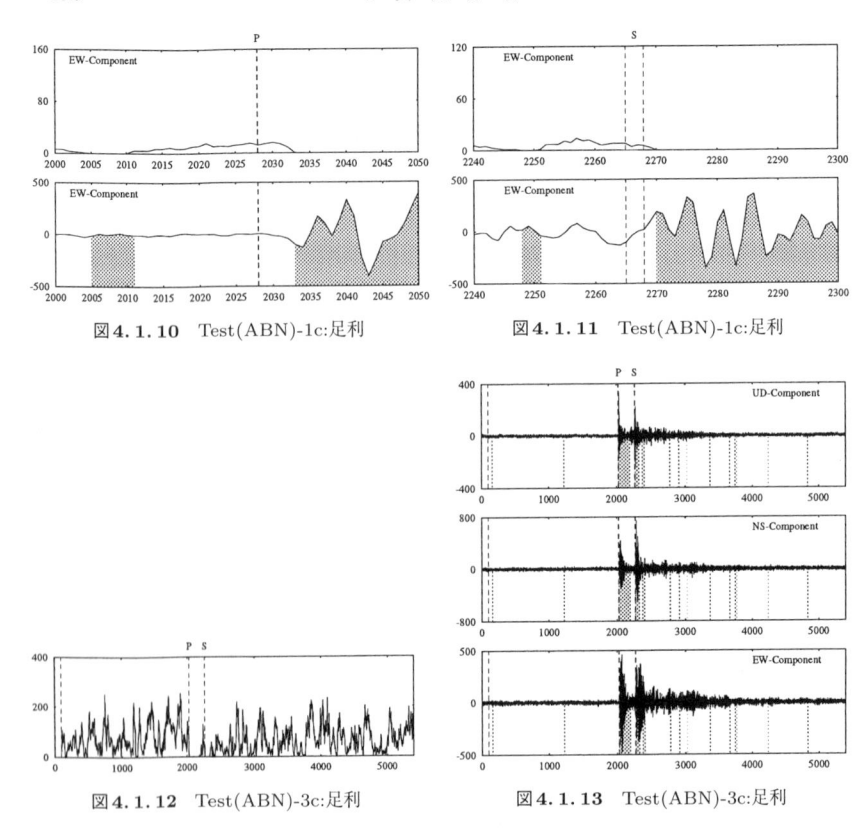

図 4.1.12　Test(ABN)-3c:足利

図 4.1.13　Test(ABN)-3c:足利

西成分に関するグラフのS波の到着時間域と関わる異常時間は南北成分に関するグラフのS波の到着時間域と関わる異常時間より早く来ることがわかる．特に，図4.1.11から，S波の到着時間域は定常グラフがP波の到着時刻と関わる異常時間の後の異常時間の直前に減少する時間域に対応していることがわかる．

つぎに，Test(ABN)-3c を足利で観測された地震波の時系列に適用した結果を示そう．図4.1.12は足利で観測された地震波の時系列に Test(ABN)-3c を適用した定常グラフを表している．図4.1.13は Test(ABN)-3c を適用した異常グラフを表し，実線は図4.1.2の各成分のグラフと同じである．切断長は $L+1 = 100$ である．

図4.1.14，図4.1.15はそれぞれ図4.1.12, 図4.1.13における定常グラフ，異常グラフのP波とS波の到着時刻を含む時間域のグラフを拡大したものである．

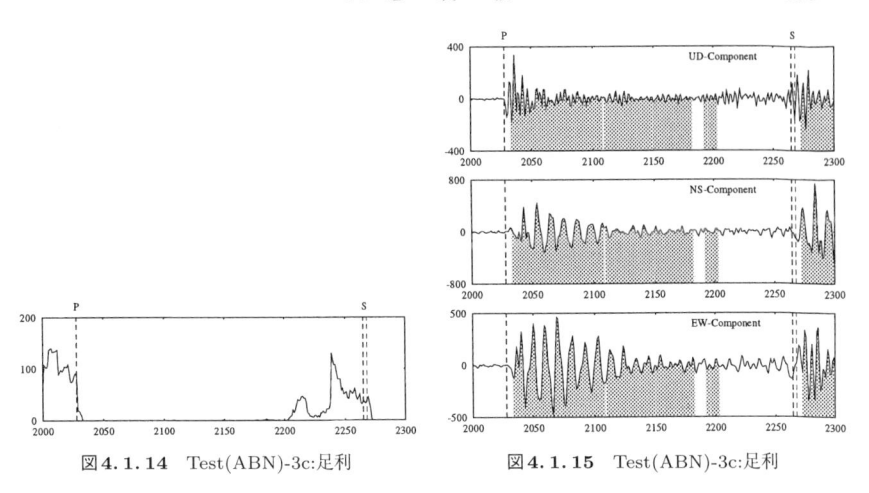

図 4.1.14 Test(ABN)-3c:足利   図 4.1.15 Test(ABN)-3c:足利

口絵⑥の上図は図 4.1.14 のグラフを青色で色付けをし，下図は図 4.1.15 の上下成分のグラフを x 軸が $\mathcal{S}(x;L)$ に属するときは緑色，$\mathcal{NS}(x;L)$ に属するときは赤色で色付けしている．図 4.1.14 からは，P 波の到着時刻と関わる異常時間の前の二つの異常時間以外には他の異常時間はない．このことは上下成分に関する図 4.1.6 からわかったこと——P 波の到着時刻と関わる異常時間の前に非常に多くの他の異常時間がある——とは大きな相違であり，P 波の前兆を探すのには良い知見である．他方，図 4.1.15 から，P 波の到着時刻と関わる異常時間は S 波の到着時間域と関わる異常時間とは明確に区別できる．

これまで，切断長は $L+1=100$ としてきた．別に $L+1=300$ を採用したとき，P 波の到着時刻は $L+1=100$ の場合と同様に正しく推定されるが，S 波の到着時間域はうまく捉まえることができない．その理由は，$L+1=300$ を採用するときは，P 波の到着時刻から S 波の到着時刻までの時間域の時系列は Test(S) を満たさないことからきている．

(a.2) 足尾　　同様に，図 4.1.3 にある別の観測点である足尾で観測された地震波の時系列に対する実証分析の結果を得ることができる．詳しくは文献[155]を見て頂きたい．

2001 年 8 月 1 日に群馬県で発生した通常の地震に対し，(a.1) と (a.2) における実証分析の結果を照らし合わせることによって，つぎの観察結果が得られる[155]．

通常の地震波に対する観察結果:

(1) Test(ABN)-1c を地震波の時系列に適用するとき,地震波の各成分の異常グラフに多くの異常時間が現れる.しかし,Test(ABN)-3c を地震波の時系列に適用するとき,そのような異常時間はほとんどすべて,P波の到着時間と関わる異常時刻より前には消え去る;

(2) Test(ABN)-1c を地震波の時系列に適用するとき,上下成分のP波の到着時刻と関わる異常時間は他の成分のP波の到着時刻と関わる異常時間より早く現れる;

(3) Test(ABN)-1c を地震波の時系列に適用するとき,水平成分のS波の到着時間域と関わる異常時間は上下成分におけるS波の到着時間域と関わる異常時間より早く現れる;

(4) Test(ABN)-1c を地震波の時系列に適用するとき,P波の到着時刻あるいは到着時間域は上下成分の定常グラフがP波の到着時刻の直前に減少し始める時間あるいは減少している時間域に対応している;

(5) Test(ABN)-3c を地震波の時系列に適用するとき,S波の到着時間域と関わる異常時間はP波の到着時間域と関わる異常時間とは明確に区別できる;

(6) Test(ABN)-1c を地震波の時系列に適用するとき,S波の到着時刻あるいは到着時間域は,水平成分の定常グラフが (3) で検出された上下成分のS波の到着時刻と関わる異常時間の後の異常時間の直前に減少し始めるあるいは減少している時刻あるいは時間域に対応する.

(7) 切断長 $L+1$ は $L+1 = 100$ が適当である.

通常の地震波に対するP波の到着時刻の推定法 上の観察結果より,P波の初相を捉え,できる限り早くP波の到着時刻を推定する手続きを以下にまとめる:

(第1段) Test(ABN)-3c を地震波の時系列に適用し,それより前には異常時間が現れない異常時間を探す;

(第2段) Test(ABN)-1c を地震波の時系列の上下成分に適用し,(第1段)で捉えた異常時間と関わる上下成分の異常時刻をP波の推定到着時刻として採用する;

(第3段) (第2段)で求めたP波の到着時間をできるだけ正確に評価するため

には，Test(ABN)-1c を地震波の時系列の上下成分に適用して描かれる定常グラフが(第2段)で求めたP波の到着時間の直前で減少し始める時間を探すのが適当である．

通常の地震波に対するS波の到着時刻の推定法 上の(第1段), (第2段), (第3段)に続いて，S波の初期位相を捉え，できる限り早くS波の到着時刻を推定する手続きを以下にまとめる：

(第4段) Test(ABN)-1c を地震波の各水平成分の時系列に適用し，S波の推定到着時刻として，水平成分の定常グラフが(第2段)で求めた上下成分のP波の到着時刻と関わる異常時刻後の水平成分の異常時間の直前で減少し始める時間を求める；

(第5段) (第2段)で求めたS波の到着時間をできるだけ正確に決定するためには，各水平成分に対して(第4段)で求めた二つの時間の小さい方を探すのが適当である．

(a.3) 大阪 つぎのイベントは1995年1月17日午前5時46分に発生した兵庫県南部地震である．上で得た観察結果が兵庫県南部地震に対し当てはまるかどうかを調べてみよう．兵庫県南部地震はマグニチュード7.2で震央は淡路島の野島である．図4.1.16にあるOSA(大阪，北緯34.67833°，東経135.5217°)で観測された地震波の時系列を扱う．

図4.1.18は大阪で観測された地震波の時系列に Test(ABN)-1c を適用した

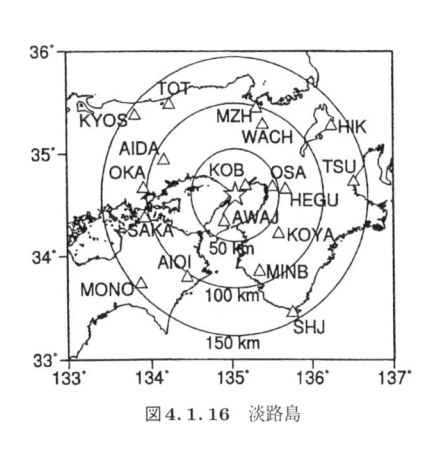

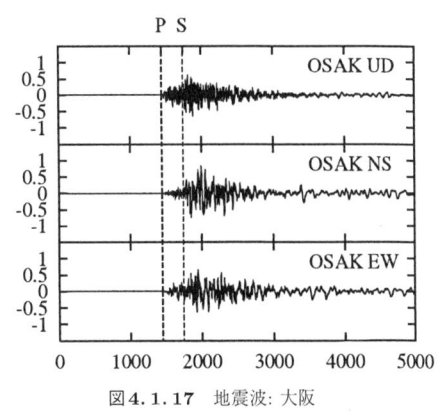

図4.1.16 淡路島　　　　　　　　図4.1.17 地震波: 大阪

図 4.1.18 定常グラフ —Test(ABN)-1c:大阪— 図 4.1.19 異常グラフ

図 4.1.20 Test(ABN)-1c:大阪   図 4.1.21 Test(ABN)-1c:大阪

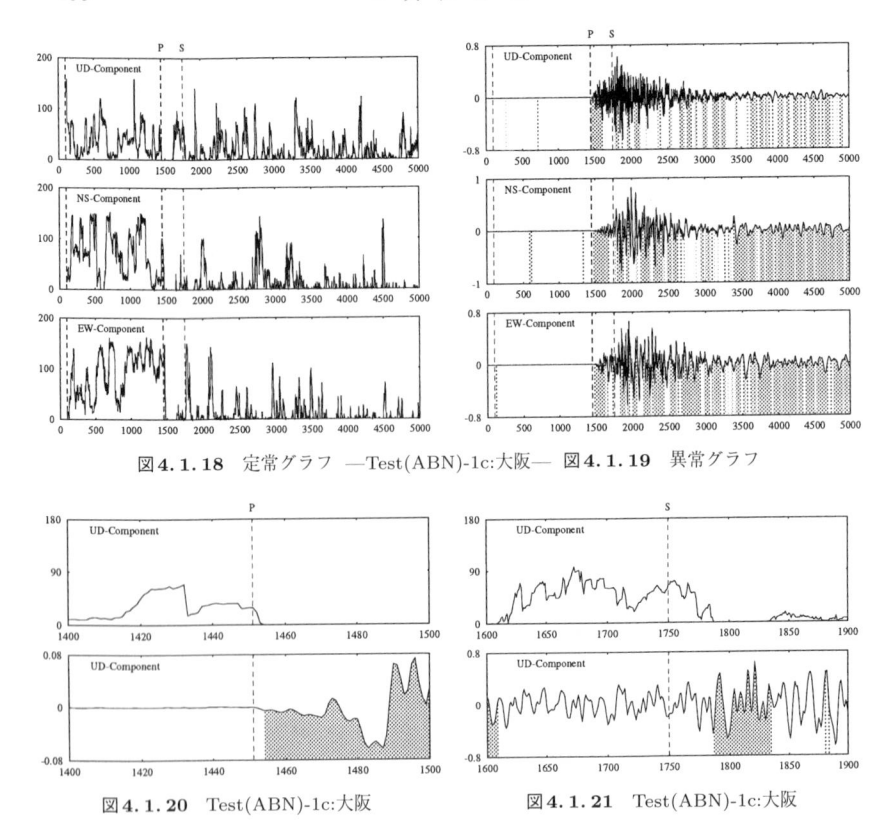

定常グラフで，上段，中段，下段のグラフはそれぞれ上下成分，南北成分，東西成分の時系列に対する定常グラフを表している．図 4.1.19 は Test(ABN)-1c を適用した異常グラフを表し，実線は図 4.1.17 のグラフと同じである．切断長は $L+1=100$ とした．

図 4.1.6，図 4.1.8，図 4.1.10 に対応して，図 4.1.20，図 4.1.22，図 4.1.24 はそれぞれ上下成分，南北成分，東西成分の P 波の到着時刻を含む時間域のグラフを表している．さらに，図 4.1.7，図 4.1.9，図 4.1.11 に対応して，図 4.1.21，図 4.1.23，図 4.1.25 はそれぞれ上下成分，南北成分，東西成分の S 波の到着時刻を含む時間域のグラフを表している．各図の上段，下段のグラフはそれぞれ定常グラフ，異常グラフである．

4.1 地震波

図4.1.22 Test(ABN)-1c:大阪

図4.1.23 Test(ABN)-1c:大阪

図4.1.24 Test(ABN)-1c:大阪

図4.1.25 Test(ABN)-1c:大阪

図4.1.26 Test(ABN)-3c:大阪

図4.1.27 Test(ABN)-3c:大阪

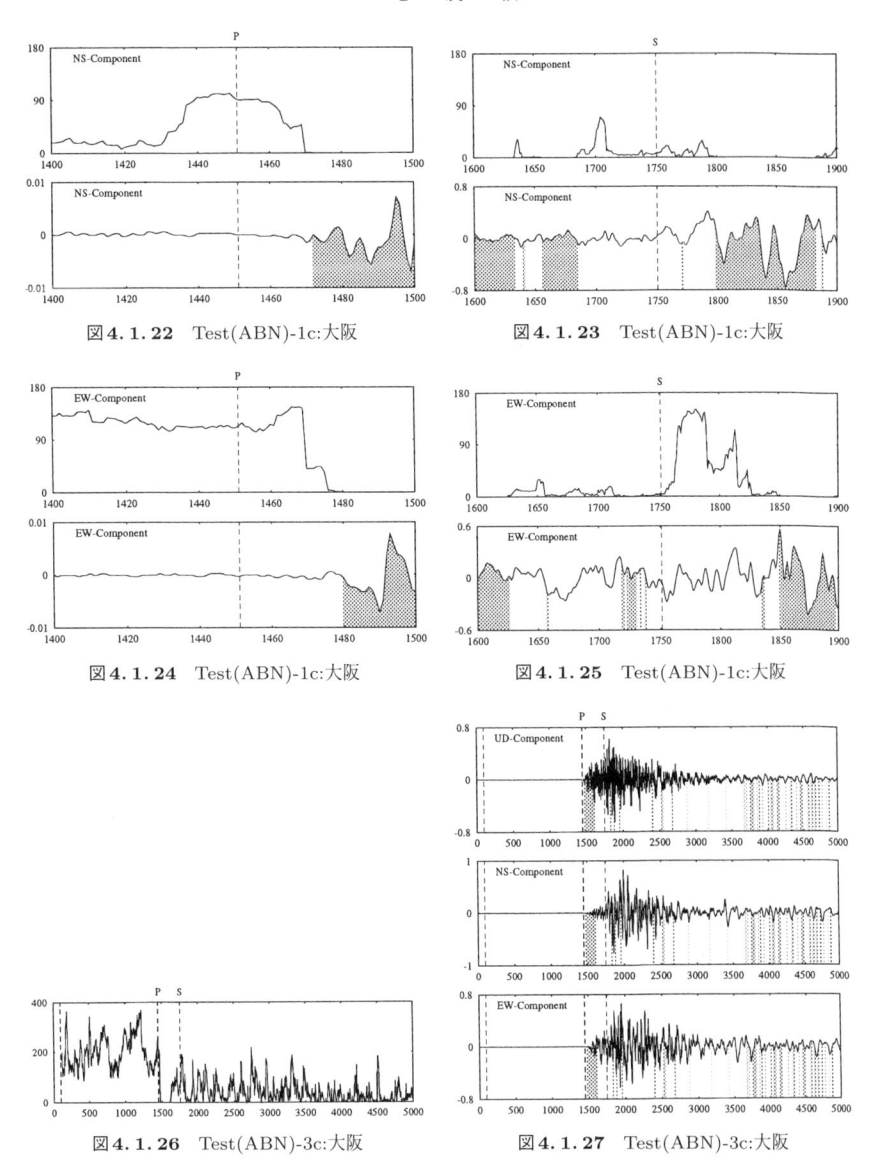

図4.1.12, 図4.1.13に対応して, 図4.1.26, 図4.1.27はそれぞれ Test(ABN)-3c を適用した定常グラフ, 異常グラフを表している.

図4.1.14, 図4.1.15に対応して, 図4.1.28, 図4.1.29はそれぞれ図4.1.26,

図**4.1.28** Test(ABN)-3c:大阪

図**4.1.29** Test(ABN)-3c:大阪

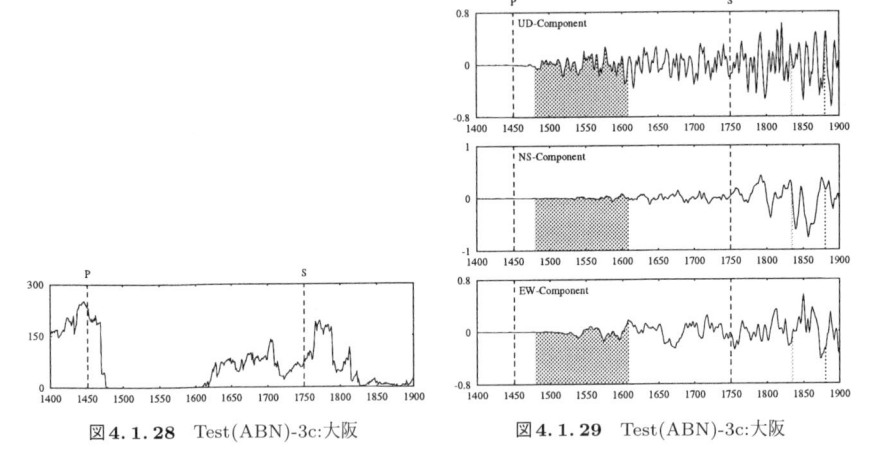

図4.1.27における定常グラフ,異常グラフのP波とS波の到着時間を含む時間域のグラフを表している.

前にまとめた**通常の地震波に対する観察結果**が兵庫県南部地震で励起された地震波に対する時系列解析の分析結果に適用できるか調べよう.図4.1.18,図4.1.20,図4.1.28,図4.1.29より,P波に関する観察結果(1),(2),(4)は兵庫県南部地震に対しても適用される.しかし,S波に関しては,図4.1.21,図4.1.23,図4.1.24より,S波に関する観察結果(3)は兵庫県南部地震に対して適用されない.さらに,図4.1.29から,Test(ABN)-3c によるS波の到着時刻に対応する異常時刻は消えてしまい,S波に関する観察結果(5),(6)も兵庫県南部地震に対して適用されない.一方,図4.1.23からは,Test(ABN)-1c によるS波の到着時刻は $t = 1,800$ と推定されるが,その時刻は実際のS波の到着時刻 $t = 1,750$ より遅れている.実はこの理由は,武尾実教授から,「兵庫県南部地震波はP波の発生1秒後に大きなすべりがあったため,S波の到着が遅れた」と伺った[113].上記の時刻の差を示すデータ数の差 $1,800 - 1,750 = 50$ はちょうど1秒にあたり,上記の時間差はこの事情をむしろ同定していると武尾実教授からコメントを頂いた.

(b) 深部低周波地震　最後のイベント(事象)は図4.1.30にある熊本県の星印の付いた震源地で2001年1月12日に発生した深部低周波地震で,その地震

4.1 地 震 波

図4.1.31 地震波: H.SBAH

図4.1.30 熊本県

図4.1.32 地震波: KU.TKD

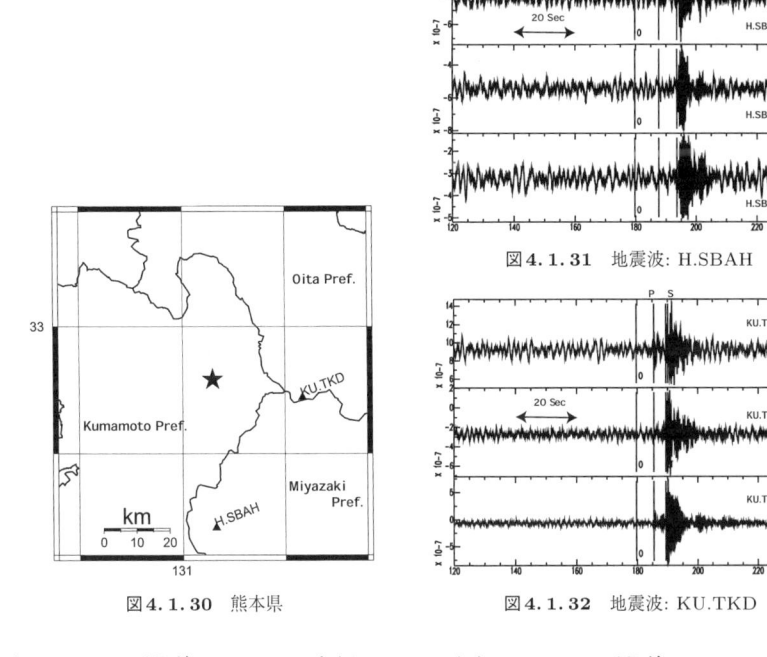

をH.SBAH (北緯32.4718°, 東経131.107°) とKU.TKD (北緯32.8143°, 東経131.390°) で観測した地震波の時系列を扱う.

図4.1.31と図4.1.32はそれぞれH.SBAHとKU.TKDで観測された地震波の時系列のグラフである．データ数は共に $N+1=12{,}000$ である.

時系列のグラフを見たときに気づく深部低周波地震波と通常の地震波との違いは，深部低周波地震波の時系列はS波が来てからの振幅のゆれが通常の地震波のそれと比較したときかなり長く続くことである．さらに，図4.1.2, 図4.1.3, 図4.1.17における通常の地震波の時系列のグラフと図4.1.31, 図4.1.32における深部低周波地震波の時系列のグラフを見たとき，深部低周波地震のP波の到着時刻を推定することは，たとえ地震の発生後の時系列を用いたとしても，難しいように思える．果たして，Test(ABN)-1c と Test(ABN)-3c を用いることで深部低周波地震のP波の到着時刻を推定できるであろうか．以下に見てみよう．

(b.1) H.SBAH 図4.1.33はH.SBAHで観測された地震波の時系列に

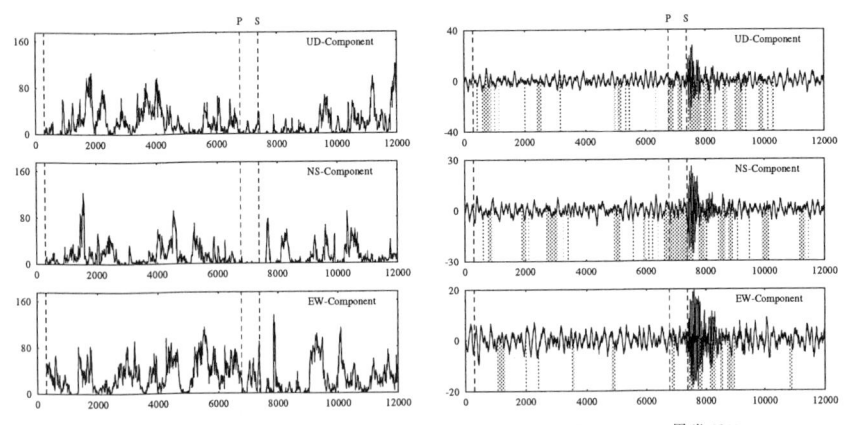

図 **4.1.33** 定常グラフ —Test(ABN)-1c:H.SBAH—　図 **4.1.34** 異常グラフ

Test(ABN)-1c を適用した定常グラフを表し, 切断長は $L+1 = 300$ とした. Test(S) を適用できない最初の 299 個の時刻は破線で 300 以降の時刻とは区別されている. 図 4.1.34 は H.SBAH で観測された地震波の時系列に Test(ABN)-1c を適用した異常グラフを表し, 実線は図 4.1.31 の各成分のグラフと同じである.

図 4.1.20, 図 4.1.22, 図 4.1.24 に対応して, 図 4.1.35, 図 4.1.37, 図 4.1.39 はそれぞれ上下成分, 南北成分, 東西成分の P 波の到着時刻を含む時間域のグラフを表している. さらに, 図 4.1.21, 図 4.1.23, 図 4.1.25 に対応して, 図 4.1.36, 図 4.1.38, 図 4.1.40 はそれぞれ上下成分, 南北成分, 東西成分の S 波の到着時刻を含む時間域のグラフを表している. 各図の上段, 下段のグラフはそれぞれ定常グラフ, 異常グラフである.

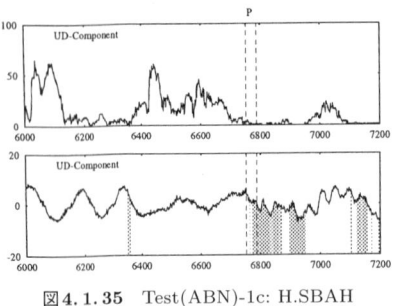

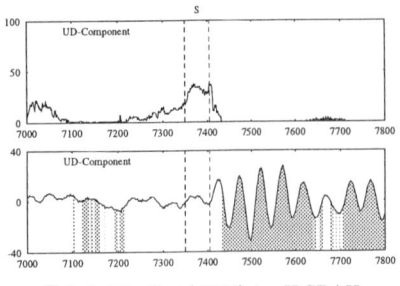

図 **4.1.35** Test(ABN)-1c: H.SBAH　　図 **4.1.36** Test(ABN)-1c: H.SBAH

4.1 地　震　波

図4.1.37　Test(ABN)-1c: H.SBAH

図4.1.38　Test(ABN)-1c: H.SBAH

図4.1.39　Test(ABN)-1c: H.SBAH

図4.1.40　Test(ABN)-1c: H.SBAH

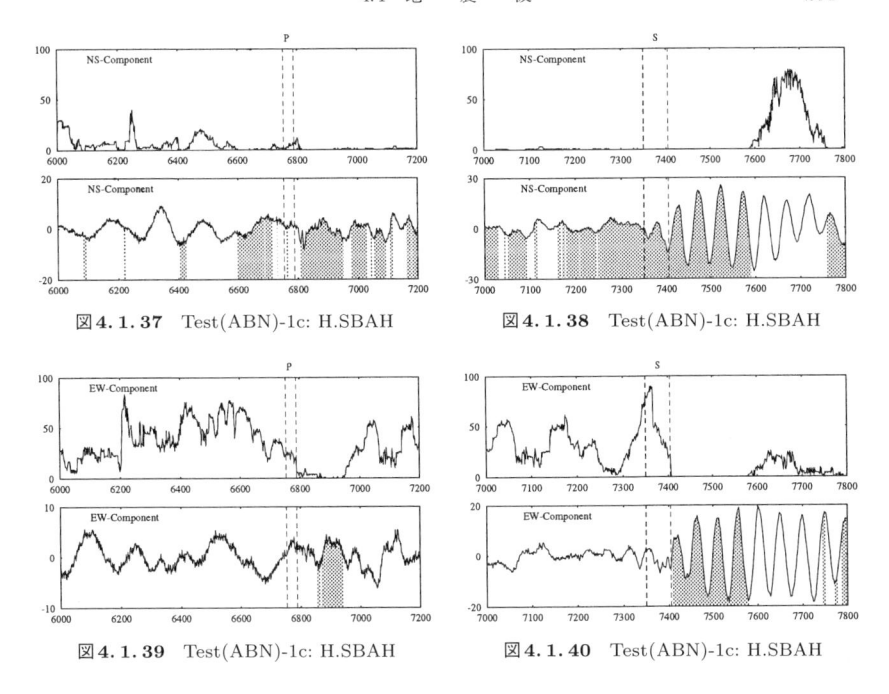

図4.1.35から,図4.1.6における観察とは異なり,P波の到着時間域は上下成分の定常性グラフでその値が0になる異常時刻を含むことがわかる.しかし,図4.1.33から,そのような異常時刻の前にも非常に多くの異常時刻が存在する.さらに,図4.1.35,図4.1.37,図4.1.39から,図4.1.6,図4.1.8,図4.1.10におけるのと同様に,P波の到着時間域と関わる上下成分のグラフの異常時間は他の成分のグラフの異常時間より早いことがわかる.他方,図4.1.38から,図4.1.9における観察とは異なり,S波の到着時間域は南北成分のグラフから読み取れない.しかし,図4.1.40から,図4.1.11と同様に,S波の到着時間域は定常グラフがP波の到着時間域の後の異常時間の直前で減少し始める時間区間に対応していることがわかる.

図4.1.41はH.SBAHで観測された地震波の時系列にTest(ABN)-3cを適用した定常グラフを表している.一方,図4.1.42はH.SBAHで観測された地震波の時系列にTest(ABN)-3cを適用した異常グラフを表し,実線は図4.1.31の各成分のグラフと同じである.図4.1.43,図4.1.44はそれぞれ図4.1.41,図

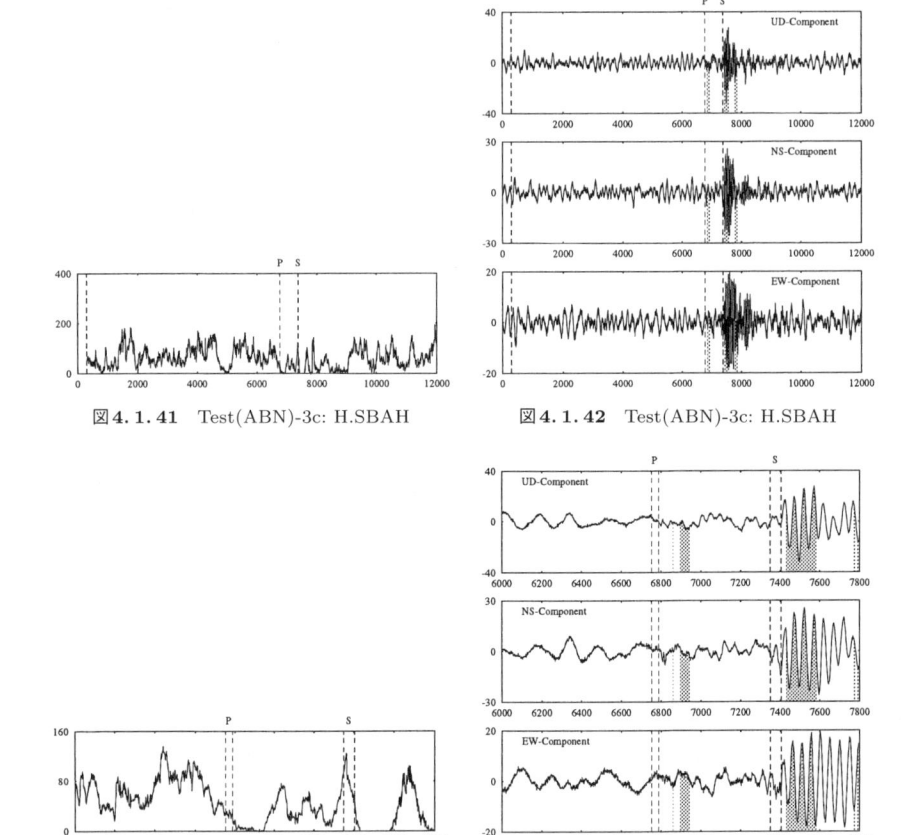

図 4.1.41 Test(ABN)-3c: H.SBAH   図 4.1.42 Test(ABN)-3c: H.SBAH

図 4.1.43 Test(ABN)-3c: H.SBAH   図 4.1.44 Test(ABN)-3c: H.SBAH

4.1.42における定常グラフ,異常グラフのP波とS波の到着時刻を含む時間域のグラフを拡大したものである.

　図 4.1.41 から, 図 4.1.12 における観察と同じく, 図 4.1.33, 図 4.1.34 を精密にして, P波の到着時刻以前には異常時間は全く現れていない. 他方, 図 4.1.44 から, 図 4.1.15 と同様に, S波の到着時間域と関わる異常時間区間の左端はP波の到着時間と関わる異常時間とは明確に区別できることがわかる.

　深部低周波地震波に対して, 切断長は $L+1=300$ としてきた. 別に $L+1=100$ を採用したとき, P波とS波の到着時刻は $L+1=100$ の場合と同様に

正しく推定されるが, P波の到着時間の前にいくつかの異常時間が現れる. この理由で, 深部低周波地震波に対しては, 切断長は $L+1 = 300$ を採用するのが適当であるように思える.

(b.2) KU.TKD 同様に, 図4.1.32にある別の観測点であるKU.TKDで観測された地震波の時系列に対する実証分析の結果を得ることができる. 詳しくは文献[155)]を見て頂きたい.

2001年8月1日に群馬県で発生した通常の地震に対し, (b.1)と(b.2)における実証分析の結果を照らし合わせることによって, つぎの観察結果が得られる[155)].

深部低周波地震波に対する観察結果: 通常の地震波に対する実験結果から得た(1)から(6)までの観察は深部低周波地震波に対しても当てはまる. ただし, 切断長に関する(7)はつぎのように修正する必要がある:

(7') 切断長は $L+1 = 300$ が適当である.

前に述べたように, 深部低周波地震のP波の到着時刻の推定は, 地震の発生後の時系列を用いたとしても難しいように見えたが, 観察(2)より, Test(ABN)-1cによってP波の到着時刻を推定できることは意味があるように思える.

深部低周波地震に対するP波とS波の到着時刻の推定法: 通常の地震に対するP波とS波の到着時刻の推定方法が深部低周波地震に対しても当てはまる.

4.1.3 Test(D)と分離性

本項では, 深部低周波地震波の時系列にTest(D)を施すことによって「分離性」という新しい性質を発見した実証研究を紹介しよう[156)].

(a) 3次元の地震波 「分離性」は時系列のモデルを探し出すプロセスで発見されたものである. その準備を行おう.

$x = (x(n); 0 \leq n \leq N)$ を任意の地震波の時系列とする. それは(4.5), (4.6)で見たように, 3個の上下成分の時系列 x^{ud}, 南北成分の時系列 x^{ns}, 東西成分の時系列 x^{ew} から成り立つ. 切断長 $L+1$ は $1 \leq L \leq N-2$ を満たすとする.

前の4.1.2項の最初に定義したように, 各成分 x^{ud}, x^{ns}, x^{ew} に1次差分を施し, 3個の時系列 $z^{ud} = (z^{ud}(n); 0 \leq n \leq N-1), z^{ns} = (z^{ns}(n); 0 \leq n \leq N-1), z^{ew} = (z^{ew}(n); 0 \leq n \leq N-1)$ と各自然数 t ($L \leq t \leq N-2$) に

対し, 各時系列 z^{ud}, z^{ns}, z^{ew} の一部分で, t を終点時刻とする長さ $L+1$ の時系列をそれぞれ $z^{ud}_{(t;L)} = (z^{ud}_{(t;L)}(n); 0 \leq n \leq L), z^{ns}_{(t;L)} = (z^{ns}_{(t;L)}(n); 0 \leq n \leq L), z^{ew}_{(t;L)} = (z^{ew}_{(t;L)}(n); 0 \leq n \leq L)$ が得られる.

さらに, 各時系列 z^{ud}, z^{ns}, z^{ew} の一部分で, $t+1$ を終点の時刻とする長さ $L+1$ の時系列をそれぞれ $y^{ud}_{(t;L)} = (y^{ud}_{(t;L)}(n); 0 \leq n \leq L), y^{ns}_{(t;L)} = (y^{ns}_{(t;L)}(n); 0 \leq n \leq L), y^{ew}_{(t;L)} = (y^{ew}_{(t;L)}(n); 0 \leq n \leq L)$ とする:

$$y^{ud}_{(t;L)}(n) \equiv z^{ud}(n+1+t-L), \qquad (4.7)$$

$$y^{ns}_{(t;L)}(n) \equiv z^{ns}(n+1+t-L), \qquad (4.8)$$

$$y^{ew}_{(t;L)}(n) \equiv z^{ew}(n+1+t-L). \qquad (4.9)$$

3.5節で $q=6, d=1$ として, 時系列 $z^{ud}_{(t;L)}$ から $y^{ud}_{(t;L)}$, 時系列 $z^{ns}_{(t;L)}$ から $y^{ns}_{(t;L)}$, 時系列 $z^{ew}_{(t;L)}$ から $y^{ew}_{(t;L)}$ への $LN(6,1)$-因果性を調べることによって, 各時系列 $z^{ud}_{(t;L)}, z^{ns}_{(t;L)}, z^{ew}_{(t;L)}$ の $LN(6,1)$-決定性を調べよう.

3個の時系列 $z^{ud}_{(t;L)}, z^{ns}_{(t;L)}, z^{ew}_{(t;L)}$ を規格化し, それぞれ階数6の非線形変換を施し, 3.1節の表3.1.1に示したように, 各成分に対して, 19個の1次元時系列が得られる. 上下成分に対しては, $z^{ud}_{(t;L),j} = (z^{ud}_{(t;L),j}(n); \sigma(j) \leq n \leq L)$ $(0 \leq j \leq 18)$, 南北成分に対しては, $z^{ns}_{(t;L),j} = (z^{ns}_{(t;L),j}(n); \sigma(j) \leq n \leq L)$ $(0 \leq j \leq 18)$, 東西成分に対しては, $z^{ew}_{(t;L),j} = (z^{ew}_{(s;L),j}(n); \sigma(j) \leq n \leq L)$ $(0 \leq j \leq 18)$ が得られる. (3.143)と同様に, 各 j $(0 \leq j \leq 18)$ に対し, 3個の時系列 $z^{ud}_{(t;L)}, z^{ns}_{(t;L)}, z^{ew}_{(t;L)}$ の非線形の型 j の見本決定関数をそれぞれ $D_*(z^{ud}_{(t;L)}; j) = (D_n(z^{ud}_{(t;L)}; j); 0 \leq n \leq M_j - \sigma(j)), D_*(z^{ns}_{(t;L)}; j) = (D_n(z^{ud}_{(t;L)}; j); 0 \leq n \leq M_j - \sigma(j)), D_*(z^{ew}_{(t;L)}; j) = (D_n(z^{ew}_{(t;L)}; j); 0 \leq n \leq M_j - \sigma(j))$ とする:

$$D_n(z^{ud}_{(t;L)}; j) \equiv C_n(y^{ud}_{(t;L)} | z^{ud}_{(t;L),j}), \qquad (4.10)$$

$$D_n(z^{ns}_{(t;L)}; j) \equiv C_n(y^{ud}_{(t;L)} | z^{ns}_{(t;L),j}), \qquad (4.11)$$

$$D_n(z^{ew}_{(t;L)}; j) \equiv C_n(y^{ud}_{(t;L)} | z^{ew}_{(t;L),j}). \qquad (4.12)$$

ここで, M_j はつぎで与えられる:

$$M_j \equiv [3\sqrt{L - \sigma(j) + 1}/2] - 1. \qquad (4.13)$$

見本決定関数 $D_*(z^{ud}_{(t;L)};j), D_*(z^{ns}_{(t;L)};j), D_*(z^{ew}_{(t;L)};j)$ の定義域の右端 $M_j - \sigma(j)$ での値 $D_{M_j-\sigma(j)}(z^{ud}_{(t;L)};j), D_{M_j-\sigma(j)}(z^{ns}_{(t;L)};j), D_{M_j-\sigma(j)}(z^{ew}_{(t;L)};j)$ をそれぞれ, 時系列 $z^{ud}_{(t;L)}, z^{ns}_{(t;L)}, z^{ew}_{(t;L)}$ の非線形の型 j の見本決定値と言う.

定義 4.1.1 横座標の自然数 t $(L \leq t \leq N-2)$ に対し, 上下成分の時系列 $z^{ud}_{(t;L)}$ の非線形の型 j の見本決定値を縦軸に19個プロットし, t $(L \leq t \leq N-2)$ を動かして描かれる図を上下成分の時系列の階数6の非線形型の見本決定値のグラフと言う. 同様に, 南北成分, 東西成分の時系列の階数6の非線形型の見本決定値のグラフを描く.

定義 4.1.2 任意の自然数 t $(L \leq t \leq N-2)$ を固定し, 上下成分の時系列 $z^{ud}_{(t;L)}$ の非線形の型 j の見本決定関数を19個 $(0 \leq j \leq 18)$ 描いたグラフを上下成分の時系列の階数6の非線形型の見本決定関数のグラフと言う. 同様に, 南北成分, 東西成分の時系列の階数6の非線形型の見本決定関数のグラフを描く.

注意 4.1.1 ここでは地震波の3次元の時系列を扱ったが, 一般の多次元の時系列 x に対して, 各成分の時系列の階数6の非線形型の見本決定値のグラフと階数6の非線形型の見本決定関数のグラフを描くことができる.

(b) 深部低周波地震 本節の (a) における $x = (x(n); 0 \leq n \leq N)$ として, 前項の (b.1) で扱った H.SBAH で観測された深部低周波地震波の3次元の時系列を扱う. データ数は $N+1 = 12{,}000$, 切断長は $L+1 = 300$ である.

階数6の非線形変換によって, 各成分に対し, 19個の時系列を構成するのに用いた多項式の次数が奇数であるか偶数であるかによって, パラメータの空間 $\{0, 1, \ldots, 18\}$ を二つの集合 $\Lambda_{奇}, \Lambda_{偶}$ に直和分解する:

$$\{0, 1, \ldots, 18\} = \Lambda_{奇} \cup \Lambda_{偶}, \tag{4.14}$$

$$\Lambda_{奇} = \{0, 2, 5, 7, 9, 10, 13, 16, 17\}, \tag{4.15}$$

$$\Lambda_{偶} = \{1, 3, 4, 6, 8, 11, 12, 14, 15, 18\}. \tag{4.16}$$

例えば, $\Lambda_{奇}$ の元である 13 に対しては, $\tilde{z}(n)^4\tilde{z}(n-1)$ という多項式を用いているのでその次数は 5 である. $\Lambda_{偶}$ の元である 6 に対しては, $\tilde{z}(n)\tilde{z}(n-2)$ という多項式を用いているのでその次数は 2 である.

図 4.1.45 の上段のグラフは, 図 4.1.31 の上段のグラフの時間域の上下成分の時系列の階数 6 の非線形型の見本決定値のグラフである. 下段の左のグラフと右のグラフはそれぞれ上と同じ時間域の南北成分, 東西成分の時系列の階数 6 の非線形型の見本決定値のグラフである. 口絵①の上図は南北成分の見本決定値のグラフを色付けしたものである. グラフの色は $\Lambda_{奇}$ の元 k で $k=0$ に対しては黒色 (口絵①では赤色), $k \neq 0$ に対して淡い灰色 (口絵①では黄色), $\Lambda_{偶}$ の元 j に対しては濃い灰色 (口絵①では緑色) の色付けを行なっている. 口絵①の下図は口絵⑥で述べたように異常グラフを色付けしたものである. ただし, 赤色の網掛けはしていない.

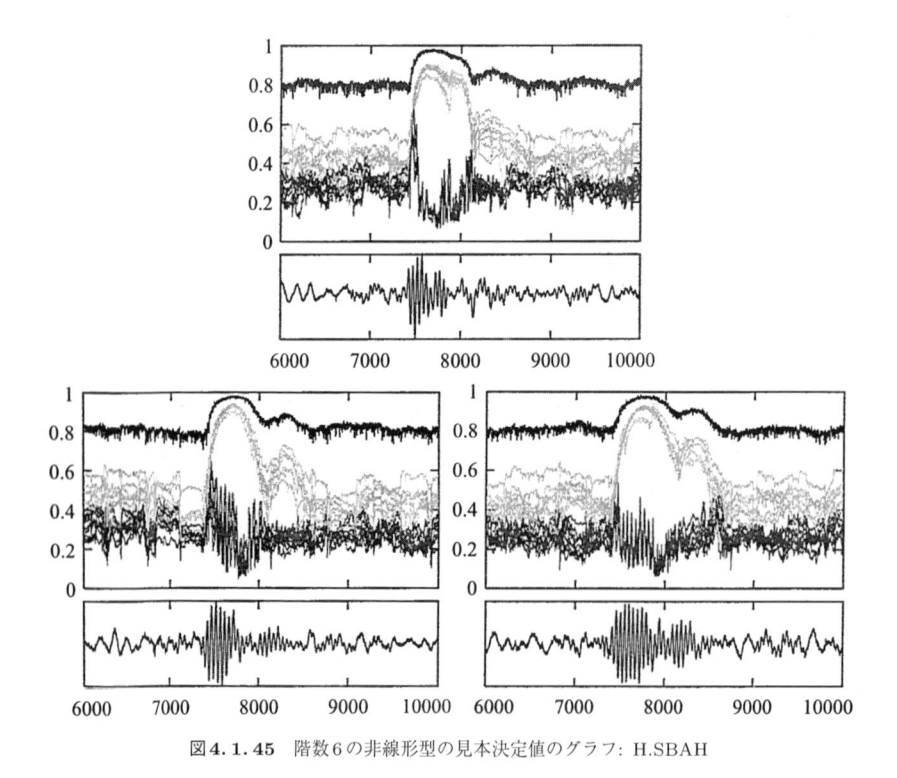

図 4.1.45 階数 6 の非線形型の見本決定値のグラフ: H.SBAH

これらの図から,各成分に対する階数6の非線型の見本決定値のグラフはつぎの性質 (WSEP) を持つことがわかる:

(WSEP)　S波が来てから定常性を満たす時間域において,黒色あるいは淡い灰色の見本決定値のグラフはどれも任意の濃い灰色の見本決定値のグラフと分離して上側にいる.

「分離して上側にいる」とはつぎの不等式が成り立つことである: $\Lambda_{偶}$ の任意の元 j, $\Lambda_{奇}$ の任意の元 k に対し

$$D_{L_{j,k}}(z^{ud}_{(t;L)};j) < D_{L_{j,k}}(z^{ud}_{(t;L)};k), \tag{4.17}$$

$$D_{L_{j,k}}(z^{ns}_{(t;L)};j) < D_{L_{j,k}}(z^{ns}_{(t;L)};k), \tag{4.18}$$

$$D_{L_{j,k}}(z^{ew}_{(t;L)};j) < D_{L_{j,k}}(z^{ew}_{(t;L)};k). \tag{4.19}$$

ここで,$L_{j,k}$ は次で与えられる:

$$L_{j,k} \equiv \min\{M_j - \sigma(j), M_k - \sigma(k)\}. \tag{4.20}$$

性質 (WSEP) はP波が来る前の定常性を満たす時間域においては見られない.

図4.1.46の上段のグラフは,図4.1.31の上段のグラフの時間域の中でS波の到着後の定常域の $t = 7{,}674$ とした上下成分の時系列 $z^{ud}_{(t;L)}$ の階数6の非線形型の見本決定関数のグラフである.下段の左のグラフと右のグラフはそれぞれ上と同じ時間域の南北成分,東西成分の階数6の非線形型の見本決定関数のグラフである.口絵②は南北成分の見本決定関数のグラフを色付けしたものである.グラフの色は $\Lambda_{奇}$ の元 k で $k=0$ に対しては黒丸付きの黒色(口絵②では赤色), $k \neq 0$ に対しては淡い灰色(口絵②では黄色), $\Lambda_{偶}$ の元 j に対しては濃い灰色(口絵②では緑色)の色付けを行っている.

これらの図から, (4.17), (4.18), (4.19) よりももっと明確に,つぎの性質 (SSEP) が見て取れる:

(SSEP)　S波が来てから定常性を満たす時間域の任意の元 t において,どの黒色あるいは淡い灰色の見本決定関数のグラフも,任意の濃い灰色の見本決定関数のグラフよりいたるところで分離して上側にある.

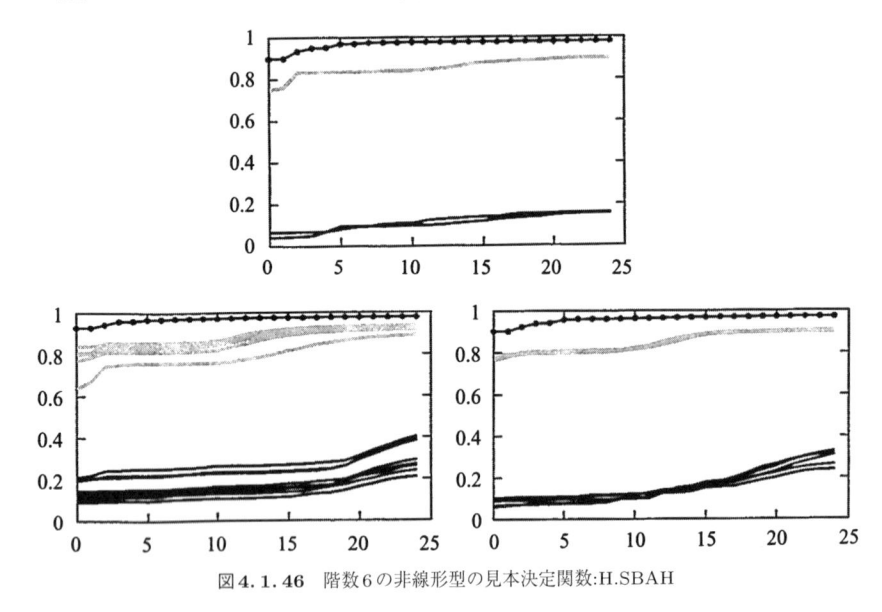

図 4.1.46 階数 6 の非線形型の見本決定関数:H.SBAH

「分離して上側にいる」とは，$\Lambda_{偶}$ の任意の元 j, $\Lambda_{奇}$ の任意の元 k に対し，つぎの不等式が成り立つことである:

$$D_n(z^{ud}_{(t;L)}; j) < D_n(z^{ud}_{(t;L)}; k) \quad (0 \leq \forall n \leq L_{j,k}), \tag{4.21}$$

$$D_n(z^{ns}_{(t;L)}; j) < D_n(z^{ns}_{(t;L)}; k) \quad (0 \leq \forall n \leq L_{j,k}), \tag{4.22}$$

$$D_n(z^{ew}_{(t;L)}; j) < D_n(z^{ew}_{(t;L)}; k) \quad (0 \leq \forall n \leq L_{j,k}). \tag{4.23}$$

KU.TKD で観測された深部低周波地震波の時系列はこのような性質が見られるか調べて見よう．

図 4.1.47 の上段の図の下のグラフは図 4.1.32 のグラフの P 波と S 波の到着時刻を含むグラフの一部で，上は下のグラフと同じ時間域で上下成分の時系列の階数 6 の非線形型の見本決定値のグラフである．下段の左のグラフと下段の右のグラフはそれぞれ上と同じ時間域の南北成分，東西成分の階数 6 の非線形型の見本決定値のグラフである．

一方，図 4.1.48 は図 4.1.32 のグラフの P 波と S 波の到着時刻を含むグラフの一部で，東西成分の階数 6 の非線形型の見本決定関数のグラフである．この時間域で定常性を満たす階数 6 の非線形変換は 0, 1, 3, 6, 10 のみである．この時間

4.1 地 震 波

図4.1.47 階数6の非線形型の見本決定値のグラフ: KU.TKD

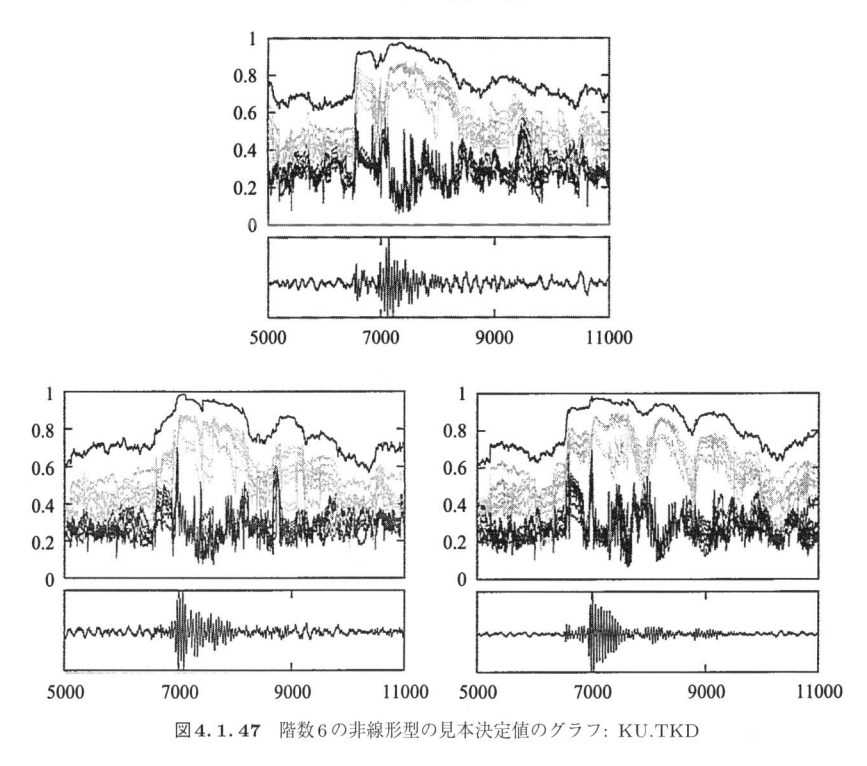

域の上下成分, 南北成分は定常性を満たす非線形変換は無いので, それらの階数6の非線形型の見本決定関数のグラフは描いていない.

図4.1.47, 図4.1.48 (t=8,480) より, KU.TKDで観測された深部低周波地震波の時系列も, 性質(WSEP)と(SSEP)を持つことがわかる.

(c) 通常の地震　　深部低周波地震波に対して発見した性質が通常の地震波に見られるかどうか調べてみよう. 本項の(a)における $x = (x(n); 0 \leq n \leq N)$ として, 前項の(a.1)で扱った足利で観測された地震波の時系列を扱う. データ数は $N + 1 = 5,400$, 切断長は $L + 1 = 100$ である.

図4.1.49の上段の図の下のグラフは図4.1.2のグラフのP波とS波の到着時刻を含むグラフの一部で, 上は下のグラフと同じ時間域で上下成分の時系列の階数6の非線形型の見本決定値のグラフである. 下段の左のグラフと下段の右のグラフはそれぞれ上と同じ時間域の南北成分, 東西成分の階数6の非線形型の

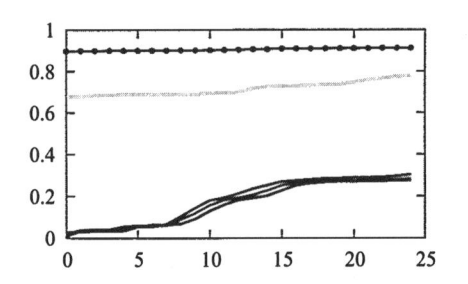

図 4.1.48 階数 6 の非線形型の見本決定関数: KU.TKD

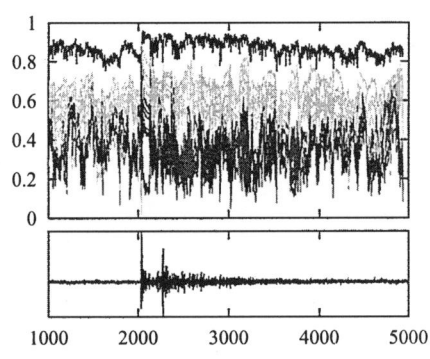

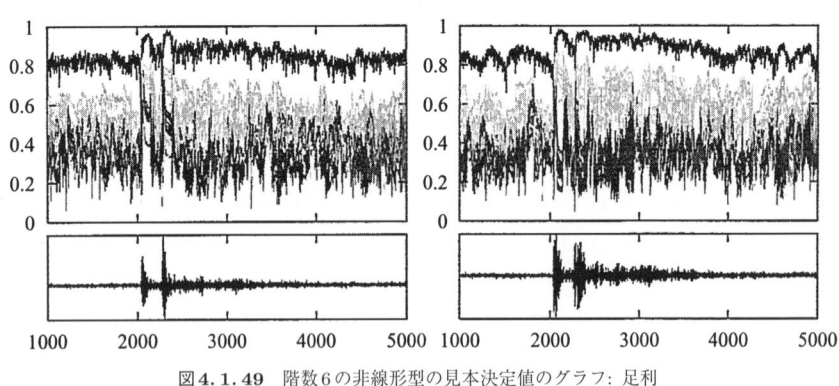

図 4.1.49 階数 6 の非線形型の見本決定値のグラフ: 足利

見本決定値のグラフである.

　図 4.1.49 から, 図 4.1.45 とは異なり, 階数 6 の非線型の見本決定値のグラフは, P 波が来る前あるいは S 波が来た後の定常性を満たす時間域において, 黒色あるいは淡い灰色の見本決定値のグラフと濃い灰色の見本決定値のグラフは分離せず重なっていることがわかる. 口絵④は図 4.1.49 の下段の左図に口絵①と

同じ色付けを行ったものである.

以上の実証分析を踏まえて, (WSEP), (SSEP) をそれぞれ**弱分離性**, **強分離性**と呼び, 総称して**分離性** (separation property) と呼ぶ.

注意 4.1.2　実は, 深部低周波地震の時系列は階数 7 の非線形変換に対しても分離性を持つことが実証される.

一方, 図 4.1.45, 図 4.1.47 からわかる情報は, (WSEP) が現れる時間域において黒色と淡い灰色の見本決定関数のグラフが急増加し, 濃い灰色の見本決定関数が減少することである. 決定性の検定 Test(D) を用いて, 次項でこのことを定量的に調べよう.

4.1.4　Test(D) と決定性

前項で Test(D) を深部低周波地震波に適用して, S 波が来た後の定常域において分離性を発見した. 本項では, その時間域では決定性が成り立つかどうかを調べよう. 前項の (b) で扱った H.SBAH で観測された深部低周波地震波の時系列 $x = (x(n); 0 \leq n \leq N)$ を扱う. データ数は $N + 1 = 12{,}000$, 切断長は $L + 1 = 300$ である.

最初, 図 4.1.45 と図 4.1.47 を見てみよう. 特徴的なことは, 深部低周波地震波の時系列は P 波が来るまでは見本決定値は 0.8 以下に留まり, P 波の到着時刻で見本決定値は急に増加しだし, S 波の到着時刻で見本決定値のグラフは 0.9 以上の域まで達している「色」が見つかる. 見本決定値が 0.8 以下では経験的に, 決定解析の先に進むまでもなく, Test(D)-2 を通過しないことが推察されるので, P 波の到着するまでの時間域の時系列は決定性を持たないことがわかる. S 波が来てからの上に述べた「色」が本当かどうかを検証するのが決定解析の Test(D) である.

前項の図 4.1.46 で発見した弱分離性 (SSEP) は, S 波が来た後の定常域 $\{t - L, s - L + 1, \ldots, t\}$ $(t = 7{,}674)$ における階数 6 の非線形型の見本決定関数のグラフの挙動に現れた性質である. その実証分析には Test(S), Test(ABN) と Test(D) を用いた. 見本決定値は Test(D) に現れる特性量であるが, 時系列の

ダイナミクスが決定的であるかどうかを見るためには，見本決定値の統計的検証を行う必要がある．それは3.5.1項で述べた Test(D)-1 と Test(D)-2 である．

つぎに，決定性を見るために定常解析を詳しく覗いて見よう．S波が来た後の定常域の上下成分の時系列 $z_{(t;L),j}^{ud}$ ($0 \leq j \leq 18$) に対する Test(S) の結果はつぎの通りである:

表 **4.1.1** Test(S):H.SBAH—$z_{(t;L),j}^{ud}$ ($0 \leq j \leq 18$)

0	1	2	3	4	5	6	7	8	9	10	11	12	13	14	15	16	17	18
○	○	○	○	○	○	○	×	○	○	×	○	×	×	○	×	×	○	○

表 **4.1.2** Test(S): H.SBAH— ${}^t(z_{(t;L),j}^{ud}, z_{(t;L),k}^{ud})$

	1	2	3	4	5	6	7	8	9	10	11	12	13	14	15	16	17	18
0	○	×	○	×	○	○	×	×	○	×	○	×	×	×	×	×	○	○
1		×	×	×	×	○	×	×	×	×	×	×	×	×	×	×	○	○
2			○	×	○	×	×	×	○	×	×	×	×	×	×	○	×	○
3				×	×	×	×	×	○	○	○	×	×	×	×	×	×	○
4					×	×	×	×	×	×	×	×	×	×	×	×	×	×
5						○	×	×	×	○	×	×	×	×	×	×	×	×
6							×	×	×	×	×	×	×	×	×	×	×	○
7								×	×	×	×	×	×	×	×	×	×	×
8									×	×	×	×	×	×	×	×	×	×
9										○	×	×	×	×	×	×	○	×
10											×	×	×	×	×	×	×	×
11												×	×	×	×	×	×	○
12													×	×	×	×	×	×
13														×	×	×	×	×
14															×	×	×	×
15																×	×	×
16																	×	×
17																		×

上の表4.1.4で1行の 1 から 18 の数字と1列の 0 から 17 の数字は階数 6 の非線形変換のクラスの元 $z_{(t;L),j}^{ud}$ ($0 \leq j \leq 18$) を意味する．各 j, k ($2 \leq j \leq k \leq 19$) に対して，(j,k) 成分は2次元の時系列 ${}^t(z_{(t;L);j}^{ud}, z_{(t;L);k}^{ud})$ の Test(S) を表し，○，× の記号はそれぞれ定常，非定常であることを意味する．

つぎに，時系列 $z_{(t;L)}^{ud}$ に定義3.5.1にある Test(D)-1 と Test(D)-2 を施し，時系列の決定性を調べよう．

表4.1.3は，$z_{(t;L),0}^{ud}$ の代わりに物理乱数を選び，その時系列から $y_{(t;L)}^{ud}$ への見本因果値の計算を独立に10,000回行ったことによる物理乱数から $y_{(t;L)}^{ud}$ への見本因果値の分布表である．

(a) 非線形の型 j の見本決定値 $D_{M_1}(z_{(t;L)}^{ud}, j)$ は時系列 $z_{(t;L);j}^{ud}$ から時系列 $y_{(t;L)}^{ud}$ への見本因果値であった．前項で見たように，これらの値の中で一番大き

4.1 地 震 波

表 4.1.3 物理乱数から $z^{ud}_{(t;L)}$ への見本因果値の分布表

見本因果値	回数	割合	見本因果値	回数	割合
$0.00\leq\ <0.05$	0	0.000	$0.50\leq\ <0.55$	3	0.003
$0.05\leq\ <0.10$	58	0.058	$0.55\leq\ <0.60$	1	0.001
$0.10\leq\ <0.15$	274	0.274	$0.60\leq\ <0.65$	1	0.001
$0.15\leq\ <0.20$	265	0.265	$0.65\leq\ <0.70$	0	0.000
$0.20\leq\ <0.25$	169	0.169	$0.70\leq\ <0.75$	0	0.000
$0.25\leq\ <0.30$	111	0.111	$0.75\leq\ <0.80$	0	0.000
$0.30\leq\ <0.35$	56	0.056	$0.80\leq\ <0.85$	0	0.000
$0.35\leq\ <0.40$	42	0.042	$0.85\leq\ <0.90$	0	0.000
$0.40\leq\ <0.45$	15	0.015	$0.90\leq\ <0.95$	0	0.000
$0.45\leq\ <0.50$	5	0.005	$0.95\leq\ \leq1.00$	0	0.000

いのは $j=0$ の場合で, その見本決定値はつぎで与えられる:

$$D_{M_1}(z^{ud}_{(t;L)};0) = 0.979316. \tag{4.24}$$

物理乱数から $z^{ud}_{(t;L)}$ への見本因果値の分布表 4.1.3 より, 時系列 $z^{ud}_{(t;L)}$ の決定性の検証の一つである Test(D)-1 を通過する.

Test(D)-2 を通過するかどうか見るために, 定義 3.5.1 で述べたように, 表 4.1.4 を作成する. それは, 時系列 $y^{ud}_{(t;L)}$ を i だけシフトさせた時系列 $y^{ud,(sh+i)}_{(t;L)}$ から時系列 $y^{ud}_{(t;L)}$ への見本決定値の分布表である. 今の場合, (3.118) における sh_c は 23 である.

表 4.1.4 $z^{ud}_{(t;L)}$ シフトから $z^{ud}_{(t;L)}$ への見本決定値の分布表

シフト数	最大見本決定値	シフト数	最大見本決定値
1	0.999923	13	0.995335
2	0.999705	14	0.994876
3	0.999598	15	0.993801
4	0.999120	16	0.991991
5	0.999110	17	0.991717
6	0.998806	18	0.991200
7	0.998722	19	0.990031
8	0.998310	20	0.989672
9	0.997767	21	0.988643
10	0.997114	22	0.987159
11	0.996966	23	0.986950
12	0.996648		

先に求めた時系列 $z^{ud}_{(t;L)}$ の見本決定値 0.9793168 は表 4.1.4 の上位 9 割以内の位置にいるので, Test(D)-2 を通過したと判断する. 同様に, 他の 2 成分 $z^{ns}_{(t;L)}, z^{ew}_{(t;L)}$ も決定性を満たすことが実証される.

(b) 非線形の型 j の見本決定値 $D_{M_1}(z^{ud}_{(t;L)}; j)$ で $\Lambda_{奇}$ の元の中で一番小さいのは $j = 2$ で, その値は

$$D_{M_1}(z^{ud}_{(t;L)}; 2) = 0.898508 \tag{4.25}$$

である. (a) で述べた同じ決定解析を $j = 2$ の時系列に行うとき, Test(D)-1 は通過するが, Test(D)-2 は通過しない. 他の 2 成分も同様である.

(c) 非線形の型 j の見本決定値 $D_{M_1}(z^{ud}_{(t;L)}; j)$ で $\Lambda_{偶}$ の元の中で一番大きいのは $j = 6$ の場合で, その値は

$$D_{M_1}(z^{ud}_{(t;L)}; 6) = 0.158890 \tag{4.26}$$

である. (a) で述べた同じ決定解析を $j = 6$ の時系列に行うとき, Test(D)-1 を通過しない. 他の 2 成分も同様である.

本項の実証分析を踏まえて, 深部低周波地震波のどの成分の時系列もつぎの性質 (DSEP) を持つことが実証された.

(DSEP)　S 波が来てから定常性を満たす時間域において, 線形の決定性が成り立ち, $\Lambda_{奇}$ の任意の j に対し, 時系列 $z_{(t;L),j}$ から時系列 $y_{(t;L)}$ への線形の因果性の検定は Test(D)-1 を通過し, $\Lambda_{偶}$ の任意の元 k に対して, 時系列 $z_{(t;L),k}$ から時系列 $y_{(t;L)}$ への線形の因果性の検定は Test(D)-1 を通過しない.

4.2　電　磁　波

夜空に緑白色に輝く神秘的なカーテン状のオーロラ (aurora) に憧れ,「ムーミンの国フィンランドにオーロラを求めて 7 日間」「北欧オーロラ探訪 10 日間」等と宣伝する旅行会社に誘われ, 北欧に旅する日本人は多い.

「オーロラの正体は何だろうか」「オーロラは何故起こるのだろうか」という素朴な疑問から, オーロラを研究するオーロラ科学が 18 世紀に始まった. ハレー

彗星で有名なハレーはオーロラの縞模様が磁力線と平行であること, オーロラカーテンが地理の北極の方向ではなく, コンパスの磁針の方向に現れることなどを観察し, オーロラと地球磁場とは深い関係があることを発見していた. 地球上に設置した観測所からの観測, 研究室内での実験による観測, 人工衛星による直接観測による研究と分光学による研究等を通じて, オーロラは太陽のフレアー, 太陽の黒点, 電離層, 地球磁場と関係があることがわかり, オーロラ科学は天体物理学の一部門になっている.

本書で展開する実験数学の哲学である「空即是色 色即是色」の「空即是色」は「空」という時系列データのみからその奥に潜む「色」を見つけることを目的にしている. しかし, 「何故その時系列を扱うのか」という動機がなくては研究に進むことはできない. 論語にある「学而不思則罔, 思而不学則殆」は実験数学を展開する際に忘れてはいけない言葉である. 「空」という時系列データは現象から観測されたもの, すなわち「色即是空」である. オーロラという宇宙現象である「色」に関わる科学的知識を, オーロラと磁気嵐との関連に絞って, 文献[73,137]に従って学ぶことにしよう.

4.2.1 オーロラ

オーロラは, 基本的にはオーロラカーテンと呼ばれるカーテン状の形をしていて, オーロラ帯と呼ばれる地磁気緯度 $65°$〜$75°$ の幅 500 km ほどの地域で, 100 km 以上の超高層大気中で太陽風やその揺らぎが原因になって発生する放電現象であり, その結果として緑白色にひかる発光現象でもあり, 北極光とも言われる. このオーロラの説明に現れるオーロラ帯, 地磁気緯度, オーロラの光, 太陽風のことを復習しよう.

オーロラ帯とオーロラ環 オーロラの出現頻度の分布を研究していたルーミスは1860年に, オーロラを見る機会が多い領域が帯となって北極を取り巻いていることを発見した. この帯がオーロラ帯である. 地磁気緯度とは地磁気極を極点としたときの緯度のことである. ソ連のフェルドシュテインは1963年に, オーロラカーテンはオーロラ帯という円形の帯に沿って現れるのではなく, 光の環のように楕円形に沿って現れる研究を発表した. この環がオーロラ環である. オーロラ環は一つのリング状の帯となって極を取り巻いているが, そのほと

んどはオーロラ帯の内側(地磁気緯度 67° 以上)にあり,真夜中にオーロラ帯に接する.この研究によって,オーロラは,普通午後9時以後に北の地平線から現れ,夜が更けるとともに南に移動し,真夜中頃天頂にさしかかり,その後,逆に北の空に移動していくことが説明される.

オーロラの光　スウェーデンのウプサラ大学のオングストロームは1867年に,分光学を用いて,オーロラの光は太陽光線と異なり,連続スペクトルではなく,いくつかの単波長の光からなる線スペクトルと帯スペクトルであることを発見した.さらに,彼はオーロラの通常の緑白色の光の波長が$5,567\overset{\circ}{A}$であると測定した.その後,アメリカのバブロックは1923年に,オーロラの光の波長は$5,577\overset{\circ}{A}$であることを正確に測定し,カナダのマクレナンとシュルムは1925年に,オーロラの緑白色の光は酸素原子の発光であることを放電管実験で発見した.ちなみに,$1\overset{\circ}{A} = 0.1$ nm (ナノメートル) $= 10^{-10}$ m である.

太陽風磁場　太陽風とは太陽から常時噴出している粒子の流れのことで,その粒子はすべて電離していて,陽子と電子からなる荷電粒子のガス(プラズマ)である.太陽風は太陽の持っている磁場(磁力線)をプラズマと一緒に運び出す.それを太陽風磁場と言う.

地球磁気圏　イギリスのチャップマンとフェラローは1931年に「地磁気嵐の新理論・第一部―初相」を発表し,太陽風が地球とその磁場を彗星のような形に閉じ込めることを発見した.この空間を地球磁気圏と言う.大気圏の外側はプラズマで満たされ,太陽風の中にさらされている.そのために,磁力線は太陽側(風上側)では圧縮され,風下側では引き伸ばされ,地球を核としたほうき星の形をしながら太陽風の中を漂っている.太陽風磁場の磁力線が地球磁気圏尾の南向きの方向を持つとき,太陽風磁場と地球磁気圏の磁場が結合し,太陽風はこの結合した磁場を横切ることによって放電が起こる.このとき流れる放電電流がオーロラ電子ビームである.

オーロラ偏円とオーロラ準風　オーロラ偏円とは,プラズマシートの表面である閉じた磁気圏表面の磁力線が地球と交わる所である.オーロラ偏円が突然明るく輝いて全天を荒れ狂うのがオーロラ準風である.太陽風磁場がオーロラ準風の発生に大きな影響を与えていて,太陽風が南向き磁場を運んでくるときは大きなオーロラ準風が引き起こされ,北向き磁場を運んでくるときは小さな

オーロラ準嵐しか起こらない．オーロラ準嵐が発生するとき，地球磁気圏のプラズマや磁場の分布は激しく変動する．オーロラ準嵐を含めてこのような擾乱を一般に準嵐と言う．

以上述べたように，オーロラは地球磁気圏と太陽磁気圏の相互作用で起こり，オーロラが光ると，地球磁気圏がはためき，オーロラ準嵐や磁気嵐などが発生する等，オーロラ準嵐，太陽磁気圏，磁気嵐は互いに関係がある．

4.2.2 磁　気　嵐

本項では，文献[73]に従って磁気嵐について復習してみよう．

地球磁場　地球中心付近では高温高圧のために物質は流体のようにどろどろになって対流をおこし，この対流は地球の自転効果を受けて大きな渦巻き流を作る．地球中心部は電気伝導度が高いので，この渦巻き流に伴って渦巻き電流ができる．それがコイル電流と同じ働きをして大きな磁石に相当する磁気双極子ができる．これが地球磁場を形成し，その強さは地球の中心からの距離の3乗に逆比例する．日本付近では0.3ガウス(3万ナノテスラ)程度である．

磁気嵐　磁気嵐とは地球磁場が数日間変化する現象で，オーロラが放電する電流によって発生する磁場が変化し，その磁場が地球磁場に加わり，地球そのものの磁場が変化しているように見える現象である．磁気嵐という熟語を作ったのは，地磁気の観測を行い，地球磁場の強さを測定したフンボルトである．彼はオーロラの発生と同時に生じる地磁気の変化は放電の際の電流の変化により，オーロラそのものが地磁気変化の直接の原因ではないと言っている．オーロラ準嵐は荒れてくると一幕が完結しないうちに次々に新しいオーロラ準嵐が重なって磁気嵐になる，すなわち，磁気嵐はオーロラ準嵐群で成り立つ．オーロラ準嵐に伴う地磁気の乱れが磁気準嵐で，磁気準嵐と磁気嵐は区別されるべき現象である．

磁気嵐には突発性磁気嵐と回帰性磁気嵐の二つがある．突発性磁気嵐は太陽面爆発が原因で，太陽面爆発が発生し，太陽プラズマが衝撃波と一緒に遅い太陽風を突き破って宇宙空間に飛び出し，地球磁気圏に命中したとき，フレアプラズマが南向きの磁場を持っているときには，オーロラ準嵐が続けざまに起こって磁気嵐に発展する．しかし，フレアプラズマが北向きの磁場を持っているとき

は,大きなオーロラ準風は起こらず,磁気嵐にならない.一方,回帰性磁気嵐は太陽磁気圏の定常的な構造により,ほぼ27日ごとに繰り返す.地磁気の乱れやオーロラ活動は約27日の周期で繰り返され,春分と秋分の頃に激しくなる.

Pi2磁波 地球上でオーロラが最初に光った場所をその瞬間に捉えるのは難しい.極域のPi2磁波とはオーロラ準風の発生と同時に発生する極域磁力線の一時的な振動のことで,磁気準風の爆発相の開始を告げる現象がPi2型磁波(超低周波磁波)が出現する時間である.その瞬間以前に前兆現象があるかどうかは,準風発生機構を議論するときに重要である.低緯度のPi2磁波は地震に現れる弾性波に相当し,地震の初動を利用して震源位置を決めるやり方と類似の方法で,低緯度のPi2磁波で準風発生の場所を調べることができる.さらに,Pi2磁波と準風(オーロラ準風,磁気準風)の関係を時間変化の立場から研究する問題は,その解決が磁気圏物理学の諸問題の大半を解決してしまうと言われている難問題である.

4.2.3 Test(ABN)とオーロラ・磁気嵐の発生

本項では,オーロラや磁気嵐が発生した時刻を含む電磁波の時系列 $x = (x(n); 0 \leq n \leq N)$ を扱う.それは地震波と同じく,三つの成分を持っている.地磁気の場合,$x(n)$ は磁針を引っ張る力(磁力,磁場の強さ)で,それは全磁力を水平面に射影した成分 x^H,その成分と南北成分との角度 x^D,鉛直成分 x^Z と記し,それぞれを H 成分,D 成分,Z 成分と呼ぶ.

(3.84), (3.85)に従い,地震波を解析するときのステップと同様に,時系列 x の各成分の1次差分をとった3個の時系列 $z^H = (z^H(n); 0 \leq n \leq N-1), z^D =$

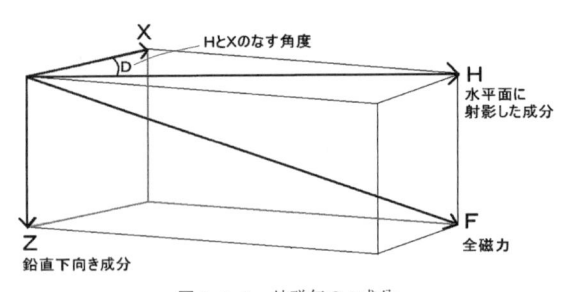

図4.2.1 地磁気の3成分

$(z^D(n); 0 \leq n \leq N-1), z^Z = (z^Z(n); 0 \leq n \leq N-1)$ を定義する. 切断長 $L+1$ は $1 \leq L \leq N-2$ を満たすとする. 地震波の時と同様に, (3.86) に従い, 各自然数 t ($L \leq t \leq N-1$) に対し, 各時系列 z^H, z^D, z^Z の一部分で, t を終点の時刻とする長さ $L+1$ の時系列をそれぞれ $z^H_{(t;L)} = (z^H_{(t;L)}(n); 0 \leq n \leq L), z^D_{(t;L)} = (z^D_{(t;L)}(n); 0 \leq n \leq L), z^Z_{(t;L)} = (z^Z_{(t;L)}(n); 0 \leq n \leq L)$ とする. さらに, (4.7), (4.8), (4.9) と同様に, 各時系列 z^H, z^D, z^Z の一部分で, $t+1$ を終点の時刻とする長さ $L+1$ の時系列をそれぞれ $y^H_{(t;L)} = (y^H_{(t;L)}(n); 0 \leq n \leq L), y^D_{(t;L)} = (y^D_{(t;L)}(n); 0 \leq n \leq L), y^Z_{(t;L)} = (y^Z_{(t;L)}(n); 0 \leq n \leq L)$ とする.

(a) オーロラ 1997年3月4日の13時27分45秒に発生したオーロライベントを挟んだ電磁波をロシアのTIK(北緯75.94°, 東経137.71°)で1日間観測した時系列を $x_a = (x_a(n); 0 \leq n \leq N)$ とする. データの出典は九州大学宙空環境研究センターの環太平洋地磁気ネットワーク(CPMN)のウェブサイト (http://www.serc.kyushu-u.ac.jp/data/index.htm) にある. データは1秒に1個観測され, データ数は $N+1 = 86{,}400$ である. 図4.2.2は観測点TIKのある世界地図, 図4.2.3は時系列 x_a のグラフで, 上段, 中段, 下段のグラフはそれぞれ H 成分, D 成分, Z 成分の時系列のグラフである.

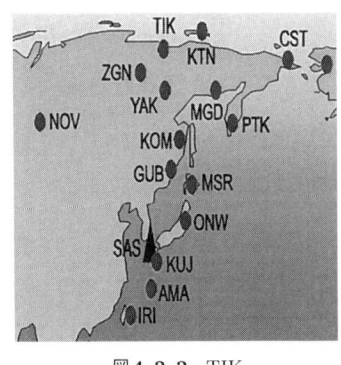

図4.2.2 TIK

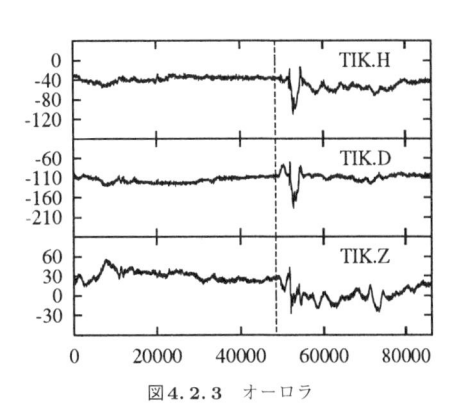

図4.2.3 オーロラ

図4.2.4は, 図4.1.4, 図4.1.18, 図4.1.33に対応して, TIKで観測された電磁波の時系列 x_a に Test(ABN)-1c を適用した定常グラフを表す. 図4.2.5は, 図4.1.5, 図4.1.19, 図4.1.34に対応して, 異常グラフを表し, 実線は図4.2.3

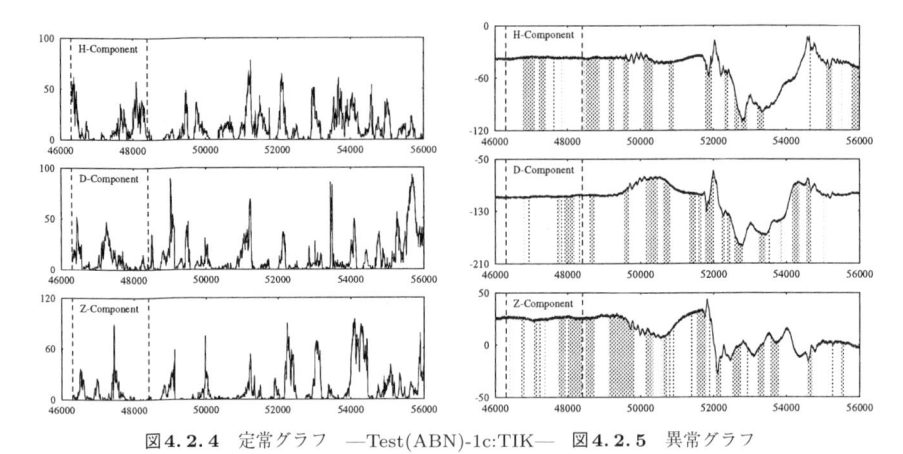

図 4.2.4 定常グラフ —Test(ABN)-1c:TIK—　　図 4.2.5 異常グラフ

の各成分のグラフと同じである．切断長は $L+1 = 300$ である．図 4.2.4 の H 成分の定常グラフの左から 2 番目の点線が 1997 年 3 月 4 日の 13 時 27 分 45 秒に起きた最初のオーロラの発生時刻であるが，その直前から定常グラフは減少し始めている．

図 4.2.6 は，図 4.1.12, 図 4.1.26, 図 4.1.41 に対応して，Test(ABN)-3c を TIK で観測されたオーロラの時系列 x_a に適用した定常グラフを表す．図 4.2.7 は，図 4.1.13, 図 4.1.27, 図 4.1.42 に対応して，Test(ABN)-3c を適用した異常グラフを表し，実線は図 4.2.3 の各成分のグラフと同じである．実は

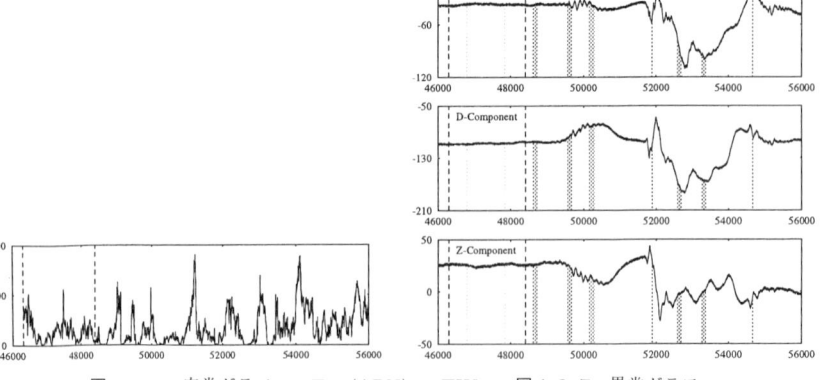

図 4.2.6 定常グラフ —Test(ABN)-3c:TIK—　　図 4.2.7 異常グラフ

4.2 電磁波

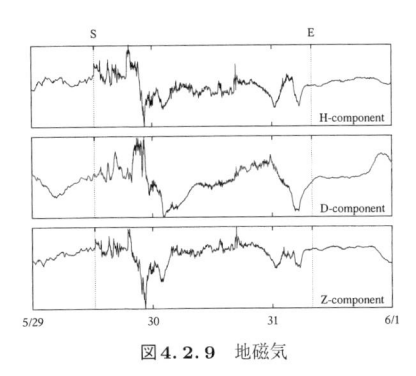

図 4.2.8 柿岡

図 4.2.9 地磁気

TIK での観測には 3 回のオーロラが発生しているが, 図 4.2.7 の異常グラフの $t = 52,000, 55,000$ 辺りにある異常時刻が 2 回目と 3 回目のオーロラ発生の時刻に対応している. 口絵⑬と口絵⑮はそれぞれポーラ衛星の紫外線撮影装置を用いて 2 回目のオーロラ発生時と終了時を撮影した写真である.

(b) 磁気嵐 つぎのイベントは 2003 年 5 月 29 日の 12 時 24 分に発生し 5 月 31 日 8 時頃に終了した磁気嵐で, 柿岡 (茨城県柿岡・気象庁地磁気観測所, 北緯 $36.1356°$, 東経 $140.1111°$) で観測された磁気嵐の時系列 $x_b = (x_b(n); 0 \leq n \leq N)$ を扱う. データは京都大学大学院理学研究科付属地磁気世界解析センターのウェブサイト (http://swdcwww.kugi.kyoto-u.ac.jp/index.htm) から採取した. データ数は $N + 1 = 86,400$, 切断長は $L + 1 = 300$ である. 図 4.2.9 は時系列 x_b のグラフである. 本項の (b) と次項の (b) の実証分析結果の一部は東京大学工学部計数工学科数理情報工学コースの坪木の卒業論文に負っている[157].

図 4.2.10 は, 柿岡で観測された地磁気変動で 5 月 29 日 11 時から 14 時までの時間域の時系列 x_{b_1} に Test(ABN)-1c を適用した定常グラフを表す. 図 4.2.11 は異常グラフを表し, 実線は図 4.2.9 の各成分のグラフと同じである.

図 4.2.12 と図 4.2.13 はそれぞれ Test(ABN)-3c を柿岡で観測された磁気嵐の時系列 x_{b_1} に適用した定常グラフと異常グラフである. 5 月 29 日 12 時 24 分に磁気嵐が発生しているが, その時刻の直前から定常グラフが減少し始めている.

磁気嵐はその発生から終了まで 2, 3 日かかり, いつ終了したかを推定するこ

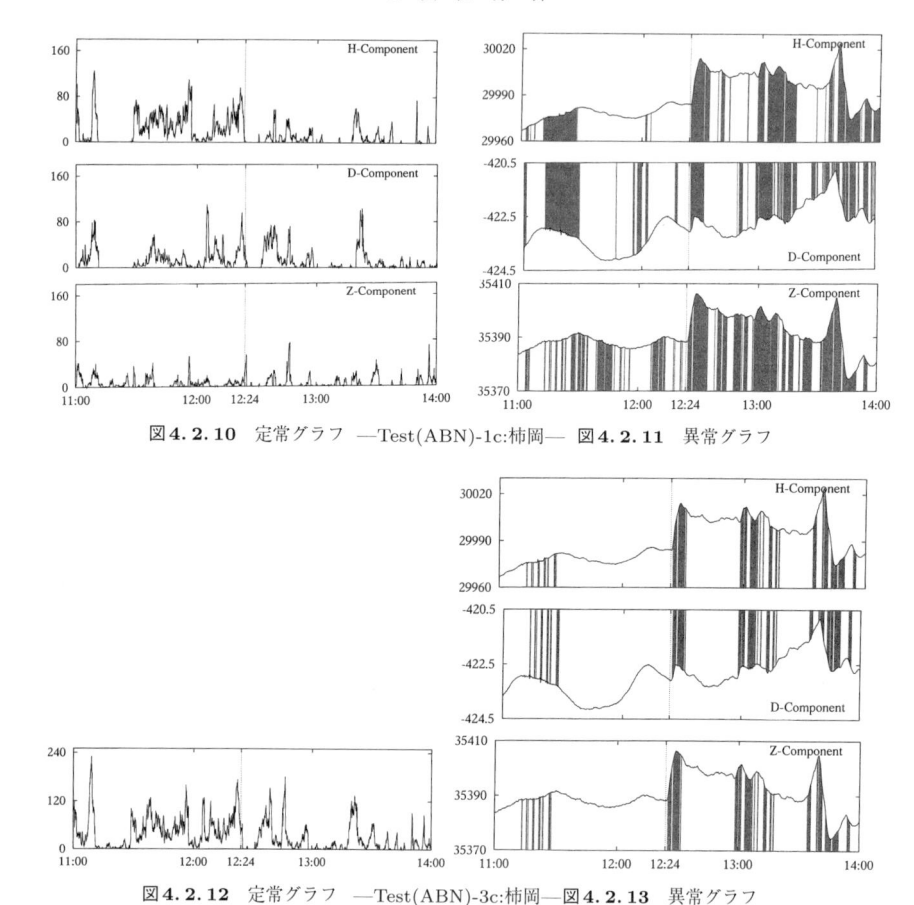

図**4.2.10** 定常グラフ —Test(ABN)-1c:柿岡— 図**4.2.11** 異常グラフ

図**4.2.12** 定常グラフ —Test(ABN)-3c:柿岡— 図**4.2.13** 異常グラフ

とは大切なことである．そこで，Test(ABN)を用いて磁気嵐の終了時刻を推定できるかを見る実証分析を行った．図4.2.14と図4.2.15はそれぞれ柿岡で観測された地磁気変動で5月31日3時から9時までの時間域の時系列 x_{b_2} にTest(ABN)-1cを適用した定常グラフと異常グラフである．

図4.2.16と図4.2.17はそれぞれTest(ABN)-3cを柿岡で観測された磁気嵐の時系列 x_{b_2} に適用した異常グラフと定常グラフである．気象庁地磁気観測所(茨城県柿岡)の発表では5月31日8時頃に磁気嵐が終了したと言われているが，我々の分析では5時31分頃に終了していることを示している．

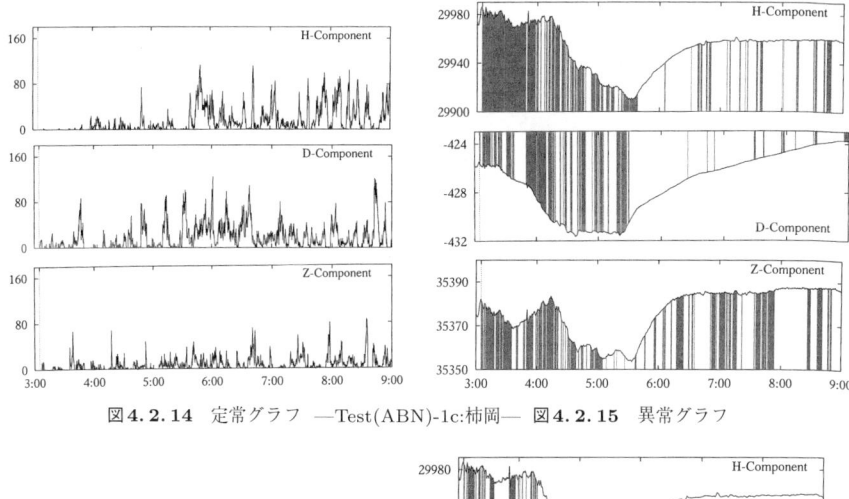

4.2 電磁波

図4.2.14 定常グラフ —Test(ABN)-1c:柿岡— 図4.2.15 異常グラフ

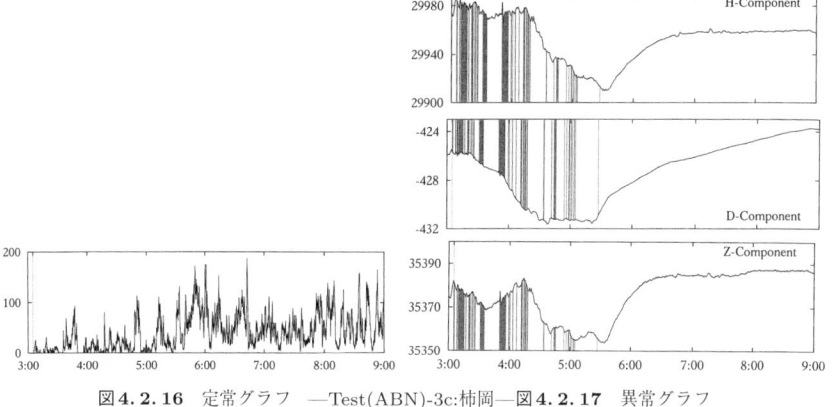

図4.2.16 定常グラフ —Test(ABN)-3c:柿岡—図4.2.17 異常グラフ

4.2.4 Test(D)と分離性

TIKで観測されたオーロライベントを含む電磁波の時系列と柿岡で観測された磁気嵐の時系列に対して，注意4.1.1で述べたように，地震波のときと同様に，時系列の階数6の非線形型の見本決定値のグラフと見本決定関数のグラフを描くことができる．それらが分離性を持つかどうかを調べよう．

(a) オーロラ　TIKで観測されたオーロラの時系列 x_a に対する階数6の非線形型の見本決定値のグラフは図4.2.18に示されている．上段のグラフは，図4.2.3のグラフの一部の時間域における H 成分の時系列の階数6の非線形型

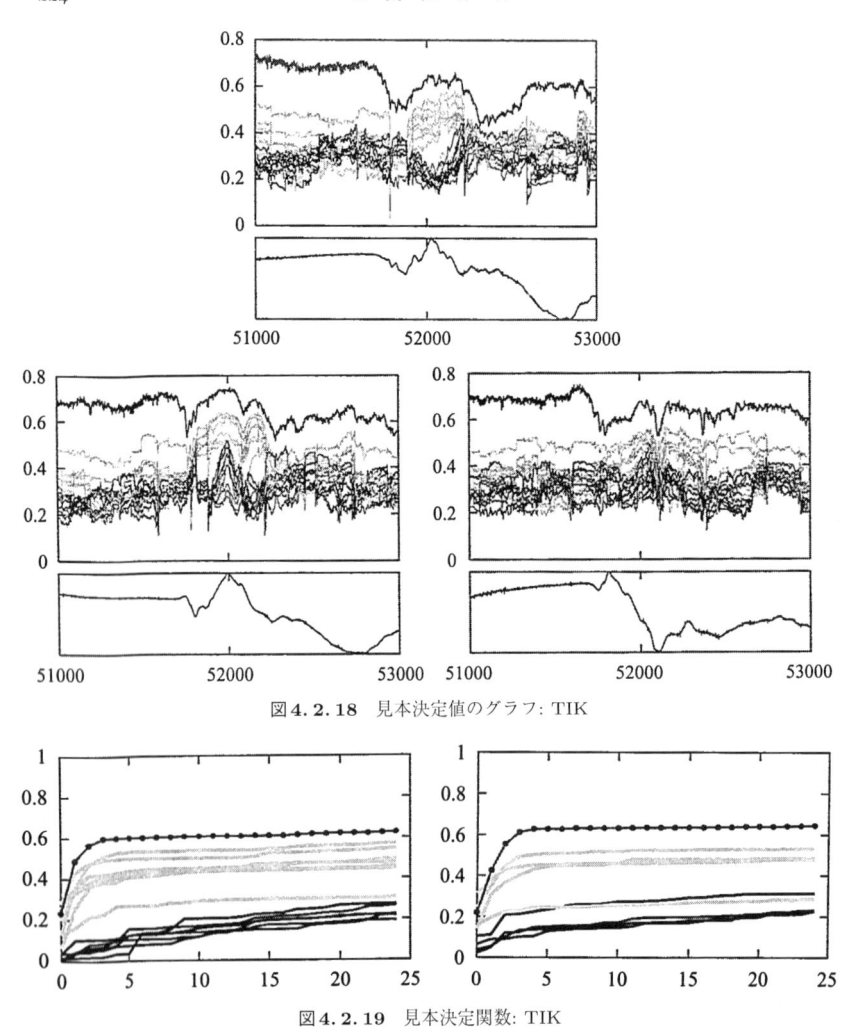

図4.2.18 見本決定値のグラフ: TIK

図4.2.19 見本決定関数: TIK

の見本決定値のグラフ, 下段の左のグラフと右のグラフはそれぞれ上と同じ時間域の D 成分, Z 成分の階数6の非線形型の見本決定値のグラフを表している. その時間域で終点時刻 $t = 52{,}101$ とした階数6の非線形型の見本決定関数のグラフは図4.2.19に示されている. この時間域の Z 成分は定常性を満たす非線形変換は無いので, 階数6の非線形型の見本決定関数のグラフは描いていない. 口絵⑭はポーラ衛星の紫外線撮影装置を用いて2回目のオーロラの発生時を撮

影した写真である. 口絵⑯は図4.2.18の上段の図 (H 成分) を口絵①と同様に色付けしたものである. 口絵⑰は図4.2.19の左図 (H 成分) を口絵②と同様に色付けしたものである.

図4.2.18の上段の H 成分のグラフを見ると, 黒色の見本決定値のグラフは, オーロラが発生した時刻は $t_0 = 51{,}777$ (14時22分57秒) でその直前での時間域で下がり始めるが, t_0 の後の時間域で増加しだす. 一方, 淡い灰色の見本決定値のグラフは, オーロラが発生した時刻 t_0 の後の時間域で増加しだす. そのために, その後の短い時間域 ($52{,}081 \leq n \leq 52{,}119, n \neq 52{,}114$) で, H 成分は弱分離性 (WSEP) を満たす. D, Z 成分も弱分離性 (WSEP) を満たす. さらに, 図4.2.19から, H 成分は強分離性 (SSEP) を満たすが, D 成分は淡い灰色と濃い灰色の見本決定関数のグラフが途中で交差しているので, 強分離性 (SSEP) を満たさない.

決定解析を H 成分に適用して見よう. 図4.2.18を見てわかるように, オーロラ発生と同時に H 成分の見本決定値のグラフは0.6以下に急降下する. 実際, TIKで観測されたオーロラの時系列 x_a の H 成分で終点時刻が $t = 52{,}101$ である時間域において, 時系列 $z^H_{a,(t;L),j}$ から時系列 $y^H_{a,(t;L)}$ への見本因果値の中で一番大きいのは $j = 0$ の場合で, その値は

$$D_{M_1}(z^H_{a,(t;L)}; 0) = 0.627650 \quad (4.27)$$

である. この値は0.9を越えていないので, 先に進むまでもなく, Test(D)-2を通過しないことがわかる. 時系列 x_a は線形の決定性を持たないと判断される.

つぎに, 非線形の型 j の見本決定値 $D_{M_1}(z^H_{(t;L)}; j)$ で $\Lambda_\text{奇}$ の元の中で一番小さいのは $j = 13$ で, その値は

$$D_{M_1}(z^{ud}_{(t;L)}; 13) = 0.306008 \quad (4.28)$$

である. 決定解析を $j = 13$ の時系列に行うとき, Test(D)-1 は通過しない.

最後に, 非線形の型 j の見本決定値 $D_{M_1}(z^H_{(t;L)}; j)$ で $\Lambda_\text{偶}$ の元の中で一番大きいのは $j = 6$ の場合で, その値は

$$D_{M_1}(z^{ud}_{(t;L)}; 6) = 0.272267 \quad (4.29)$$

である. 決定解析を $j=6$ の時系列に行うとき, Test(D)-1 を通過しない.

このことより, TIK で観測されたオーロラの時系列 x_a の H 成分は弱分離性を持つが, 深部低周波地震波と異なり, 線形の決定性を持たないことが実証された.

(b) 磁気嵐　図4.2.20は柿岡で観測された磁気嵐の時系列 x_{b_1} に対する階数6の非線形型の見本決定値のグラフである. 図4.2.21は終点時刻が13時2分27秒の時間域での見本決定関数のグラフである. 図4.2.21 の D, Z 成分には, $j=0$ 以外の時系列は定常性を満たさないので, 黒丸付きのグラフのみ描かれている. 図4.2.20から, 時系列 x_{b_1} のどの成分も12時24分に発生した異常時刻 (磁気嵐が発生した時刻に対応) で見本決定値のグラフが急に増加し始め, しばらくしてある時間域において黒色と淡い灰色は高い値をとり, 濃い灰色は減少

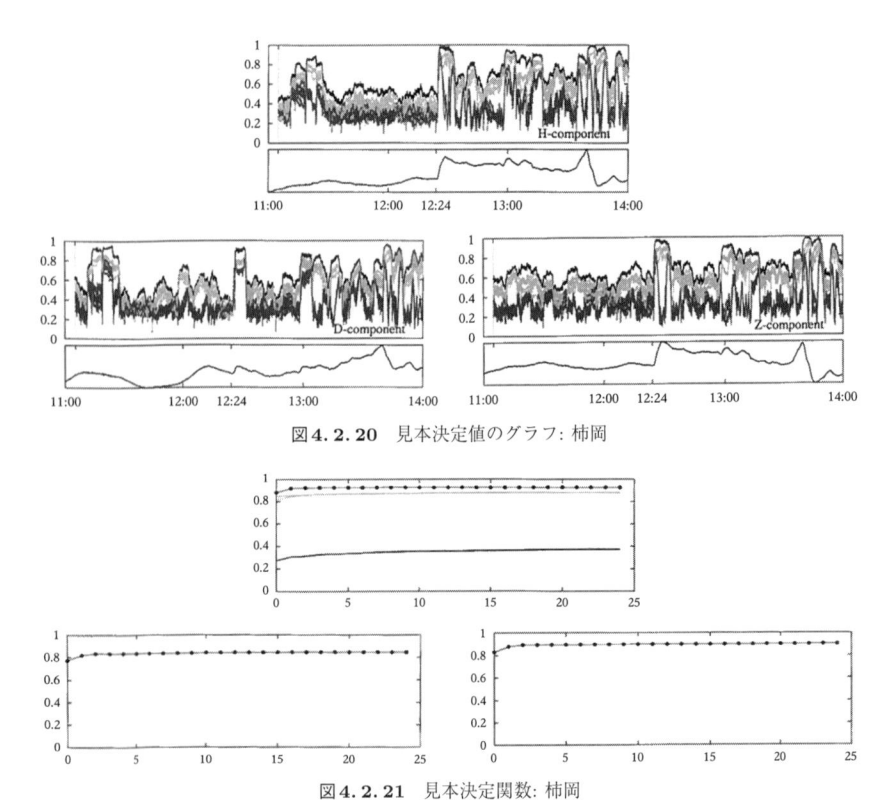

図4.2.20　見本決定値のグラフ: 柿岡

図4.2.21　見本決定関数: 柿岡

4.2 電　磁　波

図 4.2.22　見本決定値のグラフ: 柿岡

図 4.2.23　見本決定関数: 柿岡

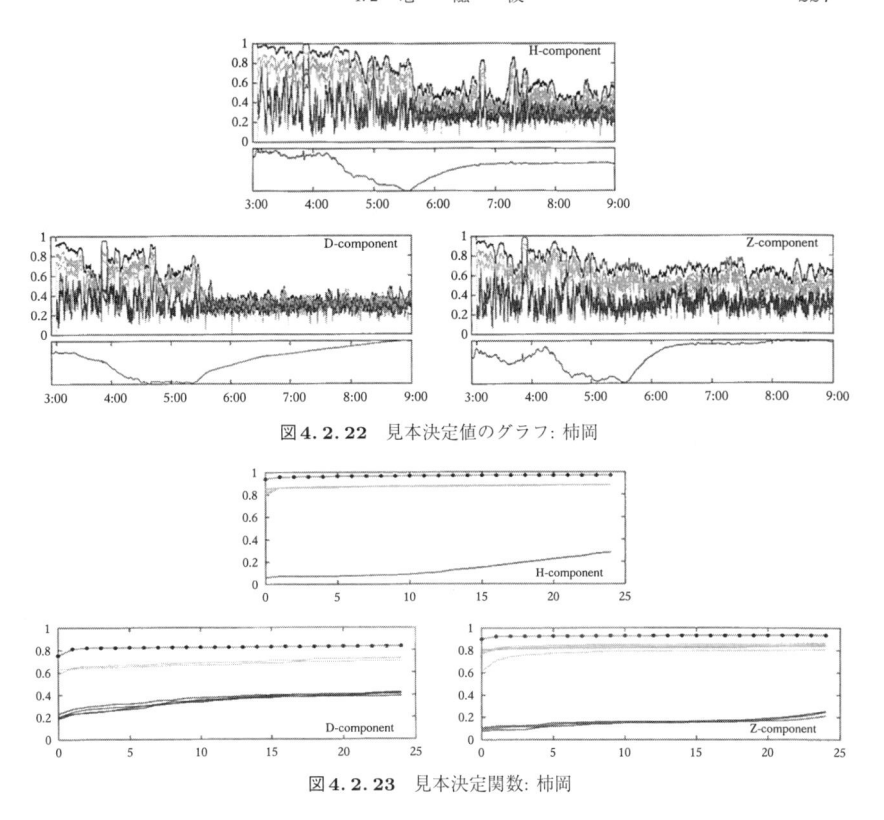

し，弱分離性 (WSEP) が現れる．図 4.2.21 から，H 成分は強分離性 (SSEP) を満たす．口絵⑲と口絵⑳はそれぞれ図 4.2.20 と図 4.2.21 の上段の図 (H 成分) を色付けしたものである．

柿岡で観測された磁気嵐の時系列 x_{b_2} に対しては，図 4.2.22 と図 4.2.23 それぞれ階数 6 の非線形型の見本決定値と見本決定関数のグラフである．4 時 22 分頃の時間域で分離性が現れる．

さらに，分離性が現れた時間域の時系列は決定性が成り立つかどうかを調べよう．柿岡で観測された磁気嵐の時系列 x_{b_1} の H 成分に対しては，図 4.2.20 を見てもわかるように，12 時 24 分に発生した異常時刻 (磁気嵐が発生した時刻に対応) で見本決定値が急に増加し始めている．図 4.2.21 で見た時系列 x_{b_1} の H の成分に強分離性が現れた終点時刻が 13 時 2 分 27 秒の時間域において，時系

列 $z_{(t;L),j}^H$ から時系列 $y_{(t;L)}^H$ への見本因果値の中で一番大きいのは $j = 0$ の場合で,その値は

$$D_{M_1}(z_{(t;L)}^H; 0) = 0.927157 \qquad (4.30)$$

である.決定解析を $j = 0$ の時系列に行うとき,Test(D)-1 と Test(D)-2 を通過することが実証される.他の D 成分,Z 成分も同様である.

つぎに,非線形の型 j の見本決定値 $D_{M_1}(z_{(t;L)}^H; j)$ で $\Lambda_{奇}$ の元の中で一番小さいのは $j = 17$ で,その値は

$$D_{M_1}(z_{(t;L)}^{ud}; 17) = 0.879604 \qquad (4.31)$$

である.決定解析を $j = 17$ の時系列に行うとき,Test(D)-1 は通過するが,Test(D)-2 は通過しない.D 成分,Z 成分は定常性を満たす非線形変換は $j = 0$ 以外に無い.

最後に,非線形の型 j の見本決定値 $D_{M_1}(z_{(t;L)}^H; j)$ で $\Lambda_{偶}$ の元の中で一番大きいのは $j = 6$ の場合で,その値は

$$D_{M_1}(z_{(t;L)}^{ud}; j) = 0.377294 \qquad (4.32)$$

である.決定解析を $j = 3$ の時系列に行うとき,Test(D)-1 を通過しない.

したがって,柿岡で観測された磁気嵐の時系列 x_{b_1} の H 成分は性質 (DSEP) を満たすことが実証された.

一方,柿岡で観測された磁気嵐の時系列 x_{b_2} に対しては,図 4.2.22 を見てもわかるように,時系列 x_{b_2} の分離性が現れる時間域で終点時刻が 4 時 22 分 29 秒の時間域において,時系列 $z_{(t;L),j}^H$ から時系列 $y_{(t;L)}^H$ への見本因果値の中で一番大きいのは $j = 0$ の場合で,その値は

$$D_{M_1}(z_{(t;L)}^H; 0) = 0.970415 \qquad (4.33)$$

である.決定解析を行うと,Test(D)-1 と Test(D)-2 を通過することが実証される.他の D 成分,Z 成分も同様である.

つぎに,非線形の型 j の見本決定値 $D_{M_1}(z_{(t;L)}^H; j)$ で,$\Lambda_{奇}$ の元の中で一番小さいのは $j = 16$ で,その値は

$$D_{M_1}(z_{(t;L)}^{ud}; 16) = 0.881780 \qquad (4.34)$$

である.決定解析を $j=16$ の時系列に行うとき,Test(D)-1 は通過するが,Test(D)-2 は通過しない.他の D 成分,Z 成分も同様である.

最後に,非線形の型 j の見本決定値 $D_{M_1}(z_{(t;L)}^H;j)$ で,$\Lambda_{偶}$ の元の中で一番大きいのは $j=11$ の場合で,その値は

$$D_{M_1}(z_{(t;L)}^{ud};11) = 0.285033 \qquad (4.35)$$

である.決定解析を $j=11$ の時系列に行うとき,Test(D)-1 を通過しない.他の D 成分,Z 成分も同様である.

これらのことより,柿岡で観測された磁気嵐の時系列 x_{b_2} は,深部低周波地震波と同様に,性質 (DSEP) を満たすことが実証された.

注意 4.2.1 実は,本節で扱った柿岡で観測された磁気嵐の時系列は階数 7 の非線形変換に対しても分離性を持つことが実証される.

4.3 脳　　　波

本節では,人間の脳の電気活動を定量的に測定した脳波という時系列を扱う.脳波には,頭皮に電極を当てて測定する脳波 (EEG; electroencephalography) と大脳皮質に電極を当てて測定する脳波 (ECoG; electrocorticogram) がある.前者は頭蓋骨を傷つけないという意味で非浸襲性の測定法であり,後者は浸襲性の測定法である.非浸襲性の測定法として,他に脳の神経活動に伴う電流によって発生する磁場を測定する脳磁図 (MEG; magnetoencephalography) がある.この磁場の強さは地磁気の約 10 億分の 1 程度で非常に微弱である.

人間ドックでの診断では,画一的に決められた基準に基づいて「正常」あるいは「異常」の判定がなされ,「異常」の場合はあとに CT (computed tomography; X 線コンピュータ断層撮影) や MRI (magnetic resonance imaging; 核磁気共鳴画像) 等による精密検査と医者の直接判断・診断がなされる.患者の体から得たデータからその患者に応じた判断を行う方法があったら「自宅介護」においてどんなにか役立つのですがと看護師さんから聞く.また,我々は悪くなっ

た患者の方を見ることが多く,悪くなる前に診断できる教育はあまり受けていないのですとお医者さんから聞く.

「空即是色」の「即是」にあたる測定として,体を傷つけない非浸襲性を持った測定法が望ましいことは確かである.しかし,データを取り出したら終わりではなく,非浸襲性あるいは浸襲性の測定に関わらず,取り出したデータをどのように取り扱うか,すなわち,データの中に隠されている情報をどのように探し出すかが一番大切である.「モデルからデータ」の姿勢ではなく,「データから情報」「データからモデル」の姿勢でその方法を開拓するのに数学が重要な役割を果たすことを示したい.そこに実験数学の醍醐味がある.

本節で行う脳波の時系列解析の目的の一つは,親指の随意運動を繰り返し行ったとき,筋繊維の動きと大脳皮質の中の部分の変化の関連を筋電図とECoGの時系列の挙動から読み取る方法を提案することである.もう一つの目的は,「空即是色」にある「色」としての「分離性」が通常の地震波に現れず,深部低周波地震波に現れたことを4.1節で見たように,「分離性」はEEGに現れず,ECoGに現れることを実証することである.

浸襲性の測定で得られた脳波であるECoGで発見した「分離性」は医学的に意味があるであろうか.比喩的に,EEGは通常の地震波に,ECoGは深部低周波地震波に対応することになるが,この対応の真の意味を探すには「分離性」の数学的構造の研究が必要になる.それが実験数学を支える哲学「空即是色 色即是色」の後半「色即是色」である.「色即是色」の最後の「色」としての知見に基づき,患者の診断と治療に役立つ方法を提案することが夢である.脳波は脳腫瘍,脳血管障害,脳炎,認知症,肝脳疾患等の病気の診断と障害の程度を知るのに役立つと言われている.Test(ABN)とTest(D)によって,これらの病気の予兆を探ることができれば最高の喜びである.

本節でも脳に関する知識を文献[99, 108, 150]に従って学ぶことにしよう.大脳の機能の解明には頭蓋骨を切り取る浸襲性の治療が大きな役割を果たしていたことを知ることになる.

4.3.1 脳

本項と次項の内容は文献[108]に従っている．人間の脳は頭皮，頭蓋骨，脳膜で守られ，脳膜はさらに硬膜，くも膜，軟膜等のいくつもの層から成り立っている．脳を上から見たとき，大脳縦裂という溝によって左脳と右脳に分かれている．一方，脳を横から見たとき，外側は大脳と小脳，中心部は脳梁，間脳，脳幹に分かれ，間脳はさらに視床，視床下に，脳幹はさらに中脳，橋（きょう），延髄に分かれている．

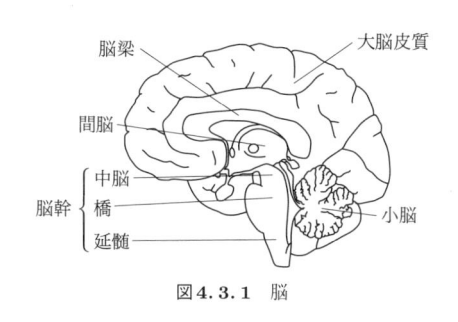

図4.3.1 脳

大脳は左大脳半球と右大脳半球の二つの半球に別れ，脳の大部分を占め，運動，感覚，記憶，学習，認知，思考，感情などの高次機能を持っている．脳梁は左右の大脳半球を繋ぐ神経線維の束である．小脳は橋の後部にあって大脳の後部を支え，体の動きや釣り合いを調節する．間脳にある視床は大脳皮質に感覚を伝え，視床下部は自律神経や内分泌を制御する．脳幹は呼吸や心臓の働きを調整する等の生きるために必要な働きを行う．

4.3.2 大脳

大脳について詳しく見ていこう．大脳は前頭葉，頭頂葉，側頭葉，後頭葉の四つの部分に分かれている．大脳の中央上部から斜めに前下方に走る中心溝というひだの前後に前頭葉と頭頂葉があり，前下方から後上方へ斜めに走る外側溝というひだの上方に前頭葉と頭頂葉，下方に側頭葉と後頭葉がある．

大脳はその機能によって，感覚野，運動野と大脳連合野に分かれる．感覚野はさらに体性感覚野，視覚野，聴覚野，味覚野，嗅覚野に分かれ，大脳連合野はさらに前頭前野（前頭連合野），運動前野（運動連合野），頭頂連合野，側頭連合野，後

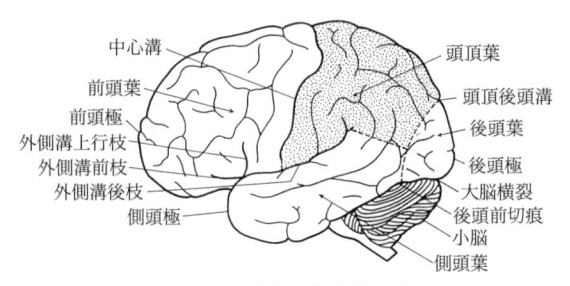

図4.3.2 左大脳半球(左が前)

頭連合野に分かれる．機能として，感覚野は皮膚感覚野，深部感覚野の総称で，感覚受容器を通して脳に送られてくる情報を受け取る．特に，皮膚感覚野は体の皮膚の表面にあり，ものが触れる触覚，ものが圧迫する圧覚，ものが触れて温かさか冷たさを感じる温度覚，ものが触れて痛さを感じる痛覚があり，深部感覚野は皮膚の内部にあり，そこでは筋肉や腱の伸縮や関節の屈曲を知らせる運動感覚と深部の痛覚がある．運動野は運動の最終指令を脳幹や脊髄を経て筋肉に伝え全身の筋肉を動かす．大脳連合野は感覚野や運動野より高級な働きを行い，前頭前野は身体の内部の情報や記憶に基づく運動を担当し，運動前野は感覚情報に基づく運動を統合し，頭頂連合野は体性感覚や視覚・聴覚・嗅覚・味覚等の感覚受容器から送られてくる情報を知覚し理解し認識する高次機能を行っている．

これらの機能が大脳の図4.3.2のどの場所で行われているかに関しては，前頭葉には運動野，前頭前野，運動前野，運動性言語野，自律神経中枢や大脳辺縁系，頭頂葉には味覚野，感覚性連合野，頭頂連合野，側頭葉には聴覚野，聴覚性連合野，聴覚性言語野，嗅覚野，後頭葉には視覚野，視覚性連合野の場所がある．

これらの知見はどのようにしてわかってきたのであろうか．大脳の表面は厚さが2ミリから5ミリの6層構造をした灰白色の大脳皮質で覆われている．大脳皮質には約140億の神経細胞があり，一つ一つの神経細胞からは神経線維を作る1本の突起とたくさんの樹状突起がでて，これらを合わせたものはニューロンと呼ばれる．

ドイツの脳解剖学者であるブロードマンは細胞染色法を用いて大脳皮質を調べ，ヒトの大脳皮質の神経細胞が領域によって染まり方が異なることを発見し，領域に1から52までの番号を付けた．たとえば，前頭葉の後端部はブロードマ

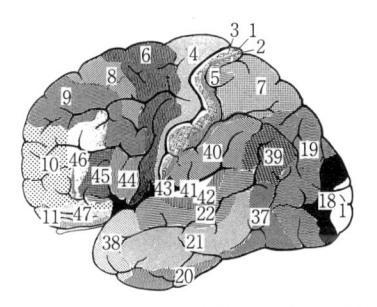

図 4.3.3　ブロードマンの脳地図(左大脳半球外側面)

ンの6野, 4野, 頭頂葉の前端部は皮膚感覚野のブロードマンの3, 1, 2野, その後方は頭頂葉連合野のブロードマンの7, 39, 40野である.

　カナダの脳外科医であるペンフィールドは, てんかん患者の承諾のもとに, 脳波で見つかった側頭葉の障害の部分を局部麻酔の状態で切り取り, 大脳皮質に二つの電極を当てその間に弱い電流を流す実験を行い, 大脳皮質の運動野と皮膚感覚野のどの部分を刺激すれば, 体のどの部分が動くかを調べた. 彼は, 前頭葉のブロードマンの4野を刺激すれば, それぞれの場所に対応した部分が動き, 頭頂葉のブロードマンの3野, 1野, 2野を刺激すれば, これらの場所の皮膚の部分にものが触ったことを感じる(と患者が伝えた)実験結果を得た. この結果より, ブロードマンの4野には運動感覚, ブロードマンの3, 1, 2野には皮膚感覚や深部感覚があり, 刺激が体のどこに与えられているかを知らせる働きがあることがわかり, それぞれ運動野, 感覚野と呼ばれる. ブロードマンの4野のニュー

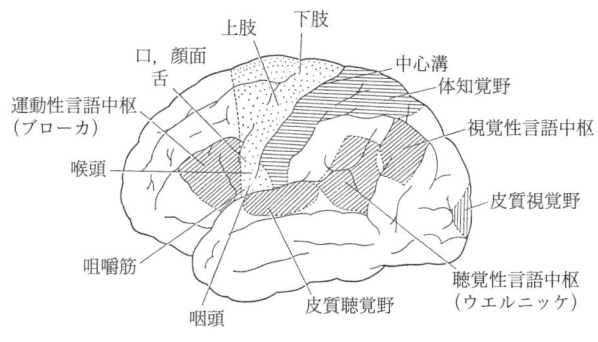

図 4.3.4　大脳の分業地図

ロンが働くと一つ一つの筋肉は収縮し,その一つ一つの筋肉運動を統合する働きを行う所がブロードマンの 6 野で,運動前野あるいは運動連合野と呼ばれている. 運動連合野の頭頂よりの部分にある補足運動野は随意運動を駆動している.

大脳の機能的な面に関してこれ以上触れないことにする. 詳しくは文献を見てほしい[108].

4.3.3 1次運動野とその情報源

前項で,大脳皮質の神経活動のうち運動野と感覚野に関して,それらが大脳のどこにあり,どのような働きを行うかについて学んだ. 本項ではさらに,運動野と感覚野の情報源がどこにあり,どのような順序で伝わるかを,文献[150]の6章に従って詳しく学んでいこう.

人が体を動かしたときに関係ある大脳の領域は1次運動野と呼ばれ,前頭葉の後部で中心溝のすぐ前の運動野にある. 1次運動野は,大脳半球の上から下に向かって足,大腿部,腰,胴体,腕,手,顔の順に体のどの部分を動かす指令を出すかによって,運動調節領域と呼ばれる領域に分かれている. ペンフィールドが,てんかん患者の頭蓋骨の切断による実験研究によって,体の運動と大脳皮質の運動野,皮膚感覚野との関連に関する知見を得たことを 4.3.2 項で述べたが,実はフリッチュとヒッツィヒが1870年に行ったイヌの大脳に電流を流す実験によって,前頭葉のどこかに運動と深い関わりがあることは確認されていた.

大脳皮質の神経細胞が出した電気信号は皮質脊髄路と呼ばれる神経線維の束となって大脳の中を突き抜け,脳幹とその下にある脊髄に出力信号として送られる. 出力信号はさらに脳幹と脊髄の運動神経細胞だけではなく他の情報処理回線網にも送られ,そこで整理され,意味が付加され,筋肉の運動細胞へ送られ,いくつかの筋肉の活動の組み合わせからなる運動を起こす. 運動が起こる直前の脳細胞の活動は骨格筋の運動より 0.1 秒くらい先行して出力信号が生じることがわかっている.

筋電図と脳波の時系列解析からそのことを読み取れるであろうか. この疑問に関して,後の 4.3.5 項で,Test(ABN) を筋電図と脳波の時系列に適用した実証分析を行う.

外界からの刺激は1次運動野に直接伝わるのではなく,1次運動野は視床と大

脳皮質から機能するのに必要な情報を得ている．間脳にある視床は小脳と大脳基底核から来る感覚情報を1次運動野に伝え，小脳と大脳基底核はそれぞれ運動出力の信号の正確化と運動の適切化のために1次運動野を手助けしている．一方，大脳皮質の情報源は高次運動野と体性感覚野にある．高次運動野は運動前野，補足運動野，帯状皮質運動野の総称で，その情報はどの筋肉を動かしどのような動作を行うかを決めるのに使われる．体性感覚野の情報は動作を行うときの身体の状態の把握と運動調節を行うために使われる．高次運動野に関してもう少し詳しく述べよう．すでに述べたように，運動前野は感覚情報に基づく運動を統合している．補足運動野を発見したのは前に述べたペンフィールドで，その後の研究により，補足運動野は脳内に記憶された情報によって制御する際に，動作の開始と選択に必要な過程を担うという1次運動野とは異なる大切な働きをしていることがわかっている．帯状皮質運動野は脳梁の上に前後に深く長く伸びる溝（帯状溝）の内部にあり，その機能の研究は始まったばかりで，「動作の選択を制御している」という仮説が立てられている．

4.3.4 脳　　　　波

本項の内容は文献[99]に従っている．ドイツの精神科医であるベルガーは1924年に人間の脳の電気活動として脳波を初めて捉え，脳波に関する多くの論文を発表した．しかし，捉えた活動電位が微弱であったため，それは「ヒト」の脳波であるとは認められなかった．5年後イギリスの生理学者であるエイドリアンは優れた測定装置を使ってベルガーの研究の追試を行い，ベルガーが捉えた脳

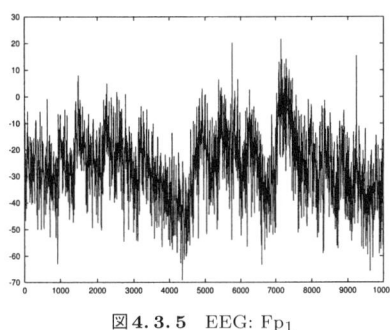

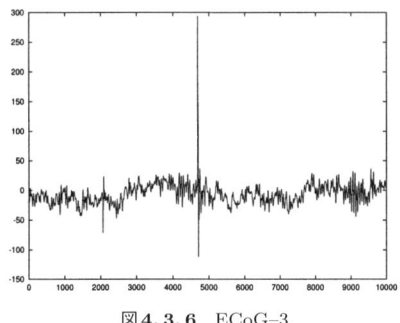

図 **4.3.5** EEG: Fp$_1$

図 **4.3.6** ECoG-3

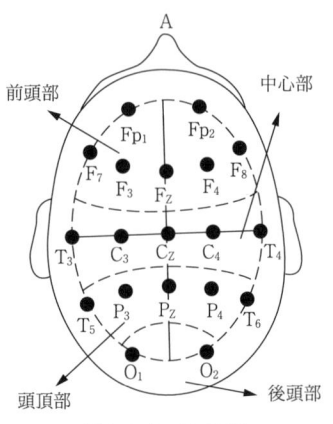

図 **4.3.7** 10-20法

波はヒトの脳波であることを確認し，1933年にノーベル医学賞を受賞した．ベルガーとエイドリアンが捉えた脳波は非浸襲性の測定法によって計測した EEG である．

EEG を測定するには，10-20法によって電極を当てる場所として頭皮の20箇所が決められている．そのうちの一つの片方の耳に置かれる電極は基準電極と呼ばれ，他の19個の電極は探査電極として左右の前頭極部，側頭前部，前頭部，側頭中部，中心部，頭頂部，後頭部に置かれている．詳しくは，前頭極部に左前頭極部 (Fp_1)・右前頭極部 (Fp_2)，側頭前部に左側頭前部 (F_7)・右側頭前部 (F_8)，前頭部に左前頭部 (F_3)・右前頭部 (F_4)・正中頭前部 (F_z)，側頭中部に左側頭中部 (T_3)・右側頭中部 (T_4)，中心部に左中心部 (C_3)・右中心部 (C_4)・正中心部 (C_z)，頭頂部に左頭頂部 (P_3)・右頭頂部 (P_4)・正頭頂部 (P_z)，後頭部に左後頭部 (O_1)・右後頭部 (O_2)，側頭後部に左側頭後部 (T_5)・右側頭後部 (T_6) の19箇所である．下付きの奇数は左側，偶数は右側を意味している．

図 4.3.5 は Fp_1 で計測された脳波 (EEG) の時系列である．

脳波の異常を医学的に診断する際，脳波の挙動を基礎活動と突発活動の観点から見る方法がとられている．基礎活動を表す脳波はデルタ波，シータ波，アルファ波，ベータ波の四つでそれぞれ，脳波の「サイン・ウエーブ」の周波数によって分け，$0.5 \sim 4\,Hz, 4 \sim 8\,Hz, 8 \sim 13\,Hz, 13 \sim 40\,Hz$ の周波数域を持ち，基礎波と呼ばれる．それ以外の脳波は突発活動を表し，突発波と呼ばれる．周波数とはサ

イン・ウエーブの繰り返す波が1秒間に現れる数のことで単位はHz(ヘルツ)で表される．アルファ波より周波数が低い波，高い波をそれぞれ徐波，速波と言う．

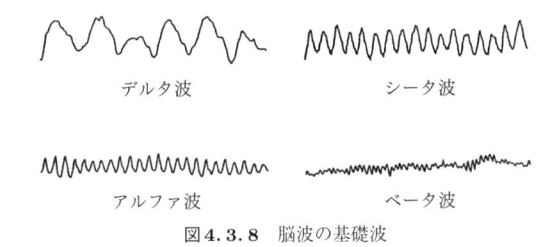

デルタ波

シータ波

アルファ波

ベータ波

図 **4.3.8** 脳波の基礎波

　アルファ波は心が落ち着き気分がゆったりしているときに現れ，ベータ波は緊張しているときに現れ，デルタ波とシータ波は脳の働き具合が弱くなったときあるいはいろいろな病気が原因となって起こる意識障害の時にも現れ，シータ波からデルタ波へとサイン・ウエーブが変わっていくと言われている．
　突発波の代表的な形に幅が小さく先の尖った棘波と先端の尖りがやや鋭い鋭波がある．特に，上向きにふれる棘波を陰性の棘波と言う．さらに，棘波と徐波が一つずつ組み合わさった棘・徐波複合，鋭波と徐波が一つずつ組み合わさった鋭・徐波複合，棘波が2個以上続いて現れる多棘波複合，一つの徐波の前に棘波が複数現れる多棘・徐波複合がある．これら以外に，6 Hz 棘・徐波，6 Hz 陽性群発波，14 Hz 陽性群発波と三相波がある．前の三つはてんかん，最後は肝脳疾患と関係があると言われている[97)]．

棘波　　　　鋭波　　　　棘・徐波複合　　　　鋭・徐波複合

多棘複合　　　　多棘・徐波複合　　　　6 Hz 棘・徐波

6 Hz 陽性群発波　　　　14 Hz 陽性群発波　　　　三相波

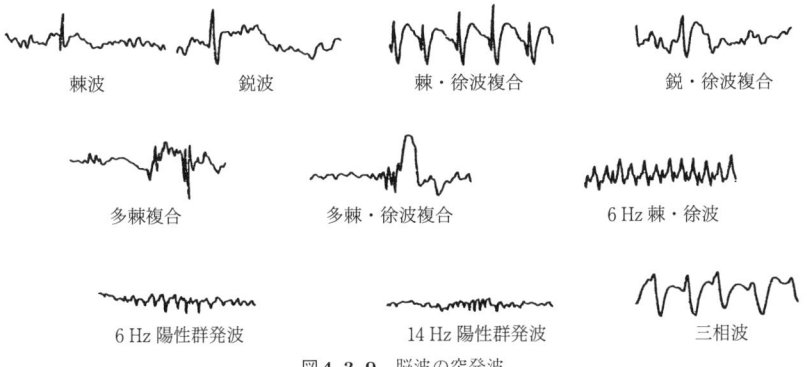

図 **4.3.9** 脳波の突発波

大阪大学大学院医学系研究科の加藤天美助教授のグループは,被験者に親指,手あるいは肘の随意運動を繰り返し行ってもらい,それを12箇所で筋電図を採ると共に,図4.3.10に示すように大脳皮質の中心溝を前後に挟む運動野と感覚野に20箇所の電極をあて,ECoGを測定した.図4.3.10にある電極3, 4, 5, 9, 10, 14, 15, 19は前頭葉の運動野にあり,その中で電極4, 5, 10, 15, 20は運動前野,電極3, 9, 14, 19は一次運動野である.さらに,電極1, 2, 7, 8, 12, 13, 17, 18は頭頂葉の感覚野にあり,その中で電極1, 7, 13, 18は一次性感覚野である.電極2, 8は中心溝上にあるため,運動野か感覚野か判断が難しい(と加藤天美助教授のグループの平田雅之助手に教えて頂いた).

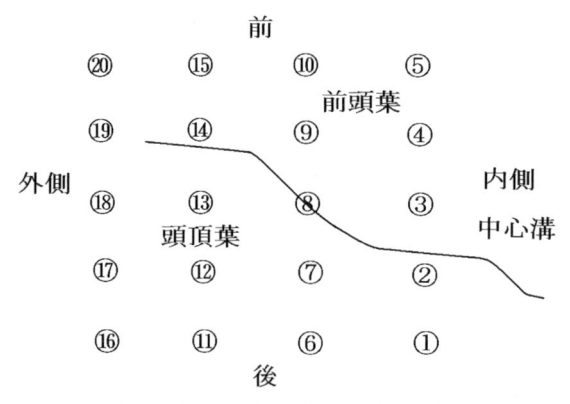

図 4.3.10 大脳皮質の20箇所の電極の位置

　図4.3.6は,親指の随意運動を行ったとき,図4.3.10にある電極3で計測されたECoGの時系列のグラフを示し,図2.1.7と同じである.図4.3.5にあるEEGのグラフと区別することができるだろうか.
　本節の冒頭に述べたCTは,脳を輪切りにするようにX線を照射し,それぞれの輪切りをコンピュータによって画像にする撮影方法で,「脳の形」に関する情報を与えてくれる.日常の診療では,CT等の画像診断と「脳の働き具合」に関する情報を与える脳波診断を比較検討し,病気の具合を総合的に判断することが大切であると言われている[97].
　従来の脳波の定量的な分析法として,本項で学んだ脳波を視察的に観察した印

象を定量化する波形認識法, 高速フーリエ変換法と自己回帰法や最大エントロピー法を用いたパワースペクトル法がある. KM_2O-ランジュヴァン方程式論に基づく本書の時系列解析の特徴は, 時系列の高次の見本相関関数から揺動散逸アルゴリズムに従って時系列の時間発展を記述する特性量をデータから取り出し, その妥当性を Test(S) によって検証することである.

4.3.5 親指の随意運動と脳波の挙動 (1): Test(ABN) と異常性

大脳皮質の神経活動のうち運動野の事象関連脱同期/同期を情報源として, 合成開口脳磁図解析の手法を用いて MEG と ECoG を解析し, 運動開始前の運動の意図と運動の種類を推定する研究が行われている[149]. そこではパワースペクトル法が使われている.

本項では, 親指の随意運動を繰り返し行ったとき, 筋電図と ECoG の時系列に Test(ABN) と Test(D) を適用することによって, 筋繊維の動きと大脳皮質の中の前頭葉にある運動野, 運動前野, 頭頂葉にある感覚野とがどのように関連しているかを調べよう. 本項の実証分析結果の一部は東京大学工学部計数工学科数理情報工学コースの下村の卒業論文に負っている[159].

[親指の随意運動と脳波の挙動] 親指を屈曲させたときに測定した筋電図 (EMG: electromyogram) の時系列を $y = (y(n); \ell \leq n \leq r)$ とし, そのグラフは図 4.3.11 にある. その際, 図 4.3.10 の前頭葉の運動野にある電極 3 で計測した時系列を $x_3 = (x_3(n); \ell \leq n \leq r)$ ($\ell = 35{,}000, r = 45{,}000$) とする. 筋電図 4.3.11 よりわかるように, 親指の屈曲は時刻 $t_0 = 38{,}870$ のときに行われ

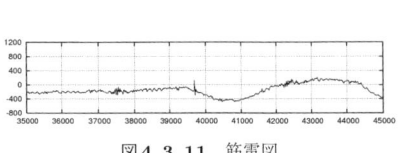

図 4.3.11 筋電図

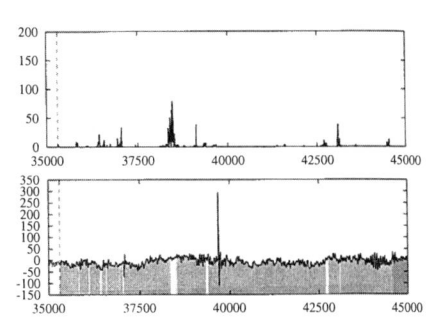

図 4.3.12 Test(ABN): ECoG–3

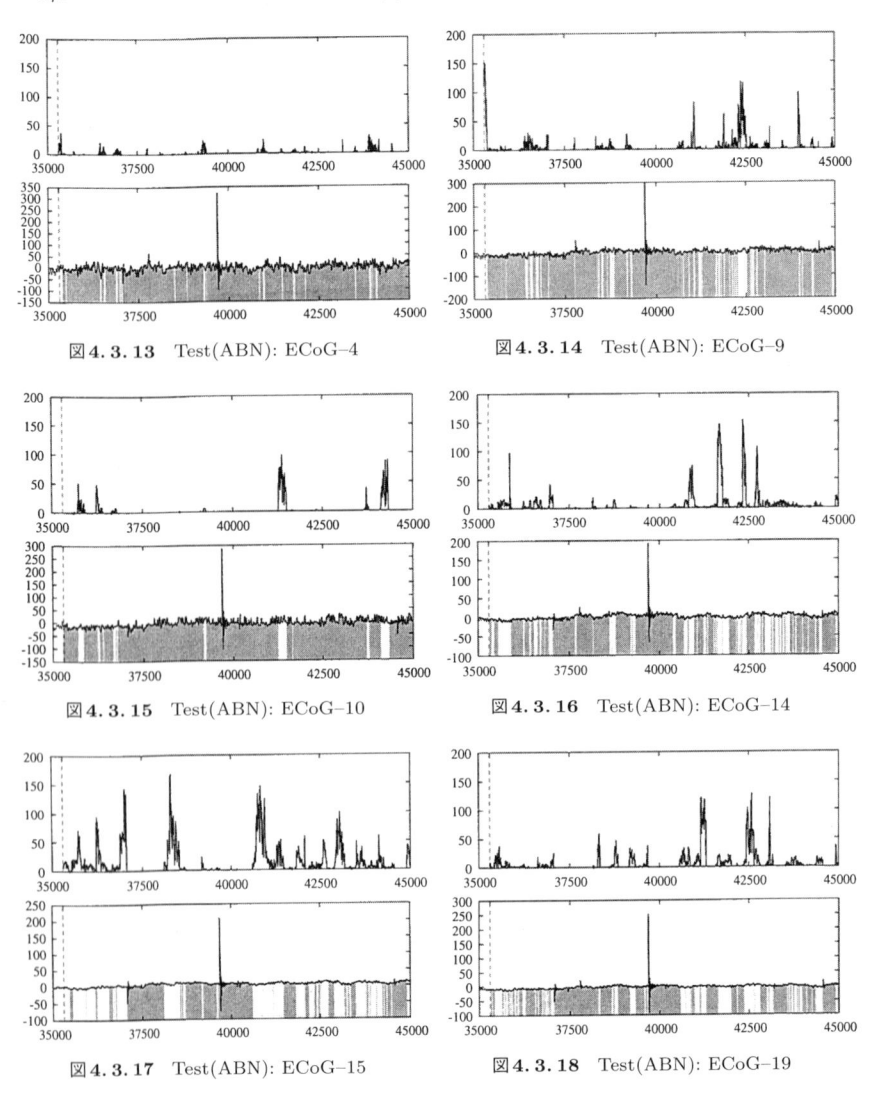

図 4.3.13 Test(ABN): ECoG–4

図 4.3.14 Test(ABN): ECoG–9

図 4.3.15 Test(ABN): ECoG–10

図 4.3.16 Test(ABN): ECoG–14

図 4.3.17 Test(ABN): ECoG–15

図 4.3.18 Test(ABN): ECoG–19

ている.

Test(ABN) を時系列 x_3 に適用したときの定常グラフと異常グラフはそれぞれ図4.3.12の上図と下図に与えられている. 異常グラフの背景のグラフは時系列 x_3 のグラフである. これからの解析は地震波, オーロラと磁気嵐の時系列

と同様に，脳波の時系列に対しても1次差分を取る．切断長は300とする．同様に，図4.3.10の前頭葉の運動野にある電極4, 9, 10, 14, 15, 19で計測した時系列にTest(ABN)を適用したときのグラフ(定常グラフと異常グラフ)はそれぞれ図4.3.13〜図4.3.18に与えられている．口絵⑫は図4.3.17に口絵⑥と同じ

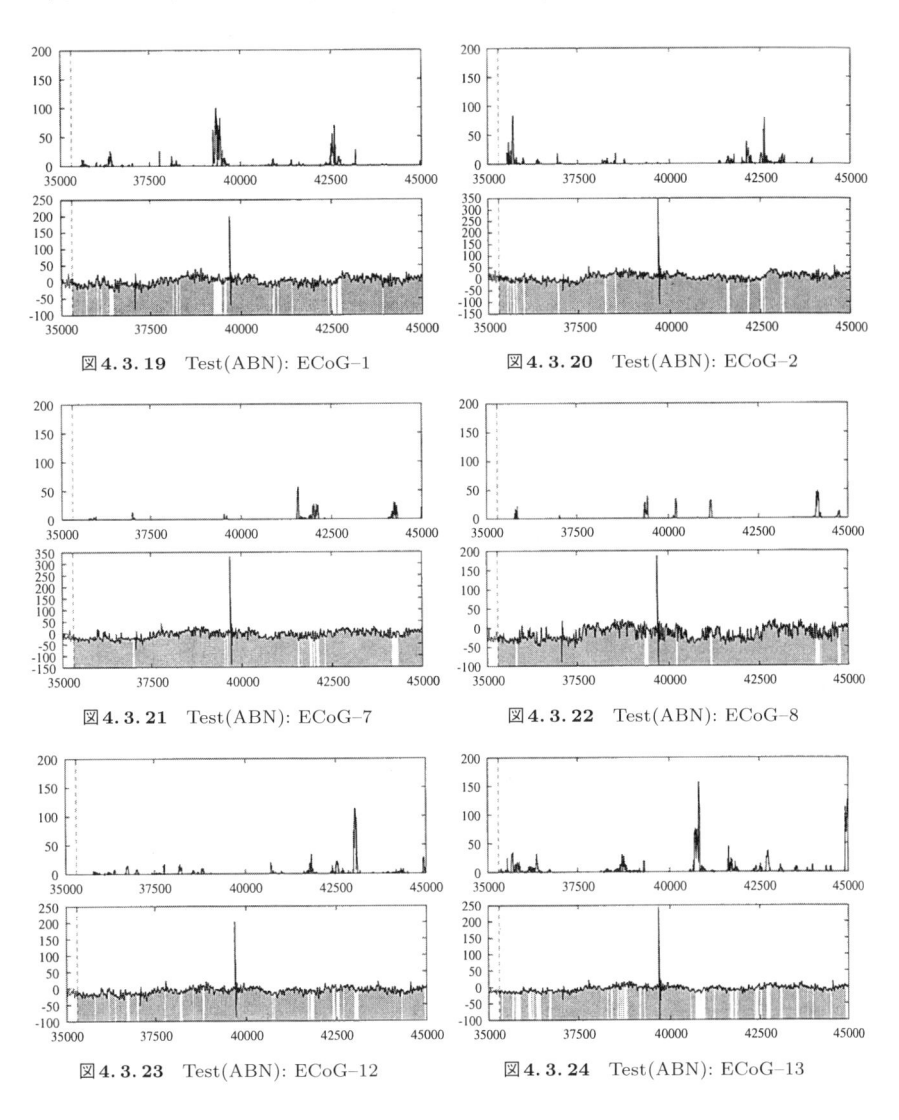

図4.3.19 Test(ABN): ECoG–1

図4.3.20 Test(ABN): ECoG–2

図4.3.21 Test(ABN): ECoG–7

図4.3.22 Test(ABN): ECoG–8

図4.3.23 Test(ABN): ECoG–12

図4.3.24 Test(ABN): ECoG–13

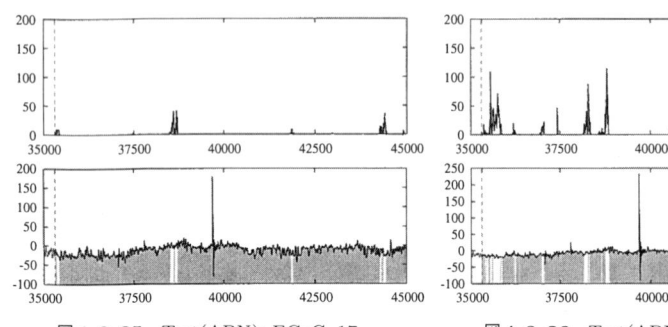

図 4.3.25　Test(ABN): ECoG–17　　　　図 4.3.26　Test(ABN): ECoG–18

色付けをしたものである.

　電極 3, 4 の定常グラフは親指の屈曲時刻 t_0 以前と以後においてほとんど 0 (定常状態がない) であるが, 電極 10 の定常グラフは t_0 以前においてほとんど 0 であるが t_0 以後において立ち上がる時間域 (時刻 $t = 42,500$ 頃) が発生し, 電極 9, 14, 15, 19 の定常グラフは t_0 以前において立ち上がる時間域が発生し, その順番に定常状態が良くなり, 電極 14, 15, 19 の定常グラフは t_0 以後においても定常状態は良い.

　一方, 図 4.3.10 の頭頂葉の感覚野に位置する電極 1, 2, 7, 8, 12, 13, 17, 18 で計測した時系列に Test(ABN) を適用したときのグラフ (定常グラフと異常グラフ) はそれぞれ図 4.3.19〜図 4.3.26 に与えられている. 電極 2, 8 は中心溝にあるが, ここでは頭頂葉の感覚野に位置するとした.

　電極 1, 2, 7, 17 の定常グラフは t_0 以前と以後においてほとんど 0 (定常状態がない) である. 電極 8 の定常グラフは t_0 より前まではほとんど 0 であるが, t_0 において立ち上がり, 電極 12, 13, 18 の定常グラフは t_0 以前において立ち上がる時間域が発生し, 電極 12, 18 の定常グラフは t_0 以後においては定常状態は良くない.

　以上の実験結果をまとめると, 前頭葉の運動野にある電極 9, 14, 15, 19 と頭頂葉の感覚野にある電極 12, 13, 18 は親指の随意運動に関して, 親指を屈曲させる意識を持ちはじめたころから ECoG に定常状態が良くなる時間域が発生する. その状態は親指を屈曲させた以後においても運動野の電極 14, 19 は持続するが, 感覚野にはそのようなことが見られる電極はない. 中心溝にある電極 8 の

4.3 脳波

図 4.3.27　Test(ABN):EEG–Fp$_1$

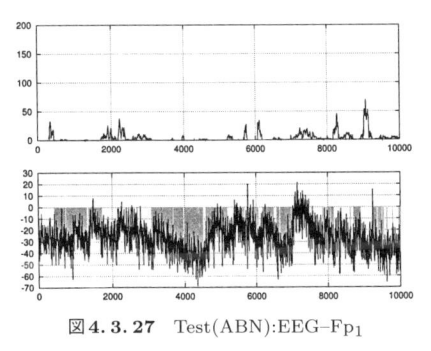

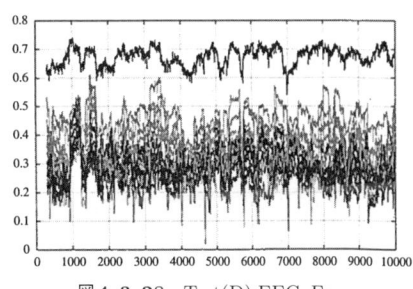

図 4.3.28　Test(D):EEG–Fp$_1$

みは親指の屈曲時においてのみ定常状態が良くなるという他の電極には見られない動きを見せた．電極9, 14, 15, 19が前頭葉のブロードマン4野にあり，電極12, 13, 18が頭頂葉のブロードマン1, 2, 3野にあることを考えると，ここで得た実験結果は4.3.2項で述べたペンフィールドの実験結果に対応している．

本項では Test(ABN) をECoGに適用したが，親指を屈曲させた時刻がTest(D) をECoGに適用して得られる見本因果値のグラフに明確に現れる実証分析を次項で行う．

4.3.6　親指の随意運動と脳波の挙動 (2): Test(D) と分離性

本項では，Test(ABN) と Test(D) をEEG, ECoG, MEGの時系列に適用し，分離性を持つかどうかを調べよう．

[**EEG**]　図4.3.27と図4.3.28はそれぞれ Test(ABN) を図4.3.5が表す Fp$_1$で10-20法によって計測されたEEGの時系列に適用したときのグラフとTest(D) を適用したときの見本決定値のグラフである．切断長は300とする．口絵⑩の上図と下図はそれぞれ図4.3.28と図4.3.27の下図を色付けしたものである．

他の電極 F$_7$ の時系列に対する分析結果は図4.3.29, 図4.3.30にある．分離性は見られない．他の電極でも同様に分離性は見られない．

[**ECoG**]　ここでは，前項で扱った親指の随意運動を行ったときに計測されたECoGの時系列を扱う．

(a) 図4.3.10の前頭葉の運動野にある電極3, 9, 14, 19で計測した時系列に

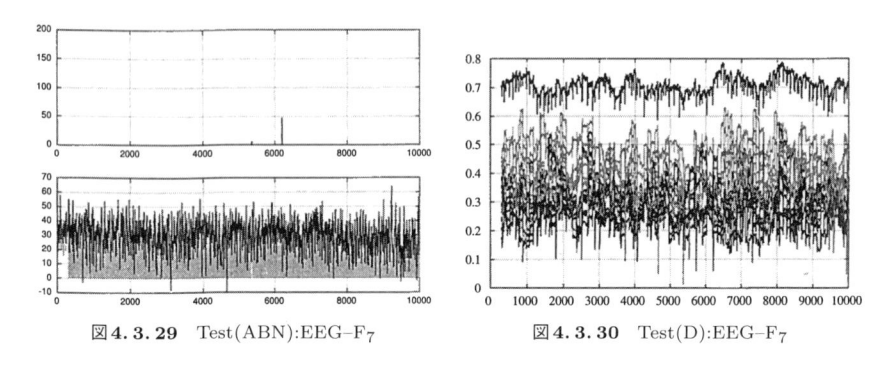

図4.3.29　Test(ABN):EEG–F$_7$　　　図4.3.30　Test(D):EEG–F$_7$

Test(D)を適用したときのグラフ(左図は階数6の非線形型の見本決定値,右図は階数6の非線形型の見本決定関数のグラフ)はそれぞれ図4.3.31〜図4.3.34に与えられている.強分離性が見られる.

前頭葉の運動野にある他の電極4, 10, 15でも同様に強分離性が見られる.

さらに,時系列 x_3 が決定性を満たすかどうかを調べよう.図4.3.31を見たとき,黒色の見本決定値が0.9以上であるので,決定性を持つことが推定される.Test(D)を適用して調べて見よう.弱分離性が現れる時間域はたくさんあるが,ここでは時間域 $\{t-L, t-L+1, \ldots, t\}$ ($t = 39{,}128$) を採用する.時系列 $z_{(t;L),j}$ から時系列 $y_{(t;L)}$ ($0 \leq j \leq 18$) への見本因果値の中で一番大きいのは $j = 0$ の場合で,その値は

$$D_{M_1}(z_{(t;L)}; 0) = 0.985612 \tag{4.36}$$

である.地震波,磁気嵐の場合と同様に,決定解析を時系列 x_3 に行うとき,

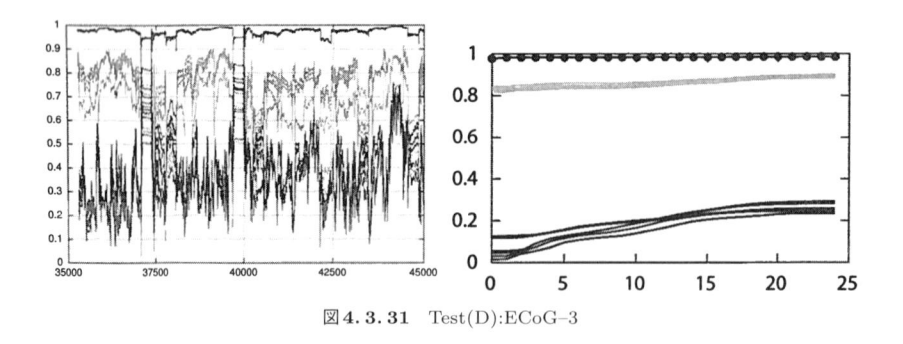

図4.3.31　Test(D):ECoG–3

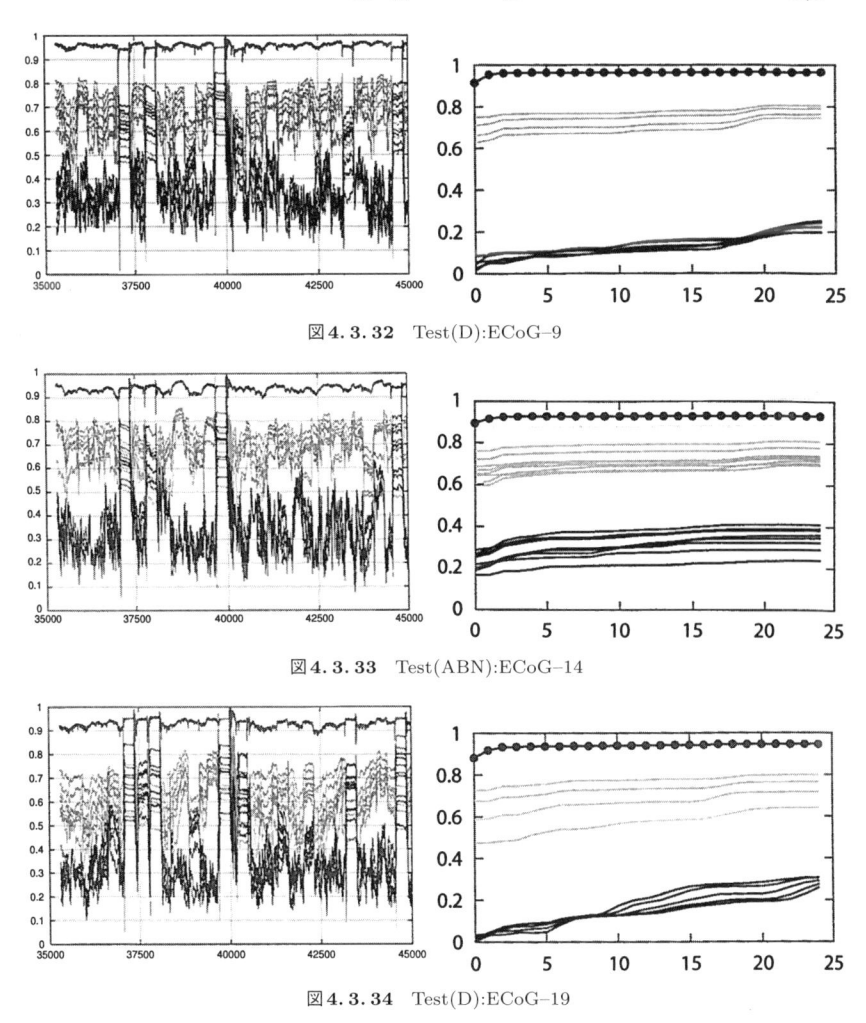

4.3 脳　　　波

図 4.3.32　Test(D):ECoG–9

図 4.3.33　Test(ABN):ECoG–14

図 4.3.34　Test(D):ECoG–19

Test(D)-1 と Test(D)-2 を通過することが実証され，時系列 x_3 は線形の決定性を満たすと判断する．

つぎに，非線形の型 j の見本決定値 $D_{M_1}(z_{(t;L)}; j)$ で $\Lambda_{奇}$ の元の中で一番小さいのは $j = 17$ で，その値は

$$D_{M_1}(z_{(t;L)}^{ud}; 17) = 0.890381 \qquad (4.37)$$

図 4.3.35 Test(ABN):ECoG–1

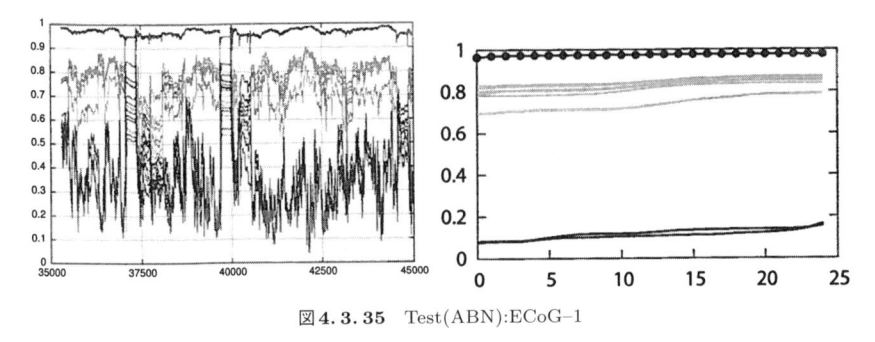

である. 決定解析を $j = 17$ の時系列に行うとき, Test(D)-1 は通過するが, Test(D)-2 は通過しない.

最後に, 非線形の型 j の見本決定値 $D_{M_1}(z_{(t;L)};j)$ で $\Lambda_{偶}$ の元の中で一番大きいのは $j = 3$ の場合で, その値は

$$D_{M_1}(z^{ud}_{(t;L)};3) = 0.290743 \tag{4.38}$$

である. 決定解析を $j = 3$ の時系列に行うとき, Test(D)-1 を通過しない.

したがって, 図 4.3.10 の前頭葉の運動野にある電極 3 で計測した ECoG の時系列は, 深部低周波地震波と同様に, 4.1.4 項の最後で述べた性質 (DSEP) を満たすことが実証された.

図 4.3.10 の前頭葉の運動野にある他の電極 4, 9, 14, 15, 19 で計測した ECoG の時系列も性質 (DSEP) を満たすことが実証される.

(b) 図 4.3.10 の頭頂葉の感覚野に位置する電極 1, 13 で計測した時系列 x_1, x_{13} に Test(D) を適用したときのグラフ (階数 6 の非線形型の見本決定値と階数 6 の非線形型の見本決定関数のグラフ) はそれぞれ図 4.3.35, 図 4.3.36 にある. 強分離性が見られる. 口絵⑦の上図と下図はそれぞれ図 4.3.36 の左図と図 4.3.24 の下図を, 口絵⑧は図 4.3.36 の右図を色付けしたものである.

図 4.3.10 の頭頂葉の感覚野に位置する他の電極 2, 6, 7, 8, 12, 17, 18 で計測した ECoG の時系列も同様に強分離性が見られることが実証される.

さらに, 図 4.3.10 の前頭葉の運動野にある電極 13 で計測した時系列 x_{13} が決定性を持つかどうかを調べよう. 図 4.3.35 を見たとき, 弱分離性が現れた時間域はたくさんあるが, ここでは時間域 $\{t-L, t-L+1, \ldots, t\}$ $(t = 38{,}816)$

図4.3.36 Test(D):ECoG–13

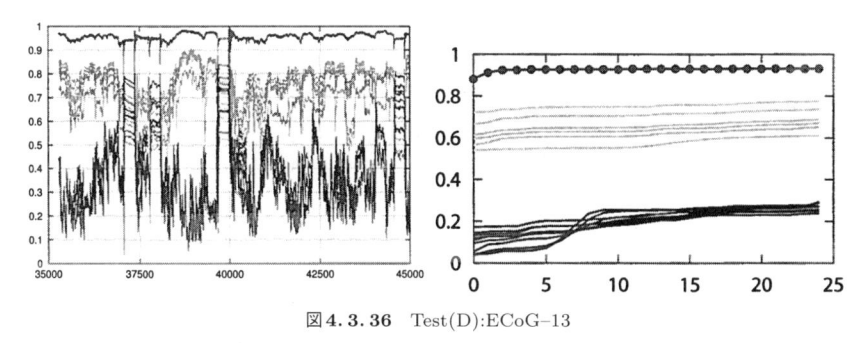

を採用する. 時系列 $z_{(t;L),j}$ から時系列 $y_{(t;L)}$ ($0 \leq j \leq 18$) への見本因果値の中で一番大きいのは $j=0$ の場合で, その値は

$$D_{M_1}(z_{(t;L)};0) = 0.932086 \tag{4.39}$$

である. 決定解析を時系列 x_{13} に行うとき, Test(D)-1とTest(D)-2を通過することが実証され, 時系列 x_1 は線形の決定性を満たすと判断する.

つぎに, 非線形の型 j の見本決定値 $D_{M_1}(z_{(t;L)};j)$ で $\Lambda_\text{奇}$ の元の中で一番小さいのは $j=17$ で, その値は

$$D_{M_1}(z_{(t;L)}^{ud};17) = 0.651120 \tag{4.40}$$

である. 決定解析を $j=17$ の時系列に行うとき, Test(D)-1は通過するが, Test(D)-2は通過しない.

最後に, 非線形の型 j の見本決定値 $D_{M_1}(z_{(t;L)};j)$ で $\Lambda_\text{偶}$ の元の中で一番大きいのは $j=1$ の場合で, その値は

$$D_{M_1}(z_{(t;L)}^{ud};1) = 0.256608 \tag{4.41}$$

である. 決定解析を $j=1$ の時系列に行うとき, Test(D)-1を通過しない.

したがって, 図4.3.10の頭頂葉の感覚野にある電極13で計測したECoGの時系列は性質(DSEP)を満たすことが実証された.

図4.3.10の頭頂葉の感覚野にある他の電極1, 2, 7, 8, 12, 17, 18で計測したECoGの時系列も性質(DSEP)を満たすことが実証される.

図 4.3.37 MEG

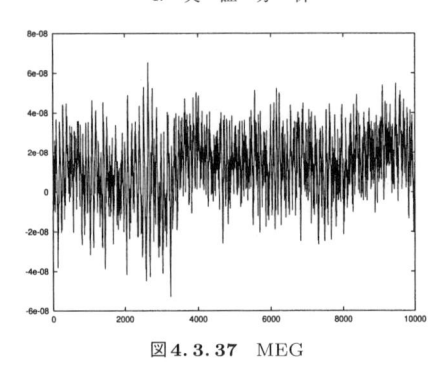

[**MEG**]　MEG (脳磁図) の計測には, 自発脳磁場計測と誘発脳磁場計測がある. 前者は特定の刺激を与えなくても計測でき, 後者は決められた刺激を繰り返し与えたときの反応を平均する. 図 4.3.37 は自発磁場計測法で計測された時系列 $x = (x(n); \ell \leq n \leq r)$ のグラフを表す.

これに Test(ABN) を適用したときのグラフ (定常グラフと異常グラフ) と Test(D) を適用したときの階数 6 の非線形型の見本決定値のグラフはそれぞれ図 4.3.38 と図 4.3.39 にある. 切断長は 300 とする. MEG の時系列は分離性を満たさず, 線形の決定性も満たさないことがわかる.

注意 4.3.1　実は本節で扱った ECoG の時系列は階数 7 の非線形変換に対しても分離性を持つことが実証される.

4.4　音　　声

第 4 章の最後の実証分析として, 本節では日本語の母音の時系列を扱う.

音声に関する生理学と言語学的知識は文献[146]から学ぶことにする. 人が他人と話をするとき, 大脳の中の運動野が発声筋に指令を出し, 音声発生器官によって生成された音声波は空気中あるいは電話系などを伝わり, 相手の耳に届き, 聴覚神経系を経て相手の大脳の頭頂連合野に達して聞き取られる. それと同時に, 話し手は, 自分自身の耳の聴覚神経系を経て大脳の頭頂連合野に達した音声波の情報を知覚し理解し認識し制御するというフィードバックの環を形成している.

4.4 音声

図 4.3.38 Test(ABN):MEG

図 4.3.39 Test(D):MEG

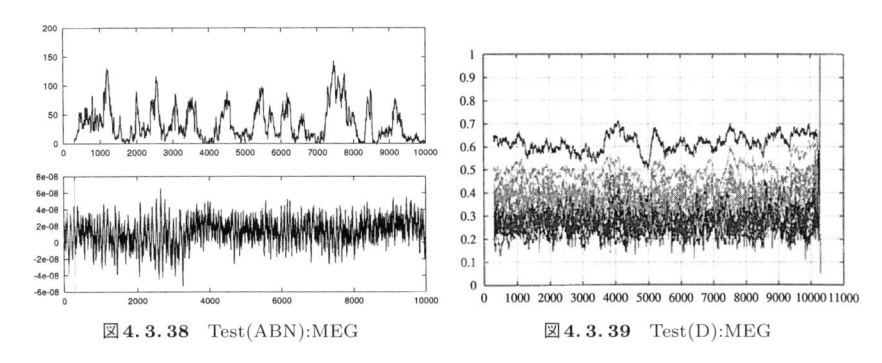

　音声発生器官とは言語音の生成に利用される人の諸器官の総称であり, 音声の生成には呼気, 発声, 調音の三つの大きな要素があり, 肺臓が呼気の生成に, 咽頭が発声に, 咽頭より上の諸器官が調音に関係している. 呼気流が咽頭を通過するとき, 声帯が起こす周期的な振動によって生成される音が声である.

　国際音声学協会が中心となって提案した分類体系である国際音声記号(International Phonetic Alphabet, IPA)に従うと, 言語音は文節音と超文節音に大別され, 文節音は母音と子音に分類される. 母音の分類基準は (1) 舌の最高点の前後位置, (2) 舌の最高点の上下位置, (3) 円唇化の有無の三つで, さらに (1) には前舌, 中舌, 奥舌, (2) には狭, 半狭, 半広, 広, (3) には非円唇, 円唇の段階がある. 日本語の母音である「あ」「い」「う」「え」「お」を (1), (2), (3) の各段階によって分類すると, 「あ」は (前舌, 広, 非円唇), 「い」は (前舌, 狭, 非円唇), 「う」は (奥舌, 狭, 円唇), 「え」は (前舌, 半狭, 非円唇), 「お」は (奥舌, 半狭, 円唇) とベクトル表示される. ただ, 「う」の円唇性には方言差があり, 伝統的な東京方言では非円唇母音, 近畿方言では円唇母音で調音されると言われている.

　音声の工学的あるいは数理工学的な研究の歴史に関しては文献[107]から学ぼう. 話し手の生理的な音声発声機構の運動を通じて, 音声は音声波形として計測される. 音声波形の物理的な特性が科学的に研究されたのは, 1876年にベルが発明した電話機による音声の電気的な伝送が実用化されたときからで, 今日の音声工学の基礎となる音声の明瞭度の概念やその測定法, 音声振幅の強度分布やスペクトル強度の周波数分析等の成果が得られた. さらにそれらの研究・実験を通じて, ボゴーダ(1939年)やソナグラム(1946年)のような音声波形の基

本構造に関する成果も得られた.

1950年代の後半, 電気音響的生成理論が立てられ, 電子的な音声合成が実現された. さらに情報理論的な観点から, スペクトル分析のみならず相関分析等が行われ, 符号系としての音声の特性の考察が行われた. 1970年代の前半, 電子計算機の登場により, 人工知能実現の一つとして, 音声認識の研究が始められ, 1970年代の後半, 音声生成系のシステム論的モデルが導入され, 線形予測分析による音声の分析・合成技術が音声処理技術として開発され, 特定話者ではあるが登録語彙の単語音声認識が実現された. さらに進んで, 不特定話者の音声認識や大語彙音声の認識の問題を解決する手段として, 確率的隠れマルコフモデル(hidden Markov model, HMM)や学習機能を持つ神経回路網モデル等が導入され, 今日に至っている.

現在の音声分析における標準的な線形予測分析では, 分析区間の音声波形は定常性を持つとし, 基本的には自己回帰モデルが用いられている. このモデルに基づく分析結果にはいくつかの誤差を含む欠点があることが当初から指摘され, より高精度の分析の要求から, その欠点の改良の試みがなされている. その中には, 非線形方程式を解かねばならないものがあり, 一般的な解法はない. 「非線形分析・合成・認識理論」の誕生が望まれていると言われている.

「モデルからデータ」の姿勢ではなく, 「データからモデル」の姿勢が音声分析においても大切のように思える. 「何故自己回帰モデルなのか」の疑問を起こし, 時系列解析における「定常性の検証」を目指し, 確率解析における「定常性の特徴付け」から始まったのがKM_2O-ランジュヴァン方程式論であった.

本節ではKM_2O-ランジュヴァン方程式論に基づく非線形分析法としてのTest(ABN), Test(D)を日本語の母音の時系列に適用し, 分析区間の定常な時間域を求め, そこに分離性が現れることを実証する. 母音の時系列に対しては1次差分を取らないで実証分析を行う.

次章で見本共分散行列関数の挙動を調べ, 深部低周波地震波, オーロラ, 磁気嵐, 大脳皮質脳波と日本語の母音に対する分離性の更なる特徴を捉える実証分析を行う. 特に, 5.1.2項の(d)において, 日本語の母音の認識について少し触れる.

4.4.1 日本語の母音: Test(ABN), Test(D) と定常性, 分離性

本項の実証分析の結果の一部は東京大学工学部計数工学科数理情報工学コースの野村の卒業論文に負っている[158]．

母音の時系列は，数理情報工学第六研究室のメンバーが発音した「あ」「い」「う」「え」「お」の音をマイクで集音し，パソコンに WAV 形式 (16 ビット モノラル形式) のファイルに録音した．それぞれの時系列 $x(v) = (x(v)(n); \ell \le n \le r)$ $(v = $ あ, い, う, え, お $)$ は図 4.4.1 に与えられている．

サンプリングレートは $22{,}050$ Hz である．各母音の基本周期は大体 200 個である．図 4.4.2 は母音「あ」の音声波の時系列 $z($あ$)$ に Test(ABN), Test(D) を適用したときのグラフである．切断長は 60 である．図 4.4.2 の左の上図，下図はそれぞれ定常グラフ，異常グラフを表し，右の上図，下図はそれぞれ階数 6 の非線形型の見本決定値，階数 6 の非線形型の見本決定関数のグラフを表している．切断長 $L + 1$ は 60 である．強分離性が見られる．口絵㉒の上図と下図はそ

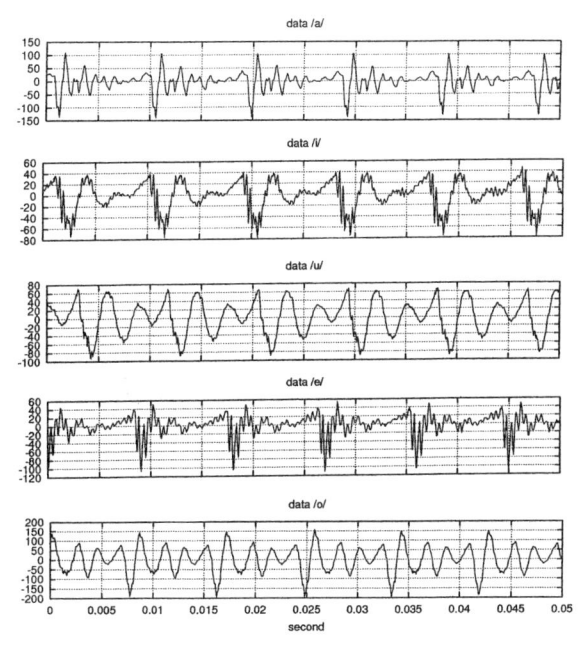

図 4.4.1　母音の音声波の時系列

れぞれ図4.4.2の右上図と左下図を，口絵㉓は図4.4.2の右下図を色付けしたものである．

同様に，母音「い」「う」「え」「お」の音声波の時系列 $z(v)$ ($v=$ い，う，え，お) に対する分析結果はそれぞれ図4.4.3,図4.4.4,図4.4.5,図4.4.6に与えられている．ただし，「あ」「い」「え」「お」に対する切断長は $L+1=60$，「う」に対する切断長は $L+1=70$ とした．母音「あ」と同様に強分離性が見られる．

4.4.2　日本語の母音: Test(D) と決定性

さらに，決定性が成り立つかどうかを調べよう．母音の「あ」の音声波の時系列 $x($あ$)$ について調べよう．図4.4.2の階数6の非線形型の見本決定値のグラフを見るとき，黒色の見本決定値が0.9以上であるので，決定性を持つことが推定される．Test(D) を適用して調べて見よう．分離性が現れた時間域はたくさん

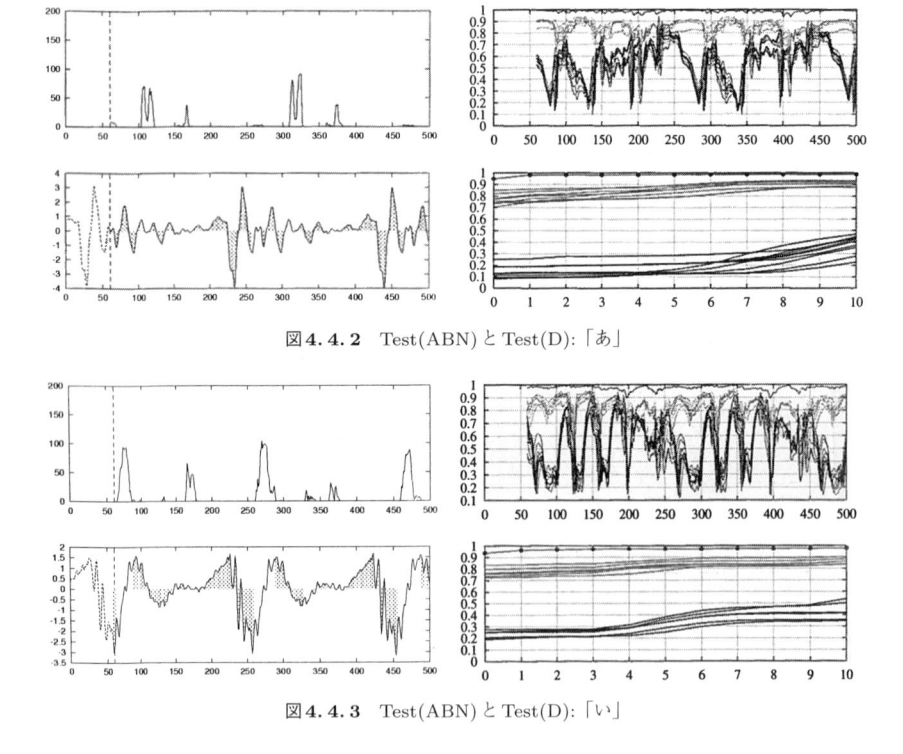

図4.4.2　Test(ABN) と Test(D):「あ」

図4.4.3　Test(ABN) と Test(D):「い」

4.4 音声

図 4.4.4 Test(ABN) と Test(D): 「う」

図 4.4.5 Test(ABN) と Test(D): 「え」

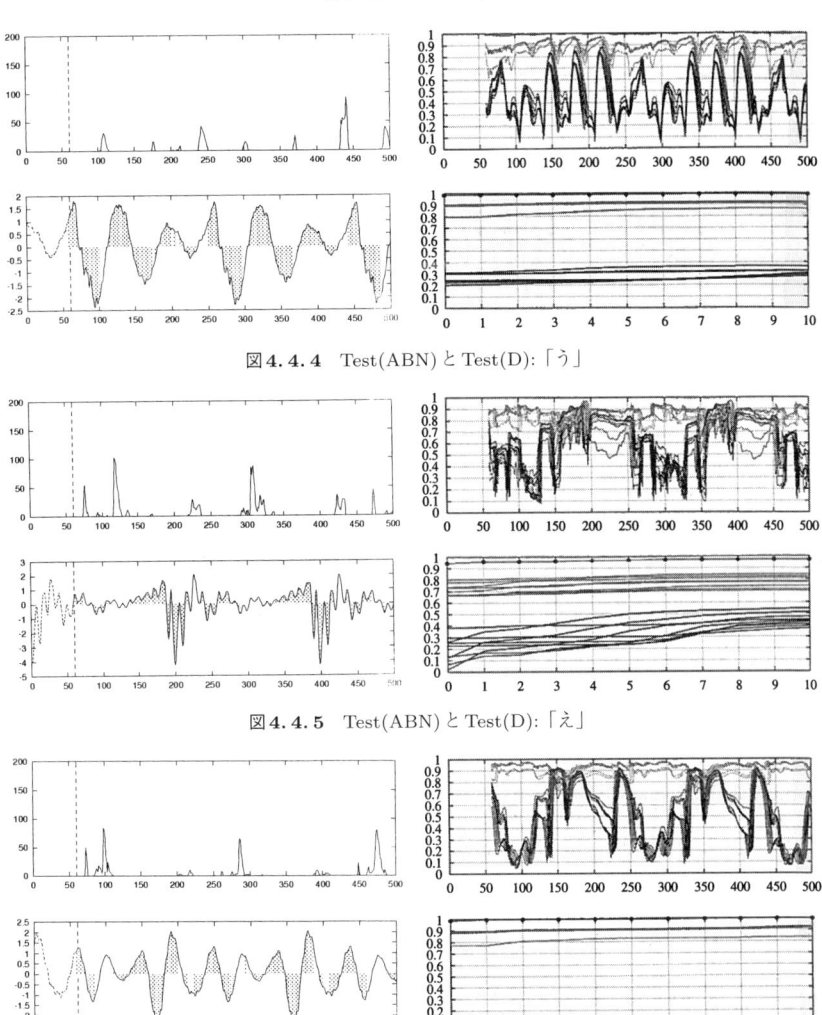

図 4.4.6 Test(ABN) と Test(D): 「お」

あるが，ここでは時間域 $\{t-L, t-L+1, \ldots, t\}$ ($t = 116$) を採用する．時系列 $z_{(t;L),j}$ から時系列 $y_{(t;L)}$ ($0 \leq j \leq 18$) への見本因果値の中で一番大きいのは $j = 0$ の場合で，その値は

$$D_{M_1}(z_{(t;L)}; 0) = 0.986354 \qquad (4.42)$$

である.決定解析を時系列 $x($あ$)$ に行うとき,Test(D)-1 と Test(D)-2 を通過することが実証され,時系列 $x($あ$)$ は決定性を満たすと判断する.

つぎに,非線形の型 j の見本決定値 $D_{M_1}(z_{(t;L)};j)$ で $\Lambda_{奇}$ の元の中で一番小さいのは $j=16$ で,その値は

$$D_{M_1}(z^{ud}_{(t;L)};16) = 0.874594 \tag{4.43}$$

である.決定解析を $j=16$ の時系列に行うとき,Test(D)-1 は通過するが,Test(D)-2 は通過しない.

最後に,非線形の型 j の見本決定値 $D_{M_1}(z_{(t;L)};j)$ で $\Lambda_{偶}$ の元の中で一番大きいのは $j=18$ の場合で,その値は

$$D_{M_1}(z^{ud}_{(t;L)};18) = 0.470282 \tag{4.44}$$

である.決定解析を $j=18$ の時系列に行うとき,Test(D)-1 を通過しない.

これらのことより,母音「あ」の音声波の時系列 $x($あ$)_{(s;L)}$ は性質 (DSEP) を満たすと判断する.「お」以外の他の母音も性質 (DSEP) を持つことが実証される.

注意 4.4.1 実は,本節で扱った日本語の母音の音声波の時系列は階数7の非線形変換に対しても分離性が成り立つことが実証される.

5

分　離　性

　今まで，深部低周波地震，オーロラ，磁気嵐，大脳皮質脳波と日本語の母音に関して，「分離性」が成り立つことを見た．さらに，オーロラ以外は，弱分離性を満たす時間域の時系列は定常性と共に，決定性を満たすことを見た．これらの実験結果「色」を数学として定式化する前に，時系列の「分離性」の定義を整理し，分離性の特徴の一端を見るために，見本共分散関数の挙動を調べる．後半でそれらの実験結果「色」を踏まえて，分離性の数学的定式化と周波数域の解析を通してその特徴を調べる．それが実験数学を支える哲学「色即是色」である．

5.1　時系列の分離性

5.1.1　分　離　性 - 0

　本項では，前章で発見した「分離性」の定義を整理しよう．そのために，任意の1次元の時系列 $x = (x(n); 0 \leq n \leq N_x)$ が与えられたとして，その階数6の非線形の型 j の見本決定関数を復習しよう．

　前処理として，(3.84), (3.85)に従い，新しく時系列 $z = (z(n); 0 \leq n \leq N)$ を定義する．(3.86)に従い，$1 \leq L \leq N$ を満たす自然数 L を固定し，各 t $(L \leq t \leq N)$ に対し，時系列 z の一部分で t を終点時刻とする長さ $L+1$ の時系列 $z_{(t;L)} = (z_{(t;L)}(n); 0 \leq n \leq L)$ を定義する．これを規格化し，階数6の非線形変換を施し，19個の1次元時系列 $z_{(t;L),j} = (z_{(t;L),j}(n); \sigma(j) \leq n \leq L)$ $(0 \leq j \leq 18)$ を構成する．さらに，(4.7)と同じく，各時系列 z の一部分で $t+1$ を終点時とする長さ $L+1$ の時系列を $y_{(t;L)} = (y_{(t;L)}(n); 0 \leq n \leq L)$ とする：

$$y_{(t;L)}(n) \equiv z(n+1+t-L). \tag{5.1}$$

(4.10)～(4.13) と同様に，時系列 $z_{(t;L)}$ の階数6の非線形の型 j の見本決定関数 $D_*(z_{(t;L)};j) = (D_n(z_{(t;L)};j); 0 \leq n \leq M_j - \sigma(j))$ が定義される:

$$D_n(z_{(t;L)};j) \equiv C_n(y_{(t;L)}|z_{(t;L),j}), \tag{5.2}$$

$$M_j \equiv [3\sqrt{L-\sigma(j)+1}/2] - 1. \tag{5.3}$$

4.1.4項で与えた弱分離性の定義を整理して，つぎの定義を与える．

定義 5.1.1 (i) 時系列 x が階数6の弱分離性-0—(WSEP-0)—を持つとは，定常性を満たすある時間域の任意の元 t において，つぎの不等式が成り立つときを言う: $\Lambda_\text{偶}$ の任意の元 j, $\Lambda_\text{奇}$ の任意の元 k に対し

$$D_{L_{j,k}}(z_{(t;L)};j) < D_{L_{jk}}(z_{(t;L)};k).$$

ここで，$L_{j,k} \equiv \min\{M_j - \sigma(j), M_k - \sigma(k)\}$.

(ii) 時系列 x が階数6の強分離性-0—(SSEP-0)—を持つとは，定常性を満たすある時間域の任意の元 t において，つぎの不等式が成り立つときを言う: $\Lambda_\text{偶}$ の任意の元 j, $\Lambda_\text{奇}$ の任意の元 k に対し

$$D_n(z_{(t;L)};j) < D_n(z_{(t;L)};k) \quad (0 \leq \forall n \leq L_{j,k}).$$

弱分離性-0，強分離性-0 を総称して分離性-0 と呼び，(SEP-0) と書く．

5.1.2 分離性-0 と共分散関数の挙動

本項では，見本決定関数を詳しく調べよう．時系列 x が定常性を満たす時間域の任意の元 t を固定する．階数6の非線形の型 j の見本決定関数 $D_*(z_{(t;L)};j)$ は 4.1.3項の (4.10), (4.11), (4.12) と同様に定義され，3.4節の (3.110), (3.112), (3.115), (3.116) にあるアルゴリズムによって計算ができる:

$$D_n(z_{(t;L)};j) = \{\sum_{k=0}^{n} C^0(R^{(0j)})(n,k)V_+(R^{(j)})(k) \cdot \tag{5.4}$$
$$\cdot {}^tC^0(R^{(0j)})(n,k)\}^{1/2},$$

$$C^0(R^{(0j)})(n,k) = \lim_{\epsilon \to 0}(R^{(0j)}(n-k) \tag{5.5}$$
$$+ \sum_{m=0}^{k-1} R^{(0j)}(n-m)\,{}^t\gamma_+^{(\epsilon)}(k,m))V_+^{(\epsilon)}(k)^{-1}.$$

ここで, 関数 $R^{(j)} = (R^{(j)}(n); |n| \leq M_j), R^{(0j)} = (R^{(0j)}(n); |n| \leq M_j)$ はそれぞれ時系列 $z_{(t;L),j}$ の見本共分散関数, 時系列 $y_{(t;L)}$ と時系列 $z_{(t;L),j}$ の見本共分散関数である:

$$R^{(j)}(n)(= R^{z_{(t;L),j} z_{(t;L),j}}(n)) \tag{5.6}$$
$$= \frac{\sum_{m=0}^{N-n}(z_{(t;L),j}(n+m) - \mu(z_{(t;L),j}))(z_{(t;L),j}(m) - \mu(z_{(t;L),j}))}{\sum_{m=0}^{N}(z_{(t;L),j}(m) - \mu(z_{(t;L),j}))^2},$$
$$R^{(0j)}(n)(= R^{y_{(t;L)} z_{(t;L),j}}(n)) \tag{5.7}$$
$$= \frac{\sum_{m=0}^{N-n}(y_{(t;L)}(n+m) - \mu(y_{(t;L)}))(z_{(t;L),j}(m) - \mu(z_{(t;L),j}))}{\sqrt{\sum_{m=0}^{N}(y_{(s;L)}(m) - \mu(y_{(s;L)}))^2 \sum_{m=0}^{N}(z_{(s;L),j}(m) - \mu(z_{(s;L),j}))^2}}.$$

ここで, M_j は (5.3) で与えられる.

また, (5.4), (5.5) に現れる行列関数 $\gamma_+^{(\epsilon)}, V_+^{(\epsilon)}, V_+(R^{(j)})$ は 2.7 節の 2.7.1 項に述べた揺動散逸アルゴリズムに従って行列関数 $R^{(j)}$ から求められる.

つぎに, 地震波, オーロラ, 磁気嵐, 脳波と日本語の母音それぞれに対して, 見本共分散関数 $R^{(0j)}$ ($0 \leq j \leq 18$) の挙動を同時に描いてみよう. そのグラフを階数 6 の非線形型の見本共分散関数のグラフと言う. グラフの色は階数 6 の非線形型の見本決定値のグラフと階数 6 の非線形型の見本決定関数のグラフの色づけと同じく, (4.14), (4.15), (4.16) で分類した $\Lambda_{奇}$ の元 j に対し, $j=0$ に対しては黒丸付きの黒色 (口絵③では赤色), それ以外の j に対しては淡い灰色 (口絵③では黄色), $\Lambda_{偶}$ の元 j に対して濃い灰色 (口絵③では緑色) の色付けを行う.

(a) 地震波 図 5.1.1 は 4.1.3 項の (c) で扱った足利で観測された地震波の上下成分の時系列の階数 6 の非線形型の見本共分散関数のグラフである. 時間域は $1{,}784 \leq n \leq 1{,}883$ である.

図 5.1.2 は 4.1.3 項の (b) で扱った H.SBAH で観測された深部低周波地震波で分離性が現れた時間域の時系列の階数 6 の非線形型の見本共分散関数のグラフで, 上は上下成分, 左は南北成分, 右は東西成分のグラフである. 時間域は

258   5. 分　離　性

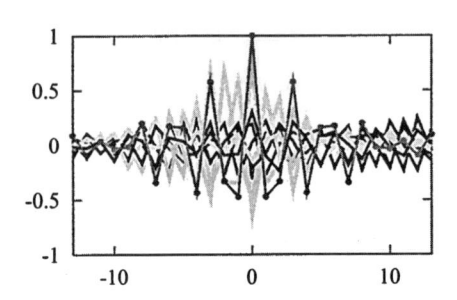

図 5.1.1　階数6の非線形型の見本共分散関数: 通常の地震波

$7{,}374 \leq n \leq 7{,}673$ である．口絵③は図5.1.2の南北成分のグラフを色付けしたものである．

一方，図5.1.3はKU.TKDで観測された深部低周波地震波で分離性が現れた時間域の時系列の東西成分に対する階数6の非線形型の見本共分散関数のグラフである．時間域は $8{,}180 \leq n \leq 8{,}479$ である．上下成分と南北成分の時系列は定常性を満たさなかったので階数6の非線形型の見本共分散関数のグラフは描いていない．

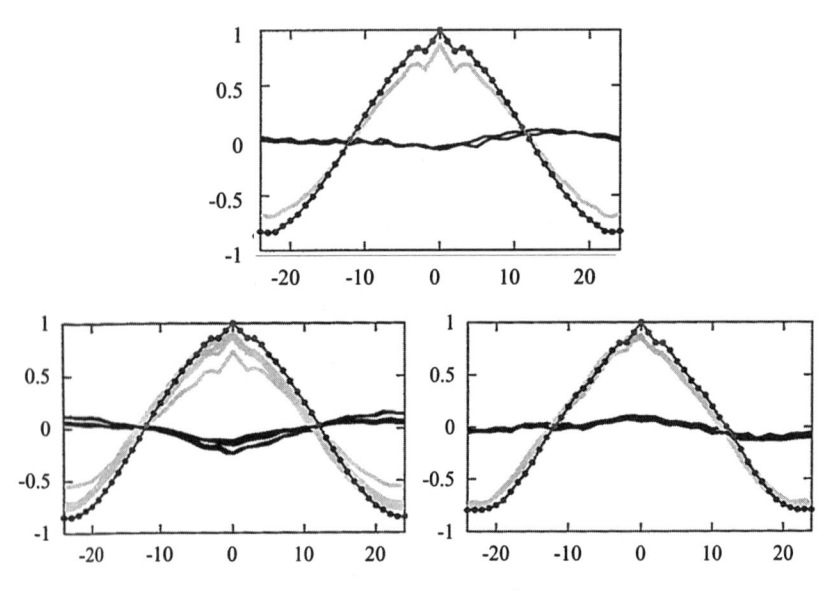

図 5.1.2　階数6の非線形型の見本共分散関数: H.SBAH

5.1 時系列の分離性

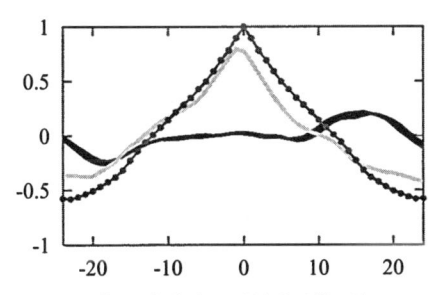

図5.1.3 階数6の非線形型の見本共分散関数: KU.TKD

図5.1.1では, $\Lambda_{奇}$ の元 k と $\Lambda_{偶}$ の元 j に対する時系列の階数6の非線形型の見本共分散関数のグラフの相違は認められない. 一方, 図5.1.2, 図5.1.3では, $\Lambda_{偶}$ の元 j に対する階数6の非線形型の見本共分散関数のグラフは x 軸の近傍に収まり, $\Lambda_{奇}$ の元 k に対するそれは y 軸の近傍で x 軸を横切る山型の形をしている.

(b) オーロラと磁気嵐 図5.1.4, 図5.1.5はそれぞれ4.2.3項の (a) と (b) で扱ったTIKで観測されたオーロラと柿岡で観測された磁気嵐で分離性が現れた時間域の時系列に対する階数6の非線形型の見本共分散関数のグラフである. 左図はH成分, 右図はD成分である. TIKの時間域は $51{,}801 \leq n \leq 52{,}100$, 柿岡は4時25分51秒から4時30分50秒のまでの時系列データを用いた. どちらも Z 成分の時系列が定常性を満たさないので, 階数6の非線形型の見本共分散関数のグラフを描いていない. 図絵⑱と口絵㉑はそれぞれ図5.1.4の左図と図5.1.5の左図を色付けしたものである.

図5.1.2, 図5.1.3で見た深部低周波地震波と同様に, $\Lambda_{偶}$ の元 j に対する時

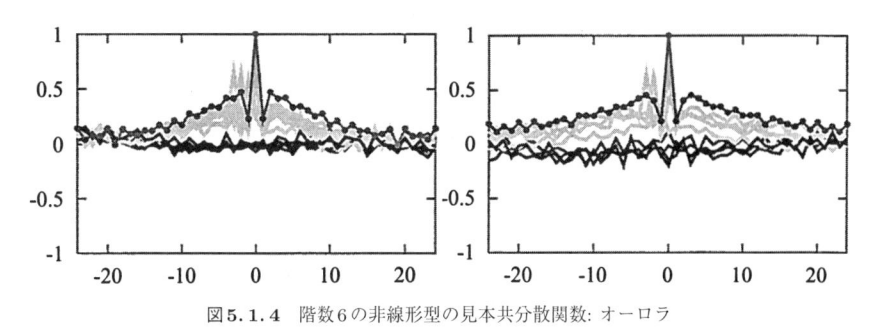

図5.1.4 階数6の非線形型の見本共分散関数: オーロラ

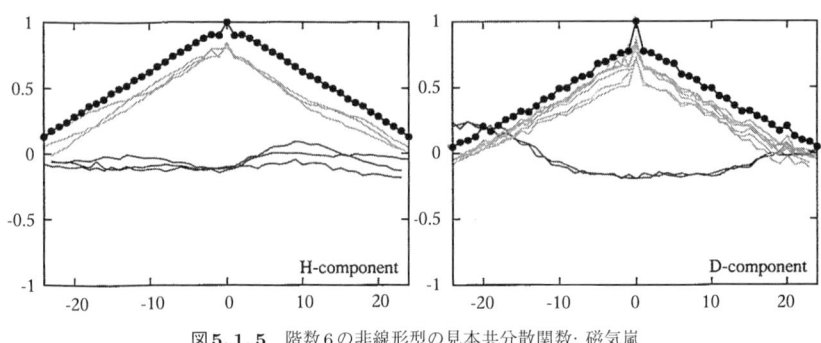

図5.1.5 階数6の非線形型の見本共分散関数: 磁気嵐

系列の階数6の非線形型の見本共分散関数のグラフは x 軸の近傍に収まり, $\Lambda_奇$ の元 k に対するそれは y 軸の近傍で x 軸の上にある山型をしている.

(c) 脳波 図5.1.6の左図と右図はそれぞれ4.3.6項の図4.3.32と図4.3.33にある大脳の前頭葉の運動野にある電極9と電極14で計測した時系列の階数6の非線形型の見本共分散関数のグラフである. 用いた時系列の時間域は, 電極9では $6{,}827 \leq n \leq 7{,}126$, 電極14では $7{,}449 \leq n \leq 7{,}748$ である. 図5.1.2, 図5.1.3における深部低周波地震波と同様な挙動をしている.

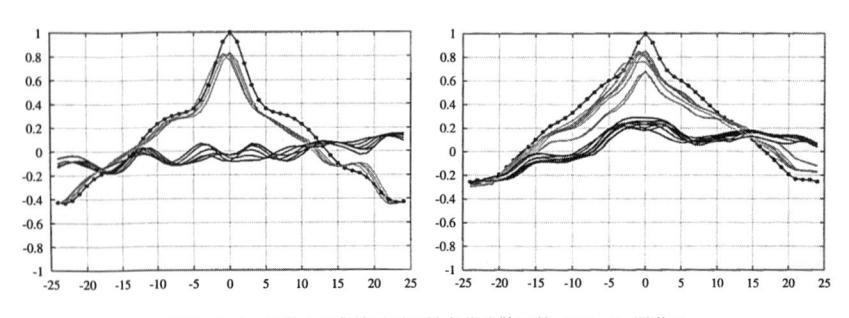

図5.1.6 階数6の非線形型の見本共分散関数: ECoG, 運動野

図4.3.9の前頭葉の運動野にある他の電極3, 4, 8, 10, 15で計測した時系列に対しても同様である.

一方, 図5.1.7の左図と右図はそれぞれ4.3.6項の図4.3.35と図4.3.36にある大脳の頭頂葉の感覚野にある電極1と電極13で計測した時系列に対する階数6の非線形型のECoGの見本共分散関数のグラフである. 用いた時系列の時間

5.1 時系列の分離性

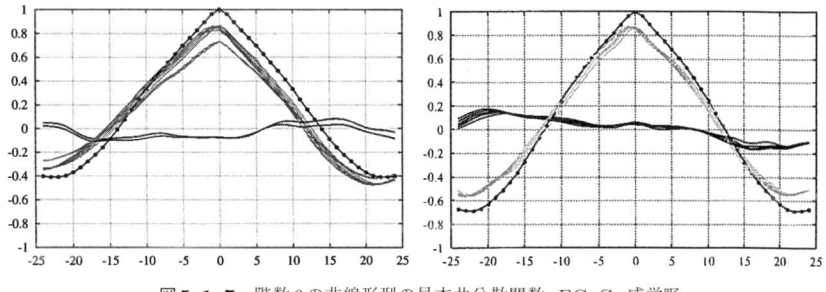

図5.1.7 階数6の非線形型の見本共分散関数: ECoG, 感覚野

域は, 電極1では $1{,}080 \leq n \leq 1{,}379$, 電極13では $3{,}453 \leq n \leq 3{,}752$ である. 図5.1.2, 図5.1.3で見たときと同様な挙動をしている. 口絵⑨は図5.1.7の右図を色付けしたものである.

図4.3.9の頭頂葉の感覚野にある他の電極6, 7, 12, 17, 18で計測した時系列に対しても同様である.

(d) 日本語の母音　ここで述べる実証分析の結果の一部は東京大学工学部計数工学科数理情報工学コースの野村の卒業論文に負っている[158]. 図5.1.8は4.4.1項で扱った日本語の母音「あ」, 図5.1.9の左図と右図はそれぞれ「い」と「え」, 図5.1.10は左図と右図はそれぞれ「う」と「お」の時系列の階数6の非線形型の見本共分散関数のグラフである. 用いた時系列の時間域は「あ」は $56 \leq n \leq 115$,「い」は $218 \leq n \leq 277$,「う」は $218 \leq n \leq 277$,「え」は $218 \leq n \leq 277$,「お」は $218 \leq n \leq 277$ である. 口絵㉔は図5.1.8を色付けしたものである.

図5.1.2, 図5.1.3で見たと同様な挙動をしている. 母音「お」の時系列に階

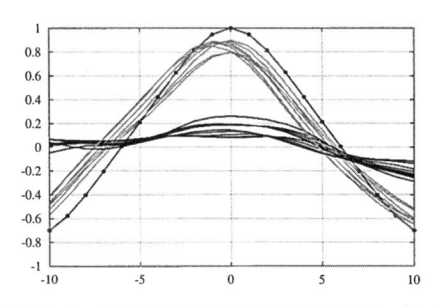

図5.1.8 階数6の非線形型の見本共分散関数:「あ」

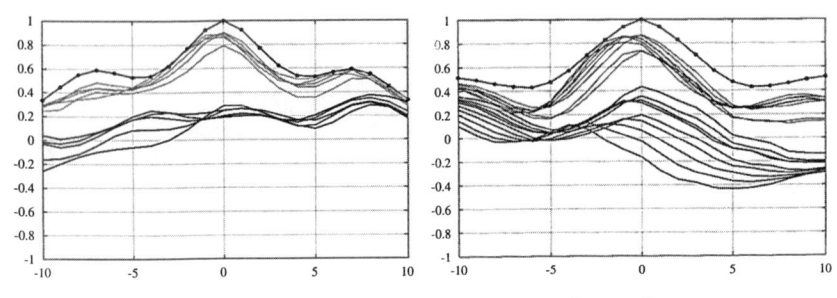

図 5.1.9 階数 6 の非線形型の見本共分散関数:「い」と「え」

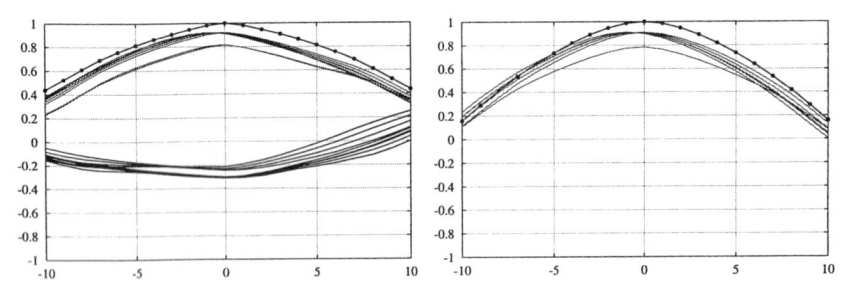

図 5.1.10 階数 6 の非線形型の見本共分散関数:「う」と「お」

数 6 の非線形変換を施すと, $\Lambda_{偶}$ に属する j に対応する時系列は定常性を満たさないので, 図 5.1.10 の右図で濃い淡い色のグラフは描かれていない.

音声認識の観点からみたとき, 母音の特徴が現れ,「い」と「え」,「う」と「お」の挙動が似ている. 母音の特徴は次のように述べられる: $\Lambda_{偶}$ の元 j を用いた階数 6 の非線形型の見本共分散関数のグラフに関して,「お」以外は, 深部低周波地震, オーロラ, 磁気嵐, 脳波と同じく, x 軸の近傍に収まる. 一方, $\Lambda_{奇}$ の元 j を用いた階数 6 の非線形型の見本共分散関数のグラフに関して,「あ」は深部低周波地震, 脳波と同じく, 負値から正値を取る一山の形をし,「い」と「え」は正値を取る二山の形をし,「う」と「お」はオーロラ, 磁気嵐と同じく正値を取る一山の形をしている.

(e) 他の時系列 図 5.1.11 の左図と右図はそれぞれ図 2.1.1 にある太陽の黒点の時系列に対する階数 6 の非線形型の見本決定値のグラフと階数 6 の非線形型の見本共分散関数のグラフである. 図 5.1.12 の左図と右図はそれぞれ図 2.1.10 にある円の対ドル比の時系列に対する階数 6 の非線形型の見本決定値の

図 5.1.11 見本決定値のグラフ—黒点—見本決定関数のグラフ

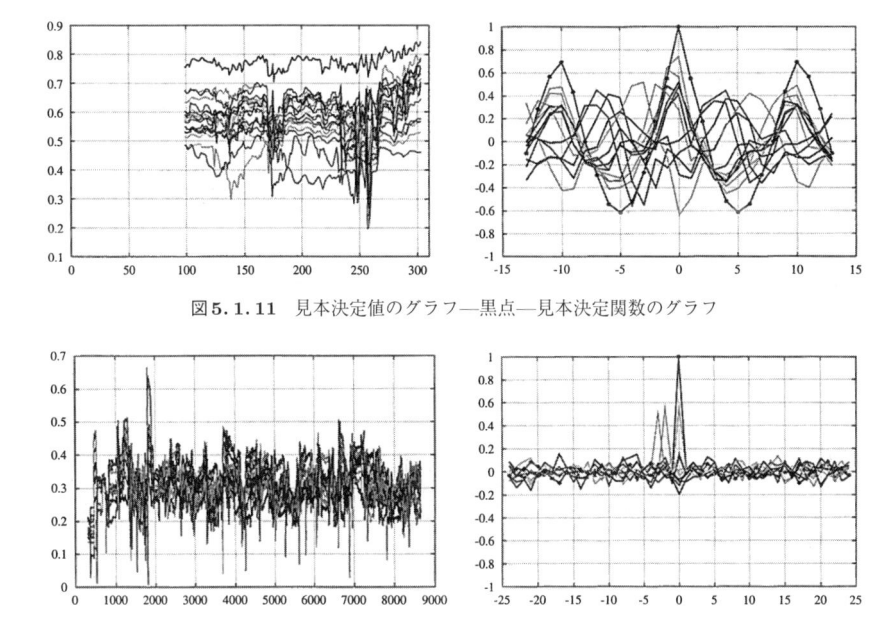

図 5.1.12 見本決定値のグラフ—円の対ドル比—見本決定関数のグラフ

グラフと階数6の非線形型の見本共分散関数のグラフである．どちらも切断長は100である．分離性は見られない．

本節の実験結果をまとめると，深部低周波地震波，オーロラ，磁気嵐，ECoGと日本語の母音の時系列はつぎの性質(CSEP)を持つ:

(CSEP) $\begin{cases} \Lambda_{偶} \text{ の元 } j \text{ に対する階数6の非線形型の見本共分散関数のグラ} \\ \text{フは分離性を満たす時間域では } x \text{ 軸の近傍に収まり，} \Lambda_{奇} \text{ の元} \\ k \text{ に対する階数6の非線形型の見本共分散関数のグラフは分離} \\ \text{性を満たす時間域では } y \text{ 軸の近傍で山型になる．} \end{cases}$

図5.1.11，図5.1.12から，黒点と円の対ドル比の時系列に対する見本共分散関数は上の性質(CSEP)を満たさない．

5.1.3 分離性-i と共分散関数の挙動 $(1 \leq i \leq 18)$

前項で述べた時系列の分離性-0 の概念は，階数 6 の非線形変換の中で番号 0 に対応する時系列とそれ以外の番号 j $(1 \leq j \leq 18)$ に対応する時系列の役割に違いがある．「空即是色」を目指す実験数学の心から，前項で見た性質 (CSEP) を飛躍して，階数 6 の非線形変換の番号 j $(0 \leq j \leq 18)$ に対応する時系列の間に役割の違いがないという「色」が成り立つかどうか調べてみよう．

5.1.2 項で詳しく見た階数 6 の非線形の型 j の見本決定関数 $D_*(z_{(s;L)}; j)$ は時系列 $z_{(t;L),j}$ から時系列 $y_{(t;L)}$ への見本因果関数である．時系列 $y_{(t;L)}$ は時系列 $z_{(t;L);0}$ の 1 シフトに得られる時系列である．そこで，$1 \leq i \leq 18$ なる自然数 i を固定し，(5.1) と同じく，各時系列 $z_{(t;L),i}$ の一部分で，$t+1$ を終点時刻とする長さ $L+1$ の時系列を $y_{(t;L),i} = (y_{(t;L),i}(n); 0 \leq n \leq L)$ とする：

$$y_{(t;L),i}(n) \equiv z_{(t;L),i}(n+1). \tag{5.8}$$

(5.2) と同様に，i と異なる整数 j $(0 \leq j \leq 18, j \neq i)$ に対し，時系列 $z_{(t;L),i}$ の階数 6 の非線形の型 j の見本決定関数 $D_*(z_{(t;L),i}; j) = (D_n(z_{(t;L),i}; j); 0 \leq n \leq M_{i,j} - \max\{\sigma(i), \sigma(j)\})$ が定義される：

$$D_n(z_{(t;L),i}; j) \equiv C_n(y_{(t;L),i} | z_{(t;L),j}). \tag{5.9}$$

ここで，$M_{i,j}$ はつぎで与えられる：

$$M_{i,j} \equiv \min\{M_i, M_j\}. \tag{5.10}$$

これらの見本決定関数は (5.4), (5.5) と同様に，見本共分散関数 $R^{(0j)}$ を時系列 $y_{(s;L),i}$ と時系列 $z_{(s;L),j}$ の見本共分散関数 $R^{(ij)}$ に置き換えて計算される．

深部低周波地震波，オーロラ，磁気嵐，大脳皮質脳波と日本語の母音に関して，これらの階数 6 の非線形型の見本決定関数のグラフを描いてみよう．

(a) 深部低周波地震 前節で扱った図 4.1.16 にある H.SBAH で観測された深部低周波地震の時系列を扱う．図 5.1.13 の左図と右図はそれぞれ $i = 1, 2$ としたとき，図 4.1.20 の上段のグラフの (S 波が来てから定常性を満たす) 時間域の中で $t = 7{,}674$ とした南北成分の時系列 $z^{ns}_{(t;L),i}$ の階数 6 の非線形の型 j の見本決定関数 $D_*(z^{ns}_{(t;L),i}; j)$ $(0 \leq j \neq 1 \leq 18)$ のグラフである．

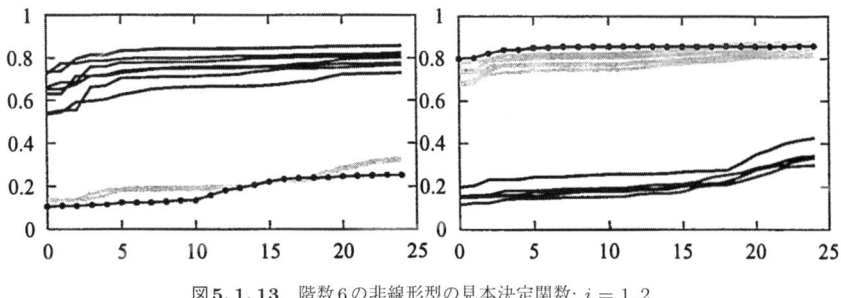

5.1 時系列の分離性

図 5.1.13 階数 6 の非線形型の見本決定関数: $i = 1, 2$

前項と同じく，$\Lambda_{奇}$ の元 j で $j = 0$ に対しては黒丸付きの黒色，それ以外の j に対しては淡い灰色，$\Lambda_{偶}$ の元 k に対しては濃い灰色の色づけを行っている．図 5.1.13 の右図は図 4.1.46 の上図 (口絵②) と同じ挙動をするが，左図では，口絵⑤の説明で述べたように，図 4.1.46 とは逆に，どの濃い灰色の見本決定関数のグラフもどの黒丸付きの黒色と淡い灰色の見本決定関数のグラフより上側にある．口絵⑤は図 5.1.13 の左図を色付けしたものである．

つぎに，上と同じ時間域の階数 6 の非線形型の見本共分散関数 $R^{(ij)}$ ($0 \leq j \neq i \leq 18$) の挙動を見てみよう．

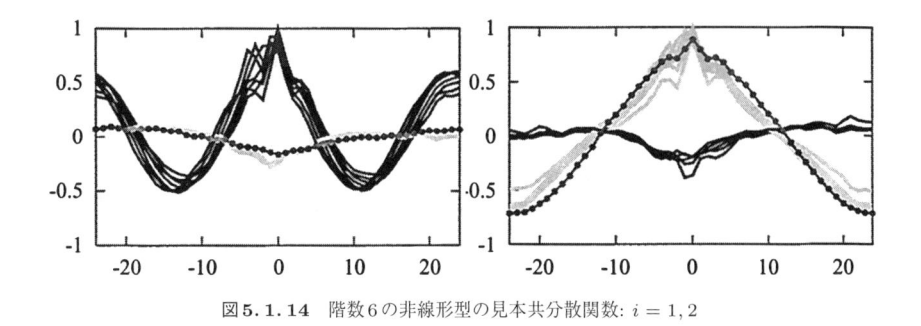

図 5.1.14 階数 6 の非線形型の見本共分散関数: $i = 1, 2$

$i = 1$ に対応する図 5.1.14 の左図は，前項で見た性質 (CSEP) と異なり，$\Lambda_{奇}$ の元 k に対する見本共分散関数 $R^{(1k)}$ のグラフは分離性を満たす時間域では x 軸の近傍に収まり，$\Lambda_{偶}$ の元 j に対する見本共分散関数 $R^{(1j)}$ のグラフは分離性を満たす時間域では y 軸の近傍で山型になる．一方，$i = 2$ に対応する図 5.1.10 の右図は，前項で見た性質 (CSEP) と同じ挙動をしている．他の i ($3 \leq i \leq 18$)

に対しても同様である．

(b) オーロラと磁気嵐　4.2.3項で扱ったTIKで観測されたオーロラと柿岡で観測された磁気嵐の時系列を扱う．図5.1.15の左図と右図はそれぞれ $i = 2, 3$ としたとき，図4.2.10で用いた時系列と同じ時間域の中で $t = 52, 101$ とした H 成分の時系列の階数6の非線形型の見本決定関数のグラフである．$i = 1$ としたときの定常性は成立しないことを注意する．D 成分に対するグラフは同じ挙動をする．しかし，Z 成分の時系列は定常性を満たさないので，Z 成分の時系列に対する階数6の非線形型の見本決定関数と見本共分散関数のグラフを描いていない．深部低周波地震の時系列と同様な挙動をしている．

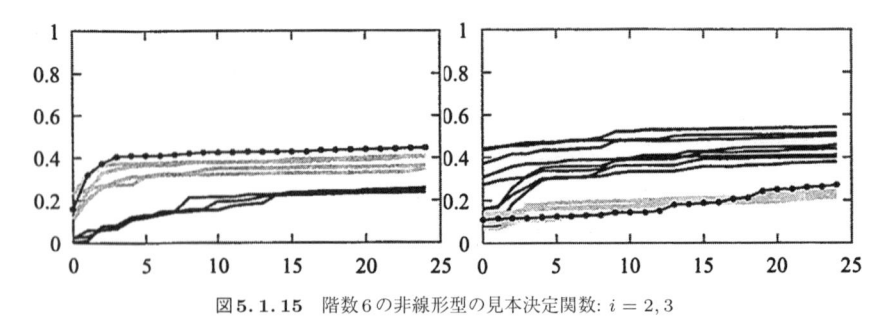

図 5.1.15　階数6の非線形型の見本決定関数: $i = 2, 3$

図5.1.16の左図と右図はそれぞれ $i = 2, 3$ としたときの階数6の非線形型の見本共分散関数のグラフである．他の i ($4 \leq i \leq 18$) に対しても同様で，深部低周波地震の時系列と同様な挙動をする．

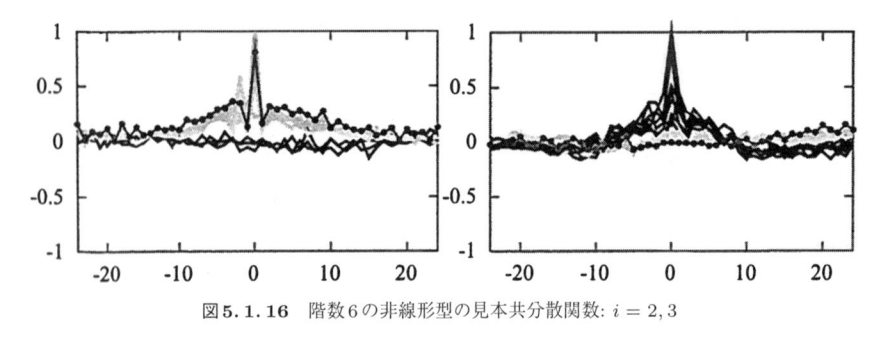

図 5.1.16　階数6の非線形型の見本共分散関数: $i = 2, 3$

柿岡で観測された磁気嵐の時系列に対する実験結果は図5.1.17, 図5.1.18にある．他の i ($3 \leq i \leq 18$) に対しても同様で，深部低周波地震，オーロラの時系

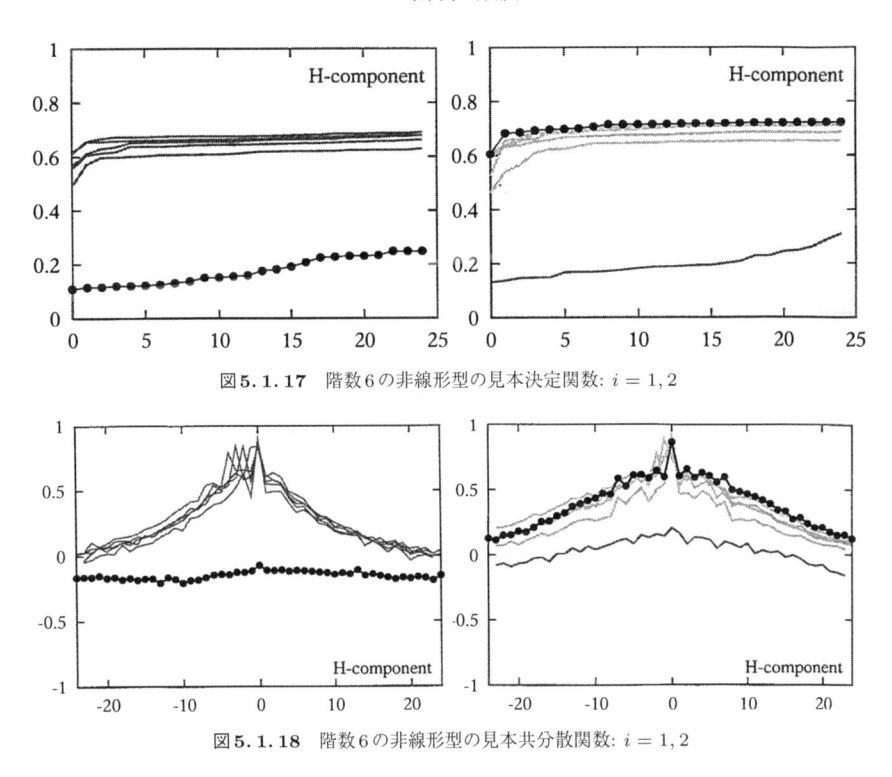

5.1 時系列の分離性

図5.1.17 階数6の非線形型の見本決定関数: $i = 1, 2$

図5.1.18 階数6の非線形型の見本共分散関数: $i = 1, 2$

列と同様な挙動をする.

(c) 脳波 4.3.6項で扱った前頭葉の運動野にある電極14と頭頂葉の感覚野にある電極13で計測したECoGの時系列 x_{14}, x_{13} を扱う.

図5.1.19の左図と右図はそれぞれ $i = 1, 2$ としたとき, 図4.3.33で用いた

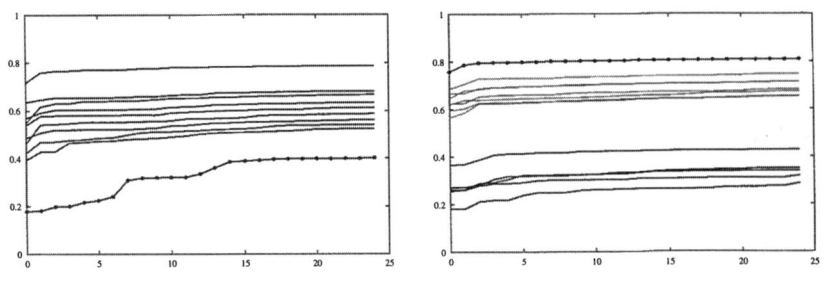

図5.1.19 階数6の非線形型の見本決定関数: $i = 1, 2$

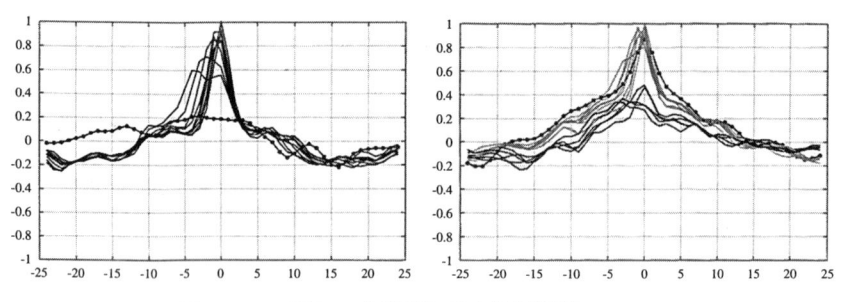

図5.1.20 階数6の非線形型の見本共分散関数: $i=1,2$

時系列 x_{14} と同じ時間域の中で $t=7{,}327$ とした階数6の非線形型の見本決定関数のグラフである．図5.1.20の左図と右図は時系列 x_{14} のそれぞれ $i=1,2$ としたときの階数6の非線形型の見本共分散関数のグラフである．

図5.1.21と図5.1.22はそれぞれ図4.3.36で用いた時系列 x_{13} と同じ時間域の中で $t=5{,}815$ とした階数6の非線形型の見本決定関数のグラフと $i=1,2$ としたときの階数6の非線形型の見本共分散関数のグラフである．口絵⑪は図

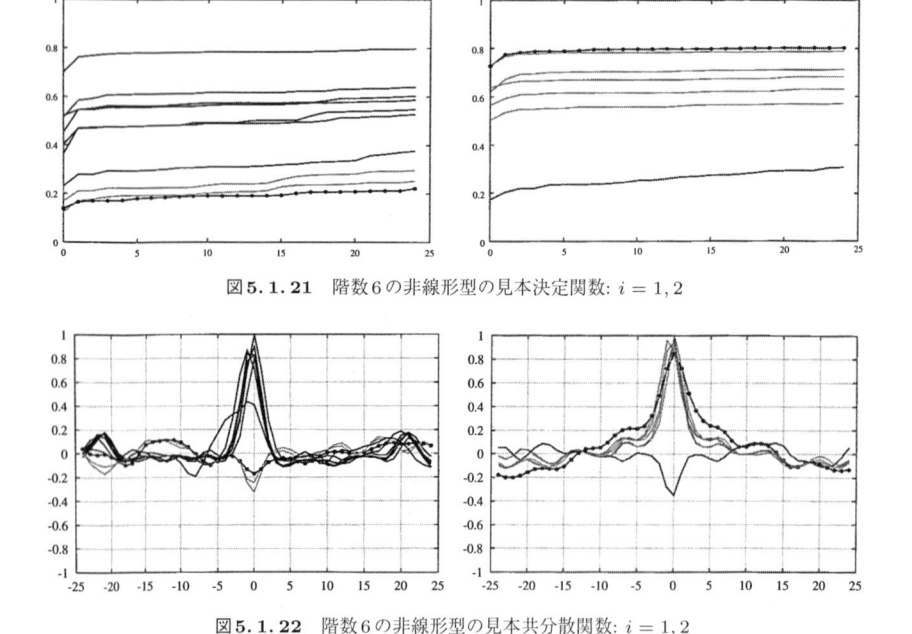

図5.1.21 階数6の非線形型の見本決定関数: $i=1,2$

図5.1.22 階数6の非線形型の見本共分散関数: $i=1,2$

5.1.21の左図を色付けしたものである. 他の i ($3 \leq i \leq 18$) に対しても同様で, 深部低周波地震, オーロラ, 磁気嵐の時系列と同様な性質が成り立つ.

(d) 日本語の母音 4.4.1項で扱った日本語の前頭葉の母音「あ」の時系列を扱う. 図5.1.23の左図と右図はそれぞれ $i = 1, 2$ としたとき, 図4.4.2で用いた時系列と同じ時間域の中で階数6の非線形型の見本決定関数のグラフである. 図5.1.24の左図と右図はそれぞれ $i = 1, 2$ としたときの階数6の非線形型の見本共分散関数のグラフである.

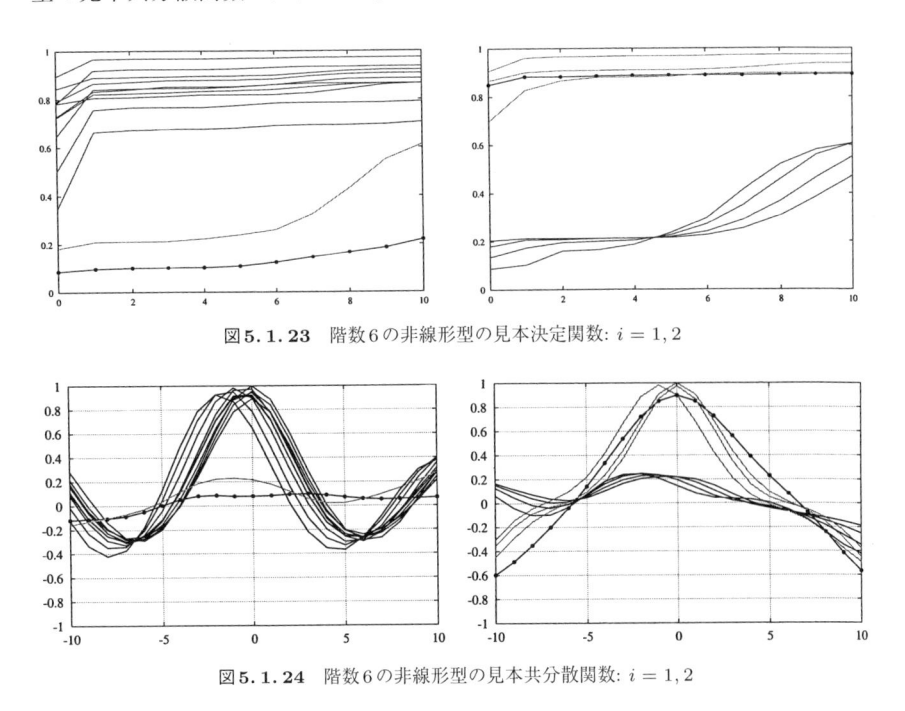

図5.1.23 階数6の非線形型の見本決定関数: $i = 1, 2$

図5.1.24 階数6の非線形型の見本共分散関数: $i = 1, 2$

上で見たことは他の i ($3 \leq i \leq 18$) に対しても同様で, 深部低周波地震, オーロラ, 磁気嵐, ECoGの時系列と同様な性質が成り立つ.

5.1.4 時系列の分離性の定義

本項では, 今までの実証分析で発見した「色」を整理して, 時系列の分離性の定義を与えよう. 任意の1次元の時系列 $x = (x(n); 0 \leq n \leq N_x)$ が与えられ

たとする.

定義 5.1.2 (i) 時系列 x が階数6の強分離性—(SSEP)—を持つとは, 任意の i ($0 \leq i \leq 18$) に対し, つぎの強分離性-i (SSEP-i) が成り立つときを言う;

(SSEP-i) $\begin{cases} \text{(i) } i \in \Lambda_{偶} \text{ のときは, 任意の } j \in \Lambda_{偶}, k \in \Lambda_{奇} \text{ に対し} \\ \quad D_n(z_{(s;L),i};j) < D_n(z_{(s;L),i};k) \quad (0 \leq n \leq L_{i;j,k}); \\ \text{(ii) } i \in \Lambda_{奇} \text{ のときは, 任意の } j \in \Lambda_{偶}, k \in \Lambda_{奇} \text{ に対し} \\ \quad D_n(z_{(s;L),i};k) < D_n(z_{(s;L),i};j) \quad (0 \leq n \leq L_{i;j,k}). \end{cases}$

ここで, $L_{i;j,k} \equiv \min\{M_{i,k} - \max\{\sigma(j),\sigma(k)\}, M_{i,j} - \max\{\sigma(i),\sigma(j)\}\}$.

(ii) 時系列 x が階数6の弱分離性—(WSEP)—を持つとは, 任意の i ($0 \leq i \leq 18$) に対し, つぎの弱分離性-i (WSEP-i) が成り立つときを言う;

(WSEP-i) $\begin{cases} \text{(i) } i \in \Lambda_{偶} \text{ のときは, 任意の } j \in \Lambda_{偶}, k \in \Lambda_{奇} \text{ に対し} \\ \quad D_{L_{i;j,k}}(z_{(s;L),i};j) < D_{L_{i;j,k}}(z_{(s;L),i};k); \\ \text{(ii) } i \in \Lambda_{奇} \text{ のときは, 任意の } j \in \Lambda_{偶}, k \in \Lambda_{奇} \text{ に対し} \\ \quad D_{L_{i;j,k}}(z_{(s;L),i};k) < D_{L_{i;j,k}}(z_{(s;L),i};j). \end{cases}$

強分離性, 弱分離性を総称して分離性と呼び, (SEP) と書く.

定義 5.1.3 弱分離性を満たす時系列 x の階数6の非線形型の見本共分散関数 $R^{(ij)}$ が性質 (CSEP) を満たすとは, つぎが成り立つときを言う:

(CSEP) $\begin{cases} \text{(i) } i \in \Lambda_{偶} \text{ のとき, 分離性を満たす時間域では, } \Lambda_{奇} \text{ に属する } j \\ \text{ に対するグラフは } x \text{ 軸の近傍に収まり, } \Lambda_{偶} \text{ に属する } j \text{ に対} \\ \text{ するグラフは } y \text{ 軸の近傍で山型になる;} \\ \text{(ii) } i \in \Lambda_{奇} \text{ のとき, 分離性を満たす時間域では, } \Lambda_{奇} \text{ に属する } j \\ \text{ に対するグラフは } y \text{ 軸の近傍で山型になり, } \Lambda_{偶} \text{ に属する } j \\ \text{ に対するグラフは } x \text{ 軸の近傍に収まる.} \end{cases}$

例 5.1.1 深部低周波地震, オーロラ, 磁気嵐, ECoG, 日本語の母音の時系列は強分離性と (CSEP) を満たす.

5.2 確率過程の分離性

5.2.1 確率過程の分離性の定義

$\mathbf{X} = (X(n); 0 \leq n \leq N)$ を確率空間 $(\Omega, \mathcal{B}, P)$ で定義された1次元の確率過程で, 2.9節で述べたドブルーシン・ミンロスの条件 (E) を満たすとする.

確率過程 $\mathbf{X}$ の平均関数 $\mu(\mathbf{X}) = (\mu(\mathbf{X})(n); 0 \leq n \leq N)$ と分散関数 $v(\mathbf{X}) = (v(\mathbf{X})(n); 0 \leq n \leq N)$ をつぎで定義する:

$$\mu(\mathbf{X}) \equiv E(X(n)), \tag{5.11}$$

$$v(\mathbf{X})(n) \equiv E((X(n) - \mu(\mathbf{X})(n))^2). \tag{5.12}$$

以下において, 分散関数 $v(\mathbf{X})$ は0にならないとする:

$$v(\mathbf{X})(n) > 0 \quad (0 \leq n \leq N). \tag{5.13}$$

確率過程 $\mathbf{X}$ を規格化した確率過程を $\tilde{\mathbf{X}} = (\tilde{X}(n); 0 \leq n \leq N)$ とする:

$$\tilde{X}(n) \equiv \frac{X(n) - \mu(\mathbf{X})(n)}{\sqrt{v(\mathbf{X})(n)}}. \tag{5.14}$$

確率過程 $\tilde{\mathbf{X}}$ はドブルーシン・ミンロスの可積分性の条件 (E) を満たすので, それに付随する非線形情報空間の多項式型の生成系を考える. その構成の過程で, 各 $j \in \mathbf{N}^*$ に対し, (2.204) で定義された確率過程 $\boldsymbol{\varphi}_j = (\varphi_j(n); \sigma(j) \leq n \leq N)$ を用いて, 確率過程 $\tilde{\mathbf{X}}_j = (\tilde{X}_j(n); 0 \leq n \leq N_j)$ をつぎで定義する:

$$\tilde{X}_j(n) \equiv \varphi_j(\sigma(j) + n), \tag{5.15}$$

$$N_j \equiv N - \sigma(j). \tag{5.16}$$

この確率過程 $\tilde{\mathbf{X}}_j$ の平均関数 $\mu(\tilde{\mathbf{X}}_j) = (\mu(\tilde{\mathbf{X}}_j)(n); 0 \leq n \leq N_j)$ と分散関数 $v(\tilde{\mathbf{X}}_j) = (v(\tilde{\mathbf{X}}_j)(n); 0 \leq n \leq N_j)$ を (5.11), (5.12) と同様に定義し, 確率過程 $\tilde{\mathbf{X}}_j$ を規格化した確率過程を $\mathbf{Z}_j = (Z_j(n); 0 \leq n \leq N_j)$ とする:

$$Z_j(n) \equiv \frac{\tilde{X}_j(n) - \mu(\tilde{\mathbf{X}}_j)(n)}{\sqrt{v(\tilde{\mathbf{X}}_j)(n)}}. \tag{5.17}$$

ここで, (5.13) と同じく, 分散関数 $v(\tilde{\mathbf{X}}_j)$ は 0 にならないとする:

$$v(\tilde{\mathbf{X}}_j)(n) > 0 \quad (0 \leq n \leq N_j). \tag{5.18}$$

各 $j \in \mathbf{N}^*$ に対し, 非線形型 j の決定関数 $D_*(\mathbf{X};j) = (D_n(\mathbf{X};j); 0 \leq n \leq N_j - 1)$ をつぎで定義する:

$$D_n(\mathbf{X};j) \equiv \|P_{\mathrm{M}_0^n(Z_j)}\tilde{X}(n+1)\|_2. \tag{5.19}$$

さらに, (4.15), (4.16) で述べた集合 $\Lambda_奇, \Lambda_偶$ を復習しよう:

$$\Lambda_奇 = \{0, 2, 5, 7, 9, 10, 13, 16, 17\}, \tag{5.20}$$

$$\Lambda_偶 = \{1, 3, 4, 6, 8, 11, 12, 14, 15, 18\}. \tag{5.21}$$

前項の定義 5.1.2 に与えた時系列の分離性の概念を確率過程の場合に対応するものとして, つぎの定義を与えよう:

定義 5.2.1 (i) 確率過程 $\mathbf{X}$ が階数 6 の弱分離性-0 を持つとは, つぎの不等式が成り立つときを言う; 任意の $j \in \Lambda_偶, k \in \Lambda_奇$ に対し

$$D_{N_{j,k}}(\mathbf{X};j) < D_{N_{j,k}}(\mathbf{X};k).$$

ここで, $N_{j,k} \equiv \min\{N_j - \sigma(j), N_k - \sigma(k)\}$.

(ii) 確率過程 $\mathbf{X}$ が階数 6 の強分離性-0 を持つとは, (i) より強くつぎの不等式が成り立つときを言う:

$$D_n(\mathbf{X};j) < D_n(\mathbf{X};k) \quad (0 \leq \forall n \leq N_{j,k}).$$

(iii) 確率過程 $\mathbf{X}$ が弱分離性-0, 弱分離性-0 を持つとはそれぞれ, すべての階数の非線形変換に対して, (i), (ii) が成り立つときを言う.

5.2.2 対称性と分離性

前項で述べた (CSEP) の中の「x 軸の近傍に収まる」という部分を理想化して, すべての階数の $\Lambda_偶$ の元 j に対する非線形型の見本共分散関数は 0 であると見なすことができる場合の時系列の背後にある確率過程の特徴を調べよう.

$\mathbf{X} = (X(n); 0 \leq n \leq N)$ を確率空間 $(\Omega, \mathcal{B}, P)$ で定義された1次元の確率過程で, 2.9節の条件 (E) と (M) を満たすとする. N は自然数である.

$N+1$ 次元の値をとる確率変数 ${}^t(X(0), X(1), \ldots, X(N))$ の確率分布 $P_{{}^t(X(0),X(1),\ldots,X(N))} = P_{{}^t(X(0),X(1),\ldots,X(N))}(dx_0, dx_1, \ldots, x_N)$ を $\mu_{\mathbf{X}} = \mu_{\mathbf{X}}(dx_0, dx_1, \ldots, x_N)$ とする:

$$\mu_{\mathbf{X}} \equiv P_{{}^t(X(0),X(1),\ldots,X(N))}. \tag{5.22}$$

これは, (2.21) で見たように, つぎで与えられる可測空間 $(\mathbf{R}^{N+1}, \mathcal{B}(\mathbf{R}^{N+1}))$ 上の確率測度である:

$$\mu_{\mathbf{X}}(A) = P({}^t(X(0), X(1), \ldots, X(N))^{-1}A) \quad (A \in \mathcal{B}(\mathbf{R}^{N+1})). \tag{5.23}$$

確率測度 $\mu_{\mathbf{X}}$ が**対称**であるとはつぎの性質が成り立つことである:

$$\mu_{\mathbf{X}}(-A) = \mu_{\mathbf{X}}(A) \quad (\forall A \in \mathcal{B}(\mathbf{R}^{N+1})). \tag{5.24}$$

さらに, 確率過程 $\mathbf{X}$ が性質 (OS) を持つことの定義を与えよう.

定義 5.2.2 確率過程 $\mathbf{X}$ が性質 (OS) を持つとは, 任意の非負の整数 $n_0, n_1, \ldots, n_N$ でその総和 $n_0 + n_1 + \ldots + n_N$ が奇数であるものに対して

$$E(X(0)^{n_0} X(1)^{n_1} \cdots X(N)^{n_N}) = 0$$

が成り立つときを言う.

つぎの定理 5.2.1 を証明しよう.

定理 5.2.1 確率過程 $\mathbf{X}$ の有限次元分布 $\mu_{\mathbf{X}}$ が対称であることと確率過程 $\mathbf{X}$ が性質 (OS) を持つこととは同値である.

証明 最初, 確率過程 $\mathbf{X}$ の有限次元分布 $\mu_{\mathbf{X}}$ が対称であると仮定する. 任意の非負の整数 $n_0, n_1, \ldots, n_N$ でその総和 $n_0 + n_1 + \ldots + n_N$ が奇数であるもの

を考える. $\mu_X(d(-x_0), d(-x_1), \ldots, d(-x_N)) = \mu_X(dx_0, dx_1, \ldots, dx_N)$ であるから

$$\begin{aligned}
& E(X(0)^{n_0} X(1)^{n_1} \cdots X(N)^{n_N}) \\
&= \int_{\mathbf{R}^{N+1}} \prod_{k=0}^{N} x_k^{n_k} \mu_X(dx_0, dx_1, \ldots, dx_N) \\
&= \int_{\mathbf{R}^N} \prod_{k=0}^{N} (-x_k)^{n_k} \mu_X(dx_0, dx_1, \ldots, dx_N) \\
&= \prod_{k=0}^{N} (-1)^{n_k} \int_{\mathbf{R}^{N+1}} \prod_{k=0}^{N} x_k^{n_k} \mu_X(dx_0, dx_1, \ldots, dx_N) \\
&= (-1)^{\sum_{k=0}^{N} n_k} E(X(0)^{n_0} X(1)^{n_1} \cdots X(N)^{n_N}) \\
&= -E(X(0)^{n_0} X(1)^{n_1} \cdots X(N)^{n_N})
\end{aligned}$$

となり, $E(X(0)^{n_0} X(1)^{n_1} \cdots X(N)^{n_N}) = 0$ が成り立ち, 確率過程 **X** は性質 (OS) を持つことが示された.

つぎに, 確率過程 **X** が性質 (OS) を持つと仮定する. ドブルーシン・ミンロスの条件 (E) における正数 $c_0(n)$ を用いて, 正数 c_1 を

$$c_1 \equiv \frac{\max\{c_0(n); 0 \leq n \leq N\}}{N+1}$$

と置く. 補題 2.9.4 より, つぎの不等式が成り立つ:

$$E(e^{c_1 \sum_{k=0}^{N} |X(k)|}) < \infty.$$

変数変換の公式より, 上の不等式はつぎのことを意味する:

$$\int_{\mathbf{R}^{N+1}} e^{c_1 \sum_{k=0}^{N} |x_k|} \mu_X(dx_0, dx_1, \ldots, dx_N) < \infty. \tag{5.25}$$

$N+1$ 次元複素ユークリッド空間 $\mathbf{C}^{N+1}$ 内の直積領域 D を

$$\begin{aligned} D \equiv \{w = {}^t(w_0, w_1, \ldots, w_N) \in \mathbf{C}^{N+1}; \\ |\mathrm{Re}\ w_j| < \frac{c_1}{2}\ (0 \leq j \leq N)\} \end{aligned} \tag{5.26}$$

5.2 確率過程の分離性

で定義し, 関数 $g : D \to \mathbf{C}$ をつぎで定義する:

$$g(w) \equiv \int_{\mathbf{R}^{N+1}} e^{\sum_{k=0}^{N} w_k x_k} \mu_{\mathrm{X}}(dx_0, dx_1, \ldots, dx_N). \tag{5.27}$$

この関数が定義可能であることを見るには, D の任意の元 w を固定したとき, x の関数 $e^{\sum_{k=0}^{N} w_k x_k}$ が $L^1(\mathbf{R}^{N+1}, \mathcal{B}(\mathbf{R}^{N+1}), \mu_{\mathrm{X}})$ の元であることを示せばよい: このことはつぎの不等式

$$\begin{aligned}\left| e^{\sum_{k=0}^{N} w_k x_k} \right| &\leq e^{\sum_{k=0}^{N} |\mathrm{Re}\, w_k x_k|} \\ &\leq e^{\frac{c_1}{2} \sum_{k=0}^{N} |x_k|}\end{aligned} \tag{5.28}$$

が成り立つことと (5.25) より従う.

つぎに, 関数 $g = g(w)$ は領域 D で正則であることを示そう. 任意の非負の整数 n_k $(0 \leq k \leq N)$ に対し, 正数 $c_2 = c_2(n_0, n_1, \ldots, n_N)$ が存在して

$$\left| \left(\prod_{k=0}^{N} z_k^{n_k} \right) e^{\sum_{k=0}^{N} w_k x_k} \right| \leq c_2 e^{c_1 \sum_{k=0}^{N} |x_k|} \quad (\forall w \in D) \tag{5.29}$$

が成り立つことを示そう; 不等式 (2.185) における正数 c として $c_1/2$ をとって

$$\begin{aligned}\left| \prod_{k=0}^{N} x_k^{n_k} \right| &\leq \prod_{k=0}^{N} \frac{n_k!}{(\frac{c_1}{2})^{n_k}} e^{\frac{c_1}{2}|x_k|} \\ &= c_2 e^{\frac{c_1}{2} \sum_{k=0}^{N} |x_k|}\end{aligned} \tag{5.30}$$

が成り立つ. ここで, 正数 c_2 は $c_2 \equiv \prod_{k=0}^{N}(n_k!/(\frac{c_1}{2})^{n_k})$ である. ゆえに, (5.28) と (5.30) より, (5.29) が得られる. したがって, (5.25), (5.29) より, ルベーグの微分と積分の順序交換定理を用いて, 関数 g は各変数 w_k に対して, n_k 回微分可能で

$$\frac{\partial^{n_0+n_1+\ldots+n_N}}{\partial w_0^{n_0} \partial w_1^{n_1} \cdots \partial w_N^{n_N}} g(w) = \int_{\mathbf{R}^{N+1}} \prod_{k=0}^{N} x_k e^{w_k x_k} \mu_{\mathrm{X}}(dx_0, dx_1, \ldots, dx_N) \tag{5.31}$$

が成り立つ. さらに, (5.25), (5.29) より, ルベーグの収束定理を用いて, 上式の関数は変数 $w = {}^t(w_0, w_1, \ldots, w_N)$ に関して連続である. ゆえに, 関数 g は複素多変数の関数として正則である[140].

領域 D が原点 $0 \equiv {}^t(0,0,\ldots,0)$ を含む筒領域の直積であることから, D に含まれる原点 0 の十分小さい近傍 $U_\delta(0) = U_\delta^{(0)}(0) \times U_\delta^{(1)}(0) \times \cdots \times U_\delta^{(N)}(0)$ ($\delta > 0$) でべき級数展開できる[140]:

$$g(w) = \sum_{n_0=0, n_1=0,\ldots,n_N=0}^{\infty} a_{n_0 n_1 \ldots n_N} w_0^{n_0} w_1^{n_1} \cdots w_N^{n_N}. \quad (5.32)$$

ここで, $U_\delta^{(k)}(0) = \{w \in \mathbf{C}; |w| < \delta\}$ $(0 \leq k \leq N)$ で, 係数 $a_{n_0 n_1 \ldots n_N}$ はつぎで与えられる:

$$a_{n_0 n_1 \ldots n_N} = \frac{1}{n_0! n_1! \cdots n_N!} \frac{\partial^{n_0 + n_1 + \ldots + n_N}}{\partial w_0^{n_0} \partial w_1^{n_1} \cdots \partial w_N^{n_N}} g(0).$$

今の場合は, (5.31) と変数変換の公式より

$$a_{n_0 n_1 \ldots n_N} = \frac{1}{n_0! n_1! \cdots n_N!} \int_{\mathbf{R}^{N+1}} \prod_{k=0}^{N} x_k^{n_k} \mu_\mathrm{X}(dx_0, dx_1, \ldots, dx_N)$$

$$= \frac{1}{n_0! n_1! \cdots n_N!} E(X(0)^{n_0} X(1)^{n_1} \cdots X(N)^{n_N}) \quad (5.33)$$

が得られる. 関数 g の原点 0 の近傍でのべき級数展開 (5.32) を

$$g(w) = \sum_{n_0+n_1+\ldots+n_N=\text{偶数}}^{\infty} a_{n_0 n_1 \ldots n_N} w_0^{n_0} w_1^{n_1} \cdots w_N^{n_N}$$

$$+ \sum_{n_0+n_1+\ldots+n_N=\text{奇数}}^{\infty} a_{n_0 n_1 \ldots n_N} w_0^{n_0} w_1^{n_1} \cdots w_N^{n_N}$$

と変形する. 確率過程 $\mathbf{X}$ が性質 (OS) を持つと仮定しているので, (5.33) より

$$g(w) = \sum_{n_0+n_1+\ldots+n_N=\text{偶数}}^{\infty} a_{n_0 n_1 \ldots n_N} w_0^{n_0} w_1^{n_1} \cdots w_N^{n_N} \quad (\forall w \in U_\delta(0))$$

が得られる. 特に, 領域 $U_\delta(0)$ は対称であることに注意して, $g(-w) = g(w)$ $(\forall w \in U_\delta(0))$. 関数 g は直積領域 D で正則であるから, 各変数ごとに一変数の正則関数に関する一致の定理を適用して, $N+1$ 次元のユークリッド空間 $\mathbf{R}^N$ の任意の元 $\xi = {}^t(\xi_0, \xi_1, \ldots, \xi_{r-\ell})$ に対して, $g(i\xi) = g(-i\xi)$ が成

り立つ．この式は，関数 g の定義式 (5.27) より，つぎを意味する：

$$\int_{\mathbf{R}^{N+1}} e^{\sum_{k=0}^{N} i\xi_k x_k} \mu_{\mathbf{X}}(dx_0, dx_1, \ldots, dx_N)$$
$$= \int_{\mathbf{R}^{N+1}} e^{-\sum_{k=0}^{N} i\xi_k x_k} \mu_{\mathbf{X}}(dx_0, dx_1, \ldots, dx_N)$$
$$= \int_{\mathbf{R}^{N+1}} e^{\sum_{k=0}^{N} i\xi_k x_k} \mu_{\mathbf{X}}(d(-x_0), d(-x_1), \ldots, d(-x_N)).$$

確率測度のフーリエ変換 (特性関数) の一意性定理より，つぎが成り立つ：

$$\mu_{\mathbf{X}}(A) = \mu_{\mathbf{X}}(-A) \quad (\forall A \in \mathcal{B}(\mathbf{R}^{N+1})).$$

ゆえに，確率過程 $\mathbf{X}$ の有限次元分布 $\mu_{\mathbf{X}}$ は対称であることが示された．(証明終)

注意 5.2.1 確率過程 $\mathbf{X}$ の有限次元分布 $\mu_{\mathbf{X}}$ が対称であるときは，定理 5.2.1 より，つぎの不等式が成り立つ；任意の $j \in \Lambda_{偶}, k \in \Lambda_{奇}$ に対して

$$D_{N_{j,k}}(\mathbf{X}; j) = 0 \leq D_{N_{j,k}}(\mathbf{X}; k);$$
$$D_n(\mathbf{X}; j) = 0 \leq D_n(\mathbf{X}; k) \quad (0 \leq \forall n \leq N_{j,k}).$$

しかし，確率過程 $\mathbf{X}$ は，強定常性を満たしているとしても，階数 6 の強分離性-0 を満たすとは限らない．

5.2.3 周波数域表現と対称性

分離性の数学的構造を調べるために，最初に決定性を調べよう．2.11 節で時間域の解析を通じて決定性を調べた．本項では周波数域の解析を通じて決定性を調べよう．

$\mathbf{X} = (X(n); 0 \leq n \leq N)$ を確率空間 $(\Omega, \mathcal{B}, P)$ で定義された 1 次元の確率過程で 2 乗可積分であるとする．定理 2.11.1 より，つぎの定理が成り立つ．

定理 5.2.2 $\mathbf{X}$ が LL-決定性を持つとき，$\dim \mathbf{M}_0^N(\mathbf{X}) \leq N$ が成り立つ．

証明 定理 2.11.1 より，$N_1 + 1$ 個のベクトル $\{X(0), X(1), \ldots, X(N_1)\}$ がベクトル空間 $\mathbf{M}_0^N(\mathbf{X})$ の生成系となる．したがって，$\dim \mathbf{M}_0^N(\mathbf{X}) \leq N_1 + 1 \leq N$ が成り立つ． (証明終)

さらに, 弱定常性を持つ場合は, つぎの定理が成り立つ.

定理 5.2.3 (文献[161]) d を N 以下の自然数とする. つぎの3条件は互いに同値である:

(I) 確率過程 X は弱定常性を満たし, $\dim \mathbf{M}_0^N(\mathbf{X}) = d$ が成り立つ.

(II) ある d 次の直交行列 C, $\mathbf{R}^d$ の点 x と $(L^2(\Omega, \mathcal{B}, P))^d$ の元 Y が存在して, つぎが成り立つ;

  (a) $X(n) = {}^t Y C^n x$ $(0 \leq n \leq N)$,

  (b) $E(Y {}^t Y) = I_d$,

  (c) $f(C)x = 0$ となる多項式 $f(\neq 0)$ で次数が最小のものは d である.

(III) $\mathbf{X}$ は d が偶数 $d = 2\ell$ のとき, つぎの (i), (ii) のどちらかとして, d が奇数 $d = 2\ell - 1$ のとき, つぎの (iii), (iv) のどちらかとして表現できる;

  (i) $X(n) = \sum_{k=1}^{\ell} (A_k \cos n\theta_k + B_k \sin n\theta_k)$ $(0 \leq n \leq N)$,

  (ii) $X(n) = \sum_{k=1}^{\ell-1} (A_k \cos n\theta_k + B_k \sin n\theta_k) + A_\ell + (-1)^n B_\ell$ $(0 \leq n \leq N)$,

  (iii) $X(n) = \sum_{k=1}^{\ell-1} (A_k \cos n\theta_k + B_k \sin n\theta_k) + A_\ell$ $(0 \leq n \leq N)$,

  (iv) $X(n) = \sum_{k=1}^{\ell-1} (A_k \cos n\theta_k + B_k \sin n\theta_k) + (-1)^n B_\ell$ $(0 \leq n \leq N)$.

ここで, A_k, B_k, θ_k はつぎの条件を満たす;

  (α) $A_k, B_k \in L^2(\Omega, \mathcal{B}, P), A_k \neq 0, B_k \neq 0$ $(0 \leq k \leq \ell)$,

  (β) $E(A_k A_j) = E(B_k B_j) = 0$ $(1 \leq k \neq j \leq \ell)$,

  (γ) $E(A_k B_j) = 0$ $(1 \leq k, j \leq \ell)$,

  (δ) $\|A_k\|_2 = \|B_k\|_2$ $(1 \leq k \leq \ell$ in (i); $1 \leq k \leq \ell - 1$ in (ii), (iii), (iv)),

  (η) $\theta_k \in \mathbf{R}$ $(1 \leq k \leq \ell), 0 < \theta_1 < \theta_2 < \cdots < \theta_\ell < \pi$.

証明 「(I)⇒(II)」を示す. 定理 2.6.3 のユニタリー作用素 $U_1: \mathbf{M}_0^{N-1}(\mathbf{X}) \to \mathbf{M}_1^N(\mathbf{X})$ を用いると, $X(n) = U_1 X(n-1) = U_1^n X(0)$ $(0 \leq n \leq N)$ が成り立つ. $d' \equiv \dim \mathbf{M}_0^{N-1}(\mathbf{X})$ と置く. $\{Y_1, Y_2, \ldots, Y_{d'}\}$ を部分空間 $\mathbf{M}_0^{N-1}(\mathbf{X})$ の正規直交系とする.

二つの場合 (い): $d' = d$ と (ろ): $d' = d - 1$ がある. 最初, (い) の場合を考えよう. ベクトル $X(0), U_1(Y_k)$ を正規直交系 $\{Y_1, Y_2, \ldots, Y_d\}$ に関して

$$X(0) = \sum_{j=1}^d x_j Y_j, \tag{5.34}$$

$$U_1(Y_k) = \sum_{j=1}^d c_{jk} Y_j \quad (1 \leq k \leq d) \tag{5.35}$$

とベクトル表示をし, $\mathbf{R}^d$ の元 $x \equiv {}^t(x_1, x_2, \ldots, x_d)$ と行列 $C \equiv (c_{jk}; 1 \leq j, k \leq d)$ を定める. 作用素 U_1 のユニタリー性より, 行列 C は直交行列であることがわかる. さらに, $(L^2(\Omega, \mathcal{B}, P))^d$ の元 Y をつぎのように定義する:

$$Y \equiv {}^t(Y_1, Y_2, \ldots, Y_d). \tag{5.36}$$

このとき, (II) の (a), (b) が成り立つことがわかる. (c) を示そう. 任意の n 次の多項式 $f = f(z) = \sum_{k=0}^n f_k z^k$ に対し, $\sum_{k=0}^n f_k X(k) = \sum_{k=0}^n f_k \, {}^t Y C^k x = {}^t Y f(C) x$ が成り立つ. したがって, (b) に注意して

$$\sum_{k=0}^n f_k X(k) = 0 \Leftrightarrow f(C) x = 0 \tag{5.37}$$

が成り立つ. $\dim \mathbf{M}_0^N(\mathbf{X}) = d$ より, 多項式 f の次数 n は d である.

つぎに, (ろ) の場合を考えよう. このとき, 新しくベクトル Y_d を $\{Y_j; 1 \leq j \leq d\}$ がベクトル空間 $\mathbf{M}_0^N(\mathbf{X})$ の正規直交系となるように構成する. (5.36) と同じく, $(L^2(\Omega, \mathcal{B}, P))^d$ の元 Y を定義する:

$$Y \equiv {}^t(Y_1, Y_2, \ldots, Y_d). \tag{5.38}$$

さらに, (5.34), (5.35) と同じく, ベクトル $X(0), U_1(Y_k)$ $(1 \leq k \leq d-1)$ を

正規直交系 $\{Y_1, Y_2, \ldots, Y_d\}$ に関して

$$X(0) = \sum_{j=1}^{d} x_j Y_j, \tag{5.39}$$

$$U_1(Y_k) = \sum_{j=1}^{d} c_{jk} Y_j \qquad (1 \leq k \leq d-1) \tag{5.40}$$

とベクトル表示する. (い)の場合と同じく, $\mathbf{R}^d$ の元 $x \equiv {}^t(x_1, x_2, \ldots, x_d)$ を定める. U_1 のユニタリー性より, 新しく縦ベクトル ${}^t(c_{1d}, c_{2d}, \ldots, c_{dd})$ $(c_{jd} \in \mathbf{R})$ を付け加えて, 行列 $C \equiv (c_{jk}; 1 \leq j, k \leq d)$ が直交行列になるようにできる. このとき, 線形作用素 $U : \mathbf{M}_0^N(\mathbf{X}) \to \mathbf{M}_0^N(\mathbf{X})$ を

$$U(Y_k) = U_1(Y_k) \qquad (1 \leq k \leq d-1), \tag{5.41}$$

$$U(Y_d) = \sum_{j=1}^{d} c_{jd} Y_j \tag{5.42}$$

として定義する. このとき, 作用素 U はユニタリー性を持ち, ユニタリー作用素 U を正規直交系 $\{Y_1, Y_2, \ldots, Y_d\}$ に関して行列表示したときの行列が上で構成した直交行列 C であることがわかる.

このとき, (II)の(a), (b)が成り立つ. (あ)の場合と同様に, (c)を示すことができる.

「(II)⇒(I)」を示す. 任意の整数 $0 \leq m \leq n \leq N$ に対し, (b)より

$$\begin{aligned} E(X(m)X(n)) &= E({}^t Y C^m x ({}^t Y C^n x)) \\ &= \sum_{j=1}^{d} (C^m x)_j (C^n x)_j \\ &= \sum_{p,q=1}^{d} \left(\sum_{j=1}^{d} (C^m)_{jp} (C^n)_{jq} \right) x_p x_q \end{aligned}$$

が成り立つ. さらに, 行列 C の直交性より, C^n も直交行列であるから $\sum_{j=1}^{d} (C^m)_{jp} (C^n)_{jq} = \sum_{r=1}^{d} (\sum_{j=1}^{d} (C^m)_{jr} (C^n)_{jq}) (C^{m-n})_{rp} = (C^{m-n})_{qp}$ が従う. ゆえに, $E(X(m)X(n)) = \sum_{p,q=1}^{d} (C^{m-n})_{qp} x_p x_q = (C^{m-n} x, x)$ と

5.2 確率過程の分離性　　　281

なり, 確率過程 **X** の弱定常性が示された.「(I)⇒(II)」を示すときに注意した (5.37) はこの場合も成り立つ. したがって, $\dim \mathbf{M}_0^{N-1}(\mathbf{Z}) = d$ が示される.

「(I), (II)⇒(III)」を示す. d は偶数 $d = 2\ell$ とする. d が奇数の場合も (以下の証明を見れば) 同様に示すことができる. 直交行列の標準表現を求めると, ある直交行列 Q が存在して, 直交行列 C はつぎのいずれかに表現される:

$$C = Q^{-1} \begin{pmatrix} D_1 & & & 0 \\ & D_2 & & \\ & & \ddots & \\ 0 & & & D_\ell \end{pmatrix} Q, \qquad (5.43)$$

$$C = Q^{-1} \begin{pmatrix} D_1 & & & & & 0 \\ & D_2 & & & & \\ & & \ddots & & & \\ & & & D_{\ell-1} & & \\ & & & & 1 & \\ 0 & & & & & -1 \end{pmatrix} Q. \qquad (5.44)$$

ここで D_k $(1 \leq k \leq \ell)$ はつぎの直交行列である:

$$D_k = \begin{pmatrix} \cos\theta_k & -\sin\theta_k \\ \sin\theta_k & \cos\theta_k \end{pmatrix} \quad (0 \leq \theta_1 \leq \theta_2 \leq \cdots < \theta_\ell \leq \pi). \qquad (5.45)$$

以下, 直交行列 C が (5.43) と表現できる場合を考える. C が (5.44) と表現できる場合も (以下の証明を見れば) 同様に示すことができる. ベクトル QY, Qx の成分を $QY = {}^t(G_1, H_1, G_2, H_2, \ldots, G_\ell, H_\ell)$, $Qx = {}^t(e_1, f_1, e_2, f_2, \ldots, e_\ell, f_\ell)$ と表示する. (a) を用いると, $X(n)$ は (III) の (i) のように表現できる:

$$X(n) = \sum_{k=1}^{\ell} (A_k \cos n\theta_k + B_k \sin n\theta_k) \quad (0 \leq n \leq N),$$

$$A_k = e_k G_k + f_k H_k \quad (1 \leq k \leq \ell)$$

$$B_k = e_k H_k - f_k G_k \quad (1 \leq k \leq \ell).$$

上の表現より, $\mathbf{M}_0^N(\mathbf{X}) \subset [A_k, B_k; 1 \leq k \leq \ell]$ が成り立ち, $\dim \mathbf{M}_0^N(\mathbf{X}) = d = 2\ell$ を仮定しているので, (α), (γ) が成り立つことがわかる. さらに,

$E(QY\ {}^t(QY)) = QY(Y\ {}^tY)\ {}^tQ = I$ であるから, $E(G_jG_k) = (H_jH_k) = \delta_{jk}, (G_jH_k) = 0$ $(1 \le j, k \le \ell)$ が成り立つ. これより, (β), (δ) が成り立つことがわかる.

最後に, 「(III)⇒(II)」を示そう. d が偶数 $d = 2\ell$ の場合で, (i) が成り立つ場合を考える. 他の場合も (以下の証明を見れば) 同様に示すことができる. 直交行列 C, $\mathbf{R}^d$ の元 x と $(L^2(\Omega, \mathcal{B}, P))^d$ の元 Y をつぎによって定義する:

$$C \equiv \begin{pmatrix} D_1 & & & 0 \\ & D_2 & & \\ & & \ddots & \\ 0 & & & D_\ell \end{pmatrix}, D_k = \begin{pmatrix} \cos\theta_k & -\sin\theta_k \\ \sin\theta_k & \cos\theta_k \end{pmatrix} \quad (1 \le k \le \ell),$$

$$x \equiv {}^t(\|A_1\|_2, 0, \|A_2\|_2, 0, \ldots, \|A_\ell\|_2, 0),$$
$$Y \equiv {}^t(\frac{A_1}{\|A_1\|_2}, \frac{B_1}{\|B_1\|_2}, \frac{A_2}{\|A_2\|_2}, \frac{B_2}{\|B_2\|_2}, \ldots, \frac{A_\ell}{\|A_\ell\|_2}, \frac{B_\ell}{\|B_\ell\|_2}).$$

直接計算によって, 条件 (a), (b) が成り立つことを示せる. 任意の n 次の多項式 $f = f(z) = \sum_{k=0}^n f_k z^k$ に対し

$$f(C)x = \begin{pmatrix} f(D_1) & & & 0 \\ & f(D_2) & & \\ & & \ddots & \\ 0 & & & f(D_\ell) \end{pmatrix} \begin{pmatrix} \|A_1\|_2 \\ 0 \\ \|A_2\|_2 \\ 0 \\ \vdots \\ \|A_\ell\|_2 \\ 0 \end{pmatrix}$$

が成り立つ. したがって, $f(C)x = 0 \Leftrightarrow f(C) = 0$ が成立する. 直交行列 C は $d = 2\ell$ 個の異なる固有値 $e^{\pm i\theta}$ $(1 \le k \le \ell)$ を持つので, 直交行列 C の最小多項式の次数は d である. これより, 上の関係式に注意することによって, 条件 (c) を示すことができる. (証明終)

つぎに, 定理 5.2.3 の (III) で (i) の具体的な例で, 性質 (OS) を満たすものを考えよう.

例 5.2.1 確率空間 $(\Omega, \mathcal{B}, P)$ として，つぎのものを考える：

$$\begin{cases} \Omega \equiv [0, \alpha] \quad (\alpha \text{ は正の定数}), \\ \mathcal{B} \equiv \mathcal{B}([0, \alpha]), \\ P(d\omega) \equiv \frac{d\omega}{\alpha}. \end{cases} \tag{5.46}$$

確率空間 Ω で定義された確率過程 $\mathbf{X} = (X(n); 0 \leq n \leq N)$ を

$$X(n)(\omega) \equiv a \sin\left(\frac{2\pi}{\alpha}\omega + n\theta\right) \tag{5.47}$$

で定める．ここで，a, θ は実数の定数で，$0 < \theta < \pi$ とする．三角関数の加法定理を用いると，確率過程 $\mathbf{X}$ は定理 5.2.3 (III) の (i) のように表現できる：

$$X(n)(\omega) = A(\omega) \cos n\theta + B(\omega) \sin n\theta, \tag{5.48}$$

$$A(\omega) = a \sin \frac{2\pi}{\alpha}\omega, \quad B(\omega) = a \cos \frac{2\pi}{\alpha}\omega. \tag{5.49}$$

さらに，確率変数 A, B はつぎを満たすことがわかる：

$$E(AB) = 0, \qquad \|A\|_2 = \|B\|_2. \tag{5.50}$$

もっと一般に，非負の整数 m, n でどちらかが奇数であるものに対して

$$E(A^m B^n) = 0 \tag{5.51}$$

が成り立つことを注意する．

つぎの定理を示そう．

定理 5.2.4 確率過程 $\mathbf{X}$ は平均 $E(X(n)) = 0 \ (0 \leq n \leq N)$ の弱定常過程で性質 (OS) を満たす．特に，$\mathbf{X}$ の相関関数はつぎで与えられる；

$$E(X(m)X(n)) = \frac{a^2}{2} \cos(m-n)\theta \quad (0 \leq m, n \leq N).$$

証明 直接計算によって，$E(X(n)) = 0$ を示すことができる．さらに，三角関数の加法定理を用いると，$X(m)(\omega) X(n)(\omega) = \frac{a^2}{2}(\cos(m-n)\theta - \cos(\frac{4\pi}{\alpha}\omega +$

$(m+n)\theta))$ になることに注意して，直接計算によって，$E(X(m)X(n)) = \frac{a^2}{2}\cos(m-n)\theta$ となり，$\mathbf{X}$ の弱定常性が示される．つぎに，$\mathbf{X}$ が (OS) を満たすことを示そう．任意の非負の整数 $n_0, n_1, \ldots, n_N$ でその総和 $n_0+n_1+\ldots+n_N$ が奇数であるものを考える．このとき，(5.48) より，つぎの展開式が成り立つ:

$$\prod_{k=0}^{N} X(k)^{n_k} = \prod_{k=0}^{N}\left(\sum_{j=0}^{n_k}\binom{n_k}{j}\cos^j k\theta \sin^{n_k-j} k\theta A^j B^{n_k-j}\right)$$
$$= \sum_{0\le j_k\le n_k \ (0\le k\le N)} c_{j_0,j_1,\ldots,j_N} A^{\sum_{i=0}^N j_i} B^{\sum_{i=0}^N (n_i-j_i)}.$$

ここで，$c_{j_0,j_1,\ldots,j_N}$ は実数である．ゆえに，(5.51) より，$E(\prod_{k=0}^{N} X(k)^{n_k}) = 0$ が示された． (証明終)

確率過程 $\mathbf{X}$ は分離性を持つかどうか調べよう．直接計算によって，次の補題 5.2.1 を示すことができる．

補題 5.2.1 $\{0, 1, \ldots, 18\}$ の任意の元 j に対し，2次元確率過程 ${}^t(\mathbf{Z}_0^{(sh)}, \mathbf{Z}_j)$ は弱定常性を満たす．

決定性関数 $D_n(\mathbf{X}|k)$ ($k \in \Lambda_{\text{奇}} = \{0, 2, 5, 7, 9, 10, 13, 16, 17\}$) の $n = 0, 1$ の値を直接計算によって求めることができる．

補題 5.2.2

(i) $D_0(\mathbf{X}|0) = |\cos\theta|$, $\qquad D_1(\mathbf{X}|0) = 1;$

(ii) $D_0(\mathbf{X}|2) = \frac{3}{\sqrt{10}}|\cos\theta|$, $\qquad D_1(\mathbf{X}|2) > 0;$

(iii) $D_0(\mathbf{X}|5) = \frac{4|\cos^2\theta - \frac{1}{4}|}{\sqrt{2(1+4\cos^2\theta)}}$, $\qquad D_1(\mathbf{X}|5) > 0;$

(iv) $D_0(\mathbf{X}|7) = \frac{5\sqrt{2}}{3\sqrt{7}}|\cos\theta|$, $\qquad D_1(\mathbf{X}|7) > 0;$

(v) $D_0(\mathbf{X}|9) = \frac{|\cos\theta(\cos^2\theta - \frac{5}{8})|}{\sqrt{2(1+4\cos^2 2\theta)}}$, $\qquad D_1(\mathbf{X}|9) > 0;$

(vi) $D_0(\mathbf{X}|10) = \frac{4|\cos\theta(\cos^2\theta - \frac{1}{4})|}{\sqrt{2(1+4\cos^2\theta)}}$, $\qquad D_1(\mathbf{X}|10) > 0;$

(vii) $D_0(\mathbf{X}|13) = \frac{6\sqrt{2}|\cos^2\theta - \frac{1}{6}|}{\sqrt{7(1+8\cos^2\theta)}}$, $\qquad D_1(\mathbf{X}|13) > 0;$

(viii) $D_0(\mathbf{X}|16) = \frac{8\sqrt{2}|\cos^4\theta - \frac{7}{8}\cos^2\theta + \frac{1}{16}|}{\sqrt{1+4\cos^2 3\theta}}$, $\qquad D_1(\mathbf{X}|16) > 0;$

(ix) $D_0(\mathbf{X}|17) = \frac{8|(\cos^2\theta - \frac{1}{4})(\cos^2\theta - \frac{1}{2})|}{\sqrt{(\cos^2\theta - \frac{1}{4})^2 + \frac{3}{16}}}$, $\quad D_1(\mathbf{X}|17) > 0$.

二つの正数 θ_9, θ_{13} $(\in (0, \frac{\pi}{2}))$ をつぎで定める:

$$\theta_9 \equiv \cos^{-1}(\tfrac{5}{8}), \quad \theta_{13} \equiv \cos^{-1}(\tfrac{1}{6}). \tag{5.52}$$

さらに, 二つの正数 $\theta_{16}, \theta'_{16} \in (0, \frac{\pi}{2})$ $(\theta_{16} > \theta'_{16})$ を $\cos^2(\theta_{16}), \cos^2(\theta'_{16})$ がつぎの2次方程式の異なる正の根として定義する:

$$x^2 - \frac{7}{8}x + \frac{1}{16} = 0. \tag{5.53}$$

これら $\theta_9, \theta_{12}, \theta_{16}, \theta'_{16}$ の間につぎの不等式が成り立つ:

$$0 < \theta'_{16} < \theta_9 < \frac{\pi}{4} < \frac{\pi}{3} < \theta_{13} < \theta_{16} < \frac{\pi}{2}. \tag{5.54}$$

つぎの定理5.2.5を示そう.

定理 5.2.5 例5.2.1における確率過程 $\mathbf{X}$ はつぎを満たす:
 (i) すべての θ $(\in (0, \pi))$ に対し, $\mathbf{X}$ は階数6の弱分離性-0を満たす;
 (ii) $\theta, \pi - \theta$ がどちらも $\theta'_{16}, \theta_9, \frac{\pi}{4}, \frac{\pi}{3}, \theta_{13}, \theta_{16}, \frac{\pi}{2}$ と異なれば, $\mathbf{X}$ は階数6の強分離性-0を満たす.

証明 任意の元 $j \in \Lambda_\text{偶}$, $k \in \Lambda_\text{奇}$ をとる. (i)を示す. 補題5.2.1に注意して, 定理5.2.4より, 定理2.10.7を各決定関数 $D_n(\mathbf{X}; i)$ $(i = j, k)$ に適用できる. そのとき, 補題5.2.2より, $D_{N_{j,k}}(\mathbf{X}; k) \geq D_1(\mathbf{X}; k) > 0 = D_{N_{j,k}}(\mathbf{X}; j)$ となるから, 確率過程 $\mathbf{X}$ は階数6の弱分離性-0を満たす. (ii)の条件が成り立つときは, (i)と同じ推論を用いて, 補題5.2.2より, $D_n(\mathbf{X}; k) \geq D_0(\mathbf{X}; k) > 0 = D_0(\mathbf{X}; j)$ となるから, 確率過程 $\mathbf{X}$ は階数6の強分離性-0を満たす. (証明終)

例5.2.2 確率空間 $(\Omega, \mathcal{B}, P)$ は例5.2.1と同じく(5.46)とし, 確率過程 $\mathbf{X} = (X(n); 0 \leq n \leq N)$ は一般化して, つぎのように定義する:

$$X(n)(\omega) \equiv \sum_{k=1}^{\ell} \left(a_k \sin\left(\frac{2\pi(2k-1)}{\alpha}(\omega + n) + \alpha_k \right) \right.$$

$$+ b_k \cos\left(\frac{2\pi(2k-1)}{\alpha}(\omega+n)+\beta_k\right)\right). \quad (5.55)$$

ここで, $a_k, b_k, \alpha_k, \beta_k$ は実数の定数である. 三角関数の加法定理を用いると

$$X(n) = \sum_{k=1}^{\ell}(a_k(n)\tilde{A}_k + b_k(n)\tilde{B}_k) \quad (5.56)$$

と表現できる. ここで, 確率変数 $\tilde{A}_k = \tilde{A}_k(\omega), \tilde{B}_k = \tilde{B}_k(\omega)$ と定数 $a_k(n), b_k(n)$ はつぎで与えられる:

$$\tilde{A}_k(\omega) = \sin\frac{2\pi(2k-1)}{\alpha}\omega, \tilde{B}_k(\omega) = \cos\frac{2\pi(2k-1)}{\alpha}\omega, \quad (5.57)$$

$$a_k(n) = a_k(\cos\alpha_k - \sin\beta_k)\cos\frac{2\pi(2k-1)}{\alpha}n$$
$$- b_k(\sin\alpha_k + \cos\beta_k)\sin\frac{2\pi(2k-1)}{\alpha}n, \quad (5.58)$$

$$b_k(n) = a_k(\cos\alpha_k - \sin\beta_k)\sin\frac{2\pi(2k-1)}{\alpha}n$$
$$+ b_k(\sin\alpha_k + \cos\beta_k)\cos\frac{2\pi(2k-1)}{\alpha}n. \quad (5.59)$$

したがって, $X(n)$ は定理 5.2.3 (III) の (i) のように表現できる:

$$X(n) = \sum_{k=1}^{\ell}\left(A_k\cos\frac{2\pi(2k-1)}{\alpha}n + B_k\sin\frac{2\pi(2k-1)}{\alpha}n\right), (5.60)$$

$$A_k = a_k(\cos\alpha_k - \sin\beta_k)\tilde{A}_k + b_k(\sin\alpha_k + \cos\beta_k)\tilde{B}_k, \quad (5.61)$$

$$B_k = -b_k(\sin\alpha_k + \cos\beta_k)\tilde{A}_k + a_k(\cos\alpha_k - \sin\beta_k)\tilde{B}_k. \quad (5.62)$$

つぎの定理を示そう.

定理 5.2.6 確率過程 $\mathbf{X}$ は平均 $E(X(n)) = 0$ $(0 \leq n \leq N)$ の弱定常過程で性質 (OS) を満たす.

証明 (5.50) と同様に, つぎが成り立つ:

$$E(\tilde{A}_k\tilde{A}_j) = 0 \ (1 \leq k \neq j \leq \ell), \ E(\tilde{A}_k\tilde{B}_j) = 0 \ (1 \leq j, k \leq \ell), (5.63)$$
$$\|\tilde{A}_k\|_2 = \|\tilde{B}_k\|_2 \quad (1 \leq k \leq \ell). \quad (5.64)$$

これを用いて, (5.61), (5.62) より, 確率変数の集まり $\{A_j, B_k; 1 \leq j, k \leq \ell\}$ もまた上の関係式を満たす. したがって, 直接計算によって, $E(X(n)) = 0$ と $E(X(n)X(m)) = \sum_{k=1}^{\ell} \|A_k\|_2^2 \cos \frac{2\pi(2k-1)}{\alpha}(n-m)$ となり, 確率過程 $\mathbf{X}$ の弱定常性が示された.

つぎに, $\mathbf{X}$ が (OS) を満たすことを示そう. 公式

$$\sin \frac{2\pi(2k-1)}{\alpha}\omega = \sum_{i=0}^{k-1} \binom{2k-1}{2i+1} (-1)^i \sin^{2i+1} \frac{2\pi}{\alpha}\omega \cos^{2(k-i-1)} \frac{2\pi}{\alpha}\omega,$$

$$\cos \frac{2\pi(2k-1)}{\alpha}\omega = \sum_{i=0}^{k-1} \binom{2k-1}{2i} (-1)^i \sin^{2i} \frac{2\pi}{\alpha}\omega \cos^{2(k-i)-1} \frac{2\pi}{\alpha}\omega$$

を使うと, (5.56) より, $Z(n)$ はつぎのように表現される:

$$X(n) = \sum_{0 \leq i+j = \text{奇数} \leq 2\ell-1} c_{i,j}(n) \sin^i \frac{2\pi}{\alpha}\omega \cos^j \frac{2\pi}{\alpha}\omega.$$

ここで, $c_{i,j}(n)$ は定数である. したがって, 奇数個の整数 $0 \leq n_k \leq N$ ($0 \leq k \leq 2m$) を重複を許して取ると, つぎの展開式が成り立つ:

$$X(n_0)(\omega)X(n_1)(\omega)\cdots X(n_{2m})(\omega)$$
$$= \sum_{0 \leq i+j = \text{奇数} \leq (2\ell-1)(2m+1)} c'_{i,j}(n) \sin^i \frac{2\pi}{\alpha}\omega \cos^j \frac{2\pi}{\alpha}\omega.$$

ここで, $c'_{i,j}(n)$ は定数である. ゆえに, (5.51) より, $E(X(n_0)X(n_1)\cdots X(n_{2m}))$ $= 0$ が成り立ち, $\mathbf{X}$ が (OS) を満たすことが示された. (証明終)

5.2.4 対称性の破れと分離性

例 5.2.3 確率空間 $(\Omega, \mathcal{B}, P)$ は例 5.2.1 と同じく (5.46) とし, つぎの確率過程 $\mathbf{X} = (X(n); 0 \leq n \leq N)$ を考えよう:

$$X(n)(\omega) \equiv \sin \frac{2\pi}{\alpha}(\omega + n) + a \cos \frac{4\pi}{\alpha}(\omega + n). \tag{5.65}$$

ここで, a は実数の定数, α は $\frac{4\pi}{\alpha} \in (0, \pi)$ を満たすとする. 三角関数の加法定理を用いて, つぎのように表現できる:

$$X(n) = \sum_{k=1}^{2} (A_k \cos n\theta_k + B_k \sin n\theta_k). \tag{5.66}$$

ここで, 各 $k=1,2$ に対し, 正数 $\theta_k \in (0,\pi)$ と確率変数 A_k, B_k はつぎで与えられる:

$$\theta_k \equiv \frac{2k\pi}{\alpha}, \tag{5.67}$$

$$A_1 \equiv \sin\frac{2\pi}{\alpha}\omega, \quad A_2 \equiv a\cos\frac{4\pi}{\alpha}\omega, \tag{5.68}$$

$$B_1 \equiv \cos\frac{2\pi}{\alpha}\omega, \quad B_2 \equiv -a\sin\frac{4\pi}{\alpha}\omega. \tag{5.69}$$

直接計算より, つぎの定理を示すことができる.

定理 5.2.7 確率過程 **X** は強定常過程である. さらに, その共分散関数はつぎで与えられる; 各整数 m, n $(0 \leq m, n \leq N)$ に対し
  (i) $E(X(n)) = 0$,
  (ii) $E(X(m)X(n)) = \frac{1}{2}(\cos\frac{2\pi}{\alpha}(n-m) + a^2\cos\frac{4\pi}{\alpha}(n-m))$.

さらに, つぎの定理を示すことができる.

定理 5.2.8 各整数 m, n $(0 \leq m, n \leq N)$ に対し
  (i) $E(X(m)X(n)^2) = -\frac{a}{2}(2\cos\frac{2\pi}{\alpha}(n-m) + \cos\frac{4\pi}{\alpha}(n-m))$,
  (ii) $E(X(m)X(n)^3) = \frac{3a^2(2+a^2)}{8}(\cos\frac{2\pi}{\alpha}(n-m) + \cos\frac{4\pi}{\alpha}(n-m))$,
  (iii) $E(X(m)^2 X(n)^2) = \frac{1}{8}(1 + 4a^2 + a^4 + 2\cos\frac{2\pi}{\alpha}(n-m)$
  $\qquad\qquad\qquad\qquad + 8a^2\cos\frac{2\pi}{\alpha}(n-m)\cos\frac{4\pi}{\alpha}(n-m))$.

定理 5.2.8 (i) より, $E(X(0)^3) = -\frac{3a}{4}$ が成り立つので, 確率過程 **X** は性質 (OS) を満たさない. 対称性を満たさないが, 分離性を満たす確率過程はあるだろうか. 例 5.2.1 の確率過程 **X** が分離性を持つことを見たが, 対称性も満たしていた.

問題 例 5.2.3 の確率過程 **X** は分離性を満たすか.

上の問題はまだ解けていないが, 分離性を持つかどうかを実験的に調べてみよう. 式 (5.66) において, 確率過程 **X** の見本関数を与える $\omega \in \Omega$ として

5.2 確率過程の分離性

図 5.2.1 $\alpha = 300$

図 5.2.2 $\alpha = 3,000$

図 5.2.3 $\alpha = 10,000$

図 5.2.4 $\alpha = 30,000$

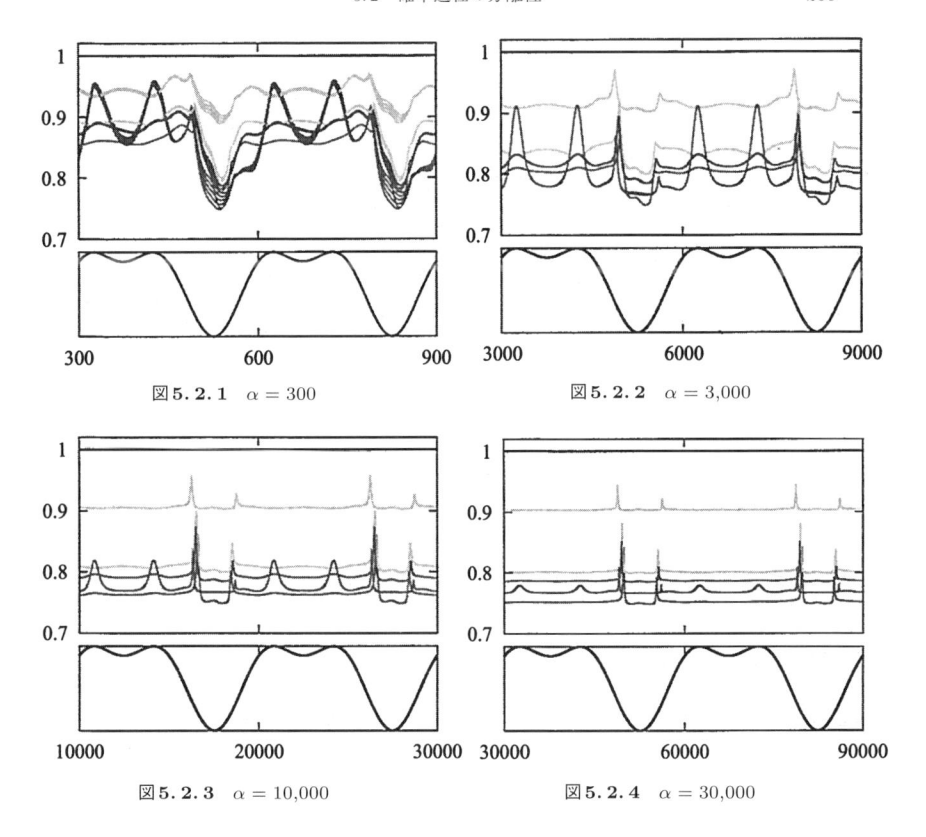

$\omega = 0$ をとり, $a = 0.5$ とすると, 確率過程 **X** の見本関数から得られる時系列 $(X(n)(0); 0 \leq n \leq N)$ はつぎのようになる:

$$X(n)(0) = \sin \frac{2n\pi}{\alpha} + 0.5 \cos \frac{4n\pi}{\alpha}. \qquad (5.70)$$

正数 α をパラメータとして, $\alpha = 300, 3,000, 10,000, 30,000$ と動かし, 時系列 $(X(n); 0 \leq n \leq N)$ の見本決定値のグラフをそれぞれ図 5.2.1, 図 5.2.2, 図 5.2.3, 図 5.2.4 に表す. 切断長はそれぞれ $L+1 = 300, 3,000, 10,000, 30,000$ とする.

上図より, パラメータ α を大きくするに従って, 例 5.2.3 の確率過程 **X** の見本関数から得られる時系列は「弱分離性-0」を持つことを暗示している. 数学的に厳密なことではないが, パラメータを大きくすることは, 確率過程 **X** の見

本関数に関する離散的な情報が確率過程 **X** に関する連続的な情報に伝わることを意味している．このことを考慮して，例 5.2.3 の確率過程 **X** が弱分離性-0 あるいは強分離性-0 を持つかどうかの数学的研究は今後の課題である．それが実験数学を支える哲学「空即是色 色即是色」の心である．

5.2.5　サインウエーブと深部低周波地震波

本書で紹介した分離性は深部低周波地震で励起された地震波の時系列に対して初めて発見されたものであった．例 5.2.2 の確率過程 **X** を与える式 (5.55) において，$\ell = 1, a_1 = 17.1, b_1 = 0, \frac{2\pi}{\alpha} = 0.1325$ とおく．さらに，ω, α_1 として $\frac{2\pi}{\alpha}\omega + \alpha_1 = -0.68$ を満たすように任意にとり固定し，それに対応する確率過程 **X** の見本関数に対応する時系列を $x = (x(n); 0 \leq n \leq N)$ とする:

$$x(n) \equiv X(n)(\omega) = 17.1 \sin(0.1325n - 0.68). \tag{5.71}$$

時間域が $n = 7{,}450$ から $n = 7{,}750$ までの時系列 x のグラフは図 5.2.5 の破線である．ただし，$N \geq 7{,}750$ とする．黒い色のグラフは図 4.1.31 で与えた H.SBAH で観測された深部低周波地震で S 波が来た後の分離性が現れる時間域のグラフである．良い推定を与えている．

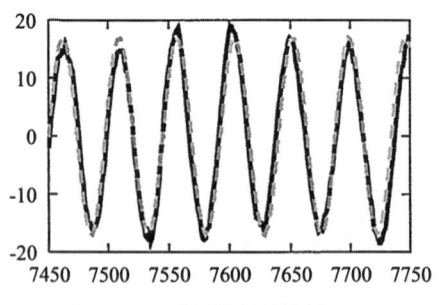

図 5.2.5　深部低周波地震と例 5.2.2

(a) 時系列 x の 1 次差分をとった時系列を z とする．以下において，時系列 z が分離性を満たすかどうかを見てみよう．切断長は 300 とし，Test(ABN) と Test(D) を時系列 z に適用した結果を図 5.2.6〜図 5.2.10 に示す．

図 5.2.6, 図 5.2.7, 図 5.2.8, 図 5.2.9 はそれぞれ H.SBAH で観測された深

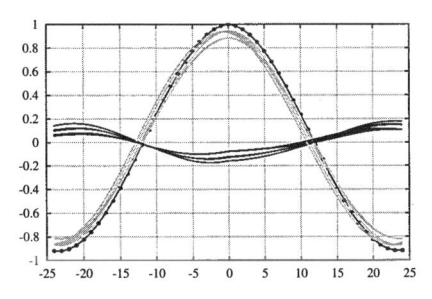

図 5.2.6　階数 6 の非線形型の見本共分散関数

図 5.2.7　階数 6 の非線形型の見本決定値のグラフ

図 5.2.8　階数 6 の非線形型の見本決定関数

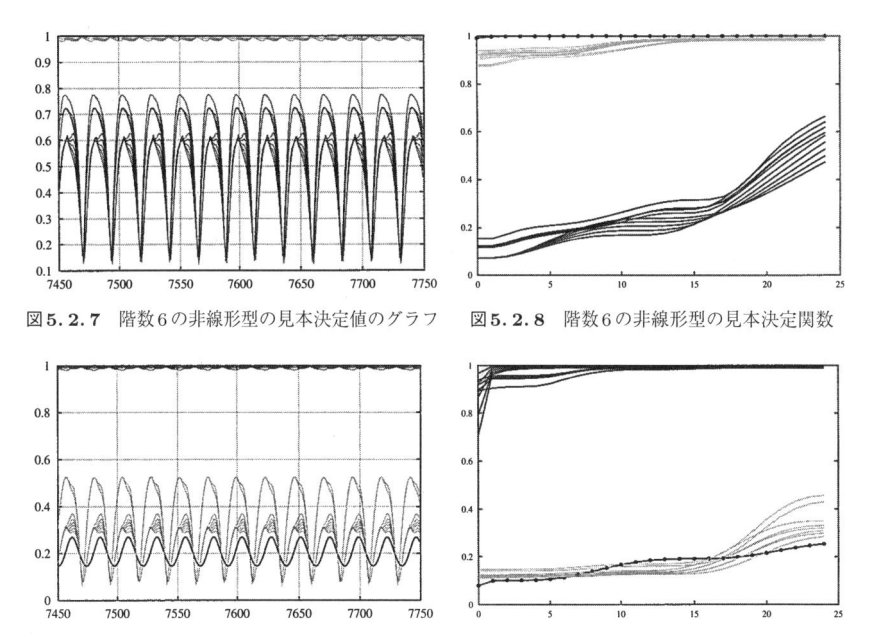

図 5.2.9　階数 6 の非線形型の見本決定値のグラフ

図 5.2.10　階数 6 の非線形型の見本決定関数

部低周波地震波に対する結果である口絵③, 口絵①, 口絵②, 口絵⑤に対応している. 図 5.2.9 では口絵⑤と同じく $i=2$ としている. 図 5.2.10 は図 5.2.9 と同じく $i=2$ としたときの口絵②に対応する結果である. 図 5.2.8 と図 5.2.10 では最終時刻は $t=7,750$ としている. H.SBAH で観測された深部低周波地震波に対する結果と同様に, 分離性 ((WSEP)-0, (WSEP)-2, (SSEP)-0, (SSEP)-2) と性質 (DSEP) が成り立っている. 特に, (5.71) より, 時系列 z は決定的な

確率過程 (サインウエーヴ) の見本関数であるため, 図5.2.7では黒色と淡い灰色のグラフの値はほとんど1に近い. そのため, 実は時系列 z は Test(S) を通過していない. したがって, 本書で展開してきた実験数学の姿勢からいうと, 上記の結果は認められない.

(b) そこで, ウエイト $w = 0.3$ を持ったウエイト変換を時系列 z に施したつぎの時系列 $z^w = (z^w(n); 0 \le n \le N)$ を考察する:

$$z^w(n) \equiv z(n) + w\xi(n). \tag{5.72}$$

ここで, ξ は規格化された正規乱数である. 図5.2.11は時系列 z^w の時間域が $n = 7{,}450$ から $n = 7{,}750$ までの時系列 x のグラフである.

Test(ABN) と Test(D) を時系列 z^w に適用した結果は図5.2.12 〜 図5.2.16で, それぞれ図5.2.6 〜 図5.2.10に対応している. 階数6の非線形変換を z^w に施した19個の1次元の時系列 $(z^w)_j$ $(0 \le j \le 18)$ と18個の2次元の時系列 $^t((z^w)_0, (z^w)_j)$ $(1 \le j \le 18)$ はすべて Test(S) を通過していることを注意する.

図5.2.11 時系列 z^w

図5.2.12 階数6の非線形型の見本共分散関数

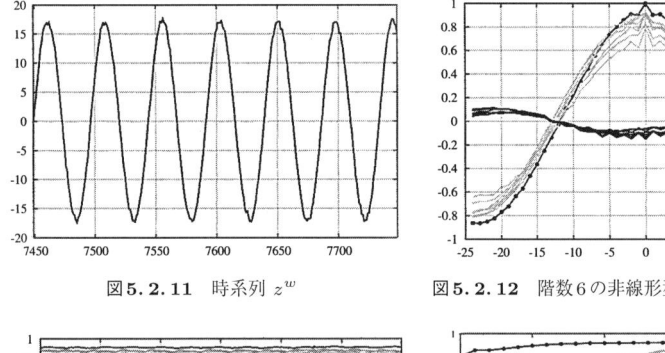

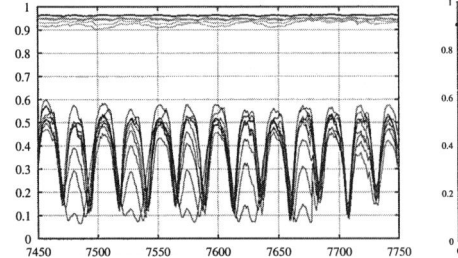

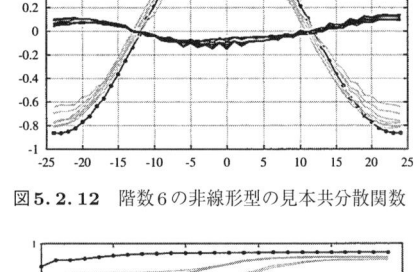

図5.2.13 階数6の非線形型の見本決定値のグラフ

図5.2.14 階数6の非線形型の見本決定関数

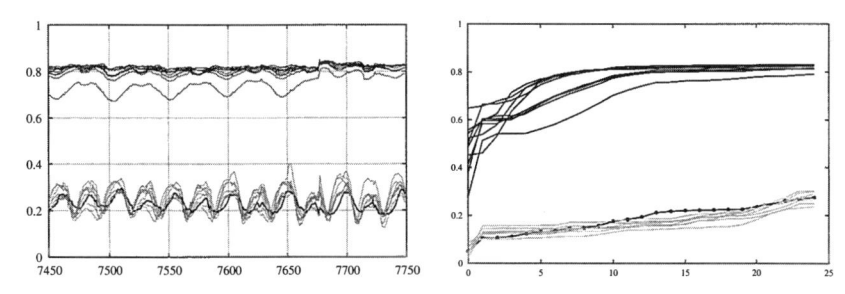

図 5.2.15　階数6の非線形型の見本決定値のグラフ　図 5.2.16　階数6の非線形型の見本決定関数

H.SBAHで観測された深部低周波地震波に対する結果と同様に，分離性 ((WSEP)-0, (WSEP)-2, (SSEP)-0, (SSEP)-2) と性質 (DSEP) が成り立っている．特に，各 i ($0 \leq i \leq 18$) に対し，(WSEP)-i と (SSEP)-i が成り立つことを注意する．さらに，図 5.2.10 は，ウエイトをつけない時系列 z よりも，H.SBAH で観測された深部低周波地震波に対する口絵③と似た結果を示している．

文　　献

1) R. Brown, A brief account of microscopical observations made in the months of June, July, and August, 1827, on the particles contained in the pollen of plants, and on the general existence of active molecules in organic and inorganic bodies, Philos. Mag., Ann. of Philos., New Series, 4 (1828), 161-178.
2) L. Bachelier, Théorier de la spéculation, Doctoral dissertation, Faculté des Sciences de Paris(1900). Annales Scientifiques de l'Ecole Normale Supérieure, Suppl. 3 (1900), 21-86.
3) A. Einstein, Über die von molekularkinetischen Theorie der Wärme geforderte Bewegung von in ruhenden Flüssigkeiten suspendierten Teilchen, Drudes Ann., 17 (1905), 549-560.
4) P. Langevin, Sur la théorie du mouvement brownien, C. R. Acad. Sci. Paris, 146 (1908), 530-533.
5) J. B. Perrin, Atoms, London, 1916.
6) N. Wiener, Differential space, J. Math. Phys., 2 (1923), 131-174.
7) G.U. Yule, On a method of investigating periodicities in distributed series, with special reference to Wolfer's sunspot numbers, Phil. Trans. Roy. Soc. London, Ser. A, 226 (1927), 267-298.
8) G. E. Uhlenbeck and L. S. Ornstein, On the theory of the Brownian motion, Phys. Rev., 36 (1930), 823-841.
9) A. N. Kolmogorov, Grundbegriffe der Warhscheinlichkeitsrechnung, Erg. d. Math., Berlin, 1933.
10) T. Terada, On a measure of uncertainty regarding the prediction of earthquake based on statistics, *Proc. Imp. Acad.*, **IX** (1933), 255-257.
11) M. Ishimoto & K. Iida, Observation of earthquakes by means of measurement of subtle motion (1), *Bull. Earthq. Res. Inst., Univ. Tokyo*, **17** (1939), 443-478 (in Japanese with English abstract).
12) T. Matsuzawa, Über die empriche Formel von Ishimoto und Iida $n(a) \cdot a^m = k$ zwischen der Bebenb·aufigkeit n und der Amplitude a, *Bull. Earthq. Res. Inst., Univ. Tokyo*, **19** (1941), 411-416 (in Japanese with English abstract).
13) 伊藤 清, Markoff過程を定める微分方程式, 全国紙上数学談話会誌, 1077 (1942), 1352-1400.
14) J. L. Doob, The Brownian movement and stochastic processes, Ann. of Math., 43 (1942), 351-369.
15) C. Elton and M. Nicholson, The ten-year cycle in numbers of the Lynx in Canada, J. Animal Ecology, 11 (1942), 215-244.
16) M. C. Wang and G. E. Uhlenbeck, On the theory of the Brownian motion II, Rev. of Modern Phys., 17 (1945), 323-342.
17) N. Wiener, Cybernetics; or, control and communication in the animal and the machine, John Wiley, 1947, 第2版 1961.
18) N. Levinson, The Wiener RMS error criterion in filter design and prediction,

J.Math.Phys., 25 (1947), 261-278.
19) 伊藤 清, 確率論, 現代数学 14, 岩波書店, 1953.
20) R. Kubo, Statistical mechanical theory of irreversible processes I, general theory and simple applications to magnetic and conduction problem, J. Phys. Soc. Japan, 12 (1957), 570-586.
21) Z. Suzuki, A statistical study on the occurrence of small earthquakes (III), *Sci. Pap. Tōhoku Univ.*, **5** (1958), 15-27.
22) P. Masani and N. Wiener, Non-linear prediction, Probability and Statistics, The Harald Cramér Volume, (ed. U. Grenander), John Wiley, 1959, 190-212.
23) J. Durbin, The fitting of time series models, Rev. Int. Stat., 28 (1960), 233-244.
24) R. E. Kalman, New results in linear filtering and prediction problem, Trans. ASME, J. Basic Engrg., 83 (1961), 95-107.
25) T. Utsu, A statistical study on the occurrence of aftershocks, *Geophys. Mag.*, **30** (1961), 521-605.
26) K. Mogi, On the time distribution of aftershocks accompanying the recent major earthquakes in and near Japan, *Bull. Earthq. Res. Inst., Univ. Tokyo*, **40** (1962), 107-124 (in Japanese).
27) P. Whittle, On the fitting of multivariate autoregressions, and the approximate canonical factorization of a spectral density matrix, Biometrika, 50 (1963), 129-134.
28) N. Levinson and H. P. McKean, Weighted trigonometrical approximation on the line with application to the germ field of a stationary Gaussian noise, Acta. Math., 112 (1964), 99-143.
29) R.A. Wiggins and E.A. Robinson, Recursive solution to the multichannel filtering problem, J. Geophys. Res., 70 (1965), 1885-1891.
30) H. Mori, Transport, collective motion and Brownian motion, Progr. Theor. Phys., 33 (1965), 423-455.
31) S. A. Fedotov, Regularities of the distribution of strong earthquakes in Kamchatka, the Kurile islands and northeastern Japan, *Acad. Nauka SSSR Inst. Fiziki Zemli Trudy*, **36** (1965), 66-93.
32) B. J. Alder and T. E. Wainwright, Velocity autocorrelations for hard spheres, Phys. Rev. Lett., 18 (1967), 988-990.
33) B. J. Alder and T. E. Wainwright, Decay of the velocity autocorrelation function, Phys. Rev. A, 1 (1970), 18-21.
34) A. Widom, Velocity fluctuations of a hardcore Brownian motion, Phys. Rev. A, 3 (1971), 1394-1396.
35) 湯川 秀樹・北川 敏男, 物理の世界 数理の世界, 中公新書 250, 中央公論社, 1971.
36) 赤池 弘次・中川 東一郎, ダイナミックシステムの統計的解析と制御, サイエンス社, 1972.
37) F. Black and M. Scholes, The pricing of options and corporate liabilities, Journal of Political Economy, 81 (1973), 637-659.
38) R. C. Merton, Theory of rational option pricing, Bell Journal of Economics and Management Science, 4 (1973), 141-183.

39) Y. Okabe, On a stationary Gaussian process with infinite multiple Markovian property and M. Sato's hyperfunctions, Japanese Journal of Mathematics, 41 (1973), 69-122.
40) Y. Okabe and S. Kotani, On a Markovian property of stationary Gaussian processes with a multi-dimensional parameter, Hyperfunctions and Pseudo-Differential Equations, Lecture Notes in Math., Vol. 287, Springer, Berlin, 1973, 153–163.
41) H. Dym and H. P. McKean, Gaussian Processes, Function Theory, and the Inverse Spectral Problem, Academic Press, 1976.
42) R. L. Dobrushin and R. A. Minlos, Polynomials in linear random variables, Russian Math. Surveys, 32:2 (1977), 71-127.
43) 堀 淳一, ランジュバン方程式 応用数学叢書, 岩波書店, 1977.
44) 宇津 徳治, 地震学, 共立出版, 1977.
45) 岩波講座 現代物理学の基礎[第2版] 5 統計物理学, 岩波書店, 1978.
46) 朝永 振一郎, 物理学とは何だろうか 上, 岩波新書 85, 岩波書店, 1979.
47) 朝永 振一郎, 物理学とは何だろうか 下, 岩波新書 86, 岩波書店, 1979.
48) 久保 亮五, 非可逆過程と確率過程, 確率過程論と開放系の統計力学, 数理解析研究所講究録, 367 (1979), 50-93.
49) Y. Okabe, On a stationary Gaussian process with T-positivity and its associated Langevin equation and S-Matrix, J. Fac. Sci. Univ. Tokyo, Sect. IA Math., 26 (1979), 115-165.
50) 茂木 清夫, 地震—その本性をさぐる, 東京大学出版会, 1981.
51) 岡部 靖憲, Langevin 方程式について, 数学 33 (1981), 306-324.
52) Y. Okabe, On a stochastic differential equation for a stationary Gaussian process with T-positivity and the fluctuation-dissipation theorem, J. Fac. Sci. Univ. Tokyo, Sec. IA, 28 (1981), 169-213.
53) J.M. Harrison and D.H. Kreps, Martingales and arbitrage in multi-period securities markets, Journal of Economic Theory, 20 (1979), 381-408.
54) J.M. Harrison and S.R. Pliska, Martingales and stochastic integrals in the theory of continuous trading, Stochastic Processes and Their Applications, 11 (1981), 215-260.
55) K. Mogi, Seismicity in western Japan and long-term earthquake forecasting, M. Ewing Series, 4 (1981), 43-51, AGU.
56) K. Mogi, Earthquake prediction program in Japan, M. Ewing Series, 4 (1981), 635-666, AGU.
57) T. Yokota, S. Zhou, S. M. Mizoue & I. Nakamura, An automatic measurement of arrival time of seismic wave and its application to an on-line processing system, *Bull. Earthq. Res. Inst., Univ. Tokyo*, **56** (1981), 449-484 (in Japanese with English abstract).
58) Y. Okabe, On a stochastic differential equation for a stationary Gaussian process with finite multiple Markovian property and the fluctuation-dissipation theorem, J. Fac. Sci. Univ. Tokyo, Sec. IA, 28 (1982), 793-804.
59) Y. Okabe, On a wave equation associated with prediction errors for a stationary

Gaussian process, Lecture Notes in Control and Information Sciences, Vol. 49, 1983, 215-226.

60) K. Oobayashi, T. Kohno, and H. Utiyama, Photon correlation spectroscopy of the non-Markovian Brownian motion of spherical particles, Phys. Rev. A, 27 (1983), 2632-2641.

61) Y. Okabe and Y. Nakano, On a multi-dimensional $[\alpha, \beta, \gamma]$-Langevin equation, Proc. Japan Acad., 59 (1983), 171-173.

62) Y. Okabe and Y. Nakano, On a 2-dimensional $[\alpha, \beta, \gamma]$-Langevin equation, Proc. of the Fourth Japan-USSR Symposium on Probability Theory, Lecture Notes in Math., Vol.1021, Springer, Berlin, 1983, 481-485.

63) T. Miyoshi, On (l, m)-string and $(\alpha, \beta, \gamma, \delta)$-Langevin equation associated with a stationary Gaussian process, J. Fac. Sci. Univ. Tokyo, Sect. IA. Math., 30 (1983), 139-190.

64) T. Miyoshi, On an $\mathbf{R}^d$-valued stationary Gaussian process associated with (k, l, m)-string and $(\alpha, \beta, \gamma, \delta)$-Langevin equation, J. Fac. Sci. Univ. Tokyo, Sect. IA. Math., 31 (1984), 155-194.

65) Y. Okabe, A generalized fluctuation-dissipation theorem for the one-dimensional diffusion process, Commun. Math. Phys., 98 (1985), 449-468.

66) Y. Okabe, On KMO-Langevin equations for stationary Gaussian processes with T-positivity, J. Fac. Sci. Univ. Tokyo, Sect. IA. Math., 33 (1986), 1-56.

67) Y. Okabe, On the theory of the Brownian motion with the Alder-Wainwright effect, J. Stat. Phys., 45 (1986), 953-981.

68) Y. Okabe, Stokes-Boussinesq-Langevin equation and fluctuation-dissipation theorem, Proc. of the IV Vilnius Conference on Probability Theory and Mathematical Statistics, VNU Science Press, 1986, 431-436.

69) Y. Okabe, KMO-Langevin equation and fluctuation-dissipation theorem (I), Hokkaido Math. J., 15 (1986), 163-216.

70) Y. Okabe, KMO-Langevin equation and fluctuation-dissipation theorem (II), Hokkaido Math. J., 15 (1986), 317-355.

71) Y. Okabe, On the theory of discrete KMO-Langevin equations with reflection positivity (I), Hokkaido Math. J., 16 (1987), 315-341.

72) 米沢 冨美子, ブラウン運動, 物理学 One Point-27, 共立出版, 1986.

73) 斉藤 尚生, オーロラ・彗星・磁気嵐, 共立出版, 1988.

74) 祖父江 義明, 電波でみる銀河と宇宙, 共立出版, 1988.

75) T. Takanami & G. Kitagawa, A new efficient procedure for the estimation of onset times of seismic waves, J. Phys. Earth., **36** (1988), 267-290.

76) Y. Okabe, On the theory of discrete KMO-Langevin equations with reflection positivity (II), Hokkaido Math. J., 17 (1988), 1-44.

77) Y. Okabe, On a stochastic difference equation for the multi-dimensional weakly stationary process with discrete time, "Algebraic Analysis" in celebration of Professor M. Sato's sixtieth birthday, Prospect of Algebraic Analysis (ed. by M. Kashiwara and T. Kawai), Academic Press, 1988, 601-645.

78) 伏見 政則, 乱数, UP応用数学選書 12, 東京大学出版会, 1989.
79) 市川 忠彦, 誤りやすい異常脳波, 医学書院, 1989.
80) Y. Okabe, On the theory of discrete KMO-Langevin equations with reflection positivity (III), Hokkaido Math. J., 18 (1989), 149-174.
81) Y. Okabe, On long time tails of correlation functions for KMO-Langevin equations, Proc. of the Fifth Japan-USSR Symposium on Probability Theory, Kyoto, July, Lecture Notes in Math., Springer, 1989, Vol.1299, 391-397.
82) Y. Okabe, Langevin equation and fluctuation-dissipation theorem, Stochastic Processes and their Applications(ed. by S. Albeverio et al.), Kluwer Academic Publishers, 1990, 275-299.
83) G. Sugihara and R. M. May, Nonlinear forcasting as a way of distinguishing chaos from measurement error in time series, Nature, 344 (1990), 734-741.
84) 梶山 雄一, 空入門, 春秋社, 1990.
85) 金森 博雄編, 地球科学選書 地震の物理, 岩波書店, 1991.
86) T. Takanami & G. Kitagawa, Estimation of the arrival times of seismic waves by multivariate time series model, Ann. Inst. Statist. Math., **43** (1991), 407-433.
87) T. Takanami, A study of detection and extraction methods for microearthquake waves by autoregressive models, J. Fac. Sci. Hokkaido Univ., Geophysics, **9** (1991), 67-196.
88) Y. Okabe and Y. Nakano, The theory of KM$_2$O-Langevin equations and its applications to data analysis (I): Stationary analysis, Hokkaido Math. J., 20 (1991), 45-90.
89) A. Inoue, The Alder-Wainwright effect for stationary processes with reflection positivity, J. Math. Soc. Japan, 43 (1991), 515-526.
90) A. Inoue, The Alder-Wainwright effect for stationary processes with reflection positivity (II), Osaka. J. Math., 28 (1991), 537-561.
91) A. Inoue, On the equation of stationary processes with divergent diffusion coefficients, J. Fac. Sci. Univ. Tokyo, Sect. IA. Math., 40 (1993), 307-336.
92) Y. Okabe, Application of the theory of KM$_2$O-Langevin equations to the linear prediction problem for the multi-dimensional weakly stationary time series, J. Math. Soc. Japan, 45 (1993), 277-294.
93) Y. Okabe, A new algorithm derived from the view-point of the fluctuation-dissipation principle in the theory of KM$_2$O-Langevin equations, Hokkaido Math. J., 22 (1993), 199-209.
94) S. Kimoto, T. Ikeguchi and K. Aihara, Deterministic chaos and its stationary analysis, Proc. of the 7th Toyota Conference (ed. by M. Yamaguchi), 1993, 353-376.
95) T. Takanami & G. Kitagawa, Multivariate time series model to estimate the arrival time of S-waves, Computers & Geosciences, **19** (1993), 295-301.
96) 青野 修, いまさら電磁気学? parity ブックス, 丸善, 1993.
97) 市川 忠彦, 脳波の旅への誘い, 星和書店, 1993.
98) 鈴木 良次, 手のなかの脳, 東京大学出版会, 1994.
99) 石山 陽事, 脳波と夢, 新コロナシリーズ 25, コロナ社, 1994.

100) 岡部 靖憲, 確率過程/応用と話題 情報理論とその応用シリーズ 2, 培風館, 共同執筆 (第 4 章を担当), 1994.
101) Y. Okabe and A. Inoue, The theory of KM_2O-Langevin equations and its applications to data analysis (II): Causal analysis (1), Nagoya Math. J., 134 (1994), 1-28.
102) Y. Okabe, Langevin equations and causal analysis, Amer. Math. Soc. Transl., 161 (1994), 19-50.
103) 砂田 利一・岡部 靖憲, 往復書簡「純粋数学 vs 応用数学」, 数学セミナー, 1994 年 4 月号―1995 年 3 月号.
104) Y. Okabe and T. Ootsuka, Application of the theory of KM_2O-Langevin equations to the non-linear prediction problem for the one-dimensional strictly stationary time series, J. Math. Soc. Japan, 47 (1995), 349-367.
105) Y. Nakano, On a causal analysis of economic time series, Hokkaido Math. J., 24 (1995), 1-35.
106) 松田 時彦, 活断層, 岩波新書 423, 岩波書店, 1995.
107) 中田 和男, 改訂 音声, 日本音響学会編 音響工学講座 7, コロナ社, 1995.
108) 高木 貞敬, 脳を育てる, 岩波新書 466, 岩波書店, 1996.
109) 深尾 良男・石橋 克彦編, 阪神・淡路大地震と地震の予測, 岩波書店, 1996.
110) パリティ編集委員会編, 地震の科学, 丸善, 1996.
111) Y. Okabe, Nonlinear time series analysis based upon the fluctuation-dissipation theorem, Nonlinear Analysis, Theory, Methods & Applications, Vol.30, No.4, 1997, 2249-2260.
112) G. Ohama and T. Yanagawa, Testing stationarity using residual, Bulletin of Informatics and Cybernetics, 29 (1997), 15-39.
113) S. Ide and M. Takeo, Detertmination of constitutive relations of fault slip based on seismic wave analysis, J. Geophy. Res., 102 (1997), 27,379-27,391.
114) 岡部 靖憲, 実験数学の心と物理教育, 日本物理学会 物理教育委員会編, 1998 年―3 号, 14-17.
115) Y. Okabe and T. Yamane, The theory of KM_2O-Langevin equations and its applications to data analysis (III): Deterministic analysis, Nagoya Math. J., 152 (1998), 175-201.
116) 茂木 清夫, 地震予知の一考察, 岩波新書 595, 岩波書店, 1998.
117) 池谷 元伺, 地震の前, なぜ動物は騒ぐのか 電磁気地震学の誕生, NHK ブックス [822], NHK 出版, 1998 年.
118) T. Takanami, High precision estimation of seismic wave arrival times, *In the Practice Time Series Analysis*, Akaike, H. & Kitagawa, G(eds), Springer-Verlag, New York, 1999, 79-94.
119) Y. Okabe, On the theory of KM_2O-Langevin equations for stationary flows (1): characterization theorem, J. Math. Soc. Japan, 51 (1999), 817-841.
120) 松浦 真也, 退化した流れに対する KM_2O-ランジュヴァン方程式論, 東京大学大学院工学系研究科計数工学専攻博士論文, 1999.
121) Y. Okabe, On the theory of KM_2O-Langevin equations for stationary flows (2):

construction theorem, Acta Applicandae Mathematicae, 63 (2000), 307-322.
122) Y. Okabe and M. Matsuura, On the theory of KM$_2$O-Langevin equations for stationary flows (3): extension theorem, Hokkaido Math. J., 29 (2000),369-382.
123) 松原 泰道, 道元, アートディズ, 2000.
124) Y. Okabe and A. Kaneko, On a non-linear prediction analysis for multidimensional stochastic processes with its applications to data analysis, Hokkaido Math. J., 29 (2000), 601-657.
125) M. Sekimoto, T. Kawakami, Y. Okabe and S. Ogata, Strange periodic changes in walking EEG and estimation of EEG's deterministic structure in short time scale, International Journal of Chaos Theory and Applications, 5 (2000), 63-71.
126) 山下 輝夫編, 大地の躍動を見る 新しい地震・火山像, 岩波ジュニア新書 359, 岩波書店, 2000.
127) 茂木 清夫, 地震のはなし, 朝倉書店, 2001.
128) 上田 誠也, 地震予知はできる, 岩波科学ライブラリー 79, 岩波書店, 2001.
129) M. Sekimoto, Y. Okabe and S. Ogata, Recognition of non-linear, deterministic structures of Japanese vowels by causal analysis, International Journal of Chaos Theory and Applications, 6 (2001), 55-69.
130) N. Masuda and Y. Okabe, Time series anlaysis with wavelet coefficients, J. Ind. Appl. Math., 18 (2001), 131-160.
131) M. Matsuura and Y. Okabe, On a non-linear prediction problem for one-dimensional stochastic processes, Japanese Journal of Mathematics, 27 (2001), 51-112.
132) 「火山以外でも低周波地震」, 朝日新聞, 2001 年 11 月 5 日 (月), 夕刊.
133) 「富士山直下, 低周波地震を追え」, 朝日新聞, 2002 年 5 月 29 日 (水), 朝刊.
134) 岡部 靖憲, 時系列解析における揺動散逸原理と実験数学, 日本評論社, 2002.
135) 岡部 靖憲, 確率・統計, 応用数学基礎講座 6, 朝倉書店, 2002.
136) 岡部 靖憲, 数理工学への誘い 12 章 時系列解析と揺動散逸原理, 東京大学工学部計数工学科数理情報工学コース編, 日本評論社, 2002.
137) 赤祖父 俊一, オーロラ その謎と魅力, 岩波新書 799, 岩波書店, 2002.
138) Y. Okabe, M. Matsuura & M. Klimek, On a method for detecting certain signs of stock market crashes by non-stationarity tests, *International Journal of Pure and Applied Mathematics*, **3** (2002), 443-484.
139) M. Matsuura and Y. Okabe, On the theory of KM$_2$O-Langevin equations for non-stationary and degenerate flows, J. Math. Soc. Japan, 55 (2003), 523-563.
140) 山口 博, 複素関数, 応用数学基礎講座 5, 朝倉書店, 2003.
141) 小林 惟司, 寺田寅彦と地震予知, 東京図書, 2003.
142) 菊池 正幸, リアルタイム地震学, 東京大学出版会, 2003.
143) 木村 政昭, 東海地震はいつ起こるのか 地球科学と噴火・地震予測, 論創社, 2003.
144) 武田 常広, 脳工学 電子情報通信レクチャーシリーズ D-24, コロナ社, 2003.
145) 竹内 薫, 脳のからくり, 中経出版, 2003.
146) 田窪 行則・前川 喜久雄・窪薗 春夫・本田 清志・白井 克彦・中川 聖一, 音声 言語の科学 2, 岩波書店, 2004.

147) 岡部 靖憲, 実験数学と揺動散逸原理—地震波と脳波の時系列解析, 第三回岡シンポジウム, 講義録, 奈良女子大学理学部数学教室, 2004年3月7日.
148) 合原 一幸編著, 脳はここまで解明された 内なる宇宙の神秘に挑む, ウエッジ選書 15, 株式会社ウエッジ, 2004.
149) 加藤 天美, 平田 雅之, 江田 英樹, 真渓 歩, 水野 由子, 篠崎 和弘, 岡部 靖憲, 柳田 敏雄, 吉崎 俊樹, 脳—コンピュータインターフェイス, 神経研究の進歩, 第48巻, 第6号, 2004年12月10日, 医学書院.
150) 井原 康夫編著, 脳はどこまでわかったか, 朝日選書 771, 朝日新聞社, 2005.
151) 相対論の歩み アインシュタイン奇跡の年から百年の今, 別冊・数理科学, サイエンス社, 2005.
152) Y. Okabe and M. Matsuura, Chaos and KM_2O-Langevin equations, to appear in Special Issue of the Bulletin of Informatics and Cybernetics in Honor of Professor Takashi Yanagawa, 2005.
153) Y. Okabe and M. Matsuura, On non-linear filtering problems for discrete time stochastic processes, to appear in J. Math. Soc. Japan, 57 (2005).
154) Y. Okabe, On a KM_2O-Langevin equation with continuous time (1), to be submitted in J. Math. Sci., The Univeristy of Tokyo.
155) Y. Okabe, M. Matsuura, M. Takeo & H. Ueda, On an abnormality test for detecting initial phases of earthquakes, to be submitted in Geophys. J. Int.
156) M. Takeo, H. Ueda, Y. Okabe & M. Matsuura, Waveform characteristics of deep low-frequency earthquakes: Time series evolution based on the theory of KM_2O-Langevin equation, to be submitted in Geophys. J. Int.
157) 坪木 総一, KM_2O-ランジュヴァン方程式論による地磁気データの特性の解析, 東京大学工学部計数工学科数理情報工学コース卒業論文, 2003.
158) 野村 俊一, KM_2O-ランジュヴァン方程式論を用いた音声の時系列解析と音声認識への応用, 東京大学工学部計数工学科数理情報工学コース卒業論文, 2004.
159) 下村 大学, 手の運動と脳波の時系列解析, 東京大学工学部計数工学科数理情報工学コース卒業論文, 2004.
160) Y. Okabe and M. Matsuura, On non-linear prediction and filtering problems for discrete time stochastic processes, in preparation.
161) Y. Okabe and M. Matsuura, On a separation property for discret time stochastic processes, in preparation.
162) Y. Okabe, M. Matsuura and S. Tuboki, On a separation property for earthquake waves and electromagnetic waves, in preparation.
163) Y. Okabe, D. Shimomura, T. Fujii and M. Matsuura, On a separation property for brain waves, in preparation.
164) Y. Okabe, S. Nomura, T. Fujii and M. Matsuura, On a separation property for Japanese vowels, in preparation.

索　引

欧　文

CPMN　219
(CSEP)　263, 265, 270, 272
CT　229, 238
$\mathcal{CT}^{(q,d)}(z)$　169, 175–177, 183

(DDT)　66, 84, 85, 87, 88
(DDT-1)　65, 84–86
(DDT-2)　65, 84–86
(DSEP)　214, 229, 246, 247, 254
$\mathcal{DT}^{(q,d)}(z)$　182

ECoG　229, 230, 238, 239, 242, 243, 246–248, 260, 267
EEG　229, 230, 236, 243
EMG　239

(FDP)　150, 151, 163
(FDT)　66, 84, 85, 87, 88
(FDT-1)　65, 84–86
(FDT-2)　65, 84–86
(FDT-3)　65, 84–86
(FDT-4)　65, 84–86

GARCHモデル　8

HMM　250
H.SBAH　199, 205, 211, 257, 264, 290

KM_2O　62
KM_2O-ランジュヴァン行列系確率過程に付随する——　55, 80, 83, 93, 115, 131
行列関数に付随する——　86, 93–95
KM_2O-ランジュヴァン散逸行列関数　65
KM_2O-ランジュヴァン方程式　11, 62, 63, 65, 66, 81, 106
KM_2O-ランジュヴァン方程式論　10, 11, 64, 141, 142, 239, 250
KM_2O-ランジュヴァン揺動行列関数　65
KMO　5
KMO-ランジュヴァン方程式　3–5, 7, 62, 63
離散時間の——　7
連続時間の——　7
KMO-ランジュヴァン方程式論　3
KU.TKD　199, 203, 208, 258

L^2-距離　34
L^2 空間　25
L^2-内積　28
L^2-ノルム　28
LL-因果性　110, 123, 125, 127, 173–176, 180, 183
LL-決定性　127, 128, 178, 180–182, 277
$\mathcal{LMD}_+(\mathbf{Z})$　52, 53
$\mathcal{LMD}_-(\mathbf{Z})$　52, 53
$\mathcal{LMF}(\mathbf{Y}|\mathbf{Z})$　116
$\mathcal{LM}(R)$　84, 86, 93–95
$\mathcal{LM}(R^{(\epsilon)})$　85, 87, 91, 93
$\mathcal{LM}(R^{(\epsilon)}; n)$　84, 85, 88
$\mathcal{LM}(\mathbf{Z})$　55, 115
$\mathcal{LM}(\mathbf{Z}^{(q)})$　131
$\mathcal{LM}(\mathbf{Z}^{(\epsilon)})$　93
$LN(1,1)$-因果性　176
$LN(2)$-因果性　111
$LN(6,1)$-因果性　204
$LN(6,1)$-決定性　204
$LN(q,d)$-因果性　112, 124, 125, 127, 169, 173, 175–178
$LN(q,d)$-決定性　127, 128, 178, 182, 183
$LN(q)$-因果性　111, 112, 114, 123, 124, 127
$LN(q)$-決定性　127
LN-因果性　113, 114, 127
LN-決定性　127
L^p-距離　29
L^p-ノルム　27

MEG　229, 243, 248
MRI　229
$\mathcal{MT}^{(q,d)}(z)$　183

N 重マルコフ性　5, 6

(OS)　273

(PAC)　87
Pi2型磁波(超低周波磁波)　218
Pi2磁波　218
p期先の階数有限の非線形予測公式　133
p期先の線形予測公式　131
p期先の非線形予測公式　133
P波　185, 186, 187, 194, 198
——の初相　194
——の到着時間域　201

——の到着時刻 188, 190, 191, 193, 194, 196, 198–200, 202, 203

(SEP) 270
(SEP-0) 256
(SSEP) 207, 209, 211, 270
(SSEP-0) 256
(SSEP-i) 270
S波 185, 186, 187, 195, 198, 199
S波の初期位相 195
S波の到着時間域 191, 193, 194, 201, 202
S波の到着時刻 188, 190, 191, 195–198, 200

$\mathcal{T}^{(6)}(Z)$ 157
$\mathcal{T}^{(6)}(z)$ 145
Test(ABN) 164, 165, 185, 222, 230, 234, 239–243, 248, 250, 251
Test(ABN)-1c 190, 194, 195, 200, 203, 219, 221, 222
Test(ABN)-3c 188, 192, 194, 197, 201, 220–222
Test(ABN-EP) 155, 169
Test(ABN-S) 155, 166, 188
Test(ABN-S)-dc 167
Test(CS) 169, 173, 175, 178
Test(CS)-1 173, 174
Test(CS)-2 174, 175
Test(D) 178, 183, 185, 203, 211, 230, 239, 243, 244, 246, 248, 250, 251
Test(D)-1 181, 183, 212, 213, 225, 228, 229, 245–247, 254
Test(D)-2 181, 183, 212, 214, 225, 228, 245–247, 254
Test(EP) 155, 161, 162, 164, 165
Test(S) 152, 154, 163, 164, 169, 173, 182, 190, 239
TIK 219, 220, 223–226, 259, 266
$\mathcal{T}^{(q,d)}(\mathbf{X})$ 106, 110, 111, 124, 125, 128, 129, 132, 135
$\mathcal{T}^{(q,d)}(Z)$ 159
$\mathcal{T}^{(q,d)}(z)$ 145, 150, 169, 182
$\mathcal{T}^{(q)}(\mathbf{X})$ 103, 110, 111
$\mathcal{T}^{(q)}(Z)$ 157
$\mathcal{T}^{(q)}(z)$ 144, 145
T-正値性 3, 6–8, 63

(WSEP) 207, 209, 211, 270
(WSEP-0) 256
(WSEP-i) 270

X線コンピュータ断層撮影 229

ア 行

アインシュタインの関係式 1, 6, 7
赤池情報量 188
足尾 190, 193
足利 190, 257
アルゴリズム 80, 81, 88, 131, 132, 137, 140–142, 171, 172, 176, 256
アルゴリズム解析 11
アルダー・ウェインライト効果 2–4, 7
アルファ波 236, 237
$(\alpha,\beta,\gamma,\delta)$-ランジュヴァン方程式 63
$[\alpha,\beta,\gamma]$-ランジュヴァン方程式 7, 63

異常グラフ 166, 168, 190, 192, 196, 197, 200, 201, 206, 219–222, 240–242, 248, 251
異常時刻
  定常性を破る—— 166, 167
  等確率性を破る—— 169
位相 187
1次運動野 234
1次近似 2
1時刻シフト 126, 178
1次差分 165, 189, 203, 218, 241, 250

1次独立 43, 141
1シフト 264
1重マルコフ性 6
伊藤積分 4
因果解析 11
因果関係 109
因果関数 114, 117, 121, 123, 124, 134, 171, 176, 179

ウェイト 56, 92
ウェイト変換 25, 55, 56, 92, 116
後ろ向きKM_2O-ランジュヴァン散逸行列関数 46, 52
後ろ向きKM_2O-ランジュヴァン偏相関行列関数 65, 80
後ろ向きKM_2O-ランジュヴァン方程式 46, 55, 56
後ろ向きKM_2O-ランジュヴァン揺動過程 46, 47
後ろ向きKM_2O-ランジュヴァン揺動行列関数 46
後ろ向きの時間発展 45, 46
右脳 231
運動野 231–234, 238, 248

鋭波 237
エルニーニョ現象 109, 142

応用数学 9, 10
応力 187
オプションの価格公式 8
親指の屈曲時刻 242
親指の随意運動 230, 238, 239, 242, 243
オーロラ 185, 214, 215–219, 223–226, 259, 266
——の光 216
オーロラ科学 215
オーロラカーテン 215
オーロラ環 215
オーロラ準風 216–218
オーロラ準風群 217
オーロラ帯 215
オーロラ電子ビーム 216
オーロラ偏円 216
音声 248, 249

音声認識 250, 262
音声の生成 249
音声波 185, 248, 251
音声発生器官 248, 249
音声分析 250

カ　行

回帰性磁気嵐 217
階数 41, 42, 54
階数6の非線形型
　——の見本共分散関数 265, 270
　——の見本共分散関数のグラフ 257-263, 266, 268
　——の見本決定関数のグラフ 205, 207, 211, 224, 227, 244, 246, 251, 257, 266, 268, 269
　——の見本決定値のグラフ 205, 206, 208, 209, 223, 226, 244, 246, 248, 251, 252, 257, 262
階数6の非線形の型 j の見本決定関数 255, 256, 264
階数6の非線形変換 41, 42, 96, 103, 144, 145, 158, 204, 205, 255, 264
　——の階数 42
　——の順序 41
階数7の非線形変換 103, 144, 211, 229, 248, 254
階数 q の非線形変換 103, 144, 157, 159
外側溝 231
カオス現象 126
柿岡 221, 222, 226-229, 259, 266
拡散係数 1, 2
拡散方程式 1, 7
核磁気共鳴画像 229
確率 17
確率過程 5, 10, 14, 17
　——の規格化 271
　——の高次のモーメント 133, 141, 142
　——のダイナミクス 43
　退化した—— 52, 142

2乗可積分な—— 91, 92
非退化な—— 47, 55, 58
離散時間の—— 4, 7, 11
連続時間の—— 4
確率空間 14, 17, 18
確率測度 17, 18
　——のフーリエ変換 22, 101, 277
確率超過程 96
確率的隠れマルコフモデル 250
確率微分積分方程式 2
確率変数 17, 19, 21
　——の分布 17, 19
過去非依存の非線形情報空間 108
　——の弱生成系 108, 137
　——の生成系 108, 136, 139
可積分な関数 26
可測空間 15
株価の動き 4, 5, 9
株価の時系列 9
感覚野 231-234, 238
関数関係 176, 177
関数空間 26
完全正規直交系 141
間脳 231, 235
完備 29

幾何ブラウン運動 4
規準 $(M)_s$ 152, 153, 163
規準 $(M)_\alpha$ 163
規準 $(O)_s$ 152, 153, 163
規準 $(O)_\alpha$ 164
規準 $(V)_s$ 152, 153, 163
規準 $(V)_\alpha$ 163
基準電極 236
基礎波 236
鏡映正値性 6
強定常性 141
共分散行列関数 65, 83, 150, 171-173
強分離性 211, 225, 227, 244, 246, 251, 270
　階数6の—— 270
強分離性-0 256
　階数6の—— 256, 272,

277, 285
局所作用素 5
局所的
　——な階数 (q, d) の非線形因果性 112
　——な階数 (q, d) の非線形決定性 127
　——な階数 q の非線形因果性 111
　——な階数 q の非線形決定性 127
　——な線形因果性 110, 176
　——な線形決定性 127, 180
　——な非線形因果性 113
　——な非線形決定性 127
棘波 237
距離空間 29
筋電図 230, 234, 238, 239
金融工学 8

空 7, 9, 215
空即是色 188, 215, 230, 264
空即是色 色即是空 9, 215, 230, 290
久保ノイズ 3, 4
久保・森の揺動散逸定理 6
久保亮五の線形応答理論 3, 6
グラム行列 49
クロネッカーのデルタ関数 45, 65

決定解析 11, 211, 225
決定性 126
決定性の検証の問題 126
決定的な項 44
ケプラーの三大法則 8
言語音 249
現象から情報 情報から法則 8, 9
現象からモデル 19

工学現象 12
硬貨投げ 18, 21
高次運動野 235
高次機能 231, 232
高速フーリエ変換法 239
剛体球 3

306   索　引

後頭部　236
後頭葉　231, 232
公平な価格付けの公式　4
公理論的場の理論　6
声　249
呼気　249
国際音声記号　249
コーシー列　29, 36
コンピュータシミュレーション　2

サ　行

最小 KM_2O-ランジュヴァン散逸行列関数　93
最小 KM_2O-ランジュヴァン揺動行列関数　93
最小後ろ向き KM_2O-ランジュヴァン散逸行列関数　52, 55, 58
最小指数型の整関数　5
最小多項式　282
最小前向き KM_2O-ランジュヴァン散逸行列関数　52, 55, 58
最大エントロピー法　239
サイン・ウエーブ　236
佐藤の超関数論　5
悟り　10
左脳　231
散逸項　44, 52, 65, 66, 81
散逸散逸定理　66, 84
三角関数の加法定理　283, 286, 287
三角不等式　27, 29
三段論法　8

子音　249
時間域での解析　5
色　7–9, 188, 215, 230, 255, 264
磁気嵐　185, 215, 217, 218, 221, 226, 259, 266
　　　——の終了時刻　222
磁気圏物理学　218
磁気準風　217, 218
磁気双極子　217
色即是空　8, 215

色即是空 空即是色　7, 8
色即是色　7, 8, 230, 255
ジグザグ運動　2, 7
σ-加法族　15, 18, 113
時系列　10, 12, 13, 143, 187
　　エルニーニョの——　12, 109
　　円の対ドル比の——　14, 262
　　オーロラの——　13
　　札幌の年平均気温の——　13, 109
　　磁気嵐の——　13
　　——に階数 q の非線形変換を施して得られる時系列の集まり　144
　　——の D 成分　218
　　——の H 成分　218
　　——の Z 成分　218
　　——の異常性　164
　　——の規格化　144, 146
　　——の上下成分　188
　　——の定常なコピー　150, 151, 154
　　——の東西成分　188
　　——の南北成分　188
　　——の非線形解析　17
　　——の標本空間　14
　　——の見本平均ベクトル　146
　　——のモデル　203
　　地震波の——　13
　　太陽の黒点の——　12, 109, 262
　　脳波の——　13
　　麻疹の——　13, 126
　　母音「あ」の——　14
時系列解析　8, 11
　　——における揺動散逸原理　11, 151, 162
　　——の経験則　149
　　——の目的　10
時系列群　156–159, 161, 168
　　——の規格化　156, 160
　　——の見本2点相関関数　156
　　——の見本2点相関行列関数　160

　　——の見本分散関数　156
　　——の見本分散行列関数　159
　　——の見本平均関数　156
　　——の見本平均ベクトル関数　159
時系列データ　8–10, 12
自己回帰条件付分散不均一モデル　8
自己回帰法　239
自己回帰モデル　188, 250
自己共役性　38
事象　21
辞書式順序　102
地震　186, 218
　　——の初期位相　188
地震波　185, 187, 257
地震予知　186
次数　41
指数的に減衰　2, 4
自然現象　12
自宅介護　229
シータ波　236, 237
実現　144, 157, 170, 173, 177, 179, 181
実験数学　8–10
　　——の憲法　9, 126, 184, 186
　　——の心　154, 264
　　——の醍醐味　10, 230
　　——を支える哲学　9, 230, 255, 290
実証解析　11
実証科学　2, 7
実証的な研究　8, 9
実バナッハ空間　32
実ヒルベルト空間　32, 97, 140
質量　3
始点　150, 179
自発脳磁場計測　248
射影　38, 140
射影作用素　38, 122, 123, 133
射影定理　36
社会現象　12
弱定常過程　3, 8, 65
弱定常性　3, 65, 83, 94, 122, 278

索　引

弱分離性　211, 225–227, 244, 246, 270
　　階数6の——　270
弱分離性-0　256, 272, 289
　　階数6の——　256, 272, 285
弱分離性-i　270
終点　150, 179, 204, 219
終点時刻　165, 189, 204, 224–228, 255, 264
10-20法　236, 243
周波数　236
周波数域　236
周波数域での解析　5, 277
周波数域でのスペクトル解析　6
周波数分析　249
修行　7, 9, 10, 188
縮小性　38
シュミットの直交化法　141
シュワルツの超関数論　5
シュワルツの不等式　28
純粋数学　9, 10
準風(オーロラ準風, 磁気準風)　217, 218
条件付きガウス過程　4
条件付平均　137
小脳　231
情報　7–10, 42, 186, 230
　　線形の——　43
　　非線形の——　97, 113, 133
情報解析　11
徐波　237
磁力線　216
神経回路網モデル　250
浸襲性　229, 230
深部低周波地震　198, 205, 211, 264, 290
深部低周波地震波　185, 199, 202, 208, 214, 230, 257, 290
随意運動　234, 238
数理工学　249
数理ファイナンス　4, 8–10
頭蓋骨　229, 231, 234
スカラー積の演算　26
ストークス・ブシネのランジュ

ヴァン方程式　3, 4, 7, 8
スペクトル測度　5
スペクトル分析　250
スペクトル密度関数　5, 6
ずり変形　187

正規直交系　279
正規定常過程　5, 6
正規分布　23, 25, 92
　　退化した——　24, 25
　　非退化な——　23
正射影　33, 38
生成作用素　5
正則　100, 275
正則関数に関する一致の定理　101, 276
正の定符号　23, 24
正の半定符号　24
生命現象　12
脊髄　232, 234
積分の加法性　26
切断長　166–168, 189, 190, 192–194, 196, 200, 202, 203, 205, 211, 219, 220, 241, 243, 248, 251, 263
線形情報空間　43, 45–47, 105, 110
　　時刻 m から時刻 n までの——　97
線形性　38
線形予測公式　132
線形予測子　141
線形予測分析　250
線形予測問題　141
線スペクトル　216
前頭極部　236
前頭部　236
前頭葉　231, 232, 234, 238
　　——の運動野　239, 241–244, 246, 260, 267

相関関数　2, 3
相関分析　250
双線形性　28
即是　7, 9, 188, 230
速度　3, 187
側頭前部　236
側頭中部　236

側頭葉　231, 232
速度相関関数　2
測度のラプラス変換　3, 4
速度密度関数　1, 7
速波　237

タ　行

対称　273
対称性　28, 29, 288
大数の弱法則　21
帯スペクトル　216
体性感覚野　235
ダイナミクス　128, 178, 181, 183, 184
大脳　231, 234, 248
大脳縦裂　231
大脳半球　234
大脳皮質　229–232, 234, 238, 239
　　——の情報源　235
大脳連合野　231, 232
太陽磁気圏　217
太陽の黒点　109, 215
太陽のフレアー　215
太陽風　215–217
太陽風磁場　216
多項式　5, 41
多項式型の生成系　133
多項式近似定理　96, 141
多次元径数の正規確率場　6
多重マルコフ性　63
縦波　187
探査電極　236
弾性波　218
弾性率　187
断層運動　186, 187
単調性　171

地球磁気圏　216, 217
地球磁場　215, 217
地球大気の温暖化　109
地磁気　217, 218, 229
地磁気緯度　215
中心溝　231, 234, 238, 242
中心部　236
中線定理　34, 36
調音　249

超文節音 249
直和分解 36
直交 34, 38, 44
——の感覚野 242, 246, 247, 260, 261, 267
直交行列 281
直交性 45
直交分解 44
直交補空間 34

通常の地震 189, 193, 209
通常の地震波 194, 195, 198, 199, 230

定義関数 20
定常解析 11
定常過程 5, 7
　離散時間の—— 63
　連続時間の—— 62
定常関数 166, 167
定常グラフ 166, 167, 190–192, 194–197, 200–202, 219–222, 240–242, 248, 251
定常性 2, 154, 250
　——の検証 250
　——の特徴付け 250
　——の破れ 155, 164, 165
データから情報 8, 186, 230
データから法則 8, 154, 186
データからモデル 8–11, 13, 184, 186, 230, 250
データからモデル　モデルから法則 11
哲学 9, 10
テープリッツ行列 48, 83, 86, 87, 148, 161
デリバティブ取引 4
デルタ波 236, 237
デルタ分布 25
添加ホワイトノイズ 56, 62
電極 236
電磁波 185
電離層 215

等確率 19, 155, 161
等確率関数 168
等確率性 163, 164
　——の破れ 155, 165, 168
等距離性 82

頭頂部 236
頭頂葉 231, 232, 238
——の感覚野 242, 246, 247, 260, 261, 267
頭頂連合野 231, 232, 248
頭皮 229, 231, 236
特性関数 22, 23, 277
突発性磁気嵐 217
突発波 236, 237
ドブルーシン・ミンロスの可積分性の条件 96, 141, 271
トレーサビリティ 155, 164

ナ　行

内積 22

2次近似 2
2乗可積分 42, 110
　——な関数 26
日経平均株価 155
2点相関行列関数 48, 64, 83, 86, 91, 92, 114, 118, 121, 132, 133, 139, 140, 142, 148, 161
日本語の母音 185, 248–252, 261, 269
　——の認識 250
ニューロン 232
人間ドック 229

ネスト構造 105, 107, 108
粘性 3
粘性流体力学 1, 2, 7
脳 229, 231
　——の電気活動 235
脳幹 231, 232, 234
脳磁図 229, 248
脳波 185, 229, 230, 234–238, 260, 267
脳膜 231
脳梁 231, 235
伸び縮み変形 187
ノルム 53

ハ　行

バーグの関係式 69
波形認識法 239
発見 8–10, 154, 155
発光現象 215
発声 249
パラメータ 162, 163
パワースペクトル法 239
般若心経 7, 8

非浸襲性 229, 230, 236
歪み 187
非線形因果性 125
非線形解析 40, 42
非線形型 j の決定関数 272
非線形情報空間 11, 96, 97, 105, 140, 141
　——の弱生成系 106, 107
　——の生成系 106, 107, 130, 134
　——の多項式型の生成系 105, 141, 271
非線形の型 $(j_1, j_2, \ldots, j_d)$ の見本決定関数 182
非線形の型 $(j_1, j_2, \ldots, j_d)$ の見本決定値 182
非線形の型 j の見本決定関数 204, 205
非線形の型 j の見本決定値 205, 212, 214, 225, 228, 245–247, 254
非線形予測公式 133
非線形予測子 137, 140–142
　——を求めるアルゴリズム 142
非線形予測問題 130, 136, 140, 141
非退化 25, 43, 47
非退化性 27–29
ピタゴラスの三平方の定理 34
左大脳半球 231
非負定符号関数 22, 23
非負定符号性 147, 160
非平衡統計物理学 1, 6
兵庫県南部地震 185, 195, 198

標本空間 14, 15, 18, 40, 144, 157
ブートストラップ法 174
フックの法則 187
物理乱数 173, 174, 180, 212
部分空間 34
ブラウン運動 1–5
 アインシュタインの—— 2, 7
 オルンシュタイン・ウーレンベックの—— 2, 6
ブラウン運動の理論
 アインシュタインの—— 1
 森肇の—— 6
プラズマ 216
ブラック・ショールズモデル 4, 8
フーリエ級数 141
プレート 186
ブロードマン1野 233, 243
ブロードマン2野 233, 243
ブロードマン3野 233, 243
ブロードマン4野 232, 243
ブロードマンの脳地図 233
分光学 216
分散関数 271
分散行列 20–23
分数べきで減衰 2–4
文節音 249
分離して上側にいる 207, 208
分離性 185, 203, 211, 229, 230, 243, 248, 250–252, 254, 255, 257–259, 265, 269, 270, 284, 288, 290–293
分離性-0 256, 264

平均関数 271
平均ベクトル 20–23
平均ベクトル関数 63
閉集合 34
閉部分空間 34
べき級数展開 276
冪乗性 38
ベクトル空間 26
ベータ波 236, 237
ヘッジファンド 4, 9

変数変換の公式 20, 21, 99, 274, 276
ポアソン比 187
母音 249
放電現象 215
放電電流 216
北極光 215
ボッホナーの定理 23
ポーラ衛星の紫外線撮影装置 221, 224
ボラティリティ 4, 8
ボレル σ-加法族 16
ボレル集合 16
ホワイトノイズ 3, 4
 弱い意味の—— 55, 151, 163
ホワイトノイズ性 92

マ 行

前向き KM_2O-散逸行列関数 116, 118, 140
前向き KM_2O-揺動行列関数 118
前向き KM_2O-ランジュヴァン行列系 121
前向き KM_2O-ランジュヴァン散逸行列関数 44, 52
前向き KM_2O-ランジュヴァン偏相関行列関数 65, 80, 132
前向き KM_2O-ランジュヴァン方程式 44, 55, 56, 105, 116
前向き KM_2O-ランジュヴァン揺動過程 44, 47, 57, 110, 115–117
前向き KM_2O-ランジュヴァン揺動行列関数 45
前向きの時間発展 44
前向き予測誤差行列 134, 135
摩擦係数 1, 2
摩擦現象 44
摩擦項 2, 4
摩擦力 2, 3
マニフェスト 186
マルコフ過程 5, 6

マルコフ性 2, 6
マルコフ的な非線形差分方程式 136
マルコフ場 6
右大脳半球 231
密度 3, 187
見本 KM_2O-ランジュヴァン行列系 161, 162, 172
 時系列に付随した—— 149
 見本共分散行列関数に付随する—— 149, 172
 見本2点相関行列関数に付随する—— 161
見本 KM_2O-ランジュヴァン方程式 183, 184
見本因果関数 171, 173, 182
見本因果値 171, 173–176, 180
 ——の分布表 174, 175, 212, 213
見本擬似共分散関数 152, 153, 163
見本擬似共分散 152, 163
見本共分散関数 144, 178, 255, 257
見本共分散行列関数 146–150, 170, 173
見本共分散行列関数の信頼できる定義域 149
見本決定関数 205, 211, 256
 線形の—— 179
見本決定値 211, 213
 線形の—— 180, 181
 ——の分布表 180, 213
見本2点相関行列関数 160, 161
見本分散 143
見本分散行列 146
見本平均 143, 152, 163
見本平均ベクトル 146
見本前向き KM_2O-ランジュヴァン揺動時系列 150, 162, 184

無限階の局所的な微分作用素 5
無限階微分方程式 5, 6

無限重マルコフ性 5, 6
無相関 92

モデリング問題 11
モデル 9
　——の破綻 2
モデル解析 11
モデルからデータ 230, 250
モデル構築の際の原理 8, 10
モデルリスク 4, 8, 10

ヤ 行

有限階の微分作用素 5
有限階微分方程式 5
有限重マルコフ性 7
有効質量 3
誘発脳磁場計測 248
ユークリッド空間 17
ユニタリー作用素 81, 122, 123, 125, 141, 279, 280
ユニタリー性 82, 122, 279, 280

揺動項 2, 65, 66, 81
揺動散逸アルゴリズム 86, 94, 142, 172, 239, 257
　拡張された—— 11, 94, 95, 132, 140
揺動散逸原理 10, 11, 94, 95, 150, 151, 155, 162
揺動散逸定理 1, 6, 11, 63, 66, 80, 81, 84, 141, 180
揺動力 3, 4
横波 187
予測解析 11
ヨーロッパ型コールオプション 4

ラ 行

$\Lambda_{奇}$ 205, 272
$\Lambda_{偶}$ 205, 272
ランジュヴァン方程式 2
ランダム的な項 44

リアルタイム 188

離散時間 10, 13

ルベーグ積分論 20
ルベーグの収束定理 33, 275
ルベーグの単調収束定理 30, 32, 33
ルベーグの微分と積分の順序交換定理 33, 100, 275

レビンソン・ダービンアルゴリズム 80
レビンソン・フィットル・ビギンズ・ロビンソンアルゴリズム 80
連続スペクトル 216

ロングターム・キャピタル・マネージメント 4, 9

ワ 行

和の演算 26

著者略歴

岡 部 靖 憲（おかべ・やすのり）

1943 年　台湾に生まれる
1969 年　東京大学大学院理学系研究科修士課程（数学）修了
現　在　東京大学大学院情報理工学系研究科数理情報学専攻教授
　　　　理学博士
主な著書『確率過程 応用と話題』（共著，培風館，1994）
　　　　『時系列解析における揺動散逸原理と実験数学』（日本評論社，2002）
　　　　『応用数学基礎講座 6 確率・統計』（朝倉書店，2002）
　　　　『数理工学への誘い』（共著，日本評論社，2002）

実　験　数　学
── 地震波，オーロラ，脳波，音声の時系列解析 ──　　定価はカバーに表示

2005 年 11 月 15 日　初版第 1 刷

　　　　　　　　　　　　　　著　者　岡　部　靖　憲
　　　　　　　　　　　　　　発行者　朝　倉　邦　造
　　　　　　　　　　　　　　発行所　株式会社　朝　倉　書　店
　　　　　　　　　　　　　　　　　東京都新宿区新小川町6-29
　　　　　　　　　　　　　　　　　郵便番号　162-8707
　　　　　　　　　　　　　　　　　電　話　03(3260)0141
　　　　　　　　　　　　　　　　　Ｆ Ａ Ｘ　03(3260)0180
〈検印省略〉　　　　　　　　　　　　http://www.asakura.co.jp

© 2005〈無断複写・転載を禁ず〉　　　　　　　中央印刷・渡辺製本
ISBN 4-254-11109-6　C 3041　　　　　　　　　Printed in Japan

◆ 講座　数学の考え方 ◆

飯高　茂・川又雄二郎・森田茂之・谷島賢二　編集

東京電機大 桑田孝泰著
講座　数学の考え方2
微　分　積　分
11582-2 C3341　　A5判 208頁 本体3400円

微分積分を第一歩から徹底的に理解させるように工夫した入門書。多数の図を用いてわかりやすく解説し、例題と問題で理解を深める。〔内容〕関数／関数の極限／微分法／微分法の応用／積分法／積分法の応用／2次曲線と極座標／微分方程式

学習院大 飯高　茂著
講座　数学の考え方3
線 形 代 数　　基 礎 と 応 用
11583-0 C3341　　A5判 256頁 本体3400円

2次の行列と行列式の丁寧な説明から始めて、3次、n次とレベルが上がるたびに説明を繰り返すスパイラル方式を採り、抽象ベクトル空間に至る一般論を学習者の心理を考えながら展開する。理解を深めるため興味深い応用例を多数取り上げた

東大 坪井　俊著
講座　数学の考え方5
ベクトル解析と幾何学
11585-7 C3341　　A5判 240頁 本体3900円

2次元の平面や3次元の空間内の曲線や曲面の表示の方法、曲線や曲面上の積分、2次元平面と3次元空間上のベクトル場について、多数の図を活用して丁寧に解説。〔内容〕ベクトル／曲線と曲面／線積分と面積分／曲線の族、曲面の族

東北大 柳田英二・横市大 栄伸一郎著
講座　数学の考え方7
常 微 分 方 程 式 論
11587-3 C3341　　A5判 224頁 本体3600円

微分方程式を初めて学ぶ人のための入門書。初等解法と定性理論の両方をバランスよく説明し、多数の実例で理解を助ける。〔内容〕微分方程式の基礎／初等解法／定数係数線形微分方程式／2階変数係数線形微分方程式と境界値問題／力学系

東大 森田茂之著
講座　数学の考え方8
集 合 と 位 相 空 間
11588-1 C3341　　A5判 232頁 本体3800円

現代数学の基礎としての集合と位相空間について予備知識を前提とせずに初歩から解説。一般化へ進むさいには重要な概念の説明や定義を言い換えや繰り返しによって丁寧に記述した。一般論の有用性を伝えるため少し発展した内容にも触れた

上智大 加藤昌英著
講座　数学の考え方9
複　素　関　数　論
11589-X C3341　　A5判 232頁 本体3800円

集合と位相に関する準備から始めて、1変数正則関数の解析的および幾何学的な側面を解説．多数の演習問題には詳細な解答を付す。〔内容〕複素数値関数／正則関数／コーシーの定理／正則関数の性質／正則関数と関数の特異点／正則写像

東大 川又雄二郎著
講座　数学の考え方11
射 影 空 間 の 幾 何 学
11591-1 C3341　　A5判 224頁 本体3600円

射影空間の幾何学を通じて、線形代数から幾何学への橋渡しをすることを目標とし、その過程で登場する代数幾何学の重要な諸概念を丁寧に説明する。〔内容〕線形空間／射影空間／射影空間の中の多様体／射影多様体の有理写像

日大 渡辺敬一著
講座　数学の考え方12
環　　と　　体
11592-X C3341　　A5判 192頁 本体3400円

まずガロワ理論を念頭において環の理論を簡明に説明する。ついで体の拡大・拡大次数から始めて分離拡大、方程式の可解性に至るまでガロワ理論を丁寧に解説する。最後に代数幾何や整数論などと関わりをもつ可換環論入門を平易に述べる

学習院大 谷島賢二著
講座　数学の考え方13
ルベーグ積分と関数解析
11593-8 C3341　　A5判 276頁 本体4500円

前半では「測度と積分」についてその必要性が実感できるように配慮して解説。後半では関数解析の基礎を説明しながら、フーリエ解析、積分作用素論、偏微分方程式論の話題を多数例示して現代解析学との関連も理解できるよう工夫した。

学習院大 川﨑徹郎著
講座 数学の考え方14
曲 面 と 多 様 体
11594-6 C3341　　　　　A 5 判 256頁 本体4200円

微積分と簡単な線形代数の知識以外には線形常微分方程式の理論だけを前提として，曲線論，曲面論，多様体の基礎について，理論と実例の双方を分かりやすく丁寧に説明する。多数の美しい図と豊富な例が読者の理解に役立つであろう

大阪市大 枡田幹也著
講座 数学の考え方15
代 数 的 ト ポ ロ ジ ー
11595-4 C3341　　　　　A 5 判 256頁 本体4200円

物理学など他分野と関わりながら重要性を増している代数的トポロジーの入門書。演習問題には詳しい解答を付す。〔内容〕オイラー数／回転数／単体的ホモロジー／特異ホモロジー群／写像度／胞体複体／コホモロジー環／多様体と双対性

立大 木田祐司著
講座 数学の考え方16
初 等 整 数 論
11596-2 C3341　　　　　A 5 判 232頁 本体3600円

整数と多項式に関する入門的教科書。実際の計算を重視し，プログラム作成が可能なように十分に配慮している。〔内容〕素数／ユークリッドの互除法／合同式／二次合同式／F_p係数多項式の因数分解／円分多項式と相互法則

東大 新井仁之著
講座 数学の考え方17
フ ー リ エ 解 析 学
11597-0 C3341　　　　　A 5 判 276頁 本体4600円

多変数フーリエ解析は光学など多次元の現象を研究するのに用いられ，近年は画像処理など多次元ディジタル信号処理で本質的な役割を果たしている。このように応用分野で広く使われている多変数フーリエ解析を純粋数学の立場から見直す

東大 小木曽啓示著
講座 数学の考え方18
代 数 曲 線 論
11598-9 C3341　　　　　A 5 判 256頁 本体4200円

コンパクトリーマン面の射影埋め込み定理を目標に置いたリーマン面論。〔内容〕リーマン球面／リーマン面と正則写像／リーマン面上の微分形式／いろいろなリーマン面／層と層係数コホモロジー群／リーマン-ロッホの定理とその応用／他

東大 舟木直久著
講座 数学の考え方20
確 率 論
11600-4 C3341　　　　　A 5 判 276頁 本体4500円

確率論を学ぶ者にとって最低限必要な基礎概念から，最近ますます広がる応用面までを解説した入門書。〔内容〕はじめに／確率論の基礎概念／条件つき確率と独立性／大数の法則／中心極限定理と少数の法則／マルチンゲール／マルコフ過程

東大 吉田朋広著
講座 数学の考え方21
数 理 統 計 学
11601-2 C3341　　　　　A 5 判 280頁〔近 刊〕

数理統計学の基礎がどのように整理され，また現代統計学の発展につながるかを解説。題材の多くは初等統計学に現れるもので種々の推測法の根拠を解明。〔内容〕確率分布／線形推測論／統計的決定理論／大標本理論／漸近展開とその応用

東工大 小島定吉著
講座 数学の考え方22
3 次 元 の 幾 何 学
11602-0 C3341　　　　　A 5 判 200頁 本体3600円

曲面に対するガウス・ボンネの定理とアンドレーフ・サーストンの定理を足がかりに，素朴な多面体の貼り合わせから出発し，多彩な表情をもつ双曲幾何を背景に，3次元多様体の幾何とトポロジーがおりなす豊饒な世界を体積をめぐって解説

弘前大 難波完爾著
講座 数学の考え方23
数 学 と 論 理
11603-9 C3341　　　　　A 5 判 280頁 本体4800円

歴史的発展を辿りながら，数学の論理的構造を興味深く語り，難解といわれる数学基礎論を平易に展開する。〔内容〕推論と証明／証明と完全性／計算可能性／不完全性定理／公理的集合論／独立性／有限体／計算量／有限から無限へ／その他

四日市大 小川 束・東海大 平野葉一著
講座 数学の考え方24
数 学 の 歴 史
　　　　　—和算と西欧数学の発展—
11604-7 C3341　　　　　A 5 判 288頁 本体4800円

2部構成の，第1部は日本数学史に関する話題から，建部賢弘による円周率の計算や円弧長の無限級数への展開計算を中心に，第2部は数学という学問の思想的発展を概観することに重点を置き，西洋数学史を理解できるよう興味深く解説

◆ 応用数学基礎講座 ◆

岡部靖憲・米谷民明・和達三樹　編集

東大 中村 周著 応用数学基礎講座 4 **フーリエ解析** 11574-1 C3341　　A5判 200頁 本体3500円	応用に重点を置いたフーリエ解析の入門書。特に微分方程式、数理物理、信号処理の話題を取り上げる。〔内容〕フーリエ級数展開／フーリエ級数の性質と応用／1変数のフーリエ変換／多変数のフーリエ変換／超関数／超関数のフーリエ変換
前奈良女大 山口博史著 応用数学基礎講座 5 **複素関数** 11575-X C3341　　A5判 280頁 本体4500円	多数の図を用いて複素関数の世界を解説。複素多変数関数論の入門として上空移行の原理に触れ、静電磁気学を関数論的手法で見直す。〔内容〕ガウス平面／正則関数／コーシーの積分表示／岡潔の上空移行の原理／静電磁場のポテンシャル論
東大 岡部靖憲著 応用数学基礎講座 6 **確率・統計** 11576-8 C3341　　A5判 288頁 本体4200円	確率論と統計学の基礎と応用を扱い、両者の交流を述べる。〔内容〕場合の数とモデル／確率測度と確率空間／確率過程／中心極限定理／時系列解析と統計学／テント写像のカオス性と揺動散逸定理／時系列解析と実験数学／金融工学と実験数学
東大 宮下精二著 応用数学基礎講座 7 **数値計算** 11577-6 C3341　　A5判 190頁 本体3400円	数値計算を用いて種々の問題を解くユーザーの立場から、いろいろな方法とそれらの注意点を解説する。〔内容〕計算機を使う／誤差／代数方程式／関数近似／高速フーリエ変換／関数推定／微分方程式／行列／量子力学における行列計算／乱数
東大 細野 忍著 応用数学基礎講座 9 **微分幾何** 11579-2 C3341　　A5判 228頁 本体3800円	微分幾何を数理科学の諸分野に応用し、あるいは応用する中から新しい数理の発見を志す初学者を対象に、例題と演習・解答を添えて理論構築の過程を丁寧に解説した。〔内容〕曲線・曲面の幾何学／曲面のリーマン幾何学／多様体上の微分積分
東大 杉原厚吉著 応用数学基礎講座10 **トポロジー** 11580-6 C3341　　A5判 224頁 本体3800円	直観的なイメージを大切にし、大規模集積回路の配線設計や有限要素法のためのメッシュ生成など応用例を多数取り上げた。〔内容〕図形と位相空間／ホモトピー／結び目とロープマジック／複体・ホモロジー／トポロジーの計算論／グラフ理論
前統数研 赤池弘次・統数研 北川源四郎編 統計科学選書 3 **時系列解析の実際 I** 12583-6 C3341　　A5判 232頁 本体4000円	様々な分野の実際の問題へ適用した事例を解説。〔I〕火力発電所ボイラ／生体内フィードバック解析／経済時系列／船体運動／地震波／人間-自動車系／船体動揺データ／生糸操糸工程／薬物動態解析／状態が切替わるモデル／時変数ARモデル
前統数研 赤池弘次・統数研 北川源四郎編 統計科学選書 4 **時系列解析の実際 II** 12584-4 C3341　　A5判 232頁 本体4000円	〔II〕セメントプロセス／脳情報処理機構／心電図RR間隔／経済時系列／人工衛星時系列データ／自動車振動データ／二輪車走行／地震に関連する地下水位変化／地球潮汐データ／欠測値と異常値の処理／時系列解析の心構え／用語解説／他
統数研 尾崎 統・統数研 北川源四郎編 統計科学選書 5 **時系列解析の方法** 12585-2 C3341　　A5判 196頁 本体3900円	〔内容〕線形システムとフーリエ解析／スペクトル推定／予測とARモデル／ARMAモデルとスペクトル／統計的モデル構成とAIC／カルマンフィルター／多変量時系列／FSの解析／統計的制御／非定常時系列／非線形時系列／点過程／他

上記価格（税別）は2005年10月現在